Praxis der biotechnologischen Abluftreinigung

Springer

Berlin
Heidelberg
New York
Barcelona
Budapest
Hong Kong
London
Mailand
Paris
Santa Clara
Singapur
Tokio

R. Margesin, M. Schneider, F. Schinner (Hrsg.)

Praxis der biotechnologischen Abluftreinigung

Mit 178 Abbildungen und 56 Tabellen

Springer

R. Margesin

Institut für Mikrobiologie
der Unversität Innsbruck
Technikerstraße 25
A-6020 Innsbruck, Östereich

M. Schneider

Umweltbundesamt
Spittelauer Lände 5
A-1090 Wien, Österreich

F. Schinner

Österreichische Gesellschaft
für Biotechnologie, Sektion West
c/o Institut für Mikrobiologie
Technikerstraße 25
A-6020 Innsbruck, Österreich

ISBN-13:978-3-540-59335-5

Die Deutsche Bibliothek – CIP-Einheitsaufnahme
Praxis der biotechnologischen Abluftreinigung : mit 56 Tabellen / R. Margesin ... (Hrsg.). - Berlin; Heidelberg; New York; Barcelona; Hong Kong; London; Mailand; Paris; Santa Clara; Singapur; Tokyo: Springer, 1996
ISBN-13:978-3-540-59335-5 e-ISBN-13:978-3-642-79792-7
DOI: 10.1007/978-3-642-79792-7

NE: Margesin, R. [Hrsg.]

Softcover reprint of the hardcover 1st edition 1996

Umschlaggestaltung: Springer-Verlag, Design & Production
Satz: Reproduktionsfertige Vorlage vom Autor

30/3136 SPIN 10493946– Gedruckt auf säurefreiem Papier

Vorwort

In Industrie- und Siedlungsgebieten treten durch anthropogene Aktivitäten verursachte Luftverunreinigungen mengenmäßig in den Vordergrund. Hauptursachen für die Belastung der Luft mit organischen Verbindungen sind neben dem Verkehr und dem Hausbrand vor allem die Emissionen aus der Anwendung von Lösungsmitteln. Aber auch Kläranlagen, Industrie- und Gewerbebetriebe und Kompostwerke tragen, lokal nicht unerheblich, zu einer Belastung der Luft durch organische Verbindungen bei. Verunreinigungen der Luft entstehen durch natürliche Vorgänge wie Vulkanismus, Wald- und Steppenbrände, Emissionen aus Pflanzen, Pollenflug, durch Wind hochgewirbelten Staub und vieles mehr.

Luftverunreinigungen können neben einer subjektiven Verminderung der Lebensqualität auch zu direkten oder indirekten Risiken für Mensch, Tier und Pflanze führen. Als das bekannteste Beispiel einer indirekten Belastung sei hier die Bildung von Ozon aus organischen Luftverunreinigungen und Stickoxiden erwähnt.

Zwei Strategien führen zur Reduktion von Luftverunreinigungen. Aus der Sicht des umfassenden Umweltschutzes ist die Verminderung und Vermeidung von Emissionen durch den Einsatz neuer, umweltfreundlicher Verfahren, Prozeßoptimierungen, Modifikation der Produktionsabläufe und die Einführung von Kreislaufprozessen anzustreben. Meist bewirken solche Verfahren nicht nur eine Reduktion von Emissionen, sondern auch die Einsparung von Rohstoffen und Energie sowie eine Reduktion von Abfallströmen.

Die zweite Möglichkeit ist die Verminderung und Elimination von Luftverunreinigungen durch nachgeschaltete Reinigungsverfahren. Hierfür stehen biologische, chemische und physikalische Verfahren zur Verfügung. Biologische Methoden nutzen an Biofiltern oder Biorieselbettreaktoren fixierte Mikroorganismen oder in Biowäschern suspendierte Mikroorganismen. Chemische und physikalische Verfahren nutzen thermische, katalytische und photolytische Oxidationsverfahren, Absorptions- und Adsorptionsverfahren sowie Strahlungsenergie. Neue Entwicklungen bringen Kombinationen biologischer, chemischer und physikalischer Verfahren zur Anwendung.

Dem Leser dieses Buches wird zu Beginn eine Einführung in die Grundlagen der Verfahrenstechnik und Mikrobiologie biologischer Abluftreinigungssysteme geboten. Es folgen Beispiele in der Praxis eingesetzter offener und geschlossener Biofilter, Biowäscher, Tropfkörper und Verfahren, die biologische und chemischphysikalische Technologien kombinieren. Ein Überblick über konventionelle Verfahren der chemischen und physikalischen Abluftreinigung wird ebenfalls geboten. Anschließend wird die rechtlich-öffentliche Situation der Abluftreinigung in Deutschland, Österreich und der Schweiz dargelegt.

Die dargestellten Methoden und Verfahren erheben keinen Anspruch auf Vollständigkeit, sollen jedoch für Behörden, Hersteller und Anwender von Luftreinigungsanlagen eine Informations- und Diskussionsgrundlage zum Stand der Technik, zu neuen Entwicklungen, Bedarfs- und Anwendungsschwerpunkten und zur rechtlichen Situation darstellen.

Zusammenfassend läßt sich feststellen, daß biotechnologische Verfahren der Abluftreinigung in den letzten Jahren ihre Einsatzgebiete ausgeweitet haben und vor allem bei niedrigen Schadstoffkonzentrationen in der Abluft eine sinnvolle Alternative zu traditionellen Verfahren geworden sind. Bei fachkundiger Planung von biologischen Anlagen können neben dem traditionellen Einsatzgebiet von Biofiltern – der Eliminierung von Geruchsemissionen – auch zahlreiche organische Verbindungen und anorganische Gase beseitigt werden.

An der Entstehung dieses Buches wirkten zahlreiche Vertreter namhafter Hersteller und Anwender von Abluftreinigungsanlagen, Wissenschaftler und Behördenvertreter mit. Ein Teil der Beiträge basiert auf der im November 1994 in Innsbruck-Igls abgehaltenen Tagung „Abluftreinigung – Theorie und Praxis biologischer und alternativer Technologien". Bei den Autoren der einzelnen Beiträge, die zum Gelingen der Tagungsveranstaltung und zu diesem Buch beitrugen, möchten wir uns ganz besonders bedanken. Unser Dank gilt auch den Förderern, dem österreichischen Bundesministerium für Umwelt in Wien, sowie dem Unternehmen Kessler + Luch in Gießen, Deutschland.

F. Schinner
R. Margesin

Österreichische Gesellschaft
für Biotechnologie, Sektion West
und
Institut für Mikrobiologie
der Universität Innsbruck

M. Schneider

Umweltbundesamt
Wien

Inhaltsverzeichnis

Biologische Abluftreinigung: Anwendungsbeispiele, reaktions- und verfahrenstechnische Grundlagen

K. Kirchner[1]

1 Zusammenfassung

Die biologische Abluftreinigung findet immer breitere Anwendung in verschiedenen Industriezweigen. Dieses zeigten das VDI-Kolloquium "Biologische Abluftreinigung" in Heidelberg und die Tagung "Abluftreinigung" in Innsbruck sowie die VDI-Richtlinien Biofilter (1991) und Biowäscher (1994). Wesentliche Apparate sind das Biofilter und der Biorieselbettreaktor, die mit fixierten Bakterien arbeiten, und Biowäscher, die mit suspendierten Bakterien arbeiten. Die genannten Veranstaltungen ergaben, daß der Biorieselbettreaktor zunehmend an Interesse gewinnt.

Am Beispiel des Rieselbettreaktors werden reaktions- und verfahrenstechnische Grundlagen der biologischen Abluftreinigung an Hand geeigneter Modellsysteme und Reaktoren aufgezeigt. Die Untersuchungen ergaben, daß analog zu konventionellen Katalysatoren, die Biokatalysatoren je nach Betriebsbedingungen im stofftransportlimitierten, im diffusionslimitierten oder im kinetischen Bereich arbeiten. Wesentliche Einflußgrößen sind die Löslichkeit und die biologische Abbaugeschwindigkeit der Schadstoffe.

2 Einleitung

Bei den biologischen Verfahren wird ein Teil der Schadstoffe, die in wäßriger Lösung vorliegen müssen, oxidiert. Ein einfaches Beispiel ist die Oxidation von Aldehyden durch den Stamm *Pseudomonas fluorescens* DSM 50090:

[1] Karl-Winnacker-Institut der DECHEMA e.V., Theodor-Heuss-Allee 25, D-60386 Frankfurt a. M.

$$C_2H_5CHO + 4\,O_2 \rightarrow 3\,CO_2 + 3\,H_2O$$

Ein weiterer Teil des Schadstoffes wird zur Bildung von Bakterien-Zellmasse verwendet.

Die biologischen Reaktionen verlaufen im allgemeinen über Zwischenstufen, in diesem Falle über Propionsäure. Da die Bakterien nur in einem eng begrenzten pH-Bereich arbeiten, muß in einem solchen Fall für einen konstanten pH-Wert gesorgt werden.

Die relativ geringen Reaktionstemperaturen sind ein Vorteil der biologischen Abgasreinigung. Andererseits können unverträgliche Substanzen die Bakterien desaktivieren oder abtöten. Somit sollte man ebenso wie bei der katalytischen Abgasreinigung nur Abgase bekannter Zusammensetzung biologisch reinigen.

3 Beschreibung der Verfahren

Die Verfahren, die für die Abgasreinigung eingesetzt werden, können grob gesehen in Verfahren eingeteilt werden, die mit fixierten Bakterien arbeiten, und in solche, die mit suspendierten Bakterien arbeiten. In Biofiltern und in Rieselbettreaktoren wird das Abgas durch eine biologisch aktive Filterschicht geleitet, welche beim Biofilter aus Reisig, Kompost oder anderen Substanzen und beim Biorieselbett aus einer porösen Packung besteht, auf der die Bakterien sitzen.

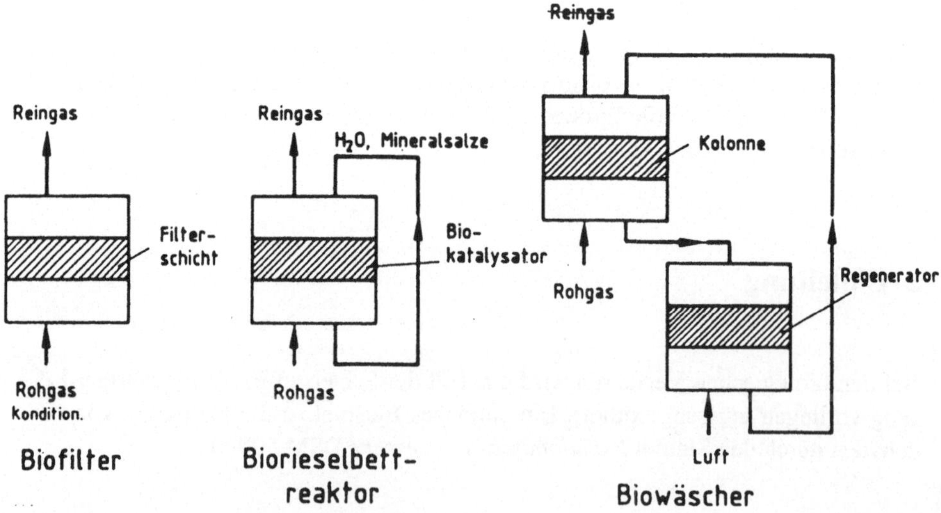

Abb. 1: Verfahrensprinzip schematisch

Die Abgaskomponenten, welche entfernt werden sollen, werden zunächst an dieser Filterschicht sorbiert und dann biologisch abgebaut (Abb. 1).

In anderen Biowäschern werden die Verunreinigungen in einer Absorptionskolonne mittels einer Bakteriensuspension absorbiert. Die absorbierten Verunreinigungen werden zum größten Teil in einem Rührkessel, dem Regenerator, abgebaut. Die regenerierte Suspension wird wieder für die Absorption benutzt. In diesen Biowäschern werden beispielsweise aus Kunststoffen bestehende Kolonneneinbauten verwendet.

Bei den geschilderten Verfahren werden Bakterien, die aus Kläranlagen oder aus dem Boden stammen, eingesetzt. Sie müssen in ihrer Zusammensetzung an das zu reinigende Abgas adaptiert werden, was bis zu 2-4 Wochen dauern kann. Dies ist ein Nachteil der Verfahren, die mit unspezifischen Bakterien arbeiten.

4 Anwendungsbeispiele

4.1 Reinigung von Abgasen einer Gelatinefabrik mittels Biofilter (fixierte Bakterien)

Abbildung 2 zeigt das Schema eines Biofilters. Ein ähnliches Biofilter wird von einer Gelatinefabrik betrieben. Die Abgase entstammen verschiedenen Hallen und Gebäuden. Tabelle 1 zeigt die Auslegungsdaten des Biofilters. Die Geruchsstoffe und ihre Konzentrationen wurden chemisch und olfaktometrisch bestimmt. Der Wirkungsgrad lag je nach dem, um welche Substanzen es sich handelte, zwischen 82 % und 95 %. Der Rohgasgeruch war nicht mehr festzustellen (Liebe et al. 1989, VDI-Richtlinie 3477 1991, Dragt und van Ham 1992, VDI-Bericht 1994).

Tabelle 1: Auslegungsdaten eines Biofilters

Abgasvolumensstrom		70.000 $m^3 \cdot h^{-1}$
Abgastemperatur		22-35 °C
Abscheidegrade		82-92 %
Filterbett:	Heidekraut	44 t
	Fasertorf	131 t
Filterfläche		400 m^2
Filterhöhe		1,2 m
Raumgeschwindigkeit		175 h^{-1}

Die Grundfläche des Filters beträgt 400 m^2, die Höhe 1,2 m. Er besteht aus Fasertorf und Heidekraut, auf dem die Bakterien angesiedelt sind. Der Humus ernährt die Bakterien, wenn die Abluft ausfällt, und stellt die nötigen Mineralsalze zur Verfügung. Bei den Bakterien handelt es sich um Mischpopulationen, die adaptiert sind. Ein mehrstufiges Biofilter ist in Abb. 4 dargestellt.

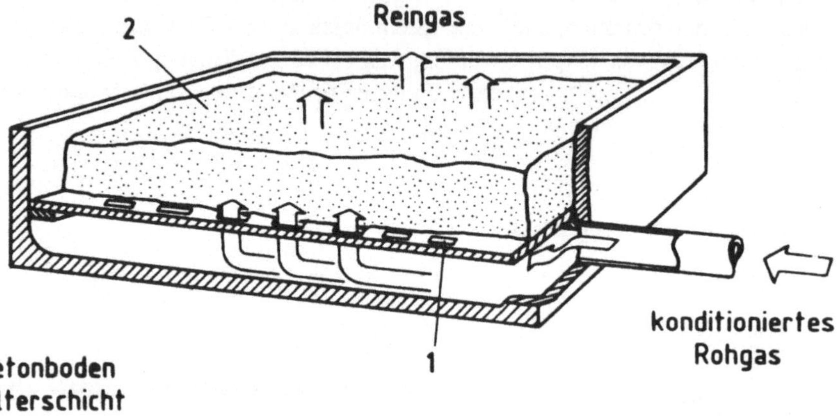

Abb. 2: Flächenfilter

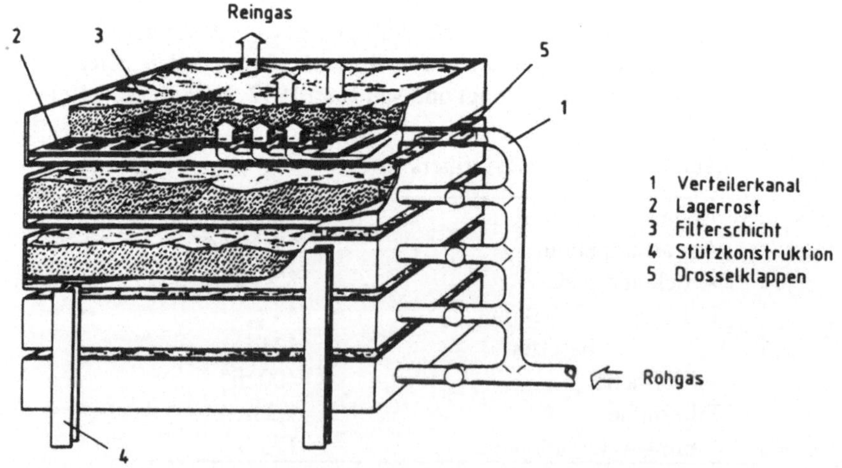

Abb. 3: Aufbau eines Etagen-Biofilters

4.2 Reinigung von Abgasen mittels Biowäschern (suspendierte Bakterien)

Der von Schippert (1993) entwickelte zweistufige Biowäscher ist in Abb. 4 dargestellt. Er dient der Reinigung von Abgasen einer Dosenlackieranlage. Die beiden Wäscher sind Sprühwäscher. Sie haben einen Durchmesser von 4 m und eine Höhe von 6 m. Der Gasdurchsatz beträgt 35.000-60.000 m^3/h (Schippert 1993, VDI-Bericht 1994, VDI-Richtlinie 3478 1994, Wolff 1994). Die Abscheideleistung zeigt Tabelle 2.

Weitere Beispiele für den praktischen Einsatz von Biofiltern, Biorieselbettreaktoren und Biowäschern geben die VDI-Richtlinien 3477 (1991) und 3478 (1994), Dragt und van Ham (1992), Krill und Menig (1992) und der VDI-Bericht 1104 (1994). M. Paduch (1993) gibt einen Überblick über die Hersteller von Anlagen zur biologischen Abluftreinigung.

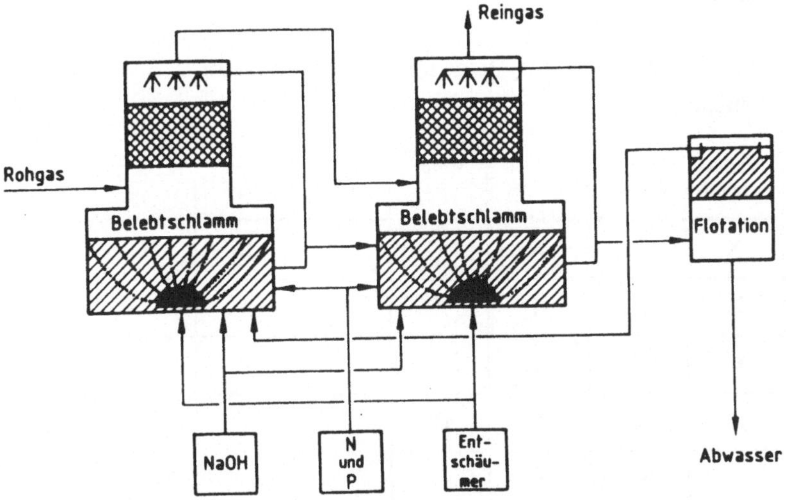

Abb. 4: Biowäscher in einer Dosenlackieranlage

Tabelle 2: Abscheideleistung der Biowäscher

Lösemittel	Rohgaskonzentration $C \cdot (mg/m^3)^{-1}$	Reingaskonzentrion $C \cdot (mg/m^3)^{-1}$
Butylglycol	885	0,3
N-Butanol	326	0,5
Ethylglycol	102	0,1
Isobutanol	2,2	0,16
Xylol	1,9	0,5

5 Verfahrenstechnische Grundlagen

5.1 Modellschadstoffe und Bakteriensysteme

Die Auslegung der Bioreaktoren erfolgt meist aufgrund von Versuchen, die vor Ort und mit Pilot-Anlagen vorgenommen werden. Auslegungsdaten und Stoffdaten wie Henry-Koeffizienten liegen kaum vor.

Es erscheint deshalb von Interesse, die reaktions- und verfahrenstechnischen Grundlagen der Verfahren anhand geeigneter Modellsysteme und Bioreaktoren zu untersuchen. Die erhaltenen Ergebnisse können Aufschluß über die geschwindigkeitsbestimmenden Schritte geben. Sie können die Wahl geeigneter Apparate und Reaktoren erleichtern sowie Möglichkeiten und Grenzen des Verfahrens aufzeigen. Sie erleichtern die Planung von Anlagen.

Tabelle 3: Untersuchte Reaktionssysteme im Biorieselbettraktor. *X* Schadstoff abbaubar

Schadstoff / Bakterien	Propion-aldehyd	Ethyl-acetat	Butanol	Aceton	Methyl-ethylketon	Isopro-panol	Methanol	Naphtalin
P.fluorescens (DSM 50 090)	X	X	X			X	X	
Rhodococcus sp (DSM 43 001)	X	X	X	X	X	X		
Coryneb. rubrum	X	X	X	X				
Micrococcus lut. (DSM 348)	X	X	X	0				
Arthrobacter		X	X					
Aureo Bac.								X

Als Beispiel für eine Anlage, die mit fixierten Bakterien arbeitet, wird im folgenden der Biorieselbettreaktor gewählt.

Als Modellschadstoffe werden Aldehyde benutzt, da sie die Hauptverunreinigungen in Gießereiabgasen darstellen. Des weiteren werden Ethylacetat, Azeton, Methylethylketon sowie einige weitere technisch relevante Verbindungen gewählt. Als Bakterien werden Monokulturen verwendet, insbesondere *Pseudomonas fluorescens* (Tabelle 3).

5.2 Abgasreinigung mittels Biorieselbettreaktoren

5.2.1 Experimentelles, stofftransportlimitierter Bereich

Abbildung 5 zeigt das Verfahrensschema. Der Biokatalysator befindet sich in dem Bioreaktor, Mineralsalzlösung wird im Kreislauf gepumpt. Die Abluft strömt von unten nach oben durch den Rieselbettreaktor. Die Schadstoffe werden vom Wasser absorbiert und anschließend von den Bakterien zu Zellmasse, CO_2 und Wasser umgesetzt. Träger der Biokatalysatoren sind kugelförmige Füllkörper sowie Raschig-Ringe aus Siranglas oder wabenrohrartige Körper aus Siranglas.

Die Fixierung von Zellen an den Träger wird nach einem von Erhart und Rehm (1987) beschriebenen Verfahren vorgenommen. Eine Bakteriensuspension, in unserem Falle beispielsweise *P. fluorescens*, wird ca. 10 Stunden in der Versuchsanlage im Kreislauf gefahren. Dabei werden die Bakterien z. B. an A-Kohle irreversibel adsorbiert.

Abbildung 6 zeigt die adsorbierte Bakterienmenge als Funktion der Zeit. Anschließend wird die weitgehend bakterienfreie Suspension durch eine bakterienfreie Mineralsalzlösung ersetzt. Der Katalysator ist aktiv und betriebsbereit. Abbildung 7 zeigt weitere Beladungs-Zeit-Kurven für *P. fluorescens*, aber an anderen Trägern. Es ist ersichtlich, daß die Zahl der adsorbierten Bakterien stark vom Träger abhängt.

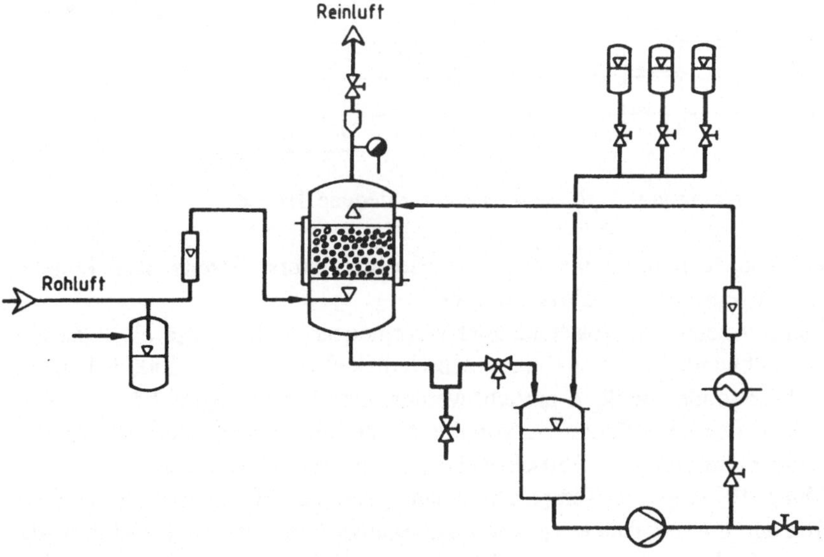

Abb. 5: Versuchsanordnung Rieselbettreaktor

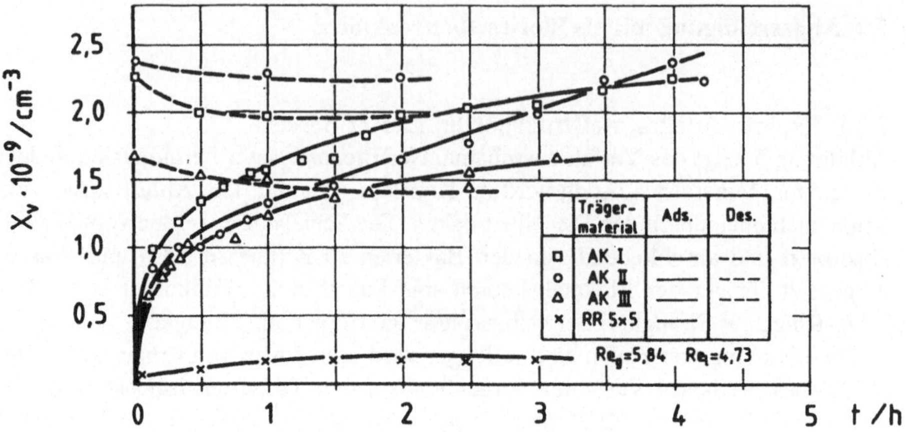

Abb. 6: Adsorption und Desorption von *P. fluorescens*

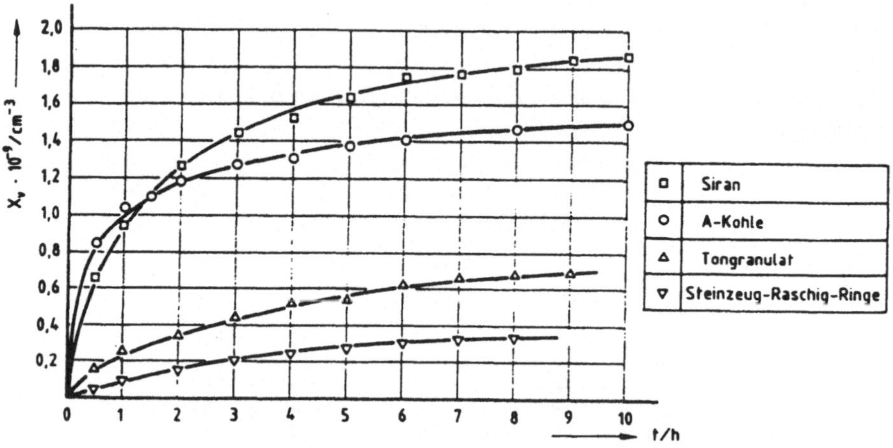

Abb. 7: Adsorption von *P. fluorescens*, verschiedene Träger

Abbildung 8 zeigt die Einlaufzeit des Biokatalysators. Bereits nach einigen Stunden hat er seine volle Aktivität erreicht.

Abbildung 9 zeigt den Abscheidegrad verschiedener Schadstoffe als Funktion der Raumgeschwindigkeit. Bei Raumgeschwindigkeiten von $k^+ = 2000/h$ können noch Abscheidegrade von 80 % erreicht werden. Der Abscheidegrad hängt ab von der Art der verwendeten Bakterien, von der Art des abzuscheidenden Schadstoffs und der Träger sowie von der Betriebsweise (Gleich- oder Gegenstrom).

Abbildung 10 zeigt die Temperaturabhängigkeit der biologischen Oxidation von Azeton durch *Rhodococcus* sp. Die Aktivierungsenergie ist mit 7-9 kJ/mol wesentlich kleiner als bei den freien Zellen, die zu 36 kJ/mol ermittelt wurde. Ähnliches zeigt sich beim System *P. fluorescens*/Propionaldehyd.

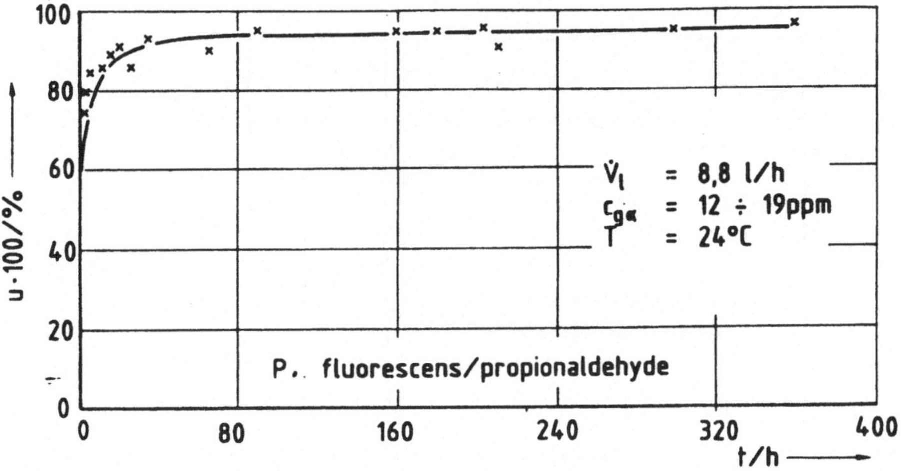

Abb. 8: Schadstoffabscheidegrad u bei Langzeitversuchen

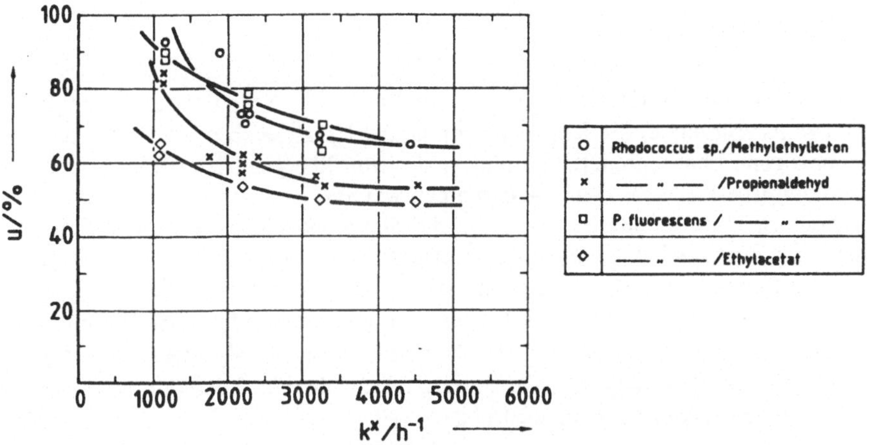

Abb. 9: Schadstoffabscheidegrad u in Abhängigkeit von k^+

Ferner steigt bei hoher Zelldichte die Reaktionsgeschwindigkeit nicht mehr an, was bei den freien Zellen ebenfalls der Fall war.

Diese und einige weitere Ergebnisse deuten darauf hin, daß bei dem System *P. fluorescens*/Propionaldehyd die katalytische biologische Reaktion stofftransportlimitiert ist, m. a. W. die biologische Reaktion vergleichsweise schnell abläuft und der Stofftransport der Reaktanden durch den Flüssigkeitsfilm geschwindigkeitsbestimmend wird.

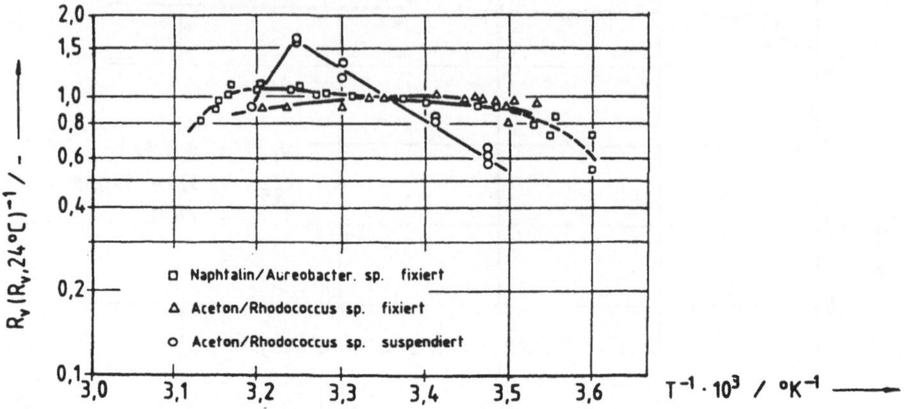

Abb. 10: Arrhenius-Diagramm

Unter der Voraussetzung, daß der Stofftransport geschwindigkeitsbestimmend ist, ist die reaktorvolumenbezogene Reaktionsgeschwindigkeit

$$R_v = k_l \bullet a(\bar{c}_l^+ - c_l),\ c_l \rightarrow 0$$

$\bar{c}_l^+$ ist die mittlere Gleichgewichtskonzentration des Schadstoffes in der Phasengrenze gas/flüssig, c_l die Konzentration an der Katalysatoroberfläche, a die volumenbezogene Phasengrenzfläche und k_l der Stoffübergangskoeffizient. c_l kann im Strömungsbereich sehr klein angenommen werden.

Abbildung 11 zeigt, daß R_v gegen Sh, die Sherwood-Zahl, $Sh = (K_l \cdot d)/D_l$, abgetragen für Propionaldehyd eine Gerade ergibt (Hauk 1987).

Für die Praxis bedeutet das, daß nur durch eine Verbesserung des Stoffübergangs eine Erhöhung der Raumgeschwindigkeit erreicht werden kann, da man im Stoffübergangsbereich arbeitet. Wie bei konventionellen Katalysatoren bringt eine Verbesserung des Biokatalysators, z. B. durch Auswahl oder Züchtung von schneller oxidierenden Bakterien, keinen Effekt.

Wesentlich bestimmt die Wasserlöslichkeit des Schadstoffes die Reaktionsgeschwindigkeit. Abbildung 12 zeigt den Umsatz für Substanzen mit unterschiedlichen Henry-Koeffizienten. Die Wasserlöslichkeit bestimmt unter diesen Bedingungen die Geschwindigkeit der Schadstoffabscheidung. Verschiedene Versuche wurden unternommen, um die Löslichkeit von Schadstoffen durch Zusätze zur Waschflüssigkeit zu verbessern (Schippert 1993).

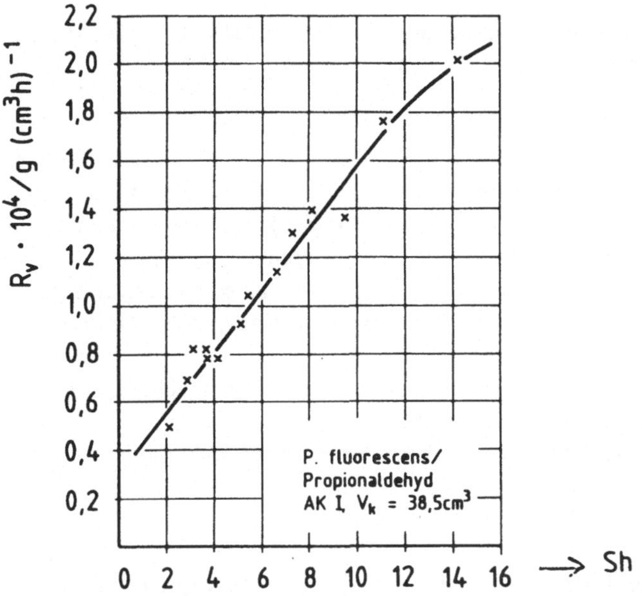

Abb. 11: Reaktionsgeschwindigkeit als Funktion der Sherwood-Zahl

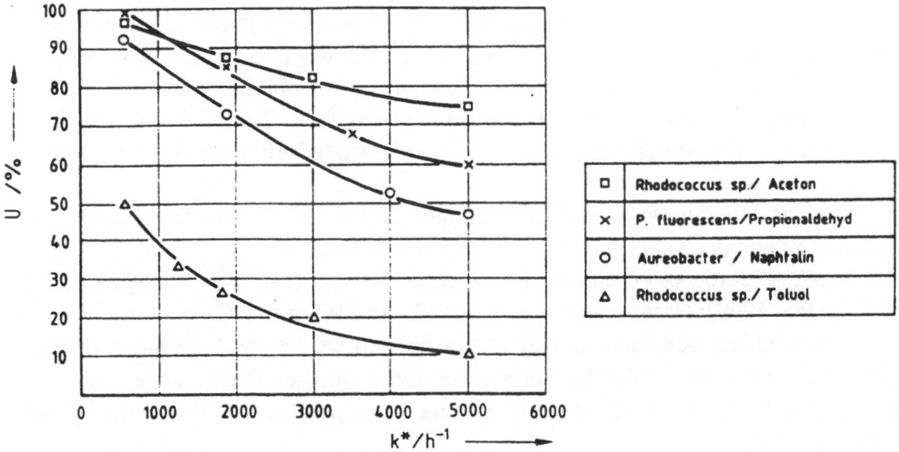

Abb. 12: Einfluß der Löslichkeit auf den Umsatz

5.2.2 Kinetischer Bereich

Demgegenüber ist bei anderen biologischen Systemen, nämlich bei den sogenannten schwer abbaubaren Substanzen, eine wesentlich geringere Reaktionsgeschwindigkeit zu erwarten. Hier arbeitet der Biokatalysator im kinetischen Bereich, d. h.

die biologische Reaktion ist geschwindigkeitsbestimmend. Es gilt oftmals die Michaelis-Menten-Gleichung:

$$R_v = k \cdot X_b \cdot \frac{c_b}{K_m + c_b}$$

Hierin bedeuten k und K_m Konstante, die für ein Schadstoff-Bakterien-System experimentell bestimmt werden müssen. X_b ist die Zellkonzentration und c_b die Schadstoffkonzentration im Biofilm. Im kinetischen Bereich ist $c_b = c_l$.

Beispielsweise sind für schwer abbaubare chlorierte Kohlenwasserstoffe geringe Raumgeschwindigkeiten zu wählen, um, wenn überhaupt, hohe Umsätze der Schadstoffe zu erreichen.

Drei Möglichkeiten bieten sich an, die sogenannten schwer abbaubaren Substanzen in hinreichend kurzer Zeit abzubauen:

- Wahl bzw. Isolierung eines (oder mehrerer) geeigneten Bakterienstammes,
- Wahl hoher Bakterienkonzentrationen,
- geeignete verfahrenstechnische Maßnahmen.

5.2.3 Einfluß der Sauerstoffkonzentration auf die Reaktionsgeschwindigkeit, Diffusionsbereich

Die beschriebenen Ergebnisse wurden mit geringen Schadstoffkonzentrationen im Abgas (1-50 ppm) erhalten. Abbildung 13 zeigt wiederum den stofftransportlimitierten Bereich. Bei höheren Schadstoffkonzentrationen in der Gasphase entsprechend einem höheren Schadstoffmassenstrom $\dot{M}_S$ und bei gutlöslichen Schadstoffen, wie Azeton, wird die Geschwindigkeit, mit der der Sauerstoff durch den Flüssigkeitsfilm und in den Biofilm eindiffundiert, geschwindigkeitsbestimmend. R_V wird unabhängig von dem Schadstoffmassenstrom $\dot{M}_S$. Bei Erhöhung der Sauerstoffkonzentration durch Erhöhung des Sauerstoffpartialdruckes im Abgas nimmt $R_{v,max}$ zu.

Ähnliche Überlegungen und Gleichungen wie in der klassischen Katalyse beschreiben dann die Reaktionsgeschwindigkeit im Biofilm.

Einzelheiten dieser komplizierten Prozesse werden z. B. von Ottengraf (1986), Schlachter (1990), Dragt und van Ham (1992) und Wagner (1994) beschrieben. Es ist zu empfehlen, den Sauerstoffdiffusionsbereich bei der biologischen Abgasreinigung zu vermeiden. Hier bedeutet unter sonst gleichen Bedingungen eine Verdoppelung der Schadstoffkonzentration eine Verdoppelung des benötigten Katalysatorvolumens.

Auf der anderen Seite reagieren gewisse Schadstoffe, wie beispielsweise Propionaldehyd, auch in Abwesenheit von Sauerstoff und, wie es aussieht, mit einer nicht sehr geringen Reaktionsgeschwindigkeit. Aus Propionaldehyd wird Propionsäure gebildet. Sie kann, wenn wieder Sauerstoff zugeführt wird, zu CO_2 und Wasser abreagieren. Damit bestünde die Möglichkeit, gewisse Schadstoffe auch in Abwesenheit von O_2 aus beispielsweise Schutzgasströmen zu entfernen. Die entstehende Säure könnte laufend aus der Kreislaufflüssigkeit entfernt werden. Einzelheiten sind bei Wagner (1994) beschrieben.

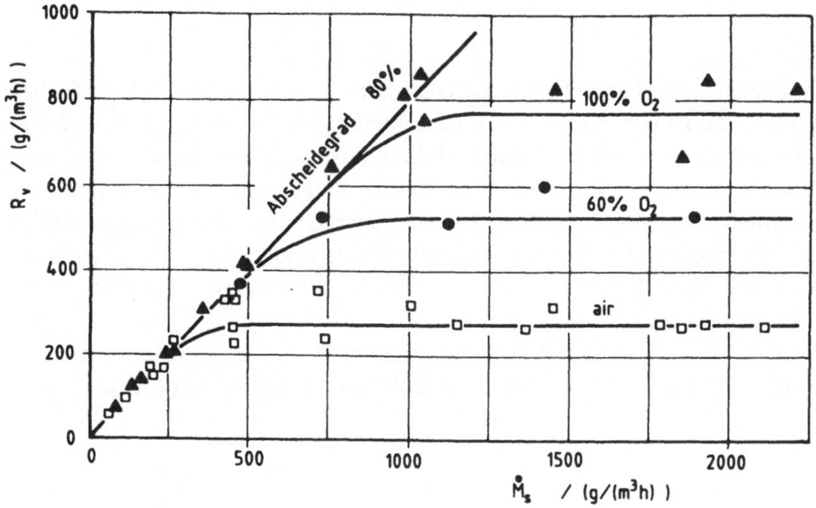

Abb. 13: Einfluß der O2-Konzentration auf das System Rhodococcus sp./Azeton bei einer Verweilzeit von 1,2 s

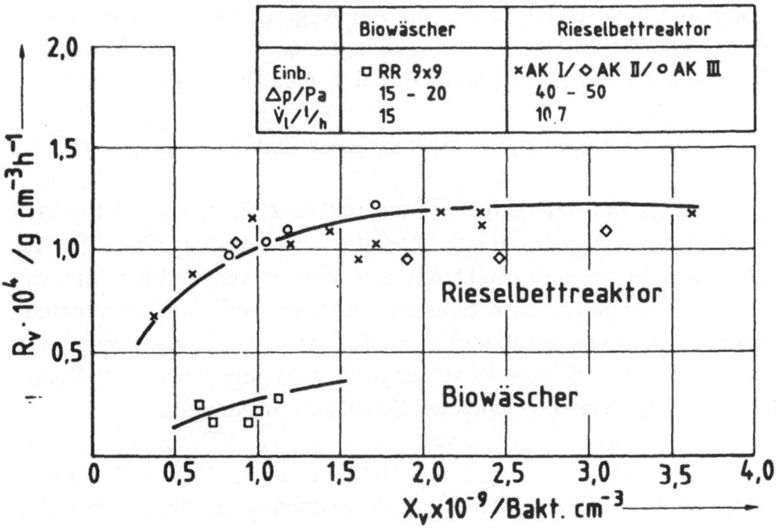

Abb. 14: Vergleich Biowäscher – Biorieselbettreaktor

6 Vergleich Biowäscher – Biorieselbettreaktor

In Abgasreinigungsanlagen sollen hohe Abscheidegrade bei möglichst kleinen Gasverweilzeiten und kleinen Druckverlusten erreicht werden. Es erschien deshalb von Interesse, den Biowäscher mit dem Rieselbettreaktor zu vergleichen, und zwar für das System *P. fluorescens*/Propionaldehyd. Als charakteristische Größe wird die auf das Apparatevolumen bezogene in der Zeiteinheit abgeschiedene Propionaldehydmenge gewählt, R_v. Beim Biowäscher setzt sich das Apparatevolumen aus dem Kolonnenvolumen (Füllkörperschüttvolumen) und dem Regeneratorvolumen zusammen. Beim Rieselbettreaktor entspricht das Volumen dem Schüttvolumen des Biokatalysators.

Abbildung 14 zeigt, daß bei gleicher Zelldichte und einer Temperatur von 20 °C im Rieselbettreaktor 3- bis 4fache Abscheidungsgeschwindigkeiten, R_v, vorliegen.

7 Vergleich technisches Biofilter – Rieselbettreaktor

Abschließend seien einige mit technischen Anlagen erhaltene Werte (VDI-Richtlinie 3477 1991) mit den Werten verglichen, die mit substanzspezifischen Bakterien erhalten wurden. Wir betrachten nur die Anlagen, die mit fixierten Bakterien arbeiten.

Tabelle 4 zeigt die biologische Reinigung von Abgasen, die aus Kompostierungsanlagen und aus Tierkörperverwertungsanlagen stammen, mittels biologischer Filter. Humusmaterial dient als Filtermaterial. Einige Daten sind in Tabelle 4 gegeben.

Eine weitere wichtige Anwendung ist die bereits erwähnte Reinigung von Giessereiabgasen.

Messungen, ebenfalls mit natürlichen Filtern und Bakterien, aber definierten Substanzen, wurden im Labormaßstab von Ottengraf (1986) durchgeführt. Die für Ethylacetat erhaltenen Werte sind direkt mit den Werten vergleichbar, die von Hauk (1987) mit substanzspezifischen Bakterien erhalten wurden. Man errechnet eine Raumgeschwindigkeit von annähernd $k^+ = 840/h$ bei einer Konzentration von 0,06 g/m^3 Ethylacetat und 70 % Umsatz (Ottengraf 1986) gegenüber einer Raumgeschwindigkeit von 1000/h bei etwa gleicher Schadstoffkonzentration.

Die Zeitdauer für das Anzüchten der Bakterien wird in der VDI-Richtlinie 3477 (1991) mit 2-4 Wochen angegeben, gegenüber 10 Stunden beim System *P. fluorescens*/Propionaldehyd. Dies ist ein Vorteil der Verwendung substanzspezifischer Bakterien.

Tabelle 4: Abscheideleistung von Biofiltern und Biorieselbettreaktoren

Quelle	Abgas aus	Filter	ΣC mg. C/m³	U %	K* H^{-1}
VDI Richtlinie 3477	Tierkörper-verwertung	Heidekraut/ Fasertorf	347	83-96	120
	Kompostw.	Müllkompost	74	92	41
	Kottrocknung	Heidekraut	21000 GE/m³	82	100
	Giesserei	Heidekraut/ Fasertorf	130	69	140
Ottengraf	Modellabgas $CH_3COOC_2H_5$	Kompost	57	70	840
Hauk Gossen	Modellabgas $CH_3COOC_2H_5$	A-Kohle/porös.Glas P. fluorescens	57	70	1000
	C_2H_5CHO	P. fluorescens	32	90	1400

8 Ausblick

1. Die biologische Abgasreinigung kann immer dann eingesetzt werden, wenn es gelingt, Monokulturen oder Mischkulturen zu finden, die die Schadstoffe hinreichend schnell abbauen.
2. Monokulturen haben den Vorteil, daß sie schneller in hohen Konzentrationen zur Verfügung stehen. Sie sind substanzspezifischer. Die Frage, ob Monokulturen in der Praxis hinreichend stabil sind, muß durch Langzeitversuche geprüft werden. Erste Resultate sind positiv (Gossen 1991).
3. Die Schadstoffe müssen wasserlöslich sein.
4. Das Abgas muß frei von Schadstoffen oder Substanzen sein, die die Bakterien abtöten oder ernstlich schädigen.
5. Fixierte Bakterien, wie sie im Biofilter oder Biorieselbettreaktor vorliegen, scheinen resistenter gegen den Einfluß von Giften, Säuren (pH-Wert) oder Temperatur zu sein.
6. Der Biorieselbettreaktor ist ein in der Verfahrenstechnik und Reaktionstechnik gut beschriebener Apparat. Die Verwendung von Trägern, wie poröses Glas oder Glasrohre, erlaubt eine höhere Zelldichte und damit in manchen Fällen eine höhere Reaktionsgeschwindigkeit als die Verwendung von Biofiltern. Reaktionsprodukte, welche die Bakterien schädigen, wie beispielsweise Salzsäure, die beim Umsatz von chlorierten Kohlenwasserstoffen entsteht, können aus dem Reaktor ausgeschleust werden.
7. Die Frage, ob biologische Abgasreinigung möglich ist, sollte immer vor Ort und mit hinreichend langen Pilotversuchen geprüft werden, da die Abbaugeschwindigkeit von dem biologischen System abhängt und bakterienschädigende Stoffe vorliegen können.

9 Dank

Mein Dank gilt Herrn Prof. Dr. Rehm, Münster, der den mikrobiologischen Teil der Arbeit betreut hat. Die Arbeit wurde u. a. vom BMWi über die AiF (Nr. 7883, 8574) freundlicherweise gefördert.

10 Literatur

Dragt A.J., van Ham J. (1992) Biotechniques for the abatement and odour control policies. Elsevier, Amsterdam, London, New York, Tokyo

Ehrhart H.D., Rehm H.-J. (1987) Semicontinuous and continuous degradation of phenol by *P. putida* adsorbed on activated carbon. Appl. Microbiol. Biotechnol. 30: 398

Gossen C.A. (1991) Abluftreinigung mit fixierten Bakterien im Rieselbettreaktor. Dissertation, Technische Universität München

Krill H., Menig H. (1992) Biologische Verfahren zur Abluftreinigung. UTA 3 147

Hauk G. (1987) Abgasreinigung mit fixierten Bakterien. Dissertation, Technische Universität München

Liebe H.G., Werner W., Striefler B. (1989) Fortschritte bei der Emissionsminderung mit Biofiltern. Staub-Reinh. Luft 49: 145

Ottengraf S.P.P. (1986) Exhaust Gas Purification. Biotechnology 8: 425, VCH-Verlagsges., Weinheim

Paduch M. (1993) Hersteller von Anlagen zur Biologischen Abluftreinigung. Staub-Reinh. Luft 53: 60

Schippert E. (1993) Biologische Abluftreinigung. In: VDI-Bericht 1034 "Fortschritte bei der thermischen, katalytischen, sorptiven und biologischen Abgasreinigung". VDI Verlag, Düsseldorf

Schlachter U. (1990) Abluftreinigung mit immobilisierten Bakterienmonokulturen. Dissertation, Technische Universität München

VDI-Bericht 1104 (1994) Biologische Abgasreinigung. VDI Verlag, Düsseldorf

VDI-Richtlinie 3477 (1991) Biologische Abluftreinigung: Biofilter. VDI Verlag, Düsseldorf

VDI-Richtlinie 3478 (1994) Biologische Abluftreinigung: Biowäscher, Gründruck. VDI Verlag, Düsseldorf

Wagner S. (1994) Dissertation, Technische Universität München

Wolff F. (1994) Biologische Abluftreinigung mit einem neuen Biowäscher-Konzept. Vortrag ACHEMA

Verfahrenstechnische Grundlagen der biologischen Abluftreinigung mit Festbettreaktoren

A. Windsperger und M. Sotoudeh[1]

1 Zusammenfassung

Biologische Abgasreinigungsverfahren erlangen immer größere Bedeutung. Während anfänglich die Anwendungen in der Landwirtschaft und im Lebensmittelbereich überwogen, werden zunehmend die Einsatzmöglichkeiten im Bereich der Industrie zur Abscheidung massiver Massenströme bearbeitet. Dabei steht die Untersuchung der Abbauvorgänge in mikrobiologisch-verfahrenstechnischer Hinsicht immer mehr im Mittelpunkt. Durch die Forderung nach Betriebssicherheit und Automatisierung der Systeme nimmt die Zahl der Arbeiten über den Einsatz von Tropfkörperreaktoren (Rieselbettreaktoren) deutlich zu.

Im vorliegenden Artikel werden Arbeiten über die verfahrenstechnischen Aspekte von Festbettreaktoren, speziell hinsichtlich der Beschreibung des Stoffüberganges und der Strömungsform, Limitierungen der Reaktion und Modellbildung zusammengefaßt.

2 Einführung

Biologische Abluftreinigung kann nach zwei Prinzipien erfolgen – zum einen können die Schadstoffe durch eine Matrix mit großer Oberfläche geleitet werden, an der Mikroorganismen fixiert sind. Die Schadstoffe werden dabei von der Feuchtigkeit im Material oder vom Umlaufwasser aufgenommen und von den Organismen unmittelbar abgebaut. Dies entspricht dem Biofilterverfahren im weitesten Sinn. Bei getrennter Aufnahme der Schadstoffe in Wasser oder anderen Lösungsmitteln und deren Abbau außerhalb spricht man andererseits von Biowäscherverfahren.

[1] Forschungsinstitut für Chemie und Umwelt, Technische Universität, Getreidemarkt 9/191, A-1090 Wien

Biofilteranlagen einfachster Art werden schon seit Jahrzehnten, speziell aber seit Beginn der 70er Jahre zur Abscheidung geruchsintensiver Stoffe besonders im landwirtschaftlichen Bereich eingesetzt (Schirz 1981, Zeisig et al. 1981, Koch et al. 1982). Es handelt sich dabei um Flächenfilter mit Torf oder Erdschüttungen. Erst in den letzten Jahren bearbeitete man den technisch-mikrobiologischen Hintergrund der biologischen Abluftreinigungssysteme intensiver (Ottengraf und van den Oever 1983, Brauer 1984, DECHEMA 1987, Kratz 1989, VDI 1989, Fischer 1990). Dabei stand der Abbau massiver Massenströme, vorwiegend von Lösungsmittelkomponenten, im Vordergrund (Hippchen 1985, Eitner 1992, VDI 1994). Es wurden häufig, meist für Versuchsanlagen, speziell gezüchtete Einzelkulturen verwendet.

Die nachfolgenden verfahrenstechnischen Betrachtungen gelten im wesentlichen für *biologische Festbettreaktoren*. Unter diesem Begriff können nun alle Verfahren subsumiert werden, die die Lösung des Schadstoffes in einer Flüssigkeit bzw. in einem Flüssigfilm und dessen Abbau innerhalb desselben Systems, genaugenommen an derselben Stelle, (durch immobilisierte Mikroorganismen) durchführen. Durch diese Verknüpfung von Stofftransport und biologischer Reaktion ergibt sich nun die Aufrechterhaltung einer Konzentrationsdifferenz über den Flüssigfilm und damit einer konstanten Triebkraft für den Stoffübergang, wodurch auch schwerlösliche Schadstoffe abgebaut werden können.

Beide Systeme (Tropfkörper und Biofilter) sollten aus Gründen der Reaktionstechnik möglichst geringe Rückvermischung im Reaktor (ideale Pfropfenströmung) aufweisen.

Charakteristisch für alle *Biofiltersysteme* ist die Verwendung von organischem Trägermaterial, an dem Bakterien angelagert sind. Das Filtermaterial enthält die für die Mikroorganismen notwendigen Nährstoffe. Beim Durchströmen des Filtermaterials findet ein Stoffübergang von der Gasphase zur Haftflüssigkeit des Trägermaterials (Materialfeuchte) statt. Die in Lösung gegangenen Schadstoffe werden sofort von den am Material fixierten Mikroorganismen abgebaut.

Bei *Tropfkörperbioreaktoren* (Rieselbettreaktoren) sind die Bakterien an der Oberfläche eines nicht organischen Trägers angesiedelt. Die Nährstoffversorgung erfolgt durch einen Flüssigkeitsumlauf. Sie wurden deswegen anfänglich zu den Biowäschern gezählt. Auch hier erfolgt der Abbau der Schadstoffe beim Durchströmen des Kontaktapparates durch Absorption der Schadstoffe im Flüssigfilm an der Oberfläche des Trägermaterials mit nachfolgender biologischer Reaktion. Der Vorteil gegenüber Biofiltern liegt in der festeren Struktur des Trägers und damit den besseren Strömungseigenschaften und der gleichmäßigen Befeuchtung der Bakterien. Durch den Flüssigkeitsumlauf ist auch der Abtransport von gebildeten Stoffwechselprodukten, die z. B. zu pH-Änderungen führen würden, möglich.

Die für die Anlagerung der Mikroorganismen vorhandene Oberfläche ist in der Regel nicht so groß wie bei organischen Materialien. Bei Verwendung feinkörniger Schüttungen oder von Netzen und Fäden kann es zu Verstopfungen kommen. Die Verstopfungsneigung hängt nach van Lith et al. (1994) und Weber und Hartmanns (1994) wesentlich mit der Salzkonzentration zusammen und kann durch gezielte Limitierung verhindert werden. Verstopfungen können zu einem Flüssigkeitsstau in der Anlage und dadurch zu einer gewaltigen Zunahme des Gewichtes der Schüttung führen, was aus statischen Gründen meist vermieden werden muß. Daher sind bei solchen Anlagen Sicherheitsüberläufe für Notfälle vorzusehen.

In Analogie zu Waschkolonnen wird der Bioreaktor meist mit Gegenstrom von Gasstrom und Nährlösung betrieben. Derzeit sind nach diesem Prinzip noch keine Großanlagen in Betrieb, doch ist damit zu rechnen, daß in den nächsten Jahren der Tropfkörper bei der Abscheidung von schwerlöslichen, anorganischen Substanzen (Stickstoff- und schwefelhaltige Substanzen) konkurrenzlos sein wird. Die zunehmende Forschung in diesem Bereich im Laufe der letzten Jahre führte zu einem beträchtlichen Wissensstand, der eine gute Basis für die Errichtung von Großanlagen darstellen müßte (Jol et al. 1994, van Lith et al. 1994, Oosting et al. 1994, Schindler et al. 1994, Weber und Hartmanns 1994, Windsperger 1990a).

2.1 Begriffsbestimmungen

Jede Reinigungsanlage muß eine geforderte Wirkung erzielen. Dabei kann ein Wirkungsgrad (Abscheidung) oder die Einhaltung eines Grenzwertes gefordert werden. Nachfolgend werden die wichtigsten verwendeten Parameter zur Charakterisierung der Leistung einer Anlage, ihre Errechnung sowie die Zusammenhänge untereinander angegeben.

Umsatz, Wirkungsgrad (Abscheidung) $$U = \frac{c_{in} - c_{out}}{c_{in}}$$

olfaktometrischer Wirkungsgrad $$U_{olf} = \frac{Ge_{roh} - GE_{rein}}{GE_{roh}} \cdot 100$$

Die zu reinigende Abluftmenge G_{in} und deren Konzentration c bestimmen im wesentlichen das Volumen V einer Anlage. Das Volumen wird aufgeteilt in Fläche A und Höhe H, woraus sich das Flächen-Höhen-Verhältnis errechnet. Aus dem Gasstrom und den Abmessungen können folgende Kenndaten ermittelt werden:

Gasflächenbelastung	$V_a = G/A$	$[m^3 \cdot m^{-2} \cdot h^{-1}]$
Gasvolumenbelastung	$V_v = G/V$	$[m^3 \cdot m^{-3} \cdot h^{-1}]$
Gasleerrohrverweilzeit	$t_{th} = 3600/V_v$	[s]
Gasleerrohrgeschwindigkeit	$v_g = V_a/3600$	$[m \cdot s^{-1}]$

Analoge Kenndaten können bei Biowäscher und Tropfkörper für die Flüssigkeit berechnet werden, sie sind mit Index l gekennzeichnet.

Aus Rohgaskonzentration und Gasstrom und Wirkungsgrad können des weiteren folgende Kennwerte für den Frachteintrag bzw. den Schadstoffabbau errechnet werden:

Fracht	$F = G \cdot c_{in}$	$[g \cdot h^{-1}]$
spezifische Fracht	$f = F/V = c_{in} \cdot V_v$	$[g \cdot m^{-3} \cdot h^{-1}]$
spezifische Abbaurate	$R = F \cdot U = G \cdot (c_{in} - c_{out})$	$[g \cdot m^{-3} \cdot h^{-1}]$

Variablenverzeichnis

a :	spezifische Oberfläche, $(m^2 \cdot m^{-3})$
A :	Fläche, (m^2)
A_p :	Partikeloberfläche, (m^2)
Bo:	Bodenstein-Zahl (-)
c :	Konzentration, $(g \cdot m^{-3})$
c_{in} :	Eingangskonzentration, $(g \cdot m^{-3})$
c_{out} :	Ausgangskonzentration, $(g \cdot m^{-3})$
C_M:	Metabolitkonzentration, $(g \cdot l^{-1})$
d:	Durchmesser, (m)
D:	Diffusionskoeffizient, $(m^2 \cdot s^{-1})$
d':	Hydraulischer Durchmesser, (m)
d_p:	Partikeldurchmesser, (m)
D_{ax}	Diffusionskoeffizient, $(m^2 \cdot s^{-1})$
F:	Fracht, $(g \cdot h^{-1})$
f :	spezifische Fracht, $(g \cdot m^{-3} \cdot h^{-1})$
G :	Gasvolumenstrom, $(m^3 \cdot h^{-1})$
GE :	Geruchsstoffschwellenkonzentration, $(GE \cdot m^{-3})$
H :	Höhe, (m)
k, k_l, k_l^*, k_g :	Stoffübergangskoeffizient, $(m \cdot h^{-1})$
k :	Zellbildungsgeschwindigkeitskoeffizient, (h^{-1})
k_l :	Reaktionsgeschwindigkeitskoeffizient, (h^{-1})
k_0 :	Reaktionsgeschwindigkeitskoeffizient, $(g \cdot l^{-1} \cdot h^{-1})$
k_{max} :	max. Zellbildungsgeschwindigkeitskoeffizient, (h^{-1})
K_M:	Michaelis-Konstante, $(g \cdot l^{-1})$
L :	Lange, (m)
l_z :	Höhe der Schüttung, (m)
N_k :	Kaskadenzahl, (-)
N :	Abbaurate, $(g \cdot h^{-1})$

Δp : Druckverlust, (Pa)
Pe_{ax} : Peclet-Zahl, (-)
R : spezifische Abbaurate, ($g \cdot m^{-3} \cdot h^{-1}$)
Re : Reynolds-Zahl, (-)
r : Reaktionsrate, ($g \cdot l^{-1} \cdot h^{-1}$)

t : Verweilzeit (s)
t_{th} : Gasleerrohrverweilzeit, (s^{-1})

U : Wirkungsgrad (Abschneidung), (-)
U_{olf} : olfaktometrischer Wirkungsgrad, (-)

V : Volumen des Reaktors, der Schüttung (m^3)
V_a : Gasflächenbelastung, ($m^3 \cdot m^{-2} \cdot h^{-1}$)
v_g : Gasleerrohrgeschwindigkeit, ($m \cdot s^{-1}$)
V_H : Hohlraumvolumen, (m^3)
V_L : Flüssigkeitsvolumenstrom ($m^3 \cdot h^{-1}$)
V_p : Partikelvolumen, (m^3)
V_v : Gasvolumenbelastung, ($m^3 \cdot m^{-3} \cdot h^{-1}$)
V_w : Flüssigkeitsgehalt im Reaktor, (m^3)

X : Zellenkonzentration, ($g \cdot l^{-1}$)

Griechische Zeichen

α : Neigungswinkel, (°)
δ : Filmdicke, ($g \cdot m^{-3}$)
λ : Widerstandskoeffizient, (-)
ε : Lückengrad, (-)
ν : kinematische Viskosität, ($m^2 \cdot s^{-1}$)
ρ : Dichte, ($g \cdot m^{-3}$)
μ : Längenkorrekturfaktor, (-)

3 Überblick über den Stand der Technik von Festbettreaktoren

3.1 Biofilter

Bezüglich der Ausführungsform unterscheidet man ortsfeste, mobile und modulare Systeme bzw. automatisierte Anlagen von Anlagen mit Handbetrieb. Während in den früheren Jahren einfache Anlagen vorwiegend im landwirtschaftlichen Bereich dominierten, wendet man sich zunehmend Aufgaben im industriellen Bereich zu, wobei modulare, automatisierte Anlagen wegen der höheren Betriebssicherheit an Verbreitung zunehmen. Anwendungs- und Ausführungsbeispiele finden sich in der VDI-Richtlinie 3477 (VDI 1991), einen Überblick über die Anwendungen in Österreich, die verwendeten Auslegungsdaten und Filtermaterialien geben Braun et al. (1994).

Modulare Anlagen bieten den Vorteil der flexiblen Anordnung, des Materialwechsels einzelner Module ohne Betriebsunterbrechung und auch die Möglichkeit, den Materialwechsel außerhalb des Betriebes, z. B. im Kompostwerk, durchzuführen. Aber auch die spätere Erweiterbarkeit spricht oft für eine derartige, allerdings deutlich teurere Ausführungsform.

Die Tendenz zur Automatisierung hatte im wesentlichen zwei Gründe:

- hohe Personalkosten für die Überwachung,
- Forderung der Behörde nach Dokumentation der Betriebsdaten und der Reinigungsleistung.

Ein Teil des Meßaufwandes wird daher in die Messung der Roh- und Reingaskonzentrationen investiert. Die Überwachung des Betriebes ist durch folgende Parameter möglich:

- Roh- und Reingasfeuchte,
- Materialfeuchte,
- Druckverlust des Materials,
- Gewicht der Schüttung.

Die automatisierte Erfassung dieser Werte ermöglicht dem Bedienungsmann, ständig über den Zustand des Filters informiert zu sein, Austrocknungen oder Überfeuchtungen zu erkennen und mit Besprühen des Materials eventuell zu reagieren, ohne aufwendige Messungen, Analysen oder Manipulationen vor Ort durchführen zu müssen.

Bei Anlagen, in denen mehrere, sich ändernde Gasströme zusammengefaßt werden, erfolgt die Regelung der abgesaugten Gasmengen und die Überwachung des Biofilters häufig vollständig automatisiert. Der Bedienungsmann erhält nur mehr einen Kontrollausdruck über den Zustand und die erfolgten Veränderungen an der Anlage.

Beim Trägermaterial unterscheidet man die eigentlichen Torf-Heidekraut-Mischungen und erdähnliche Materialien mit Stützstrukturen (z. B. Holzhäcksel). Erstere werden aus Gründen der Ressourcenschonung heute nur noch im norddeutschen Raum verwendet. Die Anwendung von erdähnlichem Material, das auch zum Ausdruck Kompostfilter geführt hat, hat in den letzten Jahren deutlich zugenommen (Braun et al. 1994). Daneben wird in vielen Fällen auch Rindenhackgut erfolgreich eingesetzt.

Das organische Filtermaterial hat die Vorteile der Nährstoffversorgung der Bakterien aus dem Träger, der großen spezifischen Oberfläche für die Ansiedlung der Bakterien und der anfänglich bereits hohen Keimzahl, die früher als wesentliche Eigenschaft für die Tauglichkeit des Materials gesehen wurde. Heute arbeitet man in vielen Fällen bereits mit speziell angezüchteten Bakterien oder einer Mischkultur, die z. B. aus Klärschlamm isoliert wurde. In diesem Fall ist die Ausgangskeimzahl nicht mehr so wichtig, für den stabilen Betrieb sind die statischen Eigenschaften des Materials, d. h. die gute und gleichmäßige Durchströmbarkeit und niedriger Druckverlust, von entscheidender Bedeutung. Die Nachteile dieser so einfachen und kostengünstigen Technologie liegen in den Durchströmungseigenschaften des Filtermaterials, das wegen seiner Ungleichmäßigkeit verfahrenstechnisch überaus schwer charakterisierbar ist und zudem die Eigenschaften in Abhängigkeit des Wassergehaltes ändert. Die sich dann ergebende Randgängigkeit ist eine häufige Ursache für unzureichende Abbauleistung einer Biofilteranlage (Stefan et al. 1990).

3.2 Tropfkörper

Die Nachteile und Untersuchungen zur Anwendung von Biofiltern bei anorganischen Schadstoffen führten in den 80er Jahren zur Entwicklung von alternativen Trägern, wobei die nichtorganischen überwogen. Wie man schon aus den Anfängen der Biotechnologie wußte, waren Bakterien sehr leicht auch an Steine, Späne und Kohle zu immobilisieren. Der Vorteil dieser Materialien liegt in der festen Strukur, deren Inkompressibilität und Unempfindlichkeit gegenüber Schwankungen der Luftfeuchtigkeit. Wegen des fehlenden Nährstoffgehalts des Trägers wurde eine Berieselung der Materialien mit einer Nährsalzlösung notwendig, diese ersetzte aber dann die meist notwendige Rohgasbefeuchtung. Sie brachte aber auch die Möglichkeit, im Reaktor gebildete Stoffwechselprodukte abzutransportieren. Damit konnten diese Systeme auch bei biologisch oxidierbaren anorganischen Substanzen eingesetzt werden. Beispiele hierfür sind speziell geruchsintensive Schwefel- und Stickstoffverbindungen. Diese führten bei Biofilteranlagen häufig zum pH-Abfall verbunden mit einer zunehmenden Funktionsuntüchtigkeit der Anlage.

Aus den vorliegenden Arbeiten und Erfahrungen im Labor- und halbtechnischen Maßstab (eine aktuelle Zusammenstellung gibt die VDI-Kommission Reinhaltung der Luft 1994) ergibt sich die in Abb. 1 dargestellte Verfahrensweise als Grundschema eines Tropfkörperbioreaktors.

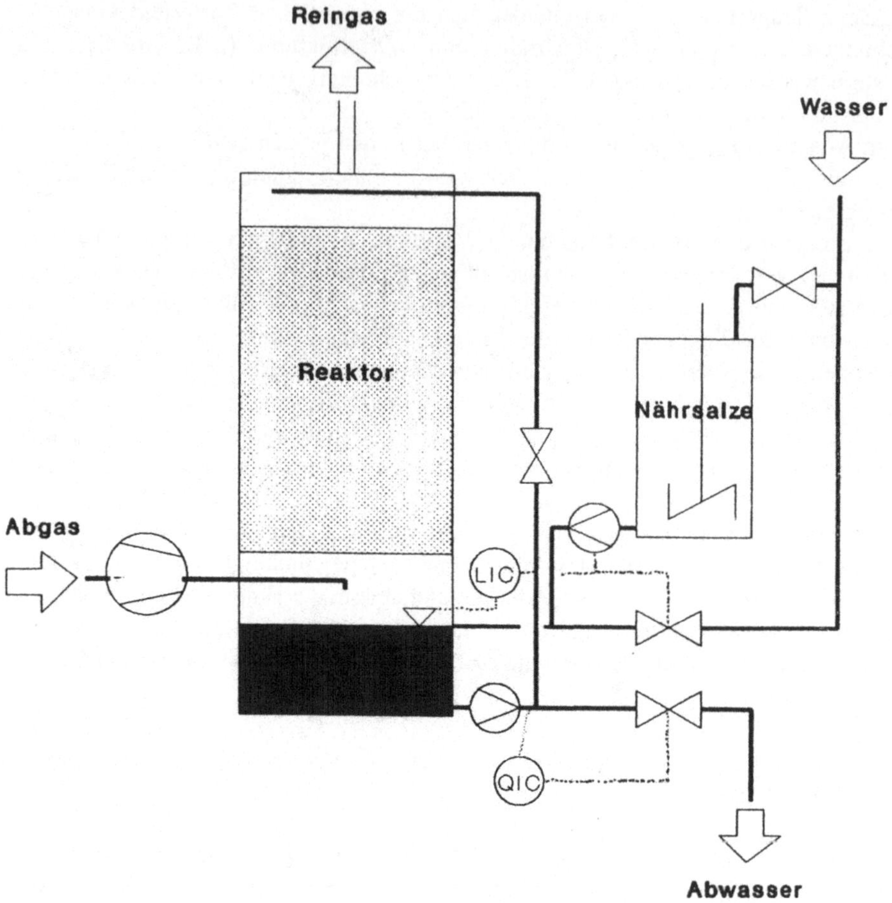

Abb. 1: Verfahrensschema eines Tropfkörperbioreaktors

Die zu reinigende Abluft wird mittels eines Gebläses durch den Reaktor geleitet, in welchem sich mit Bakterien bewachsene Füllkörper befinden. Die Mikroorganismen werden durch einen Flüssigkeitsumlauf ständig feucht gehalten. Die abtropfende Flüssigkeit wird in einem Behälter gesammelt, der als Pumpenvorlage und Meß- bzw. Regelstrecke dienen kann. Für letztere Anwendung ist die Installation einer Umwälzeinrichtung zu empfehlen.

Während des Durchströmens der Schüttung findet der Übergang der Schadgaskomponenten von der Gasphase in die Flüssigphase und durch den Wasserfilm zu den Mikroorganismen statt. Die Reaktionsprodukte werden über das Umlaufwasser von den Zellen entfernt. Die Ausschleusung aus dem Flüssigkeitskreislauf erfolgt über ein Regelventil. Als Regelgröße für die Ausschleusung können pH-Wert oder Leitfähigkeit verwendet werden. Die Zugabe von Frischwasser erfolgt durch eine Füllstandsregelung. Beim Abziehen dieses Kreislaufwasseranteils wird auch der in geringen Mengen gebildete Überschußschlamm in einem Absetzbecken abgetrennt.

3.3 Gasstromführung in Rieselbettreaktoren

Wie beschrieben dient der Wasserumlauf nur zur Befeuchtung der Bakterien, zur Aufnahme und zum internen Transport der Schadstoffe sowie zum Abtransport von Stoffwechselprodukten und ist weder von der Funktion noch von den Umlaufmengen mit einem Wäscher zu vergleichen. Die Flächenbelastungen liegen dementsprechend auch um mehr als eine Zehnerpotenz niedriger. Dementsprechend ergeben sich derart niedrige Geschwindigkeiten, daß man fast von einem stehenden Flüssigfilm sprechen kann. Wegen dieses nahezu stationären Wasserfilms ist auch die von der Wäschertechnologie stammende Verfahrenseinteilung in Gegenstrom und Gleichstrom nicht direkt anzuwenden, da eigentlich nur eine Phase ausreichende Strömungsgeschwindigkeit aufweist. Damit scheinen die Abbaueigenschaften des Systems nicht primär an die Führung der Gasphase gebunden zu sein, wodurch neben der üblichen Gasführung von unten nach oben auch die entgegengesetzte Strömungsrichtung möglich erscheint.

Während bei der konventionellen Betriebsweise das Rohgas in konzentrierter Form mit dem abtropfenden Wasser in Kontakt kommt, dieses aber bereits aus dem Reaktionsraum ausgetreten ist, bleibt es theoretisch mit dem Schadstoff gesättigt, wenn es oben wieder in den Reaktor eintritt. Dort wird aber durch das gereinigte Abgas ein Teil des Schadstoffes wieder gestrippt und verschlechtert die Abbaueigenschaften. Dieser versteckte Schadstofftransport am Reaktionsraum vorbei, der in der Praxis bei ausreichender Sauerstoffversorgung von den im Umlauf befindlichen Zellen gering gehalten wird, würde bei einer Gleichstromführung wegfallen. Schwierigkeiten sind, neben einer möglichen Veränderung des Flüssigfilmes durch den beschleunigten Wasserabfluß kaum vorstellbar. Trotzdem gibt es unseres Wissens nach keine ausgeführte Rieselbettreaktoranlage im technischen Maßstab mit einer derartigen Gasführung.

3.4 Trägermaterialien für Rieselbettreaktoren

Die eingesetzten Trägermaterialien teilen sich in Füllkörper und mineralische Materialien. Bei letzteren sind speziell Aktivkohle und Schlackensteine zu nennen. Anteilsmäßig überwiegen aber die Anwendungen von Kunststofformteilen, im speziellen Füllkörper (VDI 1994).

Die Auswahl des Trägermaterials wird durch folgende Faktoren maßgeblich beeinflußt:

- spezifische Oberfläche,
- Lückengrad,
- Hydrophilie, Benetzbarkeit,
- Aggregierbarkeit,
- Gewicht,
- Preis.

Die spezifische Oberfläche und der Lückengrad weisen meist entgegengesetzten Trend auf. Diese Angaben sind aber ohnehin nur für den unbewachsenen Zustand relevant. Durch den Bewuchs verändert sich sowohl die Oberfläche als auch der Lückengrad. Windsperger (1991a) untersuchte das Ausmaß des Bewuchses durch Gegenüberstellung der Druckverluste von Füllkörperschüttungen im bewachsenen und unbewachsenen Zustand bzw. von Schüttungen aus organischen Materialien mit unterschiedlichen Materialfeuchten. Dabei zeigte sich, daß verschiedene Füllkörper unterschiedlicher spezifischer Oberfläche letztlich zu einem ähnlichen Endzustand kamen (Abb. 2), der vom Lückengrad her fast mit jenem der organischen Materialien vergleichbar war. Dieser könnte bei Tropfkörpern durch die Strömungsverhältnisse im Reaktor gegeben sein, wobei das Wachstum durch die Verringerung des Lückengrades zu einer Erhöhung der Gasgeschwindigkeit führt. Ab einer Grenzgeschwindigkeit entsteht möglicherweise verstärkte Turbulenz an der Oberfläche, die einem weiteren Wachstum entgegensteht.

Als Nachteile wurden anfänglich die fehlenden Nährstoffe und die vergleichsweise geringe spezifische Oberfläche gesehen. Es zeigte sich aber bald, daß die Nährstoffversorgung über den Wasserumlauf problemlos möglich ist, andererseits eine spezifische Oberfläche von etwa 200 $m^2 \cdot m^{-3}$ bereits für die Erzielung äquivalenter Ergebnisse ausreicht.

Der Vergleich von Füllkörpern mit spezifischen Oberflächen zwischen 100 und 450 $m^2 \cdot m^{-3}$ in einer Pilotanlage zur Abscheidung von H_2S und CS_2 zeigte zwar eine Zunahme der Abbauleistung mit der Oberflächenvergrößerung (Abb. 3), allerdings war bei durchschnittlichen Abbauraten das Ausmaß oberhalb von 200 $m^2 \cdot m^{-3}$ so gering, daß wegen der Verstopfungsgefahr bei höheren Oberflächen etwa diese Größe als Optimum für den technischen Einsatz gesehen wird (Windsperger 1990b).

Letztlich scheint durch das Wachstum der Bakterien die Veränderung der Oberfläche und der Form der Füllkörper so stark zu sein, daß den Unterschieden in der Gestaltung und dem Wert der spezifischen Oberfläche keine vorrangige Bedeutung zukommt.

Von wesentlicher Bedeutung speziell bei Anlagen im technischen Maßstab ist die Neigung der Füllkörper zur Aggregatbildung. Darunter ist das Verkeilen und Verhaken der einzelnen Füllkörper ineinander gemeint, was zu unterschiedlichen Dichten und damit zur Gefahr der Randgängigkeit führt.

Das Gewicht ist bei den meisten Kunststoffkörpern ähnlich, hier liegen nur Unterscheidungsmerkmale zu mineralischen Trägern vor. In Summe ist unser Eindruck, daß die große innere Oberfläche von porösen mineralischen Materialien sich nicht in einer äquivalenten Leistungssteigerung niederschlägt, da der Bewuchs diese Poren verschließt und nur die äußere Oberfläche an der Reaktion teilnimmt. Ausnahmen könnten bei fasrigen Strukturen vorliegen, die hohe Oberfläche mit großem Lückengrad vereinen. Sie wären für die Erzielung hoher Abbauraten prädestiniert, die Betriebssicherheit muß aber bei derartigen Systemen noch näher untersucht werden.

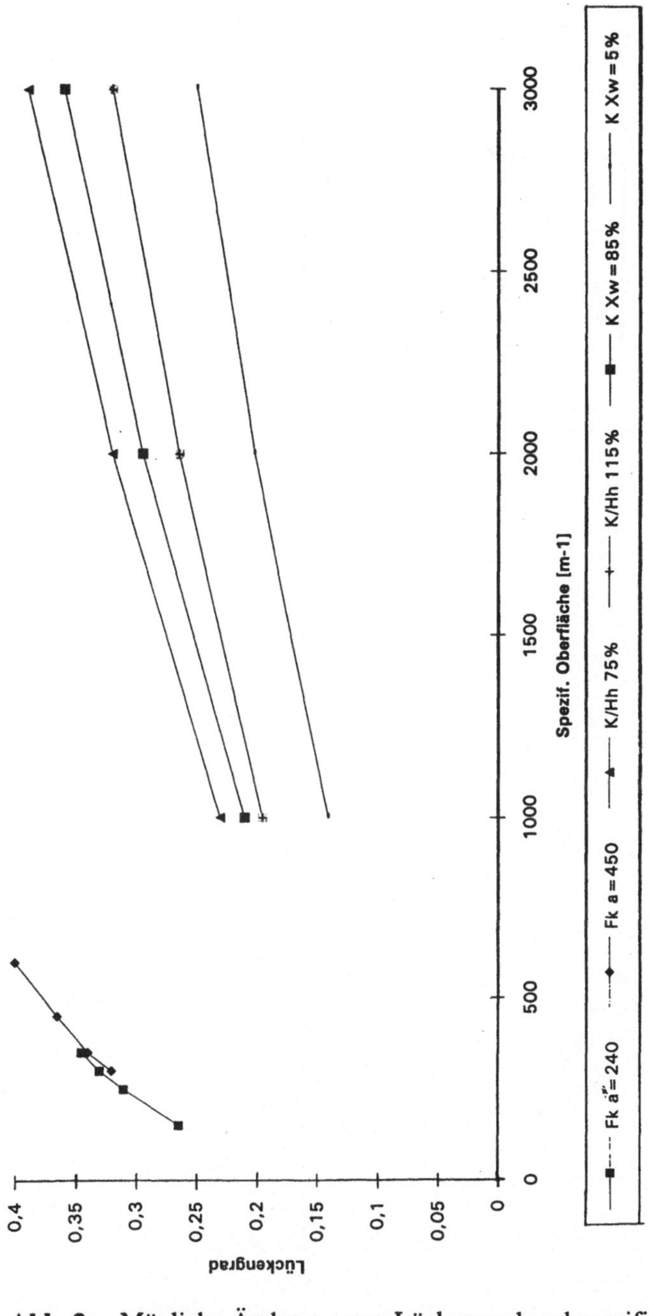

Abb. 2: Mögliche Änderung von Lückengrad und spezifischer Oberfläche durch den Bewuchs (aus Windsperger 1991). *Fk* Füllkörper mit der spezifischen Oberfläche a; *K/Hh* Kompost-Holzhäcksel-Mischung mit Materialfeuchte x %; *K* Kompost mit der Materialfeuchte x %

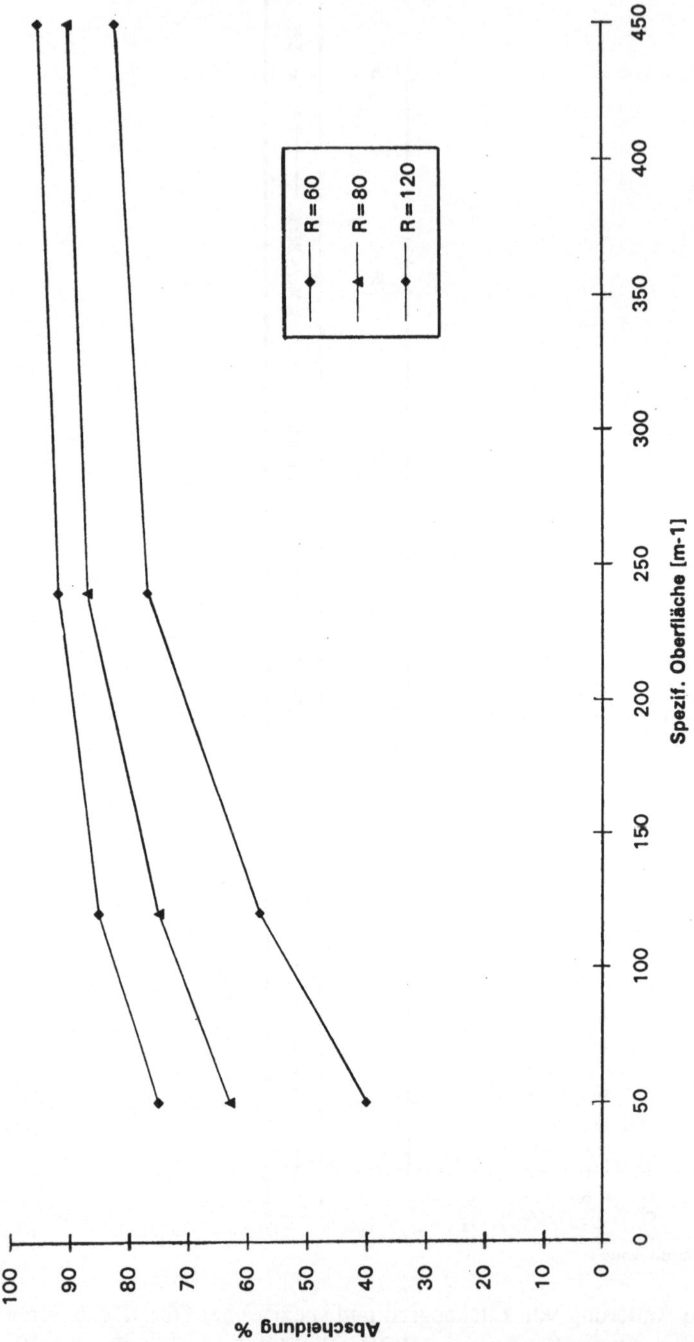

Abb. 3: Einfluß der spezifischen Oberfläche der Füllkörper auf die Abbauleistung eines Tropfkörperreaktors (aus Windsperger 1990b)

4 Strömungsverhältnisse der Gasphase

Während bei einem Wäscher die Auslegung nach Kriterien der optimalen Stoffübergangsbedingungen erfolgt, muß man bei Biofiltern und Tropfkörpern, bei denen der Schadstoff direkt im Kontaktapparat abgebaut wird, bei der Auslegung auf ausreichende Verweilzeit Rücksicht nehmen. Dementsprechend erfolgt die Durchströmung des Kontaktapparates mit nur relativ geringer Geschwindigkeit.

Bei organischen Materialien liegen die maximalen Volumenbelastungen wegen des relativ hohen Materialdruckverlustes meist unter 250 $m^3 \cdot m^{-3} \cdot h^{-1}$ bei 1 m Füllhöhe. Demgegenüber können bei Tropfkörpern, wegen der wesentlich festeren Struktur der Schüttung, Werte bis zu 500 erreicht werden. Bei einer Höhe von 3 m entspricht dies bereits einer Flächenbelastung von 1500 $m^3 \cdot m^{-2} \cdot h^{-1}$. Trotz dieser für biologische Abluftreinigungsverfahren riesigen Gasbelastung liegt die Gasgeschwindigkeit nur bei 0,42 $m \cdot s^{-1}$.

Die Werte der Volumenbelastung V_v sowie der Leerrohrgeschwindigkeit und der Leerrohrverweilzeit sind in Abb. 4 für verschiedene Reaktorhöhen im üblichen Anwendungsbereich dargestellt. Durch den Bewuchs wird der Lückengrad und damit die Verweilzeit veringert, die Gasgeschwindigkeit erhöht.

Entsprechend VDI-Richtlinie 3477 (1991) sollte man effektive Verweilzeiten von 20 Sekunden nicht unterschreiten. Dies entspricht bei schwachem Bewuchs eines Tropfkörpers etwa einer Volumsbelastung um 180 $m^3 \cdot m^{-3} \cdot h^{-1}$, bei Biofiltern liegen die Werte zwischen 100 und 150. Dies wurde bisher auch weitgehend eingehalten.

Zu einer Beschreibung von Turbulenz und Druckverlust der Gasströmung in Schüttungen gelangt man, wenn man die Stoffbewegung in Analogie zur Durchströmung von Kanälen behandelt und die Struktur des porösen Körpers durch Einführung spezieller Faktoren berücksichtigt (VDI-Wärmeatlas 1977). Der Druckverlust bei der Strömung in Rohren mit der Länge l und dem Durchmesser d wird durch folgende Gleichung beschrieben.

$$\Delta p = \lambda \cdot l / d \cdot \rho \cdot v^2 / 2$$

Bei Anwendung obiger Gleichung auf die Strömung in Schüttungen ist sinngemäß für l eine effektive Schütthöhe $\mu \cdot H$ einzusetzen, wobei der Wegfaktor μ die Verlängerung des Strömungsweges erfaßt. Als gleichwertiger Rohrdurchmesser einer Schüttung ist der hydraulische Durchmesser d´ eines Kanales entsprechend

$$d' = 4 \cdot \frac{V_H}{A}$$

zu bilden, wobei V_H das Hohlraumvolumen und A die benetzte Oberfläche darstellt. V_H kann über den Lückengrad $\varepsilon = V_H/V_{ges}$, A über die spezifische Oberfläche ausgedrückt werden.

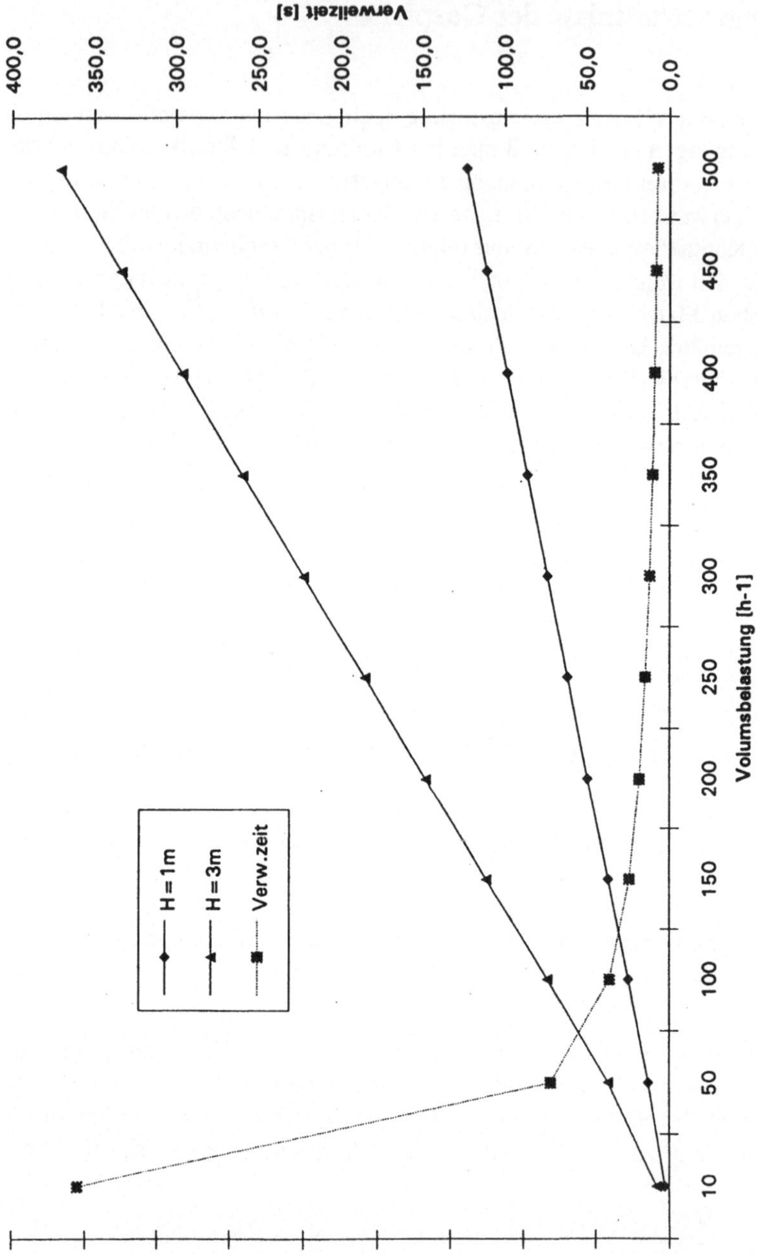

Abb. 4: Verweilzeit und Gasgeschwindigkeit in Abhängigkeit der Volumenbelastung bei unterschiedlichen Reaktorhöhen

Der gleichwertige Partikeldurchmesser der Schüttung d_P entspricht bei einer gleich großen Kugelschüttung dem Kugeldurchmesser, bei einer unregelmäßigen Schüttung, wie sie bei Biofiltern vorliegt, muß er aus dem Volumen und der Oberfläche der Partikel errechnet werden.

$$d_p = \frac{3 \cdot (1 - \varepsilon)}{2 \cdot \varepsilon} \cdot d'$$

Als Geschwindigkeit ist die mittlere Geschwindigkeit in der Schüttung anzusehen, die sich aus

$$v = v_g / \varepsilon$$

errechnet, wobei v_g die Leerrohrgeschwindigkeit darstellt.

Die Gleichung zur Berechnung des Druckverlustes einer unregelmäßigen Partikelschüttung lautet somit

$$\Delta p = \mu \cdot \lambda \cdot \frac{3 \cdot H(1 - \varepsilon) \cdot \rho \cdot v_g^2}{4 \cdot d_p \cdot \varepsilon^3}$$

Der Druckverlustbeiwert λ ist dabei eine Funktion der Reynolds-Zahl, die sich für den Fall einer unregelmäßigen Schüttung aus

$$Re = \frac{v_g \cdot d'}{\varepsilon \cdot \upsilon} = 2/3 \cdot \frac{v_g \cdot d_p}{(1 - \varepsilon) \cdot \upsilon}$$

errechnet.

Abbildung 5 zeigt die Werte des hydraulischen Durchmessers der Schüttung bei steigender spezifischer Oberfläche für verschiedene Lückengrade. Bei steigender innerer Oberfläche sinkt der hydraulische Durchmesser speziell im unteren Bereich stark ab. Dies kann durch die bei großer Oberfläche zunehmenden Wandeinflüsse erklärt werden. Dementsprechend ist dieser Abfall bei hohen Lückengraden anfänglich geringer als bei dichten Schüttungen. Tabelle 1 zeigt einen Vergleich der charakteristischen Größen für Füllkörper und organische Materialien.

Aus dem Verlauf der drei exemplarisch angegebenen Füllkörper mit verschiedenen Oberflächen und Lückengraden erkennt man die fallende Tendenz von hydraulischem und äquivalentem Füllkörperdurchmesser bei steigender spezifischer Oberfläche. Die Werte des hydraulischen Durchmessers liegen im Bereich von 0,005-0,04 m, jene des äquivalenten Füllkörperduchmessers etwa eine Zehnerpotenz tiefer.

Die Werte für organische Schüttungen sind wegen der unbekannten spezifischen Oberfläche mit großen Unsicherheiten behaftet. Trotzdem kann aus obiger Tabelle abgeschätzt werden, daß sowohl der hydraulische als auch der gleichwertige Füllkörperdurchmesser von organischen Materialien geringfügig unterhalb der Werte von Füllkörpern liegt.

Der Kennwert der Turbulenz der Gasströmung, die Reynolds-Zahl (Re), errechnet sich nun aus den angegebenen Werten nach obigen Gleichungen.

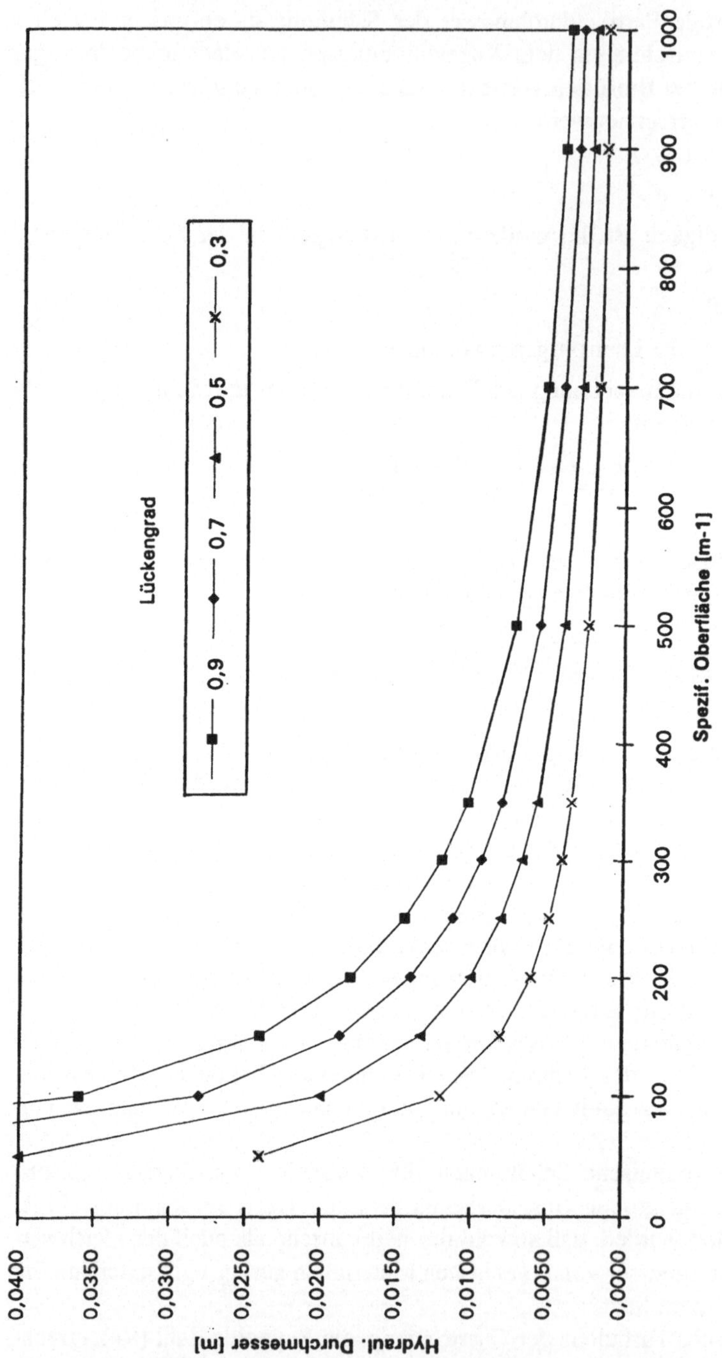

Abb. 5: Werte des hydraulischen Durchmessers in Abhängigkeit von der spezifischen Oberfläche und des Lückengrades

Tabelle 1: Vergleich von hydraulischem Durchmesser und gleichwertigem Partikeldurchmesser von verschiedenen Trägermaterialien

a) Füllkörper

	a = 100	a = 240	a = 450
$d' = 4 \cdot V/A$	0,034	0,015	0,0077
ε	94 %	90 %	87 %
$d_p = 3/2 \cdot (1-\varepsilon)/\varepsilon \cdot d'$	0,0033	0,0025	0,0017

b) Organische Materialien

	a = 1000	a = 3000	a = 1000	a = 3000
$d' = 4 \cdot V/A$	0,0024	0,0008	0,0012	0,0004
ε	60 %	60 %	30 %	30 %
$d_p = 3/2 \cdot (1-\varepsilon)/\varepsilon \cdot d'$	0,0024	0,0008	0,0042	0,0014

Abbildung 6 zeigt die Werte von Re in Abhängigkeit der Gasflächenbelastung und der spezifischen Oberfläche. Für jede spezifische Oberfläche ergibt sich eine Gerade mit dem Anstieg $4/(3600 \cdot a \cdot \nu)$.

Die Re-Zahlen sind somit der spezifischen Oberfläche indirekt proportional, so daß Füllkörper höhere Werte als organische Materialien aufweisen. Eine Abschätzung der Reynolds-Zahl bei den einzelnen Systemen bringt folgende überschlägige Werte:

Füllkörper a = 200-450 Re = 20-150
a = 100 Re = 50-300
Organische Materialien Re < 100

In der Praxis wird die Reynolds-Zahl bei Füllkörpern auch wegen des möglichen höheren Gasbelastungsbereichs über jener von organischen Schüttungen liegen.

Zur Errechnung des Druckverlustes kann der Wert des Produktes aus Widerstandsbeiwert und Wegfaktor aus Diagrammen als Funktionen der Reynolds-Zahl abgelesen werden.

Im laminarem Bereich gilt $\lambda = 64/Re$

Der Verlauf im turbulenten Bereich ist stark von der Partikelform abhängig. Für ungeordnete Kugelschüttungen und Mehrkornschüttungen wird von Rumpf und Gupte folgende Korrelation angegeben.

$$\mu \cdot \lambda = 2{,}2 \cdot \left(\frac{0{,}4}{\varepsilon}\right)^{0{,}78} \cdot \left(\frac{64}{Re} + \frac{1{,}8}{Re^{0{,}1}}\right)$$

Mit dieser Gleichung können nun Druckverlustwerte für Schüttungen errechnet werden. Typische Verläufe in Abhängigkeit der Flächenbelastung sind in Abb. 7 dargestellt.

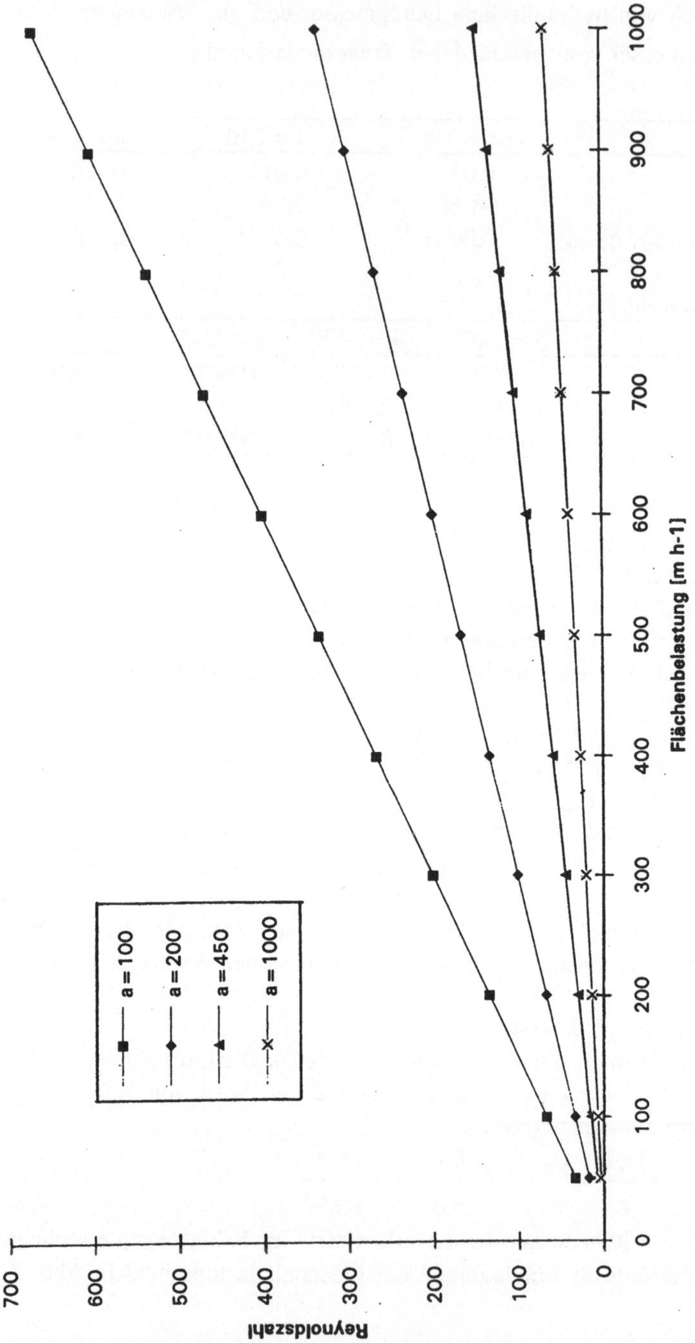

Abb. 6: Werte der Re-Zahl in Abhängigkeit von der Gasflächenbelastung für verschiedene spezifische Oberflächen

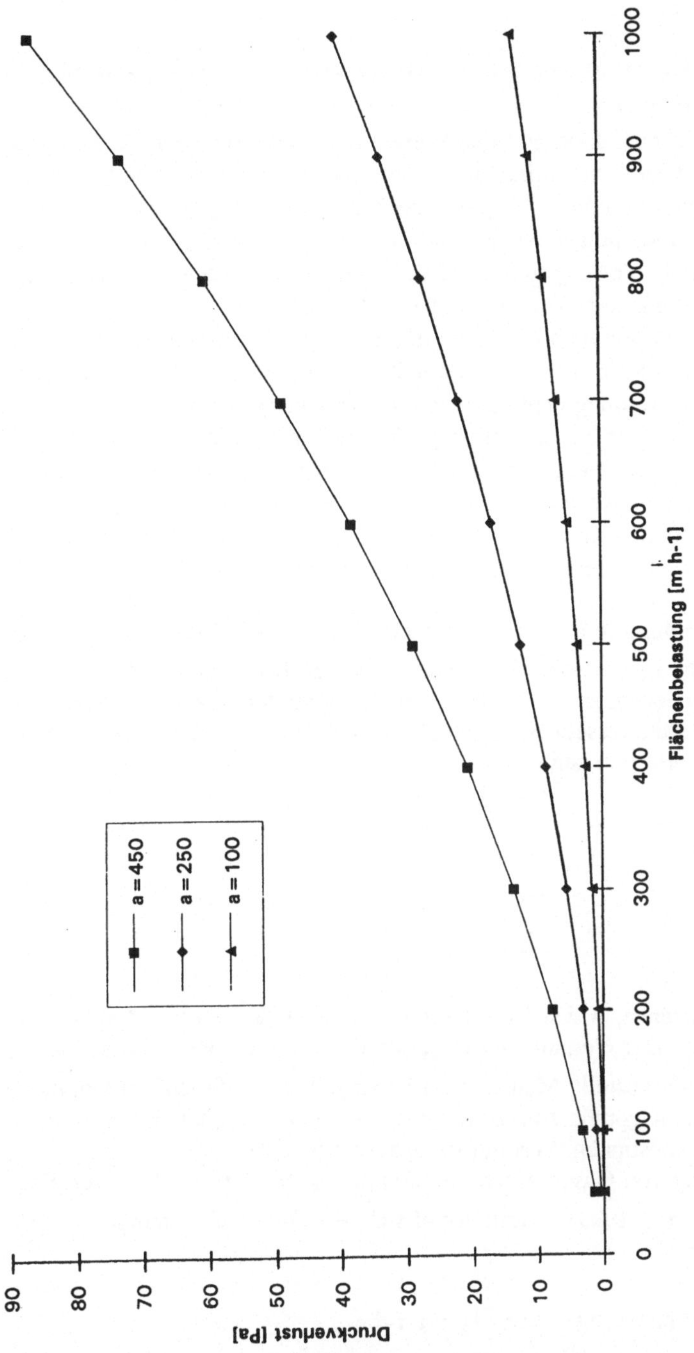

Abb. 7: Verlauf des Druckverlustes in Abhängigkeit von der Flächenbelastung für verschiedene spezifische Oberflächen (aus Windsperger 1991)

4.1 Strömungsform

Generell ist bei allen Abschätzungen der Turbulenz der Gasströmung in biologischen Abluftreinigungssystemen die Änderung der Oberfläche durch den Bewuchs der größte Unsicherheitsfaktor. Mit den Werten der Füllkörper ohne Bewuchs gerechnet liegt die Re-Zahl im laminaren Bereich, so daß man nicht von turbulenter Rohrströmung ausgehen könnte. Organische Materialien liegen dabei tiefer als Füllkörper. Auch Änderungen der angenommenen Verhältnisse durch Bewuchs mit Mikroorganismen (Verringerung des Lückengrades, Erhöhung der Oberfläche) wirken sich in Richtung einer Verringerung der Re-Zahl aus.

Die Re-Zahl beeinflußt auch die Form der Strömung (Pfropfenströmung – Laminarströmung) und damit das Ausmaß der Rückvermischung im Reaktorsystem. Bei idealer Pfropfenströmung liegt keine Rückvermischung vor, bei durchmischten Systemen (Rührkessel) ist sie unendlich groß. Diese Rückvermischung, oft auch als axiale Diffusion bezeichnet, verschlechtert bei Reaktionen erster oder höherer Ordnung den Umsatz im Reaktor. Weitere Probleme können durch schlechte Verteilung der Gasphase und durch die Ausbildung von Strömungspfaden entstehen. Die Folgen davon sind schlechte Ausnutzung und unzureichende Leistung des Filterbetts.

Die Rückvermischung in Reaktoren wird durch die axiale Peclet-Zahl Pe_{ax} beschrieben. Sie steht in direktem Zusammenhang zur Bodenstein-Zahl Bo einer Kennzahl des Diffusionsmodells, die die Überleitung zu der Anzahl von hintereinander geschalteten Rührkesseln N_K darstellt, aus der man sich das Strömungsrohr zusammengesetzt vorstellen kann.

$$Bo = \frac{Pe_{ax} \cdot L}{d} = \frac{v_g \cdot L}{D_{ax}}$$

$$N_K = \frac{Bo}{2} = Pe_{ax} \cdot \frac{L}{2d}$$

L stellt die Rohrlänge, d den Rohrdurchmesser oder den Partikeldurchmesser einer Schüttung dar. Der Verlauf von Pe_{ax} als Funktion der Re-Zahl ist für das Leerrohr in Abb. 8 dargestellt. Man erkennt linear fallenden Verlauf im laminaren Bereich, beim Umschlagpunkt zum turbulenten Bereich einen Knick und die Annäherung zu einem konstanten Wert mit steigender Turbulenz.

Bei der Strömung von Gasen durch eine Schüttung beträgt der Wert von Pe_{ax} etwa 2 (Fitzer und Fritz 1989). Damit ergibt sich aus obigen Gleichungen folgender Zusammenhang:

für $Pe_{ax} = 2$ gilt näherungsweise $N_k = L / d$.

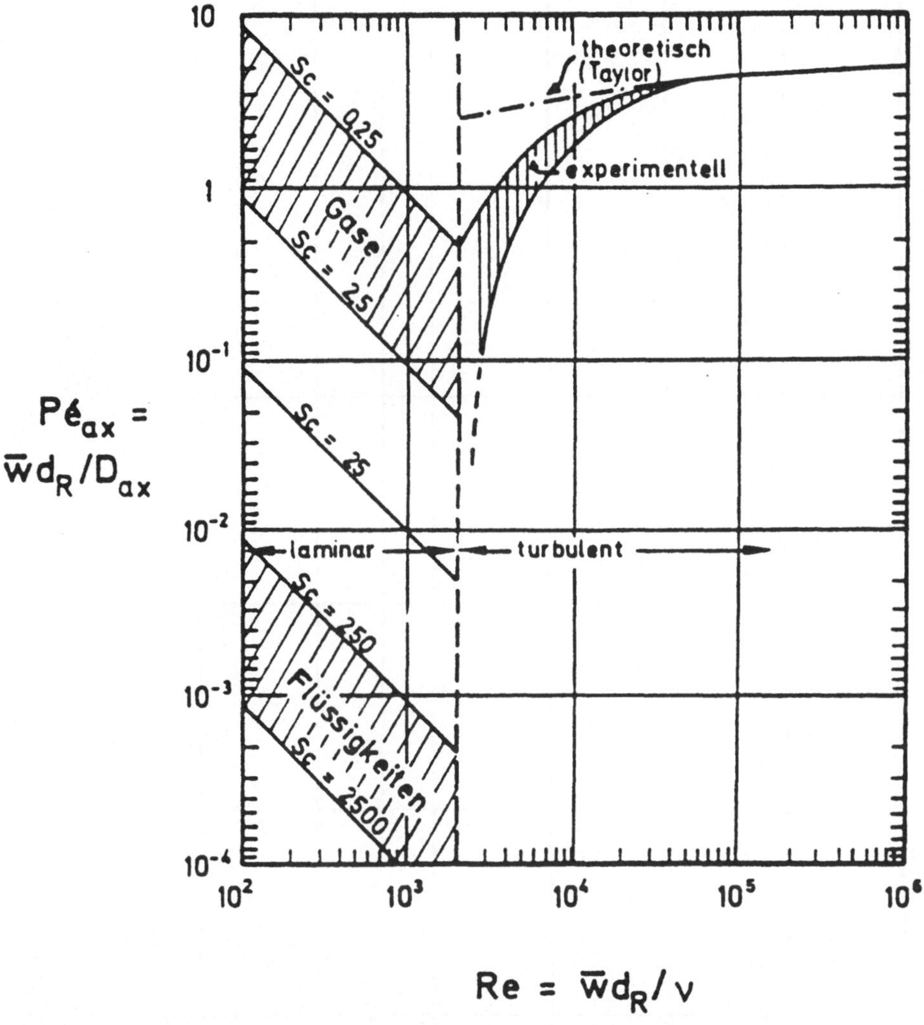

Abb. 8: Abhängigkeit der Peclet-Zahl von der Reynolds-Zahl (aus Fitzer und Fritz 1989)

Ab etwa $N_k = 20$ kann die Rückvermischung vernachlässigt und mit idealer Rohrströmung gerechnet werden. Damit sollte das Verhältnis der Betthöhe zum Partikeldurchmesser mindestens 20 betragen. Nach den oben errechneten Werten des Partikeldurchmessers wäre das bei 1 m Betthöhe bei allen Materialien gegeben. Die Unsicherheit liegt somit nur in der niedrigen Re-Zahl, da die getroffenen Annahmen nur im turbulenten Bereich gelten.

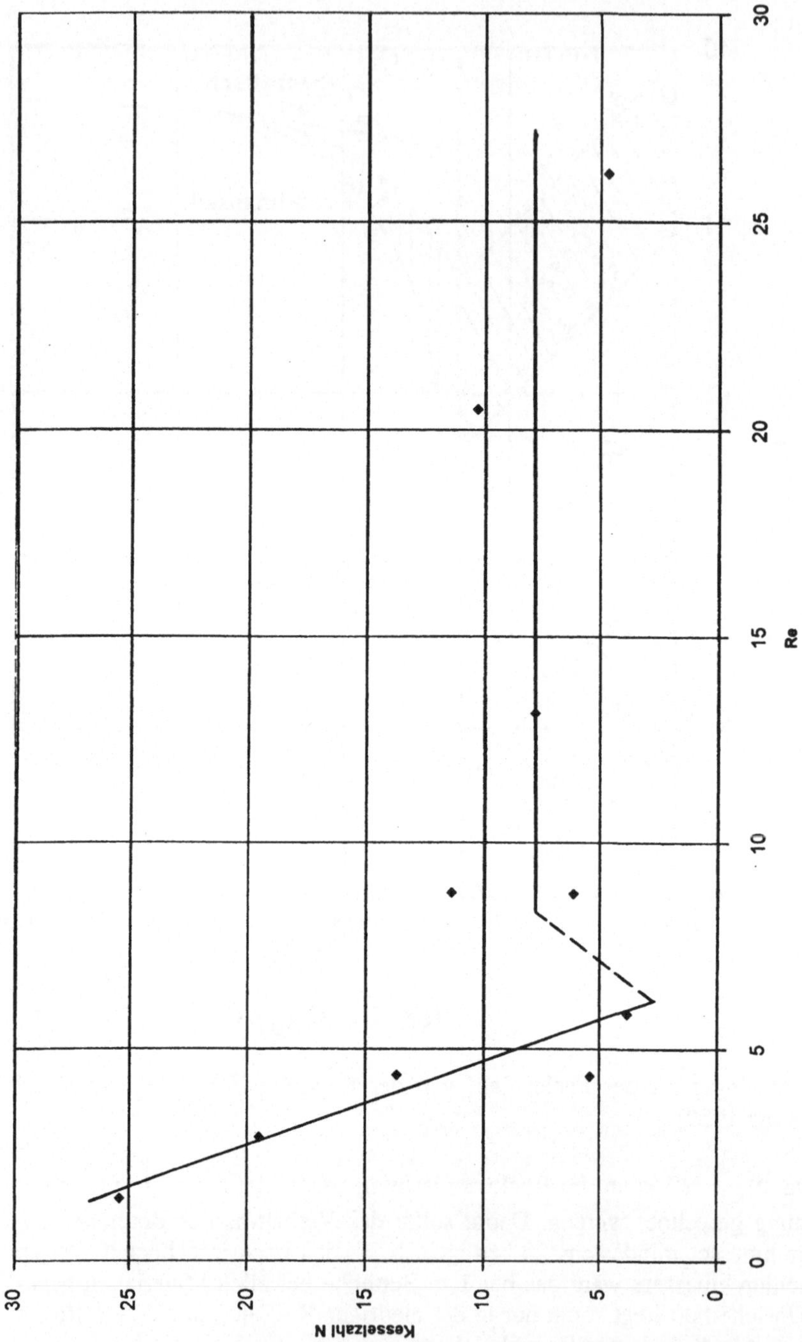

Abb. 9: Experimentell ermittelter Verlauf der Kesselzahl gegenüber der Reynolds-Zahl bei einem Kompostfilter (Werte aus Stefan 1990)

Untersuchungen zum Einfluß des Trägermaterials und der Gasgeschwindigkeit auf die Turbulenz bei Festbettreaktoren wurden von Stefan (1990) durchgeführt. Dabei wurde der Wert von N_K mit Übergangsfunktionen oder Verweilzeitspektren experimentell ermittelt und über der Re-Zahl aufgetragen. Abbildung 9 zeigt exemplarisch den Verlauf der Kesselzahl über Re für eine Schüttung aus organischem Material (Kompost). Die Ergebnisse könnten in Analogie zu Abb. 8 auf einen Umschlagsbereich zwischen laminarer und turbulenter Strömung bei wesentlich niedrigeren Re-Zahlen als im Leerrohr hinweisen. Damit läge auch bei den vorher für Trägermaterialschüttungen errechneten Re-Werten turbulente Strömung vor. Allerdings liegen die experimentell erhaltenen Kesselzahlen sehr niedrig, so daß über eine tendenzielle Aussage hinaus kein wertmäßiger Vergleich mit obigen Gesetzen möglich ist.

Derzeit liegen noch wenige Arbeiten in diesem Bereich vor, weitergehende Untersuchungen sind zur Erhärtung dieser Ergebnisse unbedingt notwendig, zumal viele Modellansätze auf der Annahme idealer Rohrströmung beruhen.

5 Strömungsverhältnisse und Stofftransport in der Flüssigphase

Im Gegensatz zu Biofiltern, bei denen durch die Materialfeuchte ein Haftflüssigkeitsfilm gebildet wird, liegt bei Tropfkörpern eine Flüssigkeitsströmung im Reaktor vor. Während bei üblichen Stoffaustauschapparaten die Strömung der einzelnen Phasen nach der Erzielung hinreichender Turbulenz und guter Phasenaustauschcharakteristik ausgelegt wird, hat bei Tropfkörpern die Flüssigkeit mehr stationären Charakter. Ihre Aufgabe ist die Nährstoffversorgung der Zellen und der Abtransport von gebildetem Produkt. Dementsprechend liegt die Flüssigkeitsbelastung wesentlich unter den in Absorbern verwendeten Werten. Eine Steigerung der Flüssigkeitsbeaufschlagung ist aus Gründen der Mikroorganismenabschwemmung in diesem Fall nicht erwünscht. Selbst bei Verwendung von Belebtschlammsuspensionen muß man darauf Rücksicht nehmen, daß die Verweilzeit der Flüssigphase im Reaktor ausreichend für einen weitgehend vollständigen Abbau ist, da sonst schwerlösliche Stoffe, wie CS_2, nicht hinreichend abgebaut werden können. In jedem Fall ist auf ausreichende Sauerstoffversorgung zu achten, die bei Reaktion in der Flüssigphase häufig limitierend wird. Dies führt dann zu unvollständiger Oxidation mit Anreicherung von Zwischenprodukten (z. B. Freisetzung von Essigsäure bei der Oxidation von Ethylacetat, Schwefelbildung bei H_2S und CS_2-Oxidation).

Im vorher beschriebenen Tropfkörperreaktor liegt die Flüssigkeitsbelastung üblicherweise im Bereich von 0,5-1,5 $m^3 \cdot m^{-2} \cdot h^{-1}$. Dies gewährleistet eine ähnliche Funktionsweise wie beim Biofilter und den Abbau schwerlöslicher Stoffe. Der Einfluß der Flüssigkeitsbelastung auf den Abbau ist noch nicht geklärt, doch deuten Ergebnisse darauf hin, daß niedrige Werte günstig für den Stoffübergang und für den Abbau von Schadstoffmischungen mit unterschiedlichem Abbauverhalten sind.

Die fallweise geäußerte Begründung, das stärkere Wachstums der die "einfachen" Stoffe abbauenden Bakterien führe zu einem Überwachsen der anderen Spezies (Diks und Ottengraf 1994), erscheint speziell im Lichte der von Hippchen (1985) an Biofiltern durchgeführten Untersuchungen als realistisch. Nun weiß man aber, daß im Biofilter kein Austrag an Bakterien möglich ist und somit Nullwachstum vorliegen muß. Der mögliche Austrag der Bakterien ist zum einen proportional der Menge der abgewaschenen Bakterien und damit der Flüssigkeitsbelastung, andererseits zur Menge der abgezogenen Umlaufflüssigkeit. Der Schluß, daß das Wachstum im Reaktor proportional der Flüssigkeitsbelastung steigt und damit auch Effekte, die damit zusammenhängen, stärker auftreten, erscheint somit durchaus möglich, bedarf zu seiner Bestätigung aber noch eingehender Untersuchungen.

5.1 Stofftransport in der Flüssigphase

Der Stoffübergangsmechanismus im Flüssigfilm von Tropfkörperreaktoren zur Abluftreinigung wurde von Sotoudeh und Windsperger (1994) anhand von Daten einer Pilotanlage in der Viskoseindustrie untersucht. Als Daten wurden die Gaskonzentrationen, die Wirkungsgrade und die spezifischen Abbauraten sowie die Daten der verwendeten Anlage und der Füllkörper verwendet.

Zur Bestimmung des relevanten Stoffübergangsmechanismus wurden vorerst Gesetzmäßigkeiten zur Errechnung der notwendigen spezifischen Oberfläche für konvektiven und diffusiven Stoffübergang aufgestellt.

$$a = \frac{R}{k_l \cdot \Delta C}$$

Die Dicke des Flüssigfilms ergibt sich zu

$$\delta = \frac{V_w}{a \cdot V}$$

Einsetzen in obige Gleichung führt zu

$$a = \frac{R}{\left(D \cdot \frac{V}{V_w} \cdot \Delta C\right)^{0,5}}$$

Die Ergebnisse dieser Rechnungen zeigten nur mit dem Diffusionsmodell realistische Werte der notwendigen spezifischen Oberflächen des Flüssigkeitsfilms. Die nach obiger Methode errechneten Werte für a sind jedoch abhängig von den experimentellen Werten der spezifischen Abbaurate. Damit sind sie nicht für die Beschreibung allgemeiner Reaktoren geeignet.

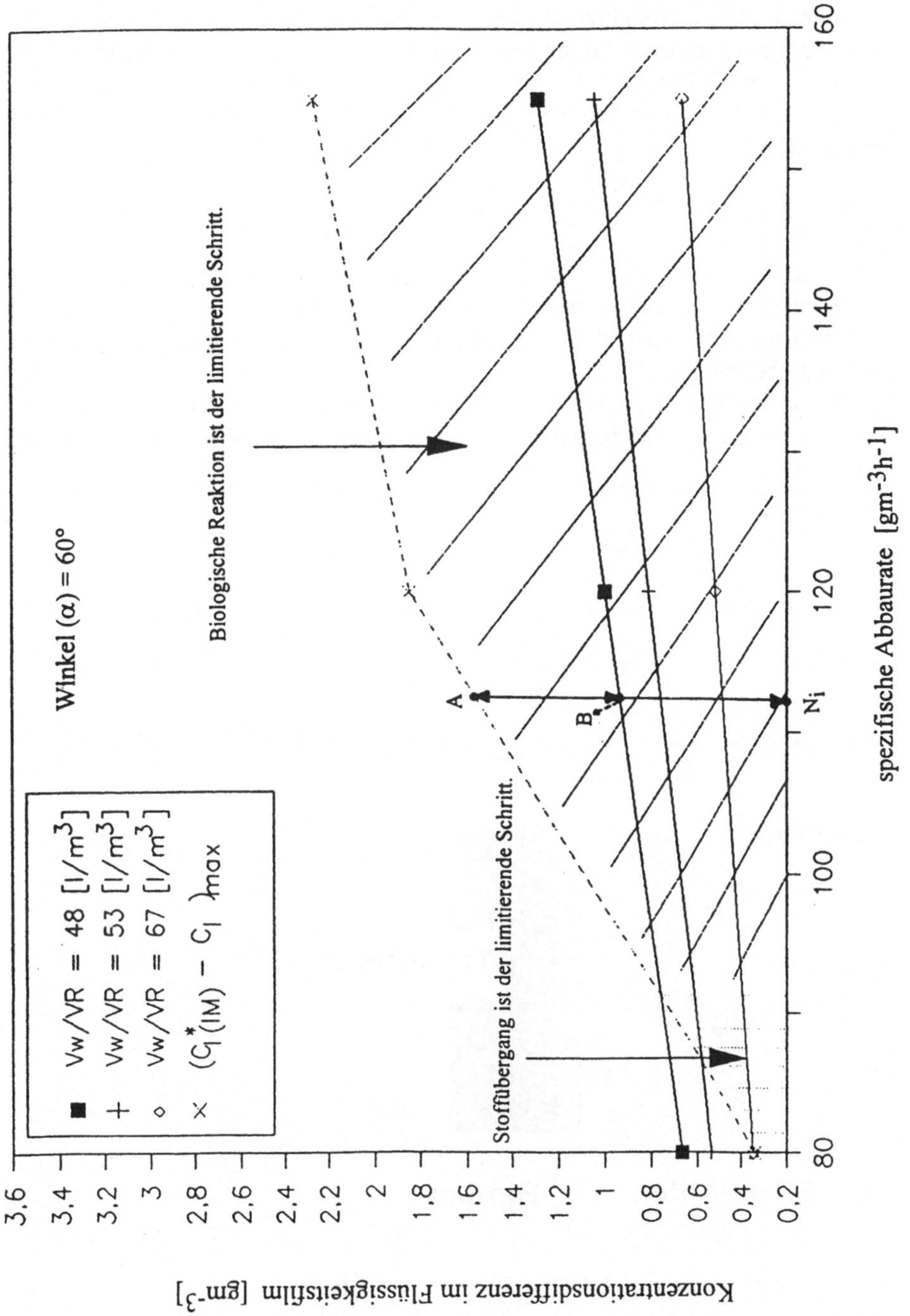

Abb. 10: Errechnete Konzentrationsdifferenzen für den diffusiven Stoffübergang für erhaltene spezifische Abbauraten (aus Sotoudeh und Windsperger 1994)

Um eine allgemein gültige Methode zur Berechnung der spezifischen Oberfläche einer bewachsenen Schüttung zu entwickeln, wurde die spezifische Oberfläche der gesamten Schüttung unter Berücksichtigung einiger Vereinfachungsmaßnahmen aus der Strömungsgleichung für einen Flüssigkeitsfilm auf einer Platte berechnet.

$$a = \left[\frac{V_W}{V} \cdot \left(\frac{\sin\alpha \cdot \rho \cdot V}{3 \cdot \upsilon \cdot V_L \cdot l_z} \right)^{1/3} \right]^{3/2}$$

Für die erhaltenen Abbauwerte ergaben sich bei Diffusion Werte der für den Stofftransport notwendigen spezifischen Oberfläche, die ca. 5mal so groß sind wie im unbewachsenen Zustand. Diese Zunahme der Oberfläche durch das Wachstum erscheint aber möglich.

Anhand der für einen Reaktor berechneten Werte von a und δ kann die Konzentrationsdifferenz im Flüssigkeitsfilm für die jeweilige spezifische Abbaurate errechnet werden.

$$\Delta C = \frac{R}{(D / \delta) \cdot a}$$

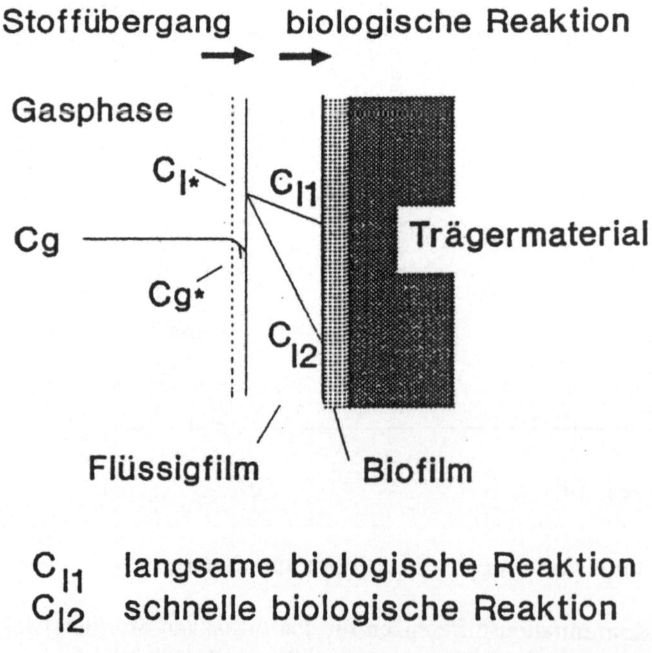

Abb. 11: Modellvorstellung für Stoffübergang und biologische Reaktion in Festbettreaktoren (aus Sotoudeh und Windsperger 1994)

Diese Methode diente zur Darstellung der Stoffübergangskapazität in einem Tropfkörperreaktor, um die Limitierungen des Stoffabbaues in derartigen Systemen untersuchen zu können. Zur Ermittlung des limitierenden Schrittes für die gesamte Reaktion wurden in Abb. 10 die maximal möglichen bzw. die errechneten Konzentrationsdifferenzen im Flüssigkeitsfilm bei verschiedenen Flüssigkeitsinhalten den spezifischen Abbauraten gegenübergestellt. Abbildung 10 zeigt zwar ein bestimmtes Beispiel (Sotoudeh und Windsperger 1994), kann aber auch für allgemeine Überlegungen verwendet werden. Der Abstand zwischen der gestrichelten Linie (maximal mögliche Konzentrationsdifferenz) und der durchgezogenen Linie zeigt jeweils das ungenutzte Stoffübergangspotential. Dabei zeigt sich grundsätzlich im Bereich niedriger Gaskonzentrationen eine Limitierung durch den Stoffübergang, bei hohen Konzentrationen durch die Kapazität der Biologie. Bei welcher Konzentration der Übergang zwischen den beiden Bereichen stattfindet, hängt von den Gleichgewichtsdaten des Stoffes ab.

6 Mathematische Modellierung

6.1 Modellvorstellung

Ansätze zur Modellbildung für Biofilter und Tropfkörper werden von Ottengraf und van den Oever (1983), Brauer (1984), Kirchner et al. (1987), Kratz (1989) und Fischer (1990) beschrieben. Als Basis für die folgenden Überlegungen und Berechnungen soll die in Abb. 11 dargestellte Modellvorstellung dienen. Sie geht von einem stehenden Wasserfilm auf dem Biofilm aus.

Dieser Wasserfilm wird bei Tropfkörpern durch den Wasserumlauf auf den bewachsenen Füllkörpern gebildet, kann wegen der geringen Umlaufraten aber als nahezu stationär angesehen werden. Bei Biofiltern ist er als außenliegende Materialfeuchte vorstellbar, liegt aber sicher deutlich dünner vor.

6.1.1 Stoffübergangsterm

Für den Stoffübergang gilt grundsätzlich

$$N = \frac{dc}{dt} \cdot V = k \cdot A \cdot (c_1 - c_2)$$

Der Wert von k kann für den Stoffdurchgang als k_l^* nach der Zweifilmtheorie aus den Kehrwerten der einzelnen Transportkoeffizienten und dem Verteilungskoeffizienten f errechnet

$$1 / k \approx 1 / k_l^* = 1 / k_g + f / k_l$$

oder über die Diffusion im Flüssigfilm ausgedrückt werden.

$$k \approx D / \delta$$

Die Koeffizienten k_g und k_l können mit Korrelationen aus der Strömungslehre abgeschätzt, jene für die Diffusion aus experimentellen Daten ermittelt werden.

6.1.2 Reaktionsterm

Biologische Reaktionen unterscheiden sich in ihrer Kinetik von den einfachen Grundtypen der chemischen Kinetik durch die Änderung ihrer Reaktionsordnung bei steigender Konzentration des Metaboliten. Sie werden allgemein durch die Michaelis-Menten-Kinetik in der nachstehenden Form beschrieben.

$$r = k_x \cdot X = k_{max} \cdot \frac{C_M}{C_M + K_M} \cdot X$$

Dabei steht r für die Reaktionsrate in $g \cdot l^{-1} \cdot h^{-1}$, C_M für die Metabolitkonzentration, X für die Zellkonzentration und K_M für einen als Michaelis-Konstante benannten Konzentrationsterm. Er ist definiert als jene Konzentration, bei der halbmaximale Geschwindigkeit vorliegt, und bestimmt den Konzentrationsbereich, bis zu dem eine näherungsweise Reaktion 1. Ordnung vorliegt.

Der durch obige Gleichung beschriebene Verlauf der Geschwindigkeitskonstante k_X ist eine gemischte Kinetik zwischen 1. und 0. Ordnung.

Für $C_M << K_M$ vereinfacht sich die Gleichung zu

$$k_x = k_{max} / K_M \cdot C_M$$

und entspricht einer Reaktion 1. Ordnung. Im hohen Konzentrationsbereich gilt hingegen $C_M >> K_M$, wodurch sich die Gleichung zu

$$k_x = k_{max}$$

einer Gleichung 0. Ordnung reduziert.

Diese Gesetzmäßigkeiten wurden aus Daten der Enzymkinetik und des Mikroorganismenwachstums abgeleitet, sie gelten aber auch sinngemäß für biologische Reaktionen zur Produktbildung oder zur Oxidation von Schadstoffen, wobei dann anstelle der Metabolitkonzentration die Produkt- bzw. Schadstoffkonzentration eingesetzt werden muß.

Während bei den meisten biologischen Produktionsprozessen die Aufrechterhaltung einer ausreichenden Zellmenge im Prozeß beachtet werden muß, die Zellmenge sich speziell beim Batch-Prozeß auch bei fortschreitender Zeit ändert, liegt in Biofiltern das sogenannte Nullwachstum vor. Das bedeutet konstante Zellzahl, sobald sich ein stabiler Betriebszustand eingestellt hat. Ob und wie sich die Bakterienzahl bei fortschreitender Betriebsdauer oder bei Belastungswechseln verändert, kann nur vermutet werden. Jedenfalls liegt in einem Biofilter und näherungsweise auch in einem Tropfkörperreaktor eine über die Zeit konstante Mikroorganismenpopulation vor, die ihre Zahl nicht wesentlich vergrößert, was man am Zuwachsen des Systems merken würde. Daher scheint ein Gleichgewicht zwischen den wachsenden und den absterbenden Zellen zu bestehen.

Ein Tropfkörperreaktor verhält sich weitgehend analog. Auch hier sind die Mikroorganismen an den Träger fixiert, nur die Versorgung mit Stickstoff und Phosphor erfolgt über die Kreislaufflüssigkeit. Wenngleich die Kreislaufflüssigkeit meist ziemlich blank vorliegt, kann doch ein beträchtlicher Teil der abgestorbenen Zellen mit dem Ablauf aus dem System gelangen. In jedem Fall kann man auch hier von einer konstanten Zellzahl ausgehen.

Für das Modell bedeutet diese Konstanz und vor allem die unbekannte Größe der Zellzahl, daß man den Parameter X in der Gleichung als unbekannte Konstante behandeln muß und C_M somit die Variable darstellt.

Für die beiden Grenzfälle ergibt sich somit

$$\text{für } C_M << K_M \Rightarrow r = k_{max} \cdot X / K_M \cdot C_M$$

$$\text{für } C_M << K_M \Rightarrow r = k_{max} \cdot X$$

Vergleicht man diese beiden Gleichungen mit den Gesetzen der chemischen Kinetik

$$\text{1. Ordnung: } r = -k_1 \cdot C$$

$$\text{0. Ordnung: } r = -k_0$$

so ergeben sich für die beiden Grenzfälle die Koeffizienten k_0 und k_l zu

$$k_1 = -k_{max} \cdot X / K_M \qquad [h^{-1}]$$

$$k_0 = -k_{max} \cdot X \qquad [g\,l\,h^{-1}]$$

Bei Vergleich der beiden Koeffizienten fällt auf, daß die Dimensionen unterschiedlich sind. Dies erklärt sich leicht aus dem Ansatz der chemischen Kinetik, nach dem bei Reaktion 0. Ordnung die Reaktionsrate gleich dem Koeffizienten ist, während bei 1. Ordnung noch zusätzlich der Konzentrationsterm als Multiplikator erscheint.

Hiermit ist es also möglich, die zwei Grenzfälle der biologischen Kinetik auf die einfachen Gesetzmäßigkeiten der chemischen Kinetik zurückzuführen.

6.2 Modellerstellung

Ausgehend von der Annahme, daß der Stoffstrom durch die Phasengrenze gleich der von den Mikroorganismen oxidierten Menge ist, kann nach der angegebenen Modellvorstellung folgende Bilanz angesetzt werden (fortan wird anstelle von C_M nur mehr c gesetzt).

Für die Reaktion 1. Ordnung ergibt sich:

$$N = \frac{dc}{dt} \cdot V = -k \cdot a \cdot V \cdot (c_1^* - c_1) = -k_1 \cdot c_1 \cdot V$$

Bei Einführung des Verteilungskoeffizienten $f = c_l/c_g$ kann die Gleichgewichtsflüssigkonzentration nun auf die Gasphase bezogen werden.

$$c_1^* = f \cdot c_g$$

Aus obiger Gleichung kann somit der Wert von c_l in Abhängigkeit von c_g und dem Geschwindigkeitskoeffizienten sowie dem Stoffübergangskoeffizienten explizit ausgedrückt werden.

$$c_l = \frac{k \cdot a \cdot f \cdot c_g}{(k \cdot a) + k_1}$$

Um nun die Reinigungsleistung des Bioreaktors zu berechnen, wird der Reaktor als Strömungsrohr angesetzt. Dies erscheint zumindest durch die Ausführungsform als Strömungsrohr gerechtfertigt, auch wenn das Ausmaß der Rückvermischung in derartigen Systemen noch nicht geklärt ist.
Aus der Bilanz um einen Rohrreaktor folgt

$$0 = G \cdot c_g - G \cdot (c_g + dc_g) + r \cdot dV_r$$

$$dc_g = r \cdot \frac{dV}{V} = r \cdot dt$$

Setzt man für die Reaktionsrate r nun den Ausdruck für eine Reaktion 1. Ordnung ein, so ergibt sich

$$dc_g = -k_1 \cdot c_l \cdot dt.$$

Mit dem Ausdruck für c_l kann die Gleichung nach den Koeffizienten getrennt und integriert werden.

$$\frac{dc_g}{c_g} = \frac{-k_1 \cdot k \cdot a \cdot f}{(k \cdot a) + k_1} \cdot dt$$

Integriert man zwischen den Grenzen $c_{gin} \rightarrow c_{gout}$ sowie von $0 \rightarrow t$, so erhält man für die Reaktion 1. Ordnung

$$c_{g\,out} = c_{g\,in} \cdot \exp\left(\frac{-k_1 \cdot k \cdot a \cdot f \cdot t}{k \cdot a + k_1} \right)$$

Analog ergibt sich für die Reaktion 0. Ordnung

$$dc_g = -k_0 \cdot dt$$

Die Gleichung kann direkt zwischen den gleichen Grenzen integriert werden und liefert

$$c_{g\,out} = c_{g\,in} - k_0 \cdot t$$

6.3 Verhalten von Festbettreaktoren unter Belastung (nach dem vorgestellten Modell)

Zur Darstellung des Verhaltens der abgeleiteten Gleichung werden die durch das Modell erhaltenen Konzentrationswerte mit den sonstigen Betriebsbedingungen auf Werte des spezifischen Frachteintrages und der spezifischen Abbaurate umgerechnet und in dieser Form dargestellt. Dabei ergibt sich eine Linie vollständiger Abscheidung mit dem Anstieg 1, die gleich große Werte von Fracht und Abbau gegenüberstellt. Diese Darstellungsform ermöglicht auch den Vergleich mit experimentellen Daten, die zunehmend auch in dieser Darstellungsform publiziert werden. Eine Beschreibung von experimentellen Werten durch das angegebene Modell findet sich bei Windsperger (1991b).

Abbildung 12 zeigt den Verlauf der Abbauraten bei Frachtsteigerung durch Konzentrationserhöhung auf verschiedenen konstanten Gasbelastungsniveaus. Somit bleibt bei jeder Linie die Geschwindigkeit im Reaktor konstant. Es zeigt sich ein Auffächern in Geraden mit verschiedenem Anstieg, jede Gerade stellt auch eine Linie konstanten Abscheidegrades dar. Der Anstieg der Linien sinkt mit steigender Gasbelastung. Bei hoher Gasbelastung wäre somit keine vollständige Abscheidung, unabhängig vom Frachteintrag und somit vom Konzentrationsniveau, möglich.

Dabei ist aber zu berücksichtigen, daß der hier konstant angenommene Wert des Stoffübergangskoeffizienten sich bei steigender Gasgeschwindigkeit verändern kann, was zu einer Milderung dieses Effektes führen würde.

Das Verhalten des Systems bei konstanten Konzentrationsniveaus und steigendem Gasstrom ist aus Abb. 13 ersichtlich. Hier erfolgt im oberen Frachtbereich ein Auffächern in Kurven, während bei allen Konzentrationen im unteren Frachtbereich nahezu vollständige Abscheidung vorliegt. Allerdings wird die für den vollständigen Umsatz notwendige Verweilzeit bei den niedrigen Konzentrationen bei einer deutlich niedrigeren Fracht unterschritten, als dies bei den hohen Konzentrationsniveaus der Fall ist. Daraus folgt das frühe Abschwenken der niedrigen Konzentrationsniveaus von der 100 %-Linie auf eine weitgehend konstante Abbaurate, die wieder proportional fallender Abscheidung entspricht. Die erzielbare maximale Abbaurate hängt ebenfalls von der Eintrittskonzentration ab, wobei die Abbaurate proportional mit der Eintrittskonzentration ansteigt.

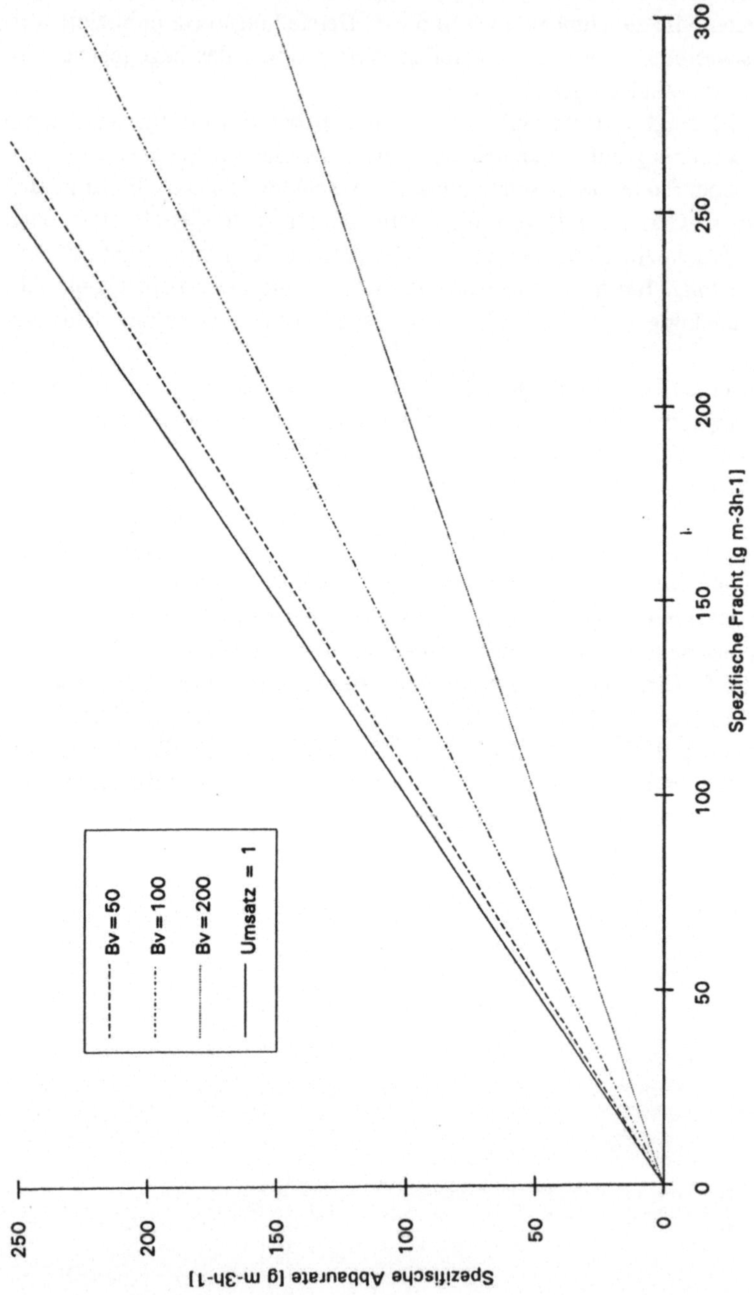

Abb. 12: Modellrechnung für Frachtsteigerung bei Werten konstanter Gasbelastung (aus Windsperger 1991b). Verwendete Variablen: $k = 0{,}005$ $(m \cdot h^{-1})$, $k_1 = 2$ (h^{-1}), $a = 240$ (h^{-1}), $f = 185$

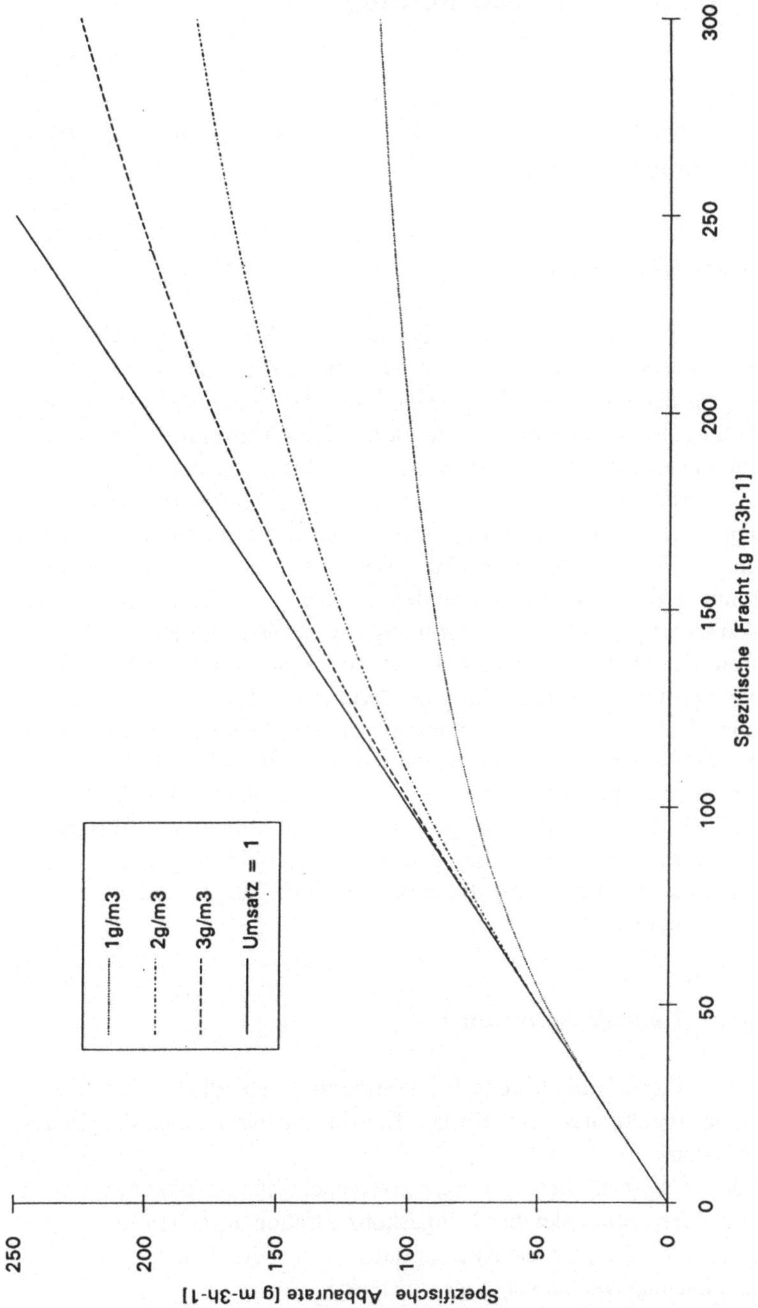

Abb. 13: Modellrechnung für Frachtsteigerung bei konstanten Gaskonzentrationen (aus Windsperger 1991b). Verwendete Variablen: k = 0,005 $(m \cdot h^{-1})$, k = 2 (h^{-1}), a = 240 (h^{-1}), f = 185

7 Folgerungen für die Datenauswertung

An Hand der Annahmen bei der Modellerstellung und den Verläufen der errechneten Werte sollen die Möglichkeiten der Auswertung experimenteller Daten abschließend zusammengefaßt werden.

7.1 Werte gleicher Gasbelastung

Bei diesen Werten wird unterschiedliche Fracht durch Konzentrationsänderung verursacht. Entsprechend der Konzentrationsänderung der Gasphase ergibt sich auch eine Änderung der Flüssigphasenkonzentration. Aus diesen Serien ist somit direkt der Einfluß steigender Flüssigkonzentration auf die Abbaurate zu sehen. Bei Reaktion 1. Ordnung ergibt sich ein linearer Anstieg, der bei Linien höherer Gasbelastung flacher wird. Aus diesen Serien kann direkt der Michaelis-Menten-analoge Verlauf abgelesen werden, allerdings können die Konzentrationen der Flüssigphase, wegen der Konzentrationsabsenkung durch die Mikroorganismen (siehe auch Abb. 11), nur schwer quantifiziert werden. Es kann aber die Gasphasenkonzentration für den Übergang von 1. zu 0. Ordnung abgeschätzt werden.

Liegen mehrere Serien gleicher Gasbelastung vor, kann, wenn die Konzentrationen hoch genug gesteigert wurden, für jede Serie ermittelt werden, ab welcher Konzentration eine Reaktion 0. Ordnung vorliegt. Ist diese Grenzkonzentration unabhängig von der Gasbelastung bei allen Serien gleich, so hat der Stoffübergang in diesem Belastungsbereich keine limitierende Wirkung, da sich in allen Fällen bei der gleichen Gaskonzentration die jeweilige Grenzkonzentration in der Flüssigkeit einstellen konnte. Liegen die Werte bei den einzelnen Belastungsserien unterschiedlich, so ist mit einer Limitierung durch den Stoffübergang in einem Teil des Belastungsbereiches zu rechnen.

7.2 Werte gleicher Rohgaskonzentration

Hier liegt unterschiedliche Gasbelastung bei Werten unterschiedlicher Fracht vor. Bei Werten gleicher Fracht sind bei niedrigen Eintrittskonzentrationen die Gasbelastungen am höchsten.

Hier kann man im wesentlichen von einer konstanten Flüssigfilmkonzentration bei jeder Serie mit Meßwerten gleicher Rohgaskonzentration ausgehen, wenn man davon absieht, daß die Flüssigphasenkonzentration durch die Mikroorganismentätigkeit unter den Gleichgewichtswert abgesenkt wird.

Jede einzelne Serie sollte sich entweder hinsichtlich 1. oder 0. Ordnung gemäß obigem Rechenmodell verhalten. Das bedeutet, daß bei steigendem Frachteintrag sich die Abscheidung verringert und ein konstanter, maximaler Wert der Abbaurate erreicht wird. Bei steigender Konzentration wird diese maximale Abbaurate der Serie ansteigen, bis sich dann beim Übergang zur Reaktion 0. Ordnung ein vom Frachteintrag unabhängiger Verlauf mit einer konstanten maximalen Rate ergeben wird.

Limitierungen durch den Stofftransport können generell aus Daten von Reaktoren unterschiedlicher Geometrie durch Darstellung des Umsatzes von Werten gleicher spezifischer Fracht über die Gasgeschwindigkeit im Reaktor erkannt werden. Liegt hierbei eine Beeinflussung des Umsatzes durch die Gasgeschwindigkeit vor, so ist in diesem Bereich von einer Limitierung des Stoffüberganges von der Gas- in die Flüssigphase auszugehen.

8 Literatur

Braun R., Holubar P., Plas C. (1994) Biologische Abluftreinigung in Österreich. Studie im Auftrag des Bundesministeriums für Umwelt, Jugend und Familie, Sektion II, Wien

Brauer H. (1984) Biologische Abluftreinigung. Chem. Ing. Tech. 56: 279-286

DECHEMA (1987) Biologische Reinigung industrieller Abgase. Internationale Tagung 24.-26. März 1987, Heidelberg

Diks R.M.M., Ottengraf S.P.P. (1994) Technology of trickling filters. In: VDI-Kommission Reinhaltung der Luft. Tagung "Biologische Abgasreinigung“. März 1994, Heidelberg

Eitner D. (1992) Behandlung lösemittelhaltiger Abluft. Chemie-Umwelt-Technik 50-55

Fischer K. (1990) Biologische Abluftreinigung. Bd 212. Expert Verlag, Renningen

Fischer K. (1994) Bioreaktor zur Abluftreinigung einer Kompostierungsanlage im mesophilen und thermophilen Temperaturbereich. In: VDI-Kommission Reinhaltung der Luft. Tagung "Biologische Abgasreinigung“. März 1994, Heidelberg

Fitzer E., Fritz W. (1989) Technische Chemie, 3. Auflage. Springer-Verlag, Heidelberg

Gust M., Grochowsky H., Schirz S. (1979) Grundlagen der biologischen Abluftreinigung. Staub – Reinh. Luft 39: 397-438

Hippchen B. (1985) Mikrobiologische Untersuchungen zur Eliminierung organischer Lösungsmittel in Biofiltern. Kommissionsverlag R. Oldenbourg, München

Jol A., Wijngaard M.H., Fank H. (1994) Application of bio-trickling filters at composting and digesting plants. In: VDI-Kommission Reinhaltung der Luft. Tagung "Biologische Abgasreinigung“. März 1994, Heidelberg

Kirchner K., Hauk G., Rehm H.J. (1987) Exhaust gas purification using immobilised monocultures. Appl. Microbiol. Biotechnol. 26: 579

Koch W., Liebe H.G., Striefler B. (1982) Betriebserfahrungen mit Biofiltern zur Reduzierung geruchsintensiver Emissionen. Staub – Reinh. Luft 42: 488

Kratz G. (1989) Biologische Abluftreinigungsverfahren. In: Handbuch des Umweltschutzes. 46. Lfg., 12/1989

Oostings R., Urlings L. G. C. M., Riel van P. H., Driel van C. (1994) Entfernung von Lösemitteln aus der Abluft von Spritzlackieranlagen mit einem Rieselbettreaktor. In: VDI-Kommission Reinhaltung der Luft. Tagung "Biologische Abgasreinigung". März 1994, Heidelberg

Ottengraf S.P.P., van den Oever A.H.C. (1983) Kinetics of organic compund removal from waste gas with a biofilter. Biotech. Bioeng. 25: 3089

Reitzig R., Menner M. (1994) Untersuchungen zur Mikrobiologie und zur Abbauaktivität eines Biofilm-Tropfkörperwäschers mit dem schwer wasserlöslichen Luftschadstoff Toluol. In: VDI-Kommission Reinhaltung der Luft. Tagung "Biologische Abgasreinigung". März 1994, Heidelberg

Schindler I., Friedl A., Schmidt A. (1994) Abbaubarkeit von Ethylacetat, Toluol und Heptan in Tropfkörperbioreaktoren. In: VDI-Kommission Reinhaltung der Luft. Tagung "Biologische Abgasreinigung". März 1994, Heidelberg

Schirz S. (1981) Abluftreinigungsverfahren in der Intensivtierhaltung. KTBL Schriftenreihe im Landwirtschaftsverlag

Sotoudeh M., Windsperger A. (1994) Study of the mass-transfer in a trickle-bed reactor for the biological gas purification. Chem. Biochem. Eng. 2: 77-80

Stefan K. (1990) Einsatz und Optimierung von Biofilteranlagen. Dissertation, Technische Universität Wien

Stefan K., Windsperger A., Buchner R. (1990) Randgängigkeit – ein Problem beim Durchströmen von Schüttungen in der biologischen Abluftreinigung. Verfahrenstechnik 9: 12

van Lith C., Ottengraf S.P.P., Diks R.M.M. (1994) The control of a biotrickling filter. In: VDI-Kommission Reinhaltung der Luft. Tagung "Biologische Abgasreinigung". März 1994, Heidelberg

VDI – Wärmeatlas (1977) 3. Auflage. VDI Verlag

VDI-Kommission Reinhaltung der Luft (1989) Tagung "Biologische Abgasreinigung – Praktische Erfahrungen". Mai 1989, Köln

VDI-Kommission Reinhaltung der Luft (1994) Tagung "Biologische Abgasreinigung". März 1994, Heidelberg

VDI-Richtlinie 3477 (1991) Biofilter. Beuth-Verlag, Berlin

Weber J.F., Hartmans S. (1994) Toluene degradation in a trickle bed reactor: prevention of clogging. In: VDI-Kommission Reinhaltung der Luft. Tagung "Biologische Abgasreinigung". März 1994, Heidelberg

Windsperger A. (1990a) Anwendung eines biologischen Tropfkörperreaktors zur Abluftreinigung eines Viskosebetriebes. Chem. Ing. Tech. 12: 1033

Windsperger A. (1990b) Eignung verschiedener Füllkörper als Träger für immobilisierte Mikroorganismen zur biologischen Abluftreinigung. Chem. Ing. Tech. 11: 962

Windsperger A. (1991a) Abschätzung von spezifischer Oberfläche und Lückengrad bei biologischen Abluftreinigungsanlagen durch Vergleich von berechneten und experimentell erhaltenen Druckverlustwerten. Chem. Ing. Tech. 1: 80

Windsperger A. (1991b) Reinigung lösungsmittelhaltiger Abluft mit Biofiltern, Teil 2. Staub – Reinhalt. Luft 51: 15-19

Windsperger A. (1991c) Biotechniques for air pollution abatement and odour control. Maastricht NL. 10, 28-29

Wolf F. (1992) Biologische Abluftreinigung mit einem intermittierend befeuchteten Tropfkörper. In: Dragt A.J. van Ham J. (eds.) Biotechniques for air pollution abatement and odour control policies. Elsevier Science Publishers, 49-61

Zeisig H.D., Holzer A., Kreithmeier J. (1981) Anwendung von biologischen Filtern zur Reduzierung von geruchsintensiven Emissionen. Forschungsbericht 81-1040 33 82. Umweltbundesamt, Berlin

Abluftreinigung mit Biofiltern – Stand der Technik und Perspektiven

F. Wittorf[1]

1 Zusammenfassung

Abluftreinigungsverfahren auf biologischer Basis gewinnen aufgrund steigender Anforderungen an die Abluftqualität verschiedenster Industrie- und Gewerbebetriebe, aber auch kommunaler Entsorgungsanlagen immer mehr an Bedeutung. Da zu erwarten ist, daß im Rahmen gesetztlicher Auflagen Grenzwerte für Abluftschadstoffe weiter abgesenkt werden, wird sich das Marktpotential biologischer Abluftreinigungssysteme (BAR) erhöhen, da gerade diese besonders gut für die Behandlung geringer Schadstoffkonzentrationen geeignet sind und die Einhaltung selbst kleiner Grenzwerte bei vergleichsweise niedrigen Invest- und Betriebskosten gewährleisten können.

In diesem Beitrag wird insbesondere auf Grundlagen des Betriebes sogenannter "Biofilter" eingegangen, deren Namensgebung irreführend ist und fachunkundigen Personen, zu denen auch Anwender dieses Reinigungsverfahrens zählen können, ein inkorrektes Wirkprinzip suggeriert. Mit besonderem Augenmerk werden abschließend sogenannte "Rieselbettreaktoren" angesprochen, die einerseits alternativ als innovative Konkurrenzsysteme klassischer Biofilter und andererseits auch für die biologische Behandlung höherer Schadstoffkonzentrationen seit mehreren Jahren vermarktet werden und somit die Lücke zum klassischen "Biowäscher" schließen sollen.

2 Werdegang des Biofilters und anderer BAR-Anlagen

Sucht man in der Literatur nach dem Ursprung der BAR, sind bereits in einem Artikel von Bach (1923) Gedanken zur Beseitigung von Schwefelwasserstoff aus

[1] Föhrenkamp 8c, D-31303 Burgdorf

Kläranlagen-Abluft "durch chemische Bindung oder durch biochemische oder katalytische Zersetzung" mittels entsprechender Vorrichtungen zu finden.

Das erste Biofilter wurde im Jahre 1957 zum Zwecke der Geruchsbeseitigung patentiert (Pomeroy 1957) und hatte einen vergleichsweise einfachen Grundaufbau, bestehend aus einem Rohrnetz zur Luftverteilung – untergebracht in einer Kiesschicht – und einer daraufliegenden Schicht organischen Materials. Bereits in diesem frühen Patent wurde ein entscheidender Vorteil der BAR gegenüber anderen Verfahren klar definiert: Die Geruch verursachenden Substanzen in der Abluft werden durch Mikroorganismen biochemisch abgebaut bzw. umgesetzt und nicht, wie beispielsweise bei adsorptiven Verfahren, angereichert, mit der Folge einer notwendigen Nachbehandlung der Anreicherungsstufe selbst.

Bereits im Jahre 1934 (Prüß und Blunk 1941) wurde einem "Verfahren zur Reinigung von luft- oder sauerstoffhaltigen Gasgemischen" das Patent erteilt. Dieses vom dem aus der Abwassertechnik her bekannten Tropfkörper abgeleitete Verfahren wurde insbesondere zur Behandlung schwefelwasserstoffhaltiger Abluft konzipiert; die Ausbildung des für den Schwefelwasserstoffabbau notwendigen biologischen Rasens wurde durch Berieseln des Tropfkörpers mit mechanisch gereinigtem Abwasser induziert. Nach diesem Prinzip wird vereinzelt noch heute geruchsintensive Abluft kommunaler Kläranlagen in den Abwasserschönungsstufen, also den Tropfkörpern, mitbehandelt.

Heutige kommerzielle BAR-Anlagen der Typen "Biofilter" und "Rieselbettreaktor" unterscheiden sich – trotz erheblichem F&E-Aufwand der letzten Jahre – nur durch ganz spezielles *Know-how* in den Bereichen Filter- bzw. Trägermaterial, Konditionierung und Beaufschlagung der Abluft sowie Einsatz spezieller mikrobieller Kulturen, nicht aber im Wirkprinzip und der grundlegenden Technik der einleitend beschriebenen Verfahren. Gerade das *Know-how* erlaubt aber eine –allerdings für den Anwender nicht immer leichte – Abtrennung der Spreu vom Weizen aus dem Anbieter-Pool der BAR-Anlagen. Dies ist auch ein Grund, weshalb vermehrt unabhängige Sachverständige von potentiellen Kunden zur Auswahl eines auf die spezifische Abluftproblematik zugeschnittenen Abluftreinigungskonzeptes beauftragt werden.

Neben der Geruchsbeseitigung oder -minderung in Kläranlagen konzentrierte sich die Anwendung von Biofiltern seit den 60er Jahren auf die Landwirtschaft mit Schwerpunkt Schweinehaltung. Nach Recherchen sollten allerdings beispielsweise 1989 nur noch höchstens 10 % der in den vorausgehenden zehn Jahren gefertigten 200 bis 300 Biofilter-Anlagen in der BRD gut funktionieren (Schirz 1989), was mit großer Wahrscheinlichkeit auch für weitere Anwendungsbeispiele zutreffen dürfte. Diese Negativ-Erfahrungen, ein gewachsenes Bewußtsein in der Bevölkerung im Hinblick auf Geruchsbelästigungen verschiedenster Industriezweige sowie die steigende Belastung der Umwelt mit Kohlenwasserstoffen führte zu verschärften gesetzlichen Anforderungen an die Luftreinhaltung (TA-Luft 1986), vor allem aber zur Genehmigungspflicht einer Vielzahl kommerzieller BAR-Anlagen im Rahmen des Bundes-Immissionsschutzgesetzes (BImSchG) (Tabelle 1). Hiermit wurde für den Anwender auch die Nachweispflicht der Funktionstüchtigkeit seiner BAR-Anlage etabliert.

Tabelle 1: Genehmigungsverfahren nach dem Bundes-Immissionsschutzgesetz (BImSchG). LM Lösungsmittel, GAA Gewerbeaufsichtsamt

LM-Einsatz	Verfahren	zuständige Behörde
< 25 kg/h	genehmigungsfrei / anzeigepflichtig	Baubehörde / GAA
25-250 kg/h	vereinfacht	GAA / Umweltbehörde
> 250 kg/h	förmlich	GAA / Umweltbehörde

Nachdem im Rahmen von F&E-Vorhaben die biologische Abbaubarkeit einer breiten Palette organischer industrieller Emissionen auch unter wirtschaftlichen Gesichtspunkten in BAR-Anlagen nachgewiesen werden konnte, werden Biofilter seit den späten 80-er Jahren neben der Geruchsbeseitigung vermehrt in der kohlenwasserstoffverarbeitenden bzw. -emittierenden Industrie (Lösungsmittel) eingesetzt (Tabelle 2) und können damit zu einer Minderung standortbedingter Ozonepisoden beitragen (Braun et al. 1994). Hierzu zählen u. a. Betriebe der Branchen Chemie, Kunststoffverarbeitung, Lackherstellung und -verarbeitung, Druckgewerbe und Harzverarbeitung. Für diese Betriebe schreibt das Bundes-Immissionsschutzgesetz im Rahmen der TA-Luft massenstromabhängige Grenzwerte für Substanzen verschiedener Gefahrstoffklassen (Tabelle 3) in der Abluft vor. Die Betriebe sind also gefordert, entweder *Primärmaßnahmen* zur Emissionsbegrenzung z. B. durch Verwendung neuer Verarbeitungsverfahren einzuleiten oder, was oftmals aufgrund der vorgegebenen Betriebsstruktur wirtschaftlicher ist, geeignete *Sekundärmaßnahmen* in Form prozeßintegrierter Abluftreinigungsanlagen zu ergreifen. Neben verschiedenen chemischen und/oder physikalischen Reinigungsverfahren finden hierfür insbesondere bei schwach belasteten Abluftströmen BAR-Anlagen Anwendung (Abb.1).

Im Gegensatz zur reinen Geruchsbeseitigung oder -minderung, bei der nur sehr geringe Stoffkonzentrationen in der Abluft meßbar sind und der Behandlungserfolg von BAR-Anlagen auch deshalb nur über aufwendige olfaktometrische Messungen zu dokumentieren ist, fallen bei der Behandlung lösungsmittelhaltiger Betriebsabluft in Biofiltern nicht selten Konzentrationsspitzen von bis zu 5 g pro m^3 an. Hieraus resultieren erhöhte Ansprüche an die Leistungsfähigkeit der Anlage. Weiter wird ein kleiner Platzbedarf für BAR-Anlagen gefordert, da hierfür meistens nur geringe Flächenkapazitäten zur Verfügung stehen. Aus diesem Bedarf heraus resultierten besondere Bauvarianten des klassischen Flächenbiofilters, beispielsweise Etagen-, Container- und Turmfilter.

Tabelle 2: Anwendungsmöglichkeiten von Biofiltern

Aromaherstellung	Intensivtierhaltung
Bierhefetrocknung	Kläranlagen
Bodenwaschanlagen	Klebstoffverarbeitende Betriebe
CD-Herstellung	Kompostwerke
Chemie-Industrie	Kunststoffherstellung
Farbstoffverarbeitende Betriebe	Lackierereien
Fettschmelze	Landwirtschaftliche Betriebe
Fischverarbeitung	Lebensmittelherstellung
Futtermittelherstellung	Rayon-Herstellung
Gießereien	Sondermülldeponien
Großschlachtungen	Tabakverarbeitung
Harzverarbeitung	Tierkörperverwertung
Hefefabrik	

Tabelle 3: Gefahrstoffklasse organischer Verbindungen nach TA-Luft

Stoffe der Klasse I: 20 mg/m^3 bei einem Massenstrom von 0,1 kg/h oder mehr
Stoffe der Klasse II: 0,10 g/m^3 bei einem Massenstrom von 2 kg/h oder mehr
Stoffe der Klasse III: =,15 g/m^3 bei einem Massenstrom von 3kg/h oder mehr
Bei Vorhandensein von organischen Stoffen mehrerer Klassen darf, bei einem Massenstrom von insgesamt 3 kg/h oder mehr, zusätzlich zu den Anforderungen nach Satz 1 die Massenkonzentration im Abgas insgesamt 0,15 g/m^3 nicht überschreiten

Für höhere Schadstoffkonzentrationen (ab ca. 6 g/m^3), die mit Biofiltern aus wirtschaftlichen Gründen nicht mehr zu behandeln sind, wurden sogenannte Biowäscher entwickelt, die – in klassischer Ausführung (getrennte Stufen für Absorption der Schadstoffe und biologische Regeneration der Absorberflüssigkeit) – aufgrund des hohen apparativen und regelungstechnischen Aufwandes jedoch nur eine untergeordnete Bedeutung im Markt besitzen. Diese Anlagen sind aufgrund ihrer ausgeprägten wässrigen Phase bevorzugt für sehr gut wasserlösliche Abluftschadstoffe mit Henry-Koeffizienten < 15 geeignet. Ausnahmen bieten Verfahren, bei denen hochsiedende Lösungsvermittler mit Anteilen von 10-30 % im Waschwasser vorliegen (Schippert 1994).

Eine Sonderform des Biowäschers bzw. des Biofilters ist der sogenannte Rieselbettreaktor (RBR), der nach dem bereits erwähnten Tropfkörper-Prinzip arbeitet. Im Gegensatz zum Biowäscher findet beim RBR die Absorption der Schadstoffe und der Großteil der biologischen Schadstoffumsetzung ähnlich dem Biofilter-Prinzip in einer Stufe, dem sogenannten Rieselbett, statt. Auf diesen speziellen Typ, der im Markt nicht nur innovative, sondern auch verunsichernde Wirkung zeigt, wird in einem gesonderten Abschnitt eingegangen.

Die diversen Patente, die fortan für unterschiedlichste Vorrichtungen und Verfahren der BAR bis zum heutigen Tage erteilt oder beantragt wurden, können und sollen in diesem Rahmen nicht beschrieben werden. Jene Patente, die sich mit spezifischen, auch heute teils ungelösten Problemen von Biofiltern und verwandten Systemen auseinandersetzen, werden im Abschnitt über Rieselbettreaktoren gezielt erörtert.

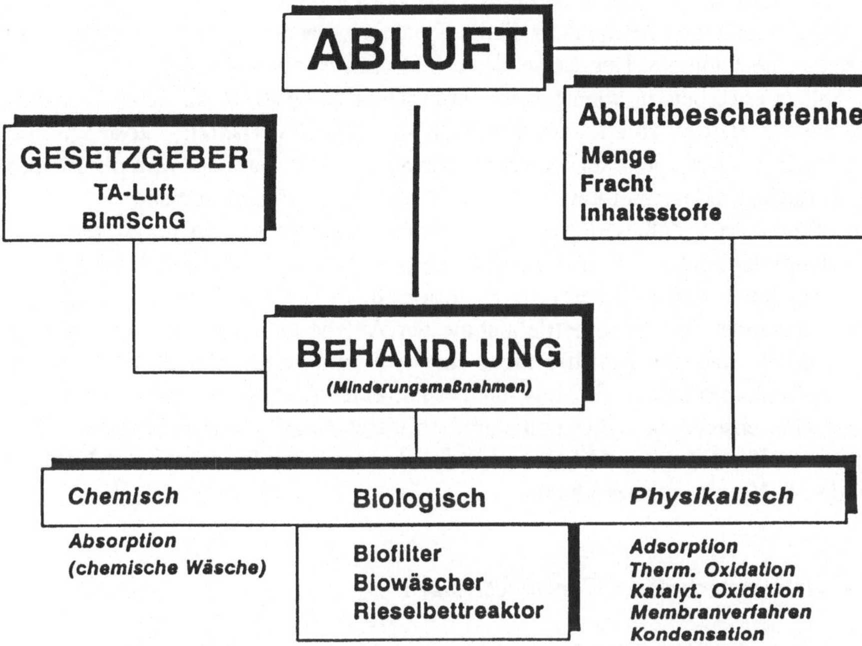

Abb. 1: Sekundärmaßnahmen zur Begrenzung von Schadstoffemissionen

Alle drei angesprochenen BAR-Anlagentypen (Biofilter, Biowäscher, RBR) sind in sogenannten VDI-Richtlinien (VDI 1991, VDI 1994) abgehandelt. Neben Anwendungsbeispielen werden die wichtigsten Aspekte dieser Anlagen im Hinblick auf Auslegung, Verfahrenstechnik und Beurteilung der Leistungsfähigkeit erörtert.

3 Wirkprinzip und Verfahrenstechnik klassischer Biofilter

3.1 "Biofilter" - die richtige Bezeichnung ?

Zu Beginn der Charakterisierung des Biofilters soll auf die mißverständliche Namensgebung dieses Reinigungssystems eingegangen werden. Der Begriff "Filter" suggeriert potentiellen Anwendern dieses Systems zunächst ein einfaches Handling der Anlagentechnologie. Der Anwender erfreut sich zweifellos bei dem Gedanken, eine Anlage erwerben zu können oder sogar schon zu besitzen, die seine Problemstoffe aus der Betriebsabluft – im Vergleich zu anderen Verfahren – kostengünstig und einfach "filtriert", denn für diesen sinngemäßen Zweck war oder wird der Erwerb einer Reinigungsanlage meist aus Gründen gesetzlicher Auflagen geplant.

Das Bewußtsein, daß es sich beim Biofilter um ein sehr komplexes System handelt, erlangt der Anwender entweder im Rahmen eines ausführlichen Akquisitionsgespräches durch den Anbieter oder spätestens dann, wenn aufgrund unerwarteter Betriebszustände eine Außerbetriebnahme der Anlage erforderlich wird. Es wird dann deutlich, daß das Biofilter nicht eine "Filtrationseinrichtung", sondern ein sehr empfindliches System ist, das nur bei korrekter Dimensionierung und geeigneter Verfahrenstechnik sicher und stabil Abluftschadstoffe mittels biochemischer Reaktion stoffwechselnder Mikroorganismen zu harmlosen Produkten wie Kohlendioxyd und Wasser umsetzen kann.

3.2 Verfahrenstechnische Voraussetzungen

Das klassische Biofilter (Abb. 2) besteht aus zwei Verfahrenseinheiten:

1. Die Konditionierungsstufe (Technische Stufe)

In der ersten Verfahrensstufe wird die Sammelabluft angesaugt und konditioniert, d. h. sie wird entsprechend den Ansprüchen der in der zweiten Stufe vorhandenen Mikroorganismen, der sogenannten "Biologie", aufbereitet. Die wichtigste Aufgabe der Konditionierungsstufe ist die Befeuchtung der Abluft nahe der Sättigungsgrenze (> 95 % relative Luftfeuchte), wofür in Abhängigkeit von der Größe des Volumenstromes handelsübliche Industriewäscher oder Dampfbefeuchter eingesetzt werden können. Die im Zuge der Befeuchtung auftretende adiabate Abkühlung der Abluft setzt bei ungenügend warmer Abluft eine Vorwärmung voraus. Sinnvollerweise sollte der Ventilator den Erwärmungs- und Befeuchtungsstufen vorgeschaltet sein, da dieser zusätzlich Wärme erzeugt, was im Nachschaltungsmodus zum Absinken der eingestellten relativen Luftfeuchte führen würde. In der Praxis hat sich dennoch das Nachschalten bewährt, da druckseitig insbesondere nach längerer Betriebszeit an den nachfolgenden technischen Einheiten Dichtungsprobleme auftreten können. Diese gilt es aufgrund der dabei auftretenden Emissionen unbedingt zu vermeiden.

Die konditionierte Abluft wird über entsprechende Rohrleitungen oder Kanäle der zweiten Verfahrensstufe zugeführt.

2. Die Abluft- bzw. Schadstoffbehandlungsstufe (Biologische Stufe)

Die eigentliche Schadstoffbehandlung und -minderung erfolgt in der zweiten, der biologischen Stufe, die – von besonderen Bauvarianten abgesehen – entweder in Festbauweise, beispielsweise in Beton, oder in Containerausführung gefertigt wird. Beim klassischen Biofilter wird Material organischen Ursprungs, beispielsweise Fasertorf, Heidekraut, Wurzelspleiß oder humusartige Stoffe wie Komposte (aus Biomüll, Rindenmulch, Grünschnitt und Mischungen aus diesen) als – um bei dem inkorrekten, aber leider etablierten Begriff zu bleiben – Filtermaterial eingesetzt. Die Wahl des Filtermaterials hängt insbesondere von der zu behandelnden Abluftmenge, der Qualität und der Konzentration der Abluftschadstoffe ab und wird, soweit keine spezifischen Erfahrungen vorliegen, auf der Grundlage von Ergebnissen sowohl aus Laborversuchen als auch aus dem Betrieb von am Emissionsort aufgestellten Pilotanlagen zu ermitteln sein.

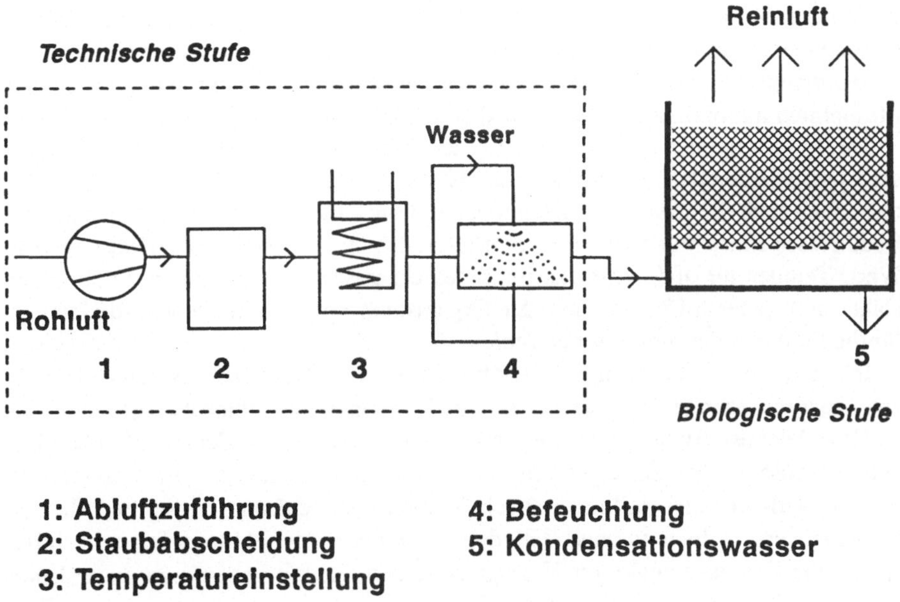

Abb. 2: Verfahrensschema einfacher Biofilter

Die organischen Materialien, insbesondere die Komposte, verfügen bereits über eine große Anzahl von Mikroorganismen, von denen viele das Potential zum Abbau der Abluftschadstoffe besitzen. Aber auch diese im Sinne der Selektion bevorteilten Mikroorganismen müssen sich erst an die Schadstoffe (z. B. Lösungsmittel), die zunächst im Wasserfilm des Filtermaterials absorbiert werden, gewöhnen, also ihren Stoffwechsel auf die neuen Substrate (Schadstoffe) umstellen. Deshalb benötigt das Biofilter einen gewissen Zeitraum, die sogenannte Adaptionszeit, bis er volle Leistung zeigt.

In besonderen Fällen kann es sinnvoll sein, das Filtermaterial mit einer bereits im Labor angezüchteten Kultur schadstoffadaptierter Mikroorganismen anzuimpfen. Diese Kulturen sollten aus vergleichbarem Filtermaterial isoliert worden sein.

3.3 Mikrobiologische Voraussetzungen

Wenngleich in diversen Veröffentlichungen die Grundlagen mikrobieller Stoffwechselaktivitäten (Gibson 1984, Gottschalk 1985, Schlegel 1985) erklärt und auch die speziellen Verhältnisse in Biofilter-Anlagen behandelt werden (Fischer et al. 1990, Gust et al. 1979, Steinmüller et al. 1979), sollen kurz die wichtigsten Phänomene angesprochen werden.

Die Vielzahl der am mikrobiellen Abbau der Schadstoffe beteiligten Organismen läßt sich selbst mit erheblichem Laboraufwand nur unvollständig bestimmen. Fest steht, daß verschiedenste Organismengruppen an den Schadstoffumsetzungen in Form eines Verbundes, dem sogenannten Biofilm, beteiligt sind. Hierzu gehören insbesondere Bakterien, Actinomyceten und Pilze. Diese aeroben, heterotrophen Mikroorganismen gehören in nahezu allen Anwendungsfällen zu den sogenannten Mesophilen mit optimalen Wachstumsbereichen zwischen 20 °C und 42 °C.

Die Mikroorganismen sind adsorptiv am Filtermaterial, dem Träger, immobilisiert und verschiedenen Einflüssen ausgesetzt (Abb. 3). Jeder einzelne Organismus, aber auch die jeweilige Mischpopulation im Filtermaterial, haben spezifische Bedürfnisse hinsichtlich diverser Einflußgrößen. Insbesondere die Faktoren pH-Wert, Temperatur und Wasseraktivität des organischen Materials sind neben der Nähr- und Sauerstoffversorgung der Organismen von entscheidender Bedeutung für die Funktion der biologischen Stufe.

Im Zuge des exothermen Schadstoffabbaus (auch Katabolismus genannt) wird eine gewisse Menge an Wärme frei, und energiereiche Phosphatverbindungen (ATP = Adenosintriphosphat) werden im Zellinneren der am Schadstoffabbau beteiligten mikrobiellen Zelle gebildet. Parallel nutzt die Zelle die gewonnene Energie zum Aufbau neuer Zellmasse (auch Anabolismus genannt). Dieser endotherme Vorgang setzt jedoch voraus, daß der Zelle neben der Abluftwärme wichtige chemische Grundelemente zur Verfügung stehen. Hierzu gehören in erster Linie Kohlenstoff, Sauerstoff, Stickstoff und Phosphor. Die beiden letztgenannten Elemente sind grundsätzlich im organischen Filtermaterial für die Mikroorganismen verfügbar, können aber bei Bedarf zusätzlich beispielsweise in Form handelsüblicher Dünger zugemischt werden. Sauerstoff ist in der Abluft enthalten und steht damit in ausreichender Menge zur Verfügung – vorausgesetzt, das gesamte Festbett wird homogen durchströmt. Als Kohlenstoffquelle werden neben der organischen Matrix selbst in erster Linie die Abluftschadstoffe genutzt. Es sei nur am Rande erwähnt, daß viele Halogen-teilsubstituierte Kohlenwasserstoffe ebenfalls in Biofiltern abgebaut werden können. Die daraus resultierenden Halogensalze werden jedoch im Filtermaterial angereichert und minimieren beispielsweise aufgrund von pH-Wertverschiebungen dessen Standzeit.

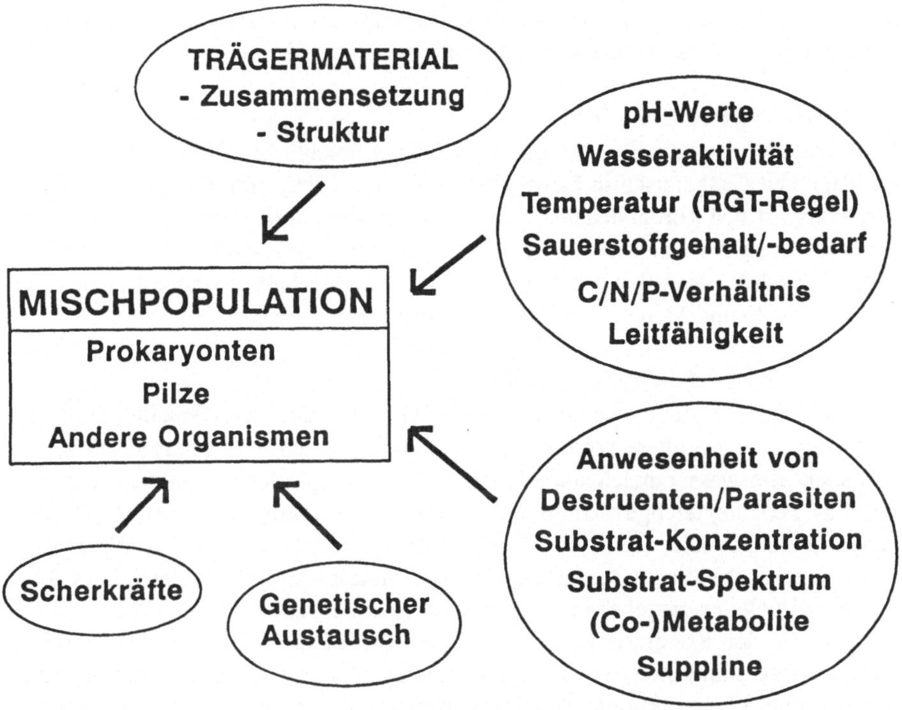

Abb. 3: Einflußgrößen auf die Zusammensetzung der Mischpopulation biologischer Abluftreinigungsanlagen

3.4 Wasserhaushalt des Filtermaterials

Auch wenn alle Einflußgrößen möglichst optimal auf die Biologie abgestimmt werden sollten, bereitet die Einstellung des für die Mikroorganismen geeigneten Wassergehaltes im Filtermaterial, der nach Literaturangaben im Bereich von 40-65 % liegen sollte (Fischer et al. 1990), oftmals die größten Probleme (siehe auch Abschnitt "Probleme beim Betrieb von Biofiltern"). Dies liegt zum Teil am Unverständnis in der Sache und soll deshalb anhand von Definitionen verschiedener Begriffe ausführlicher betrachtet werden. Hierbei ist zu erwähnen, daß Mikroorganismen zur Aufrechterhaltung ihrer Stoffwechselaktivität eine Mindestmenge an Wasser benötigen und selbst aus 75-80 % Wasser bestehen; der Mindestbedarf bestimmter Mikroorganismengruppen an Umgebungswasser wird über die Wasseraktivität definiert (Schlegel 1985).

3.4.1 Wassergehalt (0-100 % w/w)

Unter dem Wassergehalt eines bestimmten Materials ist die Wassermenge, angegeben in Gewichtsprozenten, zu verstehen. Dieser Wert sagt jedoch nichts über physikalische oder chemische Eigenschaften des Materials aus und definiert auch nicht die Verfügbarkeit des Wassers für die Mikroorganismen.

3.4.2 Relative Feuchte (% rF)

Während die absolute Feuchte die Wasserdampfmenge pro Volumen- oder Gewichtseinheit Gasgemisch in Gewichtseinheiten beziffert, gibt die relative Feuchte den Wert für den vorhandenen Dampfdruck im Verhältnis zum maximalen Wasserdampfdruck bei gleicher Temperatur an, da hierzu eine große Abhängigkeit besteht. Bei Messungen der relativen Feuchte ist es deshalb zwingend notwendig, daß Meßsonde und Meßgut identische Temperaturen haben.

3.4.3 Gleichgewichtsfeuchte (0-100 %)

Die Gleichgewichtsfeuchte eines Materials definiert die relative Feuchte, die in der umgebenden Atmosphäre vorhanden sein muß, um einen Wasseraustausch zu unterbinden. Ein wasseranziehendes Material (hygroskopischer Charakter) sucht immer das Feuchtegleichgewicht mit der umgebenden Luft. Es herrscht dann ein Feuchtegleichgewicht, wenn der durch das im Material vorhandene Wasser bedingte spezifische Wasserdampfdruck auf der Materialoberfläche gleich dem Wasserdampfdruck der umgebenden Atmosphäre ist. Es ist leicht zu verstehen, daß der Wert der in der Konditionierungsstufe eines Biofilters einzustellenden relativen Abluftfeuchte mindestens so hoch sein muß, daß die für die Mikroorganismen erforderliche Wasseraktivität des Filtermaterials dauerhaft gewährleistet werden kann.

Mittels grafischer Darstellung kann die Beziehung zwischen Gleichgewichtsfeuchte und Wassergehalt eines Materials durch die sogenannte Sorptionsisotherme im Gleichgewichtszustand bei konstanter Temperatur gezeigt werden. Organische Materialien, wie sie im Biofilter Verwendung finden, sind heterogen zusammengesetzt und zeigen deshalb ein von reinen Materialien abweichendes, komplexeres Sorptionsverhalten. Die Sorptionsisotherme sollte für jedes Material, respektive jede Materialmischung, experimentell bestimmt werden.

3.4.4 Wasseraktivität (0-1 a_w)

Im Gegensatz zum Wassergehalt drückt die Wasseraktivität die Verfügbarkeit des Wassers aus und bestimmt direkt physikalische, mechanische, chemische und mikrobiologische Eigenschaften eines Materials, aber auch Wechselwirkungsprozesse (z. B. Klumpenbildung, Rieselfähigkeit, Kohäsion etc.).

Die Wasseraktivität ist definiert als der Quotient aus der Konzentration des Wassers in der Dampfphase im Luftraum über dem Material und der Wasserkonzentration im Luftraum über reinem Wasser bei einer bestimmten Temperatur (Schlegel 1985) oder anders gesagt, die relative Feuchte einer umgebenden Atmosphäre, die einen das Feuchtegleichgewicht verschiebenden Wasseraustausch zwischen Material und Luft unterbindet. Diese Definition gleicht prinzipiell der Definition der Gleichgewichtsfeuchte, wird jedoch in 0-1 a_w angegeben und ist somit ein Maß für den Freiheitsgrad des möglicherweise in einem Material auf unterschiedliche Weise gebundenen Wassers.

Für Mikroorganismen werden Wasseraktivitäten im Bereich von 0,6-0,998 benötigt. Die meisten bakteriellen Organismen haben im Vergleich zu Schimmelpilzen (a_w 0,8) einen sehr hohen Bedarf an Wasser (a_w $\geq$0,98). Bei zu geringen Wassergehalten und damit Wasseraktivitäten kann es im Filtermaterial zum vermehrten Wachstum von Schimmelpilzen kommen. Generell ist anzunehmen, daß es im Filtermaterial praktisch Zonen unterschiedlicher Wasseraktivitäten in Abhängigkeit der Strömungsgeschwindigkeiten, Materialbindungsfähigkeiten, Porengrößen- und Temperaturverteilungen gibt und deshalb mehreren Mikroorganismen gleichzeitig ideale a_w-Werte geboten werden.

3.4.5 Wasserbindung

Zum erweiterten Verständnis des Wasserhaushaltes ist die Frage der Bindung des Wassers in den Strukturen des Filtermaterials interessant. Wassermoleküle untereinander werden sowohl in der Flüssigphase als auch adsorbiert am Feststoff durch Wasserstoffbrückenbindungen zusammengehalten, während das Adsorptionswasser selbst durch van der Waalssche Kräfte und elektrostatische Felder am Material gebunden ist, und zwar um so stärker, je näher die Wassermoleküle zum Feststoff stehen.

Eine besondere Beachtung gebührt dem sogenannten Kapillarwasser. Insbesondere in kleinen Porenbereichen besteht eine Tendenz zur Minimierung der Grenzfläche zwischen Wasser und Luft mit der Folge der Bildung extrem gekrümmter Wassermenisken in den Poren. Das besonders stark gebundene Kapillarwasser besitzt eine im Vergleich zu freiem Wasser höhere Oberflächenspannung, was zu einer Dampfdruckherabsetzung führt (Scheffer und Schachtschabel 1991).

Der Vorgang der Bildung von Kapillarwasser, die sogenannte Kapillarkondensation, kann insbesondere bei hohen Anteilen kleiner Porendurchmesser im Filtermaterial positive und negative Auswirkungen für den Betrieb des Biofilters haben: Einerseits besitzen Materialien mit hohen Anteilen kleinster Porenradien eine hohe Wasserspeicherkapazität und können somit Austrocknungserscheinungen im Rahmen ungleichmäßiger Befeuchtung oder lokaler Temperaturerhöhungen entgegenwirken. Andererseits besteht in diesen stark durchnäßten Zonen die Gefahr der Bildung anaerober Zonen, wenn die hier eingeschlossenen Mikroorganismen der wässrigen Phase mehr Sauerstoff entziehen, als aufgrund von Diffusionsvorgängen nachgeliefert werden kann. Dies kann im Zuge der Bildung von Faulgasen zu sekundären Geruchsbelästigungen führen.

3.5 Stofftransport

Unter dem Stofftransport versteht man sowohl den Transport der Abluft und der in dieser enthaltenen Schadstoffe zu den Phasengrenzflächen als auch Absorptions- und Diffusionsvorgänge im submikroskopischen bzw. intrazellulären Bereich (Abb. 4). Beim Biofilter ist der Stofftransport noch überlagert von der biologischen Reaktion.

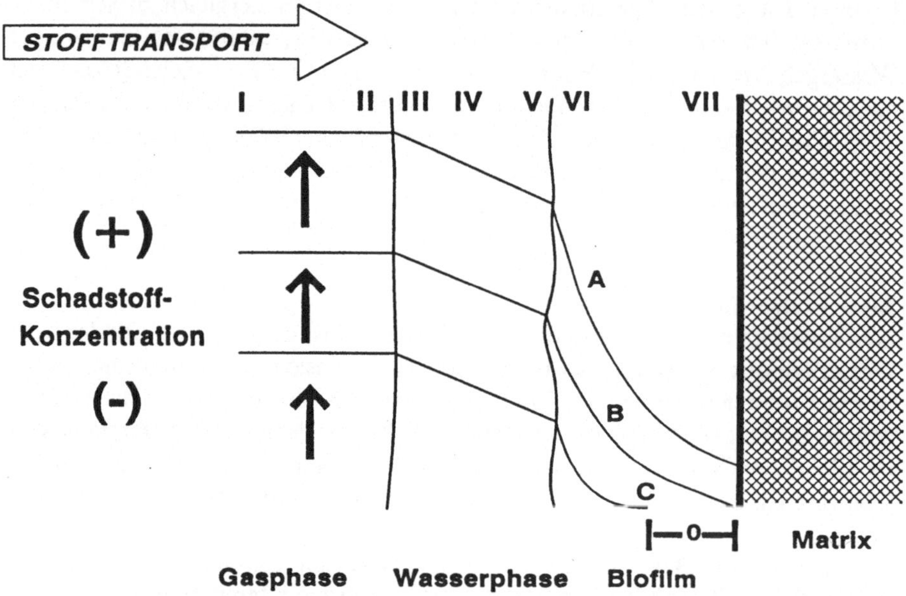

Abb. 4: Schematische Darstellung des Konzentrationsverlaufes beim Transport eines Schadstoffes aus der Gasphase in den Biofilm. *I* Hauptsächlich konvektiver Transport der Schadstoffmoleküle im Gasraum bis zur gasseitigen Grenzschicht; *II* Diffusion durch die gasseitige Grenzschicht; *III* Absorptionsvorgang und Diffusion durch die wasserseitige Grenzschicht; *IV* Weitertransport in den Kern der Flüsigkeit durch Diffusion; *V* Diffusion durch die wasserseitige Grenzschicht beim Übergang in den Biofilm; *VI* Diffusion durch die Grenzschicht im Biofilm; *VII* Aufnahme der Schadstoffmoleküle und Umsetzung durch die Mikroorganismen; *A* Maximale Eliminationskapazität: Hohe Gasphasenkonzentration führt zur Sättigung des Biofilms mit Substrat (Reaktionslimitierung); *B* Maximale Eliminationskapazität wird gerade noch erreicht bei geringer Gasphasenkonzentration; *C* Eliminationskapazität ist von den niedrigen Gasphasenkonzentrationen abhängig (Diffusionslimitierung), es entsteht eine *O* Reaktionsfreie Zone

Neben der Gaskonzentration können die Eigenschaften der gasförmigen Komponenten entscheidend Einfluß auf die Abbauleistung des Biofilms nehmen. Zwei Phänomene, die Diffusions- und Reaktionslimitierung, werden dabei beobachtet: Die schlechte Löslichkeit hydrophober Substanzen kann – in Abhängigkeit von der Verweilzeit – zu einer Diffusionslimitierung der Abbauleistung führen, d. h. analog zu Kurve C in Abb. 4 kann eine Sättigung des Substrates im Flüssigkeits- und Biofilm nicht erreicht werden. Man spricht in diesem Fall von einer Reaktion 1. Ordnung; dies bedeutet, daß die Reaktionsgeschwindigkeit des Schadstoffumsatzes proportional zu dessen Konzentration ist. Eine Reaktionslimitierung hingegen tritt ein, wenn mehr Substrat in den Biofilm diffundiert, als enzymatisch umgesetzt werden kann (entsprechend der Kurve A in Abb. 4). In diesem Zustand laufen Reaktionen 0. Ordnung ab, d. h. die Reaktionsgeschwindigkeit nimmt einen maximalen Wert an und ist unabhängig von der Substratkonzentration. Darüber hinaus kann ab einer spezifisch hohen Konzentration eine Hemmung der biologischen Abbauaktivität beobachtet werden.

Bei korrekt ausgelegten Biofiltern sind die biochemischen Reaktionen, also die Schadstoffumsetzungen, der Reaktion 1. Ordnung bzw. einer gemischten aus 1. und 0. Ordnung zuzuschreiben, d. h. die maximal möglichen Reaktionsgeschwindigkeiten werden nur selten, beispielsweise bei Belastungsspitzen, erreicht.

3.6 Probleme beim Betrieb von Biofiltern

Typische Probleme beim Betrieb von Biofiltern haben ihre Ursache in Planungs- und Dimensionierungsfehlern und aufgrund von Fehlmaßnahmen bei der Anlagen-Wartung. Abgesehen von grundsätzlich fehlerhaften Auslegungen im Hinblick auf die erzielbare Abbauleistung aus Gründen mangelnder Erfahrung und inkorrekter Interpretation von in Testanlagen ermittelten Abbauleistungen sowie im Betrieb durchgeführten Messungen zur Festlegung von Volumenströmen und Schadstoffkonzentrationen sind oft verfahrenstechnische Probleme Grund mangelhafter Betriebszustände.

3.6.1 Planungs- und Dimensionierungsfehler

Wie oben angesprochen, ist die Befeuchtung der Abluft von erheblicher Bedeutung für eine dauerhaft gute Funktion des Biofilters. Wird aufgrund technischer Unzulänglichkeiten (defekte Meßsonden, verstopfte Wäscherdüsen, mangelnde Kontaktzeit bzw. zu kurze Wäscherbaulänge etc.) die erforderliche Eintrittsfeuchte ($\geq$ 95 % rH) nicht bzw. nicht dauerhaft erzielt, sind Austrocknungen des Filterbettes zwangsläufig die Folge – einhergehend mit einem Rückgang der Abbauleistung. Insbesondere bei hohen Schadstoffkonzentrationen kann es im Bereich der Anströmung des Filtermaterials aufgrund hoher biologischer Abbauleistungen zu starken Wärmebildungen kommen; gerade in solchen Situationen ist eine Kompensation des dadurch bedingten Wasserverlustes durch den Wassergehalt der Abluft unerläßlich.

Der Einsatz einer hochwertigen Meß- und Regeltechnik insbesondere im Hinblick auf die Feuchteproblematik ist zwingend erforderlich. In diesem Zusammenhang sei erwähnt, daß noch immer keine stabile und reproduzierbare Feldmethode für die kontinuierliche In-situ-Darstellung der Wasseraktivität oder des Wassergehaltes im Filtermaterial entwickelt wurde. Die bisher kommerziell vertriebenen Feuchtemeßgeräte für Schüttungen messen die Luftfeuchte in den Hohlräumen und sind nur für statische Verhältnisse ausgelegt. Auch speziell für Biofilterverhältnisse (also hoher Wassergehalt, heterogene Materialstruktur) entwickelte und in eigenen Untersuchungen eingesetzte Sonden, die beispielsweise nach dem Prinzip des Tensiometers oder der Leitfähigkeitsmessung arbeiten, liefern höchstens ungenaue Relativ-Werte und sind nicht für die Einbindung in ein elektronisches Regelsystem geeignet. Es ist aber fraglich, ob eine zwingende Notwendigkeit zum Einsatz von Feuchtesensoren besteht, denn meistens treten Austrocknungen nur in bestimmten Zonen des Biofilters auf. Dies bedeutet, daß eine Vielzahl von über die Biofilterfläche und -höhe verteilten Sensoren eingesetzt werden müßte. Die MSR-Technik wäre so auszulegen, daß nur die ermittelten Austrocknungszonen durch eine Zusatzbefeuchtungseinrichtung (Berieselung) benäßt werden. Es muß jedoch bezweifelt werden, daß ein derartiger MSR-Aufwand mit der Preisgestaltung des Biofilters harmonieren würde.

Vielmehr ist nach den Gründen partieller Austrocknungen auch bei korrekter Rohluftbefeuchtung in Biofiltermaterialien zu suchen. Im oberen Bereich des Filters kann bei offener Bauweise ohne Dachkonstruktion die Erwärmung durch Sonneneinstrahlung zu Wasserverlusten führen, was jedoch durch eine rechtzeitige vollflächige Zusatzbefeuchtung mit Beregnern oder ähnlichen Einrichtungen ausgeglichen werden kann. Ortsunspezifische Austrocknungen sind oftmals auf Materialverdichtungen zurückzuführen; in diesen Zonen können Wasserverluste nicht durch den Wassergehalt der Abluft ausgeglichen werden. Ein weiterer Grund können ungleiche Durchströmungen des Filtermaterials sein, die entweder durch eine mangelhafte Anströmtechnik oder durch partielle Verstopfungen der unteren Filterschicht, beispielsweise durch hohe Feststoffanteile in der Abluft, hervorgerufen werden können. Eine "Reaktivierung" einmal ausgetrockneter, hydrophob gewordener Filtermaterialien ist grundsätzlich möglich, bei größeren Filterflächen aufgrund des erforderlichen Arbeitsaufwandes (Umsetzen, Homogenisieren und Benässen) aber unwirtschaftlich.

In letzter Zeit werden vermehrt geschlossene Biofilter in Containerbauweise vermarktet, die anstelle der klassischen Anströmung von unten von der Filteroberfläche her mit Abluft beaufschlagt werden. Die Umkehrung der Anströmrichtung allein hat hierbei zunächst keine Auswirkungen auf den Betriebszustand. Ein wichtiger Grund der Anströmung von oben ist eine parallel zur Strömungsrichtung der Abluft wirkende Zusatzberegnung (im Gegensatz zum herkömmlichen Gegenstromprinzip), was schwerkraftbedingt zu einer besseren Durchfeuchtung des gesamten Filtermaterials führen soll. Da jedoch bei gut funktionierenden Biofiltern in der Praxis nur – wenn überhaupt – in großen Zeitabständen zusatzbefeuchtet werden muß, kann dieser Effekt bzw. der Nachteil des Abluftgegenstromes in der Phase der Beregnung auch dadurch kompensiert werden, daß in belastungsfreien Zeiträumen mehrmals kurzzeitig bei abgestelltem Ventilator beregnet wird.

Nicht unwichtige Aspekte im Rahmen der Inbetriebnahme von Biofiltern sind der Transport und die Einbringung des Filtermaterials, das schon beim Klassieren und gegebenenfalls beim Mischen mit inerten Stützmaterialien optimal befeuchtet werden sollte. Das Einfüllen des Materials sollte gleichmäßig, beispielsweise mit Greifern aus geringer Fallhöhe, erfolgen, um Materialverdichtungen auszuschließen.

Ein neben der Feuchteproblematik mindestens ebenso bedeutender Einflußfaktor ist die Anströmung des Filtermaterials. Es müssen Voraussetzungen für eine gleichmäßige vertikale Durchströmung der gesamten Filterfläche geschaffen werden. Der Druckverlust bei der horizontalen Durchströmung des Anströmungsbereiches sollte maximal 5 % des Filterwiderstandes betragen, um größere Strömungsungleichheiten im Filterbett zu vermeiden. Dies kann insbesondere bei großen Flächenfiltern nur mit Druckkammern erreicht werden, die bei korrekter Dimensionierung nur relativ geringe Verteilungsverluste zeigen. Dennoch werden in der Praxis aufgrund der heterogenen Zusammensetzung des Filtermaterials keine absolut gleichmäßigen Strömungsverteilungen zu erzielen sein (Mannebeck et al. 1994). Es lassen sich dennoch bei Beachtung aller lüftungstechnischen Grundsätze akzeptable Strömungsprofile verwirklichen. Voraussetzung hierfür sind verständlicherweise auch Filtermaterialeigenschaften wie Druckverlust, Struktur, Porosität und Porengrößenverteilung (Sabo et al. 1992) selbst. Bei der Dimensionierung des Biofilters sollte nur das real genutzte Filter-Hohlraumvolumen herangezogen werden, das insbesondere bei hohen Anteilen kleiner Poren geringer ist als das beispielsweise durch Auslitern bestimmbare Lückenvolumen. Bei großen Anlagen können Strömungsungleichheiten durch eine Segmentierung der Filterfläche in mehrere autonome Einheiten, die unabhängig voneinander mit regelbaren Ventilatoren angeströmt werden, vermieden werden. Bei Wartungsarbeiten wäre dann außerdem ein Teilbetrieb der Biofilteranlage möglich.

3.6.2 Anlagen-Wartung

Auch bei Beachtung aller Grundsätze im Zuge der Planung und Ausführung von Biofilterbauten können sich nach längeren Betriebszeiträumen durch die zunehmende Mineralisierung des Materials neben Druckverlusten inhomogene Strömungsverhältnisse einstellen, bedingt durch Randgängigkeiten, Austrocknungen und partielle Strömungsdurchbrüche. Die negativen Auswirkungen dieser Erscheinungen auf die Abbauleistung des Biofilters können nur eingeschränkt minimiert werden, oftmals ist jedoch bereits aus energetischen Gesichtspunkten ein kompletter Austausch des Materials erforderlich. Abhängig von der spezifischen Filterbelastung ist im Normalfall alle 3-5 Betriebsjahre die Notwendigkeit eines Filtermaterialwechsels gegeben.

Ein oftmals beobachteter Bewuchs der Filtermaterialoberfläche durch höhere Pflanzen ist zwar generell nicht schädlich, führt jedoch in Verbindung mit der Wurzelbildung zu Randgängigkeiten und Durchbrüchen und sollte deshalb frühzeitig unterbunden werden. Bei dieser Problematik stellt sich zwangsläufig auch die Frage der Begehung der Filterfläche. Dies sollte aufgrund der Verdichtungsproblematik möglichst vorsichtig und nur mit Hilfe großflächiger Trittplatten erfolgen. Fremdpersonal ist entsprechend anzuweisen.

Ein spontaner Rückgang des Druckverlustes der Filterstufe ist immer als Alarmsignal zu werten. Schon nach kurzer Betriebszeit können Randgängigkeiten auftreten (Stefan et al. 1990), selbst wenn hierfür durch spezielle Einbauten im Filtermaterialgehäuse Maßnahmen zur Minimierung getroffen wurden. Auch Rißbildungen, bedingt durch Austrocknungen, können als Ursache in Frage kommen. Treten derartige Erscheinungen deutlich vor Ende der prognostizierten Standzeit des Filtermaterials auf, sollten umgehend Gegenmaßnahmen in Form von Auflockerungen, Umgrabungen und Verdichten von Randbereichen eingeleitet werden. Gegebenenfalls sind anschließend Strömungsprofilmessungen im Sinne einer Erfolgskontrolle durchzuführen.

Bei Neuanlagen offener Bauweise ist die Installation eines Wetterschutzdaches heute Stand der Technik. Eine Nachrüstung auch bei Altanlagen ist dringend zu empfehlen, um Witterungseinflüsse zu minimieren, wenn bauseitig und genehmigungstechnisch keine Einwände vorliegen.

4 Rieselbettreaktoren

Mit der Einführung der TA Luft (1986) vervielfachte sich die Nachfrage im Hinblick auf kostengünstige, platzsparende und wartungsfreie Abluftreinigungsanlagen bei Geruchs- und/oder schadstoffemittierenden Betrieben. BAR-Anlagen konnten und können diesen Anforderungen standhalten, wenn geringe Konzentrationen biologisch abbaubarer Abluftschadstoffe vorliegen, obgleich die Anpassung der zunächst ausschließlich für Geruchsminderung konzipierten Verfahrenstechnik an Kohlenwasserstoffemissionen einen hohen Forschungs- und Entwicklungsaufwand forderte. Die kostengünstigen Biofilter-Anlagen haben jedoch den Nachteil eines hohen Flächenbedarfs. Ausgehend von einer Filtervolumenbelastung von 100 m^3 pro m^3 Abluft und Stunde sowie einer Filterbetthöhe von 150 cm wird beispielsweise bei einem Volumenstrom von 15.000 m^3/h ein Platzbedarf von 1 m^2 pro 100 m^3/h Abluft bei Flächenfiltern benötigt. Mit Biowäschern können zwar bei geringerem Platzbedarf grössere Schadstoffkonzentrationen und Volumenströme behandelt werden (sinnvoll ab ca. 4 g/m^3), die Investitionskosten für derartige Anlagen sind jedoch derart hoch, daß wirtschaftliche Vorteile gegenüber physikalischen oder chemischen Reinigungssystemen vornehmlich nur im Bereich der Betriebskosten anzusiedeln sind.

Aus dieser Betrachtung heraus konkretisiert sich fast selbständig eine Marktlücke für kompakte BAR-Systeme mit geringem Flächenbedarf, die nicht nur wie Biofilter zur Behandlung von Abluftschadstoffkonzentrationen bis ca. 2 g/m^3, sondern auch ab 2 bis ca. 6 g/m^3 geeignet sind. Dies ist der Bereich, in dem alle nichtbiologischen Verfahren unwirtschaftlich arbeiten; hinzu kommt, daß diese Konzentrationen nur selten kontinuierlich anfallen.

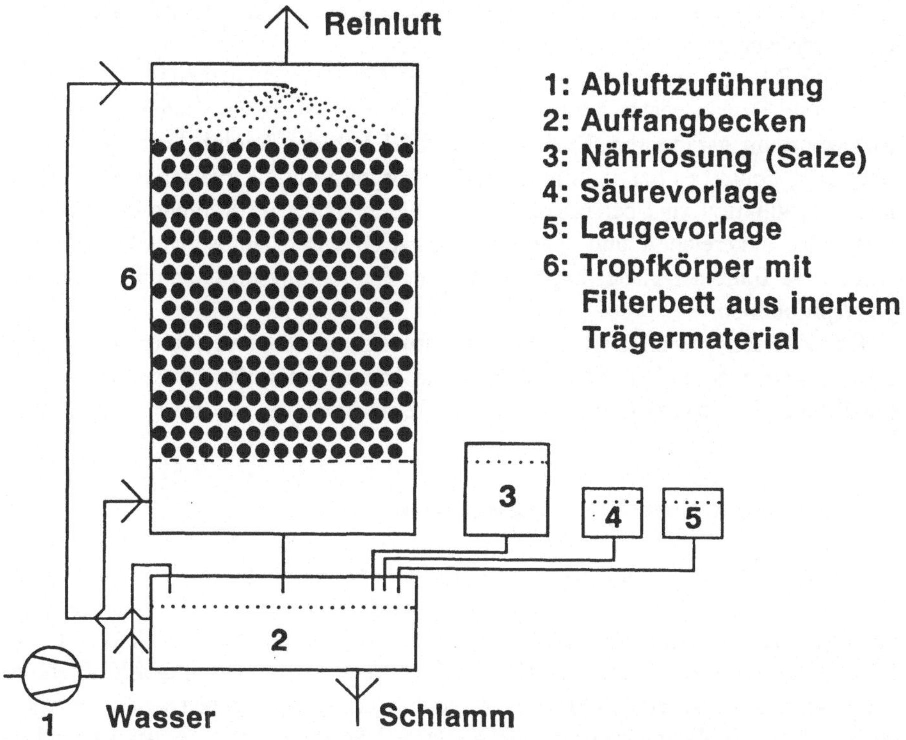

Abb. 5: Verfahrensschema von Rieselbettreaktoren (RBR)

Die Entwicklung sogenannter Rieselbettreaktoren (Abb. 5) wurde einerseits durch die aus der Kläranlagentechnik her bekannte Tropfkörper-Technologie und andererseits durch die Anfang der 80er Jahre begonnenen F&E-Arbeiten zur Immobilisierung von Enzymen und ganzen Zellen (Klein und Wagner 1983, Hartmeier 1985, Klein und Ziehr 1987) beeinflußt. Die Fähigkeit mikrobieller Zellen zur Anlagerung und Vermehrung an Grenzflächen bildet die Basis für diverse Immobilisierungsmethoden bei der Herstellung mikrobieller Produkte. Der entscheidende Vorteil der Immobilisierung sind höhere Raum-Zeit-Ausbeuten durch höhere Biomassenkonzentrationen im Reaktionssystem im Vergleich zu submersen, freien Kulturen. Spezielle Anforderungen an Immobilisate für den Einsatz in BAR-Anlagen wurden von Ziehr und Klein (1988) erörtert.

Der anfängliche Enthusiasmus bei der Anwendung von Immobilisierungsmethoden, insbesondere im Hinblick auf die mikrobielle Fermentation von Wertstoffen, ist mittlerweile relativiert, da mit der Zunahme der Biomassenkonzentrationen in Form dicker werdender Biofilme in den Reaktoren zwangsläufig Stofftransportprobleme entstehen. Ebenso wie beim Biofilter treten bei statischen Festbettreaktoren, in denen Mikroorganismen adsorptiv an inerte Trägermaterialien (z. B. poröses Glas, Tonkugeln, Pallringe, A-Kohle, Kunststoff-Schäume, etc.) immobilisiert vorliegen, Randgängigkeiten und Kanalbildungen durch Verstopfungen und Verbackungen auf. Ein Auswachsen der Mikroorganismen in die Flüssigphase ist häufig zu beobachten.

In der BAR eingesetzte Rieselbettreaktoren (RBR) müssen ebenso wie Biofilter akzeptable Druckverluste beim Durchströmen der Abluft über einen langen Betriebszeitraum garantieren. Da kompakte RBR höheren Raumbelastungen ausgesetzt sind, kommt es bei nichtlimitierter Versorgung mit Nährsalzen auch zu einer hohen Produktion an Überschußbiomasse, die zunächst im Rahmen des Biofilmverbundes angereichert und später nur teilweise durch Ablösungen ausgetragen wird. Dies führt neben der angesprochenen Verdichtungsproblematik zu Entsorgungsproblemen.

Das Zuwachsen der RBR führte zur Entwicklung neuer verfahrenstechnischer Lösungskonzepte und zu Arbeiten über die Minimierung der Überschußbiomassen-Bildung durch eine stickstofflimitierte Betriebstechnik (Wittorf et al. 1993).

4.1 Verfahrenstechnische Lösungskonzepte

Die Verdichtungserscheinungen von RBR sind in aller Regel irreversibel, da eine Reinigung beispielsweise mit Druckwasserspülung nur die obere Schicht erreicht und der meist sehr fest anheftende Biofilm tieferer Schichten unbeeinflußt bleibt. Zur Lösung der Problemstellung wurden verschiedene Verfahrensarten und Vorrichtungen beschrieben oder patentiert. Die folgenden Kurzbeschreibungen sollen verdeutlichen, daß die Verdichtungserscheinungen durch Überschußbiomasse, wie sie auch in aktuellen Forschungsarbeiten wiederholt beschrieben werden (Bronnemeier et al. 1994, Reitzig und Menner 1994), ernsthafte und immer noch ungelöste Probleme auch für heute auf dem Markt befindliche RBR darstellen.

In der DE 41 29 101 C1 (Kunz et al. 1993) wird vorgeschlagen, unterhalb des Festbettes, das aus mit Nährstofflayern gecoateten Inertträgern besteht, einen Rüttler einzusetzen, wie er bei der Siebklassierung im Baustoffsektor Verwendung findet, wodurch Verbackungen des Materials sowie Kanalbildungen vermieden werden sollen.

Die DE 40 16 457 C1 (Nyhuis 1992) beschreibt eine Vorrichtung zur biologischen Abluftreinigung, bei der spiralförmig zwei profilierte Kunststoffolien aufgewickelt und als Festbett für den Aufwuchs der Biomasse in einem rotierenden Behälter angeordnet sind. Dieser Drei-Phasen-Reaktor soll sich durch ein hohes Pufferungsvermögen bei Stoßbelastungen auszeichnen.

Die DE 36 11 582 A1 (Herding und Rausch 1987) stellt ein Trägermaterial zur Immobilisierung von Mikroorganismen mit mikro- und makroporösen Strukturen vor, das zur mikrobiellen Reinigung von Abluft in geometrischen, formstabilen Formen gefertigt werden kann.

In der DE 32 27 678 A1 (Baumgarten et al. 1984) wird ein Verfahren vorgestellt, in dem u. a. Trägerkörper mit Noppen für den Einsatz im Festbett empfohlen werden, um den Abstand zwischen den Trägerelementen in der losen

Schüttung zu vergrößern und bei einem Fluten des Festbettreaktors den Austrag von Überschußbiomasse zu erleichtern.

4.2 Stickstofflimitierte Betriebsführung

Stickstoff ist ein für die Lebensfähigkeit und das Wachstum von Lebewesen essentielles Element. Für Mikroorganismen ist das Ammonium-Ion die allgemeinste Stickstoffquelle (Schlegel 1985) und wird bevorzugt gegenüber anderen Stickstoffquellen assimiliert (Kleiner 1991a). Die verfügbare Menge an Stickstoff sollte ebenso wie Phosphor im Verhältnis zum Kohlenstoff stehen, der in Form des Substrates angeboten wird. Die Einstellung des sogenannten C/N/P-Verhältnis (100:5:1) ist Grundlage für maximale Substratabbauleistungen, führt aber auch zu entsprechenden, substratspezifisch hohen Biomasse-Erträgen.

Ergebnisse theoretischer Überlegungen (Ziehr und Klein 1988) und praktischer Untersuchungen (Klein und Schara 1981, Sayles und Ollis 1989) waren Grundlage für die Entwicklung eines auf einer stickstofflimitierten Betriebstechnik basierenden biokatalytischen Abluftreinigungskonzeptes (Wittorf 1992). Es konnten in Laborreaktoren mit an inerten Trägermaterialien immobilisierten Mischkulturen auch in stickstofflimitierten Betriebsphasen akzeptable, aber abnehmende Schadstoffabbauraten über mehrere Wochen (simulierte lösungsmittelhaltige Abluft) nachgewiesen werden, die jedoch deutlich kleiner waren als bei stickstoffvollversorgten Kulturen. Eine immer wiederkehrende Problematik in limitierten Betriebsphasen waren Viskositätsanstiege im Kreislaufwasser, bedingt durch die von Zellen ausgeschiedenen Exopolysaccharide.

Diverse Anbieter von RBR stellen die Behauptung auf, sie hätten das Problem des Biomassenzuwachses in den Festbettschüttungen gelöst. Es sollen an dieser Stelle insbesondere im Hinblick auf die Behandlung hoher Schadstoffrachten vorsichtige Zweifel an dieser Aussage erhoben werden, da dies bedeuten würde, daß zumindestens nach längeren Betriebszeiten ein 100 %iger Umsatz des Substrat-Kohlenstoffes zu Kohlendioxid erfolgen müßte, also kein Kohlenstoff für den Aufbau von Zellmasse zur Verfügung stünde. Gleichsam bedeutete dies, daß die vorhandene abbauaktive Biomasse konstant bliebe und keinerlei Leistungsverlust entstünde. Hierbei müßte jedoch Voraussetzung sein, daß im Betriebszeitraum kein Stickstoff verfügbar ist, der ja zum Aufbau neuer Biomasse führen und sich somit im System anreichern würde.

Der Zustand der Stickstofflimitierung bedeutet für die mikrobielle Zelle, daß nur organische Stickstoffverbindungen abgestorbener Zellen zum Aufbau neuer Zellmasse genutzt werden können. Diese müssen jedoch unter Aufwendung von Energie und speziellen katabolen Enzymen (Kleiner 1991b) zunächst auf die Ebene des Ammonium-Ions und Glutamats gebracht werden, um erneut in Zellbausteine eingebaut werden zu können. Dieser suboptimale "Betriebszustand" geht zu Lasten des Katabolismus und verhindert hohe Substratabbauraten.

5 Ausblick

Die Biofiltertechnologie ist trotz mancher "Schwächen" weitgehend ausgereift und bei geringen biologisch abbaubaren Schadstoffkonzentrationen nahezu konkurrenzlos. Weitere große Optimierungsschritte, beispielsweise eine Segmentierung in kleinste autonome Einheiten mit eigenen Regelkreisen zur Minimierung von inhomogenen Strömungsverhältnissen, sind denkbar, aber aufgrund höherer Anlagenpreise auf dem Markt zum jetzigen Zeitpunkt kaum durchsetzbar. Aufgrund lüftungstechnischer und mikrobiologischer Vorgaben werden auch zukünftig kaum um mehrere Größenordnungen höhere Abbauleistungen zu erzielen sein. Wegen des relativ großen Anbieter-Pools für Biofilteranlagen wird mit nennenswerten Preisanstiegen nicht zu rechnen sein, was den wirtschaftlichen Vorteil gegenüber anderen Technologien weiter ausbaut. Die europaweit geplante VOC (volatile organic compounds)-Richtlinie (Hirsch 1994) wird zu weiteren Grenzwertabsenkungen für Luftschadstoffe führen und auch in anderen europäischen Ländern den Druck für Investitionen in BAR erhöhen.

Viele der zur Zeit angebotenen RBR-Systeme arbeiten nur unzufriedenstellend. Anhand der Variation der eingesetzten Trägermaterialien (makroporös, mikroporös, offen- und geschlossenporig, kantige oder kugelförmige Geometrie, etc.) und der oft undurchsichtigen Betriebsphilosophie (Stickstofflimitierung, ja oder nein?) ist der noch nicht abgeschlossene Entwicklungsstand derartiger Anlagen zu erkennen. Im Gegensatz zur Biofiltertechnologie ist bei RBR-Systemen auch weiterhin ein hoher F&E-Bedarf vorhanden. Dieser sollte sich jedoch weniger auf die Auswahl des Trägermaterials beziehen als vielmehr auf eine Verfahrenstechnik, die auch bei optimalen mikrobiologischen Wachstumsbedingungen und damit hohen Schadstoffabbauraten ein Verstopfen der biologischen Stufe vermeidet. Es sind also intelligente Konzepte für hochleistungsfähige RBR-Systeme gefordert, deren Entwicklung wie bei anderen BAR-Typen eine enge Zusammenarbeit von Ingenieuren, Technikern und Biologen voraussetzt. In diesem Zusammenhang muß allerdings gefordert werden, daß die Entsorgung der oftmals völlig unbegründet als Sondermüll eingestuften Überschußbiomasse für den Anwender keinen zusätzlichen Kostenfaktor darstellt, was mit dem an sich positiven Druck der Aufsichts- und Genehmigungsbehördern hinsichtlich der bevorzugten Anwendung von BAR-Anlagen harmonieren würde.

6 Literatur

Bach (1923) Schwefel im Abwasser. Gesundheits-Ingenieur 46: 370-377

Baumgarten J., Mann T., Schmidt F. (1984) Verfahren zur biologischen Reinigung von Abluft. DE 32 27 678 A1

Braun R., Holubar P., Plas C. (1994) Biologische Abluftreinigung in Österreich. Studie im Aufrtrag des Bundesministeriums für Umwelt, Jugend und Familie, Sektion II, Wien

Bronnenmeier R., Fitz P., Tautz H. (1994) Reinigung von Lackiererei-Abluft mit einem Gitterträger-Biofilter. VDI-Berichte 1104: 203-215

Fischer K., Bardtke D., Eitner D., Homans W.J., Janson O., Kohler H., Sabo F., Schirz S. (1990) Biologische Abluftreinigung. expert Verlag, Ehningen

Gibson D.T. (1984) Microbial degradations of organic compounds. Marcel Dekker Inc., New York

Gottschalk G. (1985) Bacterial metabolism. Springer Verlag, Berlin, Heidelberg

Gust M., Grochowski H., Schirz S. (1979) Grundlagen der biologischen Abluftreinigung. Teil V – Abgasreinigung durch Mikroorganismen mit Hilfe von Biofiltern. Staub – Reinh. Luft 39: 397-402

Hartmeier W. (1985) Immobilisierte Biokatalysatoren – auf dem Weg zur zweiten Generation. Naturwissenschaften 72: 310-314

Herding W., Rausch W. (1987) Trägermaterial zur Immobilisierung von Mikroorganismen. DE 36 11 582

Hirsch N. (1994) Aktueller Stand der EG-Lösemittelrichtlinie Vortrag anläßlich des Fachseminars "Abluftreinigung in Druckereien und Unternehmen der Papierverarbeitung", Wiesbaden, Mai 1994

Klein J., Wagner F. (1983) In: Chibata I., Wingard L.B. (eds.) Immobilized microbial cells. Academic Press, New York

Klein J., Schara P. (1981) Entrapment of living microbial cells in covalent polymeric networks: II A quantitative study on the kinetics of oxidative phenol degradation by entrapped *Candida tropicalis* cells. Appl. Biochem. Biotechnol. 6: 91-117

Klein J., Ziehr H. (1987) Immobilisierung von Mikroorganismen durch Adsorption. Bioengineering: 8-16

Kleiner D. (1991a) Regulation des Stickstoff-Katabolismus bei Bakterien – Teil 1. Bioforum 14: 60-63

Kleiner D. (1991b) Regulation des Stickstoff-Katabolismus bei Bakterien – Teil 2. Bioforum 14: 118-122

Kunz P., Gärtner S., Wagner S. (1993) Vorrichtung und Verfahren zur biologischen Reinigung von Abluft mit Hilfe von Nährböden. DE 41 29 101 C1

Mannebeck D., Hügle T., Hopp J. (1994) Luftgeschwindigkeitsprofile bei der Durchströmung von Biofiltern. EntsorgungsPraxis 6/94: 38-43

Nyhuis G. (1992) Vorrichtung zur biologischen Abluftreinigung. DE 40 16 457

Pomeroy R.D. (1957) Deodoring of gas streams by the use of micro-biological growths. Patent US 2793096

Prüß M., Blunk H. (1941) Verfahren zur Reinigung von luft- oder sauerstoffhaltigen Gasgemischen. Deutsches Patent Nr. 710954

Reitzig R., Menner, M. (1994) Untersuchungen zur Mikrobiologie und zur Abbauaktivität eines Biofilm-Tropfkörperwäschers mit dem schwer wasserlöslichen Luftschadstoff Toluol. VDI-Berichte 1104: 149-147

Sabo F., Fischer K., Wurmthaler J. (1992) Entwicklung von Hochleistungsbiofiltern – Optimierung der Materialdurchströmung. Entsorgungspraxis: 576-578

Sayles, G.D., Ollis D.F. (1989) Periodic operation of immobilized cell systems: analysis. Biotechnol. Bioeng. 34: 160-170

Scheffer F., Schachtschabel P. (1991) Lehrbuch der Bodenkunde. Ferdinand Enke Verlag, Stuttgart

Schlegel H.G. (1981) Allgemeine Mikrobiologie. Thieme Verlag, Stuttgart

Schippert E. (1994) Biowäschertechnologie. VDI-Berichte 1104: 39-56

Schirz S. (1989) Probleme beim Einsatz von Biofiltern in der Schweinehaltung. VDI-Berichte 735: 255-265

Stefan K., Windsperger A., Buchner R. (1990) Randgängigkeit – Problem beim Durchströmen von Schüttungen in der biologischen Abluftreinigung. Verfahrenstechnik 24: 12-15

Steinmüller W., Claus G., Kutzner H.-J. (1979) Grundlagen der biologischen Abluftreinigung. Teil II – Mikrobiologischer Abbau von luftverunreinigenden Stoffen. Staub – Reinh. Luft 39: 149-152

TA Luft vom 28. Februar 1986 – Erste Allgemeine Verwaltungsvorschrift zum Bundes-Immissionsschutzgesetz (Technische Anleitung zur Reinhaltung der Luft)

VDI-Richtlinie 3477 (1991) Biofilter. Beuth Verlag, Berlin

VDI-Richtlinie 3478 (1994) Biowäscher (Entwurf). Beuth Verlag, Berlin

Wittorf F. (1992) Biologische Reinigung lösungsmittelhaltiger Abluft mit an inerten Trägermaterialien adsorbierten Mischkulturen. Dissertation, Universität Braunschweig

Wittorf F., Klein J., Körner K., Unterlöhner O., Ziehr H. (1993) Biocatalytic treatment of waste air. Chem. Eng. Technol. 16: 40-45

Ziehr H., Klein J. (1988) Anforderungen an Katalysatoren für die biologische Abluftreinigung. Forum Mikrobiologie 11: 379-384

Biologische Abluftreinigung im Biofilter: Mikrobiologische Aspekte

S. Fetzner[1], M. Roth[2] und H. Schöffmann[3]

1 Einleitung

Bei der biologischen Abluftreinigung werden Schad- und Geruchsstoffe durch die Stoffwechseltätigkeit von Mikroorganismen abgebaut und damit aus der Abluft eliminiert. Voraussetzungen des Biofilterverfahrens sind die Wasserlöslichkeit und die prinzipielle biologische Abbaubarkeit der Abluftinhaltsstoffe. Die Natur verfügt über ein breites Spektrum der unterschiedlichsten Mikroorganismen, die in ihrer Gesamtheit zu vielseitigen Abbauleistungen fähig sind, so daß sehr viele Verbindungen der verschiedensten chemischen Stoffklassen mikrobiell verstoffwechselt werden können.

Mikroorganismen nutzen die organischen Abluftinhaltsstoffe zur Gewinnung von Energie, die sie zur Aufrechterhaltung des Stoffwechsels und zur Vermehrung ihrer Zellmasse verwenden – Endprodukte des Abbaus sind im Idealfall Kohlendioxid und Biomasse.

Das Filtermaterial eines Biofilters ist der biologisch aktive Teil der Anlage. Mikroorganismen besiedeln den dünnen Wasserfilm, der jedes feuchte Filtermaterialpartikel umgibt. Im Filterbeet findet zunächst die Sorption der Abluftinhaltsstoffe aus der Gasphase in die Wasserphase und in den Biofilm statt. Nur im Biofilm gelöst vorliegende organische und anorganische Verbindungen können von der Mikroorganismen-Zelle aufgenommen werden. Durch die Stoffwechseltätigkeit der Mikroorganismen wird die schadstoffbelastete Filtermaterialschüttung kontinuierlich regeneriert. Dies ist ein grundlegender Vorteil des biologischen Verfahrens gegenüber adsorptiv arbeitenden Filtern.

Die schadstoffhaltige Abluft muß vor Eintritt in das Biofilter so vorbehandelt werden, daß die Struktur der Filterschicht nicht geschädigt wird und daß die in der Filterschicht angesiedelten Mikroorganismen möglichst optimale Lebensbe-

[1] Institut für Mikrobiologie (250), Universität Hohenheim, D-70593 Stuttgart
[2] Roth Vertriebs-GmbH, Raiffeisenstraße 2, D-88094 Oberteuringen
[3] Handelsagentur Schöffmann, Dachbergweg 9, A-9330 Althofen

dingungen vorfinden: Stäube und Fette müssen vor dem Filter abgeschieden werden, und das Rohgas sollte auf eine relative Feuchte von mindestens 95 % vorbefeuchtet werden.

2 Nährstoffansprüche und Wachstumsbedingungen von Mikroorganismen

2.1 Wasser

Da nur die in der Wasserphase des Biofilms gelösten Stoffe für die Mikroorganismen verfügbar sind, ist die zentrale Bedeutung des Wassers offensichtlich. Die homogene Durchfeuchtung des Filterbeetes ist sicherlich der wichtigste und kritischste Parameter für das Funktionieren eines Biofilters. Austrocknungszonen im Biofiltermaterial sind stoffwechselinaktive Zonen – hier findet kein oder nur wenig Schadstoffabbau statt.

2.2 Sauerstoff

Neben Wasser ist Sauerstoff essentiell für den oxidativen Stoffwechsel der Mikroorganismen:

(i) Die Atmung der aeroben Organismen verläuft nach folgendem Prinzip:

Kohlenstoffquelle + $O_2 \rightarrow CO_2 + H_2O$ + Energie

(ii) Die mikrobielle Oxidation anorganischer Verbindungen wie z. B. Ammoniak oder Schwefelwasserstoff erfordert Sauerstoff:

Nitrifikation: $NH_4^+ + 2\,O_2 \rightarrow NO_3^- + H_2O + 2\,H^+$

Sulfurikation: $H_2S + 2\,O_2 \rightarrow SO_4^{2-} + 2\,H^+$

Sauerstoff ist Reaktionspartner bei der biochemischen Umsetzung der verschiedensten organischen Verbindungen – der aerobe mikrobielle Abbau beispielsweise von aromatischen Kohlenwasserstoffen wie Benzol, Toluol oder Xylol geschieht unter Sauerstoffverbrauch.

Die Sauerstoffversorgung der Mikroorganismen im Biofilter ist in der Regel unproblematisch, da mit dem Rohgasstrom kontinuierlich auch Sauerstoff zugeführt wird. Unzureichende Sauerstoffkonzentrationen können jedoch in lokalen Übernässungszonen auftreten: Wird der Biofilm durch zu viel Nässe oder durch mikrobielle Schleimbildung zu dick, kann nicht mehr genügend Sauerstoff ins Innere des Biofilms nachdiffundieren. Die aerobe Mikroorganismen-Population stirbt an dieser Stelle ab, und es können sich anaerob lebende Mikroorganismen ansiedeln, so daß es zu Gärungs- und Faulungsprozessen kommt, was aufgrund der Entstehung sekundärer Geruchsstoffe unerwünscht ist. Um Übernässung zu vermeiden, sollte das Biofiltermaterial Drainagekapazität aufweisen.

2.3 Nährstoffansprüche von Mikroorganismen

Neben Wasser und Sauerstoff benötigt der mikrobielle Stoffwechsel die Makroelemente Kohlenstoff (C), Stickstoff (N) und Phosphor (P), ferner schwefelhaltige Verbindungen sowie verschiedene Mineralsalze und Spurenelemente in einem ausgewogenen Verhältnis (Schlegel 1985). Manche der von Mikroorganismen prinzipiell als Kohlenstoffquelle verwertbaren Schadstoffe sind allerdings in höheren Konzentrationen toxisch für die Zelle. Ein derartiger Toxizitäts-Schwellenwert kann die Maximalbelastung eines Biofilters begrenzen. Abluft enthält häufig Ammoniak oder Amine, die als Stickstoffquelle verwertbar sind. Die Makroelemente C, N und P sollten in einem ungefähren Verhältnis von C:N:P = 100:5:1 zur Verfügung stehen. Für die Stoffwechseltätigkeit von Mikroorganismen gilt das Gesetz vom Minimum: Dasjenige essentielle Element, dessen Konzentration ins Minimum gerät, limitiert die Stoffwechselleistungen und das Wachstum der Organismen. Der Bedarf an Spurenelementen und evtl. auch an verschiedenen Salzen kann vom organischen Schüttmaterial des Biofilters gedeckt werden.

Ein Ungleichgewicht der Nahrungsversorgung kann bei Mikroorganismen u. U. Streßphänomene hervorrufen: So ist z. B. das auch bei der Abwasseraufbereitung bekannte Phänomen der mikrobiellen Schleimbildung häufig eine Reaktion auf ein bestehendes Nährstoffungleichgewicht.

2.4 Wachstumsbedingungen

Um die Mikroorganismenpopulation aufrechtzuerhalten, müssen nicht nur Nährstoffansprüche erfüllt werden. Weitere Wachstumsbedingungen sind pH-Wert, Salzkonzentration und Temperatur, die innerhalb der physiologischen Bereiche liegen sollten.

2.4.1 Wasserstoffionenkonzentration (pH-Wert)

Die meisten Bakterien bevorzugen einen neutralen bis leicht alkalischen pH-Wert. Organische Biofiltermaterialien wie Kompost oder Fasertorf besitzen Pufferkapazität, können also pH-Schwankungen innerhalb gewisser Grenzen ausgleichen. Manche mikrobielle Stoffwechselprozesse beeinflussen jedoch den pH-Wert in der Biofilterschüttung. So entsteht beispielsweise bei der mikrobiellen Oxidation von Ammoniak (NH_3) die Salpetersäure (HNO_3), und bei der Oxidation von Schwefelwasserstoff (H_2S) wird Schwefelsäure (H_2SO_4) gebildet (vgl. 2.2: Nitrifikation, Sulfurikation). Diese Endprodukte der mikrobiellen Oxidation akkumulieren im

Biofilter, was mit der Zeit zur Übersäuerung der Materialschüttung führen kann. Als Gegenmaßnahmen bzw. Alternativen kann bei stark ammoniak- und schwefelwasserstoffhaltigem Rohgas die periodische Spülung der Materialschüttung oder die Verwendung eines Tropfkörpers oder Biowäschers in Erwägung gezogen werden (Demmers 1992, Schirz 1992, Fröhlich 1994).

2.4.2 Salzkonzentration (Ionenkonzentration)

Die Verfügbarkeit des Wassers für die Mikroorganismen wird durch den Parameter "Wasseraktivität" beschrieben: a_w = Quotient aus dem Dampfdruck einer wäßrigen Lösung und dem Dampfdruck über reinem Wasser bei einer bestimmten Temperatur. Je höher die Ionenkonzentration einer Lösung ist, desto geringer ist die Wasseraktivität. Die meisten Bakterien benötigen Wasseraktivitäten von mehr als 0,98. Da von Salzionen "gebundenes" Wasser nicht mehr für die Zelle verfügbar ist, hat ein Versalzen des Biofilters im Prinzip einen der Austrocknung vergleichbaren hemmenden Effekt auf die Stoffwechselaktivität der Mikroorganismen.

2.4.3 Temperatur

Das Temperaturoptimum der meisten Boden- und Wasserbakterien liegt im mesophilen Bereich, d. h. bei ca. 20-35 °C. Mikrobielle Abbauprozesse finden jedoch durchaus auch noch bei tieferen Temperaturen (wie 10 °C) statt: große offene Flächenfilter sind i. d. R. auch im Winter funktionsfähig. Bei sehr heißer Abluft sollte eine Temperaturkonditionierung erfolgen, zum einen wegen des Temperaturoptimums der Mikroorganismen, zum anderen wegen des Problems der Kondenswasserbildung in der Biofilterschüttung.

3 Organische Biofiltermaterialien: Beispiel Kokosfaser-Fasertorf-Gemisch

Organische Filtermaterialien sind nicht nur Sorptionsfläche für die Abluftinhaltsstoffe und Aufwuchsoberfläche für die Mikroorganismen-Population, sondern sie dienen auch als Nährstoffreservoir, und sie besitzen Wasserhalte- und Pufferkapazität. Um ein Ansteigen der Druckdifferenz zu verhindern und um lange Standzeiten des Filters zu erzielen, ist die Strukturstabilität der Schüttung von großer Bedeutung. Das Schüttmaterial sollte widerstandsfähig gegenüber mikrobieller Zersetzung sein (d. h. möglichst geringe Eigenkompostierung). Ausreichender und gleichmäßig verteilter Porenraum und stabile Porenstruktur sind für die homogene Durchströmung und für die Drainagekapazität der Schüttung essentiell.

Tabelle 1: Zusammensetzung der Kokosfaser (% Trockengewicht) (Grimwood 1995, Thampon 1993)

Organische Substanzen	%
Lignin*	45,80
Cellulose	43,50
wasserlösl. org. Substanzen	5,20
Pektin	ca. 3,00
Protein	ca. 2,20
Hemicellulose	ca. 0,25
Anorganische Substanzen (als Salze)	**%**
N-Verbindungen	0,35
Calcium	0,06
Magnesium	0,04
Kalium	0,02
Phosphor	0,01

*zum Vergleich: Ligningehalt mitteleuropäischer Bäume: 25-35 %.

Welches organische Filtermaterial letztendlich verwendet wird, ist in gewisser Weise von den Rohgasbedingungen abhängig. Bei einem mit Aerosolen (Staub, Fett) befrachteten Rohgas werden eher relativ grobe Materialien wie Holzhackschnitzel verwendet (Paul 1994). Bei Anlagen ohne Staub- und Fettfracht und relativ geringer Gesamtkohlenstoffbelastung haben sich Schüttungen aus faserigen, strukturstabilen Materialien wie Heidekraut/Fasertorf oder Kokosfaser/Fasertorf bewährt.

Die Kokosfaser verfügt über eine gute mechanische Stabilität, und sie ist sehr resistent sowohl gegenüber mikrobiellem Angriff als auch gegenüber chemischer Zersetzung. Ihre Haltbarkeit ist vor allem durch den sehr hohen Ligningehalt und die extreme Nährstoffarmut bedingt (Tabelle 1). Die Haltbarkeit und Strukturstabilität der Faser ermöglicht eine lange Standzeit des Filters bei geringem Setzungsverlust der Schüttung. Im Materialgemisch Kokosfaser/Fasertorf ist der Kokosfaseranteil die strukturgebende Komponente, die für die mechanische Stabilität der Schüttung, für geringen Druckverlust und für gute Drainageeigenschaften sorgt. Die Kokosfaser hat ein sehr geringes Wasserhaltevermögen. Der Fasertorfanteil des Materialgemisches dagegen dient als Nährstoffreservoir und besitzt Wasserhalte- und Pufferkapazität.

4 Das Konzept der Begrünung von Flächenfiltern

Großflächige, oben offene Filter werden aufgrund ihrer Wirtschaftlichkeit vielerorts angewandt. Ein bei dieser Filterbauweise häufig auftretendes Problem ist die Aufrechterhaltung der für die Stoffwechseltätigkeit der Mikroorganismen essentiellen gleichmäßigen Feuchte der Schüttung. Vor allem an der Witterungseinflüssen ausgesetzten Oberfläche der Filterschicht besteht die Gefahr der Austrocknung, was zur Beeinträchtigung der Abbauleistung der Mikroorganismen, zur Bildung von Rissen in der Materialschüttung und zu Gasdurchbrüchen führen kann. Um die Leistung offener Flächenbiofilter zu verbessern, wurde das Konzept der gezielten Begrünung des offenen Filterbeetes entwickelt. Die dazu speziell ausgewählte Grassorte bildet feine Wurzeln, die bis ca. 20 cm tief reichen und die eine lockere, gleichmäßige "Matte" eines feinen Wurzelgeflechts bilden. Durch die offenporige, lockere Struktur des Verbundes aus Wurzelwerk und faserigem Biofiltermaterialgemisch (Kokosfaser/Fasertorf) wird die Durchströmung des Filterbeetes nicht beeinträchtigt. Der Druckverlust bleibt gering.

Die Ziele der Begrünung sind folgende:

- Verbesserung des Feuchtehaushalts im Filterbeet durch Reduktion der Oberflächenverdunstung einerseits und Abfangen von Niederschlägen andererseits.
- Verminderung des Partikelaustrags aus dem Biofilter.
- Pufferwirkung und Erhöhung der mikrobiellen Besiedelungsdichte im Wurzelbereich der Grasmatte.
- Verwertung von Ammonium-Ionen und von im Filterbeet durch mikrobielle Oxidation entstehende Nitrat-Ionen durch die Pflanze (als Stickstoffquelle).
- Optische Aufwertung der Biofilteranlage.

Der Vergleich eines begrünten mit einem parallel geschalteten, nicht begrünten Filterbeet des Biofilters einer Tierkörperverwertungsanlage zeigte eine Verbesserung des Feuchtehaushalts im begrünten Filter und eine erhöhte Besiedelungsdichte in Wurzelbereich der Begrünung. Die Bestimmung der Ammonium- und Nitrat-Konzentrationen in Materialproben der Schüttungen ergaben vergleichbare Konzentrationen von Ammonium-Ionen im begrünten und im nicht begrünten Filter. Bemerkenswert war eine signifikant niedrigere Nitratbelastung in den Materialproben des begrünten Filters, verglichen mit den Materialproben des nicht begrünten Filters. Diese ersten Untersuchungen deuteten darauf hin, daß die Pflanze vermutlich zur Nitratentfernung aus dem Filterbeet beiträgt, was die graduelle Versauerung eines mit ammoniakhaltiger Abluft befrachteten Filters verlangsamen könnte.

Bestehende offene Flächenbiofilter mit geeigneter Materialschüttung können durch Aufbringen einer grassamenhaltigen Matte begrünt werden, um so den Wasserhaushalt und die Reinigungsleistung der Biofilteranlage zu verbessern.

5 Literatur

Demmers, T.G.M. (1992) Ammoniakentfernung aus Stallabluft in der intensiven Tierhaltung. In: Dragt A.J., van Ham J. (eds.). Biotechniques for air pollution abatement and odour control policies. Elsevier Science Publishers, Amsterdam, London, New York, Tokyo, 255-261

Fröhlich, S. (1994) Entscheidungshilfen und Kriterien für den Einsatz von Biowäschern zur Abluftreinigung und Geruchsminderung. VDI-Berichte Nr. 1104: 81-93

Grimwood, B.E. (1975) Coconut palm products. FAO Agricultural Development Paper No. 99. Food and Agriculture Organization of the United Nations, Rom

Paul, H. (1994) Biofiltereinsatz zur Reduzierung der Geruchsemission aus einem Gießereibetrieb. VDI-Berichte Nr. 1104: 355-372

Schirz, S. (1992) Stand der Technik bei der biologischen Abluftreinigung in der Intensivtierhaltung. In: Dragt A.J., van Ham J. (eds.). Biotechniques for air pollution abatement and odour control policies. Elsevier Science Publishers, Amsterdam, London, New York, Tokyo, 237-244

Schlegel, H.G. (1985) Allgemeine Mikrobiologie, 6. Auflage. Thieme Verlag, Stuttgart

Thampan, P.K. (1993) Handbook on coconut palm, 3rd Edition. Oxford & IBH Publishing Co., Pvt.Ltd., New Delhi, Bombay, Calcutta

Biofilterkonstruktionen

P. Bernt[1]

1 Einleitung

Der Einsatz von Biofiltern ist bei einer geruchsintensiven Abluft mit relativ niedriger Gesamt-C-Konzentration bereits etabliert (z. B. Kläranlagen, Kompostieranlagen, Lebensmittelindustrie). Zwischenzeitlich nehmen die Anwendungsfälle, bei denen das Filter hohe organische Frachten eliminiert, weiter zu (z. B. Druckfarbenherstellung, Lösemittelherstellung).

Die Abluftvolumina, welche durch Biofilteranlagen zu reinigen sind, reichen von wenigen hundert Kubikmetern bis zu mehreren hunderttausend Kubikmetern.

Die unterschiedlichen Einsatzbereiche und Volumenströme bedingen unterschiedliche Anforderungen an das Biofilter. Der Einsatz verschiedener Biofilterkonstruktionen wird dadurch notwendig.

2 Containerbauweise

Die Containerbauweise ist für Abluftvolumenströme bis max. 20.000 m^3/h einsetzbar. Pro Container werden 1.000-5.000 m^3/h abgereinigt.

Containerabmessungen (L x B x H)	20 Fuß	6,5 x 2,5 x 1,75 m
	40 Fuß	12 x 2,5 x 1,75 m

Bei größeren Volumenströmen werden die Container über- und nebeneinander angeordnet.

Im Bodenbereich des Containers befindet sich ein Luftverteilungssystem, das als Doppelboden ausgebildet ist und gleichzeitig als Auffangwanne von Kondens- und Oberflächenwasser dient. Das aufgefangene Überschußwasser kann als Befeuchterwasser dem Biofilter wieder zugeführt werden. Als Auflageboden für das Filtermaterial dient ein Hartholz- oder Kunststoff-Spaltenboden mit allseitig um-

[1] Kessler + Luch GmbH, Rathenaustraße 8, D-35394 Gießen

laufender Abdeckung zur Vermeidung von Randströmungen. Ein weiteres Hindernis für Randströmungen bildet ein umlaufendes Abweisblech, das auch beim allmählichen Verdichten des Filtermaterials eine Lückenbildung verhindert (Abb. 1 und 2).

3 Flächenbauweise

Bei größeren Abluftvolumenströmen bietet Kessler + Luch das Biovar-Flächenfilter an. Es stellt bei Größenordnungen von mehr als 20.000 m^3/h Abluft häufig eine preiswerte Alternative zum Mehrcontainersystem dar.

Ganz dem Kundenwunsch entsprechend sind mehrere Bauformen möglich:

- Flächenfilter in Betonbauweise,
- Flächenfilter mit Betonwanne und GFK-Wänden,
- Flächenfilter mit Betonwanne und Holzwänden,
- Flächenfilter in Stahlbauweise,
- Flächenfilter als Dachfilter auf einem Gebäude.

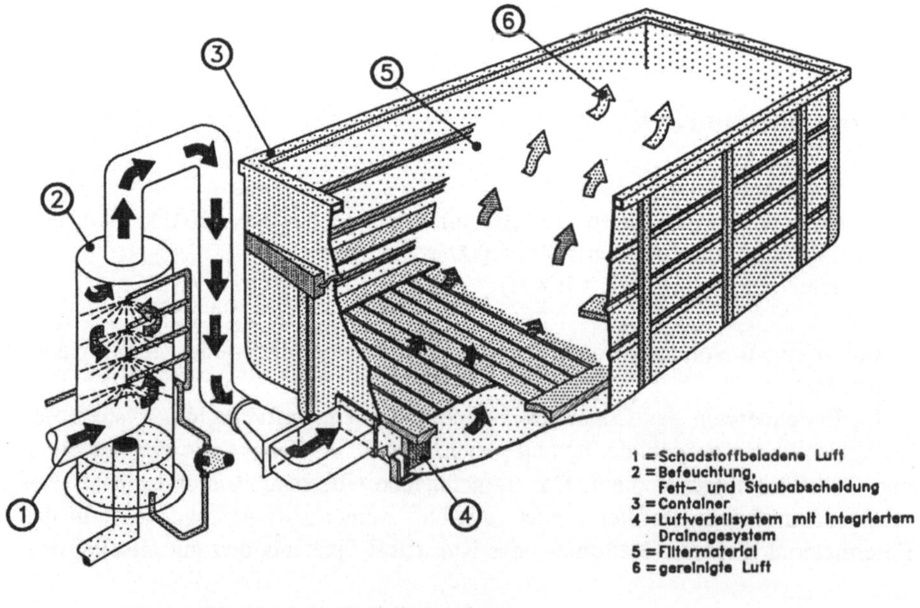

Abb. 1: Biovar-Biofilter als Containeranlage

4 Beschreibung einer Variante

Die Biofilteranlage besteht aus einem Beton/Holz/GFK-Filter (Abb. 3). Aufgebaut ist der aus mehreren Kammern bestehende Flächenfilter auf einer Betonwanne mit Betonsockeln für die Auflage des Spaltenbodens. Die Außen- und Zwischenwände bestehen aus GFK-Wandplatten. Der untere Bereich der Betonkonstruktion dient als Wanne in der Überschußwasser gesammelt und abgeleitet wird. Der Spaltenboden besteht aus Rosten von 2,5 m × 1,0 m Fläche mit einer Spaltenbreite von ca. 12 mm. Die Roste werden zu einer beliebigen Gesamtfilterbodenfläche auf einer Holzbalkenunterlage verlegt.

An den Randflächen sind Roste mit ca. 500 mm breiten Totzonen (geschlossene Spalte) zur Verhinderung von Randströmungen eingesetzt. Des weiteren werden ebenfalls zur Verhinderung von Randströmungen ca. 300 mm breite Abweisbleche oberhalb des Spaltenbodens angebracht.

Eine Filtermaterialschüttung aus Wurzelholz und speziell ankompostiertem Rindenhumus mit einer Körnung von 10-40 mm und 6-18 mm, versehen mit Nähr- und Puffersubstanzen, Schütthöhe 1.500 mm, dient als Trägermaterial für die natürlich adaptierten Mikroorganismen.

Zur Verteilung der Abluft auf die Biofilterkammern ist ein Betonkanal vorgesehen. Durch Öffnungen in den Seitenfundamenten der Hüllkonstruktion wird die Abluft durch Absperrklappen horizontal in den Doppelboden eingeleitet. Die verunreinigte Abluft durchströmt vertikal die Filterschicht und wird währenddessen durch biochemische Aktivität der Mikroorganismen gereinigt.

Überschußwasser, welches aus dem Biofiltermaterial austritt, läuft als Sickerwasser aus der Bodenwanne (Gefälle) in die Bodeneinläufe des Verteilungskanals.

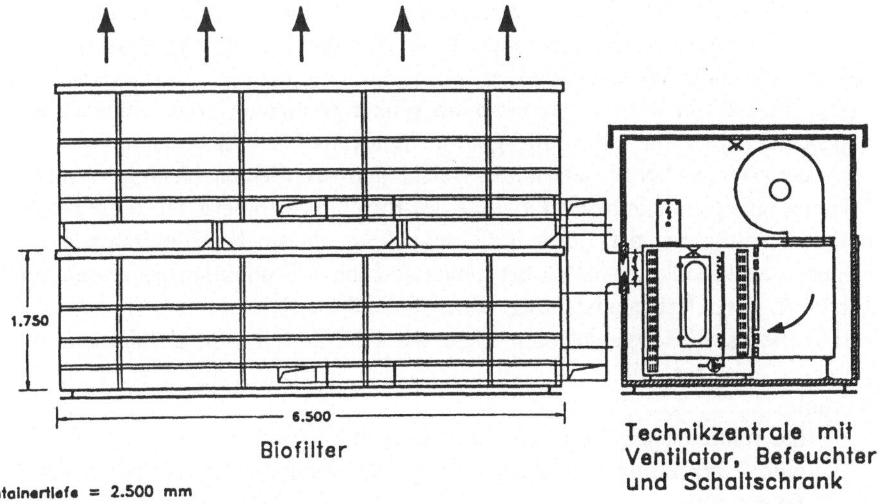

Abb. 2: Biovar-Biofilter als Containeranlage

5 Etagenfilter

Für Einsatzbereiche, in denen große Abluftvolumenströme zu reinigen sind, aber nur eine geringe Aufstellfläche zur Verfügung steht, bietet Kessler + Luch das Biovar-Etagenfilter (Abb. 4) an.

Durch ein speziell entwickeltes Biofilteranströmverfahren ist es Kessler + Luch gelungen, Zwei- und Vieretagenfilter mit jeweils nur einem Anströmboden zu versehen. Die so eingesparte Bauhöhe reduziert die Massen und somit Baukosten.

Bei einem Vieretagenfilter wird der zu reinigende Abluftvolumenstrom in zwei Teilströme in die gemeinsame Abströmkammer von Ebene 1 und 2 sowie 3 und 4 geleitet. Die genaue Aufteilung wird mittels Volumenstromregler vorgenommen. In den beiden Anströmkammern wird das obere Filter von unten nach oben und das untere Filter von oben nach unten durchströmt. Eine gleichmäßige Beaufschlagung beider Teilfilter wird durch den Einsatz von Volumenstromreglern, welche am Reinluftaustritt installiert sind, gewährleistet. Bei der Beachtung von strömungstechnischen Gesichtspunkten gelten die gleichen Maßnahmen wie beim Flächen- oder Containerfilter.

6 Geschlossene Filtereinheiten

Bei vielen Anwendungsbereichen der Biofilter liegt die Aufgabe in der Eliminierung von Geruchsbelästigungen, z. B. aus Kläranlagen. Diese Belästigungen treten jahreszeitlich bedingt unterschiedlich stark auf. Die Anlage muß in der Regel im Sommer höhere Wirkungsgrade erreichen als im Winter, d. h., witterungsbedingte Einflüsse spielen eine untergeordnete Rolle. Ein durch Kälte und Nässe hervorgerufener schlechter Wirkungsgrad im Winter kann nur niedrige Emmissionen eliminieren. Im Fall der Kläranlagen treten im Winter geringere Geruchsfrachten auf, so daß sich der schlechtere Wirkungsgrad nicht negativ bemerkbar macht.

Anders sieht es bei Einsätzen aus, welche jahreszeitlich unabhängig, Winter wie Sommer eine gleichbleibende Leistung des Biofilters erfordern. Diese Einsätze findet man häufig bei der Lösemittelabscheidung, da solche Emmissionen in geschlossenen Produktionshallen bei gleichbleibenden Produktionsprozessen entstehen (z. B. Druckfarbenherstellung, Kunststoffindustrie).

Für dieses Einsatzgebiet empfehlen wir den Einsatz von geschlossenen Systemen (Container-, Flächen- oder Etagenfilter) (Abb. 5). Diese haben folgende Vorteile:

- die Witterungseinflüsse werden verringert,
- eine Umkehrung der Anströmung ist möglich (aus Gründen der Befeuchtung),
- es sind definierte Emmissionsöffnungen für Kontrollmessungen gegeben.

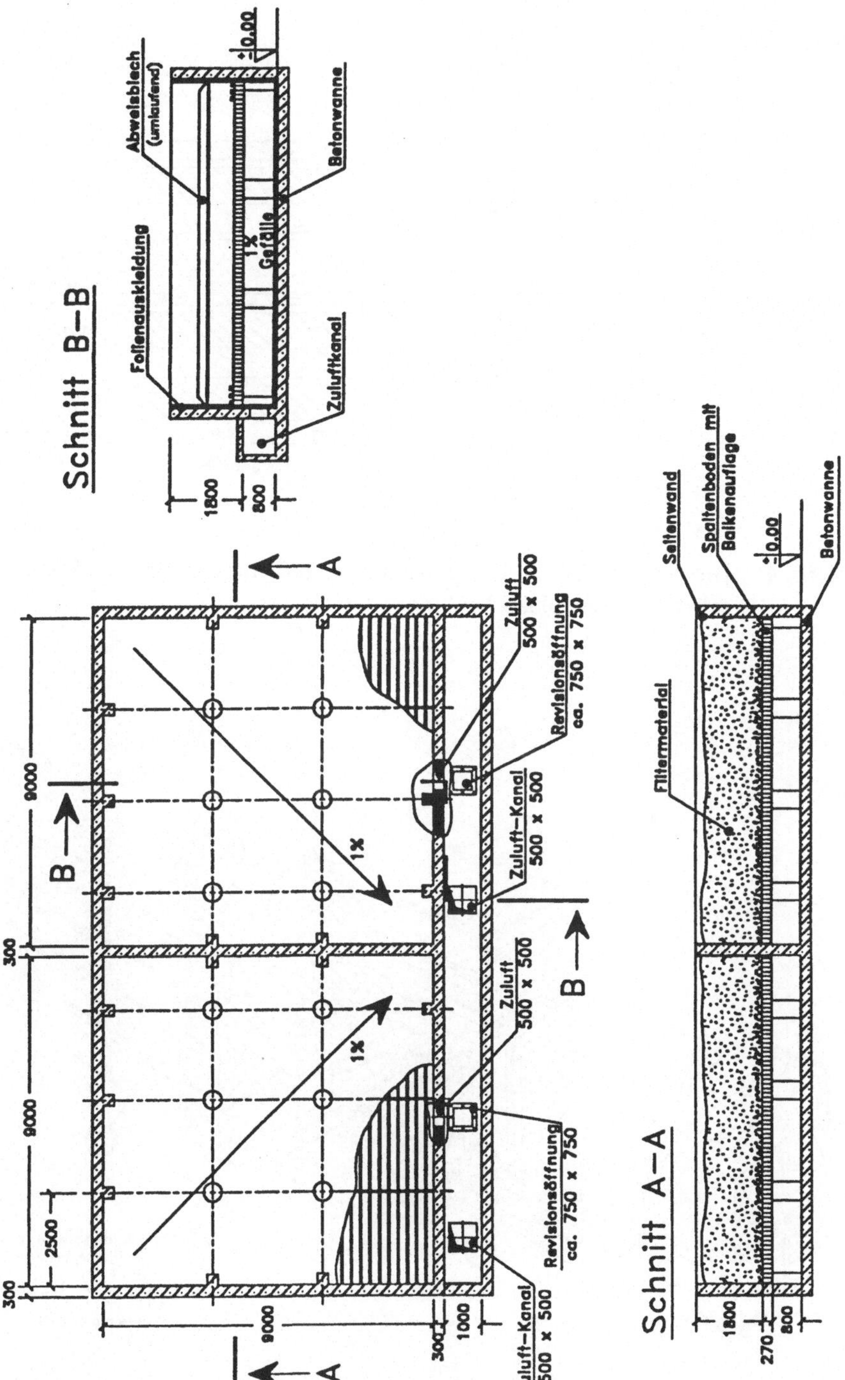

Abb. 3: Biovar-Biofilter als Flächenfilteranlage

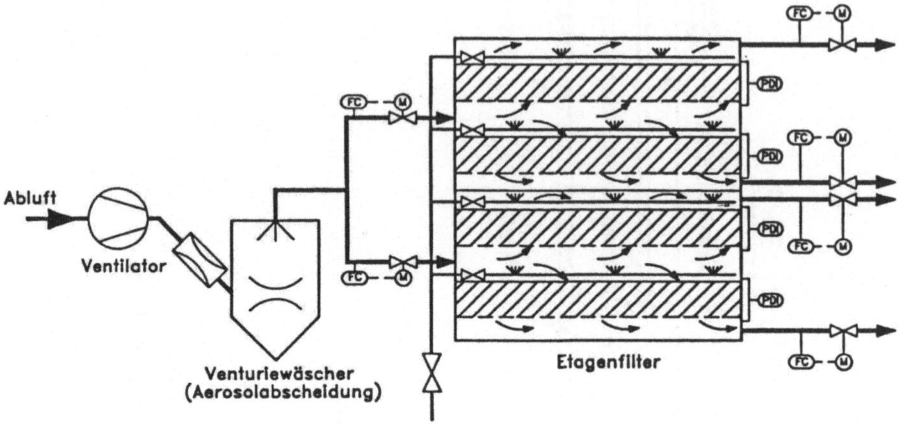

Abb. 4: Biovar-Biofilter in Etagenbauweise mit vorgeschaltetem Venturiewäscher zur Aerosolabscheidung

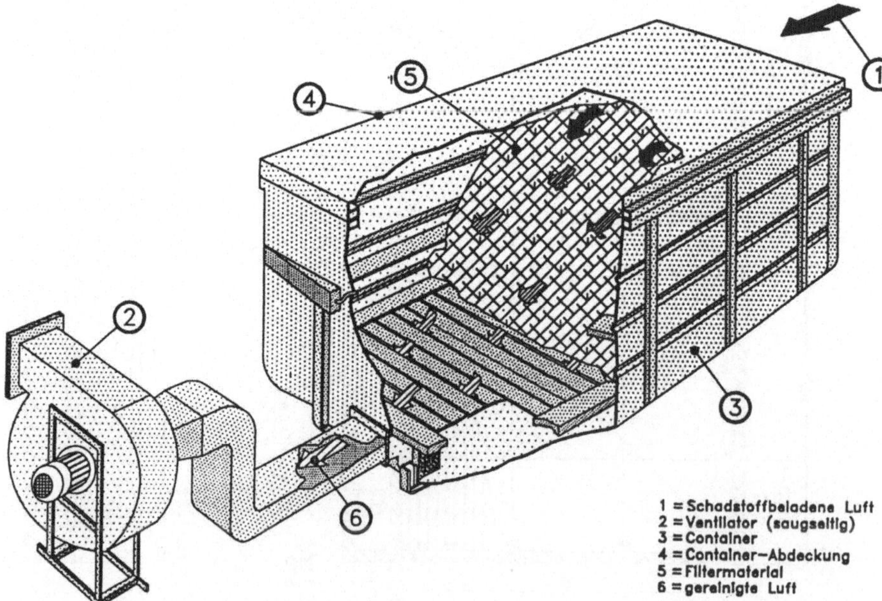

Abb. 5: Biovar-Biofilter als Containeranlage mit Abdeckung

Biofilter in korrosionsgeschützter Bauweise

R. Beutel[1]

1 Zusammenfassung

Es werden in vereinfachter Form die Möglichkeiten der biologischen Abluftreinigung beschrieben. Desweiteren werden die Problematik der Korrosion beim Betrieb von Biofilteranlagen und eine umweltfreundliche, flexible Konstruktion zu deren Vermeidung aufgezeigt.

Es gibt in unserer heutigen Volkswirtschaft viele Gewerbezweige, deren Produktions- und Verarbeitungsprozesse zu Geruchsemissionen und damit zu einer starken Belästigung der umliegenden Bevölkerung, aber auch der Beschäftigten führen. Als Beispiele für solche Prozesse, die, meist bedingt durch die zu verarbeitenden Materialien, sehr geruchsintensiv sind, seien folgende genannt:

- Tierkörperverwertungsanstalten
- Speiseresteverwertungsanlagen
- Kompostieranlagen
- Kläranlagen
- Kunststoffrecyclingbetriebe
- chemische Industriebetriebe, usw.

Prozeßbedingt entstehen Geruchsemissionen meist bei Verfahrensschritten, die in offenen oder teils gekapselten Anlagenkomponenten durchgeführt werden. Werden diese Abluftquellen gezielt erfaßt und über prozeßluft- und/oder raumlufttechnische Anlagen abgeführt, so können sie in entsprechenden Abluftreinigungsanlagen behandelt werden.

[1] Weidner GmbH Umwelttechnik, Sudetenstraße 8; D-85107 Baar-Ebenhausen

2 Biologische Abluftreinigung durch Biofilteranlagen

Ein Lösungsweg zur Beseitigung von Geruchsemissionen und Schadstoffen geringer Konzentrationen aus Abluftströmen ist nach VDI-Richtlinie 3477 (1991) deren Reinigung durch Biofilter. Dabei durchströmt die zu reinigende Abluft, nachdem sie entsprechend vorkonditioniert wurde, eine Schüttschicht aus zumeist organischen Materialien. Die Vorkonditionierung sollte, falls notwendig folgende Abluftbehandlungsschritte vorsehen:

Einstellung einer notwendigen relativen Luftfeuchtigkeit von über 95 % durch geeignete Verfahren (Dampfbefeuchtung, Luftwäscher)

Abscheidung von Aerosolen und Staubpartikeln durch Filter oder Wäscher falls in einzelnen Prozeßluftströmen hohe Schadstoffkonzentrationen auftreten, die vom Biofilter nicht verkraftet werden können, müssen diese Abluftströme im Vorfeld eventuell durch chemische Absorptionswäscher behandelt werden

die Temperatur der Abluft sollte zwischen 10 und 40 °C liegen

Auf diesem Biofiltermaterial wachsen Mikroorganismen in einem dünnen Wasserfilm heran, die sich von den Schadstoffen in der Abluft ernähren und sie zum Energiegewinn nutzen. Ein bestimmter Teil der Schadstoffe wird dabei innerhalb der Zellen oxidiert und die Abbaustoffe werden wieder in den Wasserfilm außerhalb der Zelle abgegeben. Der andere Teil der abgebauten Stoffe wird zum Aufbau neuer Zellmasse benutzt.

Nachdem die Abluft die Schüttschicht durchströmt hat und gereinigt wurde, verläßt sie das Biofilter, in der Regel oberhalb der Schüttschicht. Die Schadstoffe in der Schüttschicht werden entweder durch die natürliche Beregnung oder durch künstliche Beregnungseinrichtungen aus der Schüttschicht ausgespült. Das Abtropfwasser verläßt die Schicht an deren Unterseite

3 Korrosionsprobleme bei konventionellen Biofilteranlagen

Die mikrobiellen Abbauprodukte der Luftschadstoffe sind oft organische Säuren, die durch mikrobielle Oxidation von Kohlenwasserstoffverbindungen entstehen und die nicht bis zum Kohlendioxid veratmet werden. Es entstehen aber auch, je nach Emission, mineralische Säuren, wie Salzsäure, Schwefelsäure und Salpetersäure. Diese Säuren entstehen durch Oxidation von Schwefel-, Chlor- und Stickstoffverbindungen nach folgenden Reaktionen, die unter anderem bei Bardtke (1990) beschrieben werden:

Sulfurikation:	$H_2S + 2\,O_2 \rightarrow H_2SO_4$
Nitrifikation:	$NH_4^+ + 2\,O_2 \rightarrow HNO_3 + H_3O^+$
Dichlormethan:	$CH_2Cl_2 + O_2 \rightarrow CO_2 + 2\,HCl$
Ethan (unvollständig):	$CH_3CH_2OH + O_2 \rightarrow CH_3COOH + H_2O$

Diese Säuren werden in das Biofiltermaterial abgegeben. Organische Biofiltermaterialien, wie Gemische aus Kokosfaser und Fasertorf, können über lange Zeit eine Versäuerung der Schüttung abpuffern. Dies kann aber nur geschehen wenn gleichzeitig eine ausreichende Abfuhr der Abbauprodukte stattfindet. Die Abfuhr der Schadstoffe aus der Filterschicht geschieht bei offenen Flächenfiltern durch die natürliche Beregnung und in Trockenperioden durch Beregnungseinrichtungen. Bei geschlossenen Systemen übernimmt diese Aufgabe eine kontinuierliche oder eine diskontinuierliche, fest montierte Beregnungseinrichtung. In allen Fällen werden die Säuren durch das Wasser einfach ausgespült und tropfen aus der Filterschicht nach unten ab.

Durch die enthaltenen Säuren ist das abtropfende Drainagewasser meist sehr aggressiv. Durch dieses Tropfwasser werden die meisten Biofilterunterbauten aus Stahl oder aus Beton einem starken korrosiven Angriff ausgesetzt. Holzunterkonstruktionen werden durch die Mikroorganismen selbst, mehr oder weniger schnell, je nach Holzart, zersetzt – sie verfaulen. Die Unterkonstruktion wird in vielen Fällen innerhalb recht kurzer Zeit zerstört. Dadurch kommen auf den Anlagenbetreiber hohe Sanierungskosten zu, die Anlagenverfügbarkeit wird dadurch ebenfalls eingeschränkt. Diese Zusammenhänge werden unter anderem von Zeisig (1990) beschrieben.

4 Das Biofilter in korrosionsfester Bauweise – Kunststoffbauweise

Es gibt verschiedene Ansätze einer korrosionsfesten Unterkonstruktion für größere Biofilteranlagen. Es werden beispielsweise chemisch beständige Harthölzer als Biofiltertrageroste eingesetzt. Sie stammen sehr oft aus tropischen Regenwäldern, was aus ökologischen Sicht bedenklich ist. Die Betonflächen können komplett mit Kunststoffplatten beschichtet werden, um sie vor chemischem Angriff zu schützen. Dies verursacht allerdings erhebliche Kosten. Es werden auch komplette Edelstahlunterkonstruktionen gebaut. Dies ist ebenfalls sehr aufwendig und kostspielig. Bisherige Kunststoffgitterroste waren nicht montagefreundlich und mechanisch nicht stabil genug.

Aus den obengenannten Gründen heraus wurde ein Biofilterkonzept gesucht und entwickelt, welches die folgenden wichtigen Anforderungen erfüllt:

- Alle mediumberührenden Teile sind aus korrosionsbeständigen Materialien gefertigt.
- Einfache Montage und auch Demontage des Biofilters.
- Biofiltererweiterungen müssen ohne große Probleme möglich sein.
- Der Anströmboden, auf dem das Schüttmaterial liegt, soll mit einem kleinen Ladefahrzeug (bis ca. 3 to) befahrbar sein.
- Die eingesetzten Materialien sollen weitgehend wiederverwertbar sein.

- Unterschiedliche Gesamthöhen und Druckkammerhöhen müssen realisierbar sein.
- Bei Demontagen soll der überwiegende Teil der eingesetzten Materialien wiederverwertbar sein.
- Und nicht zuletzt muß das ganze System zu einem konkurrenzfähigen Preis herstellbar sein.

Die gesamte daraus resultierende Konstruktion kann auf einer ebenen Betonplatte mit Wasserabläufen montiert werden. Die Seitenwände bestehen dabei aus Kunststoffelementen, die aus sortenreinem PE/PP-Regranulat extrudiert werden.

Diese Kunststoffplatten werden auf außenstehende, verzinkte Stahlsteher, die fest mit der Bodenplatte verbunden sind, aufmontiert. Die daraus resultierende Konstruktion ist in Abb. 1 als Schnittdarstellung gezeigt.

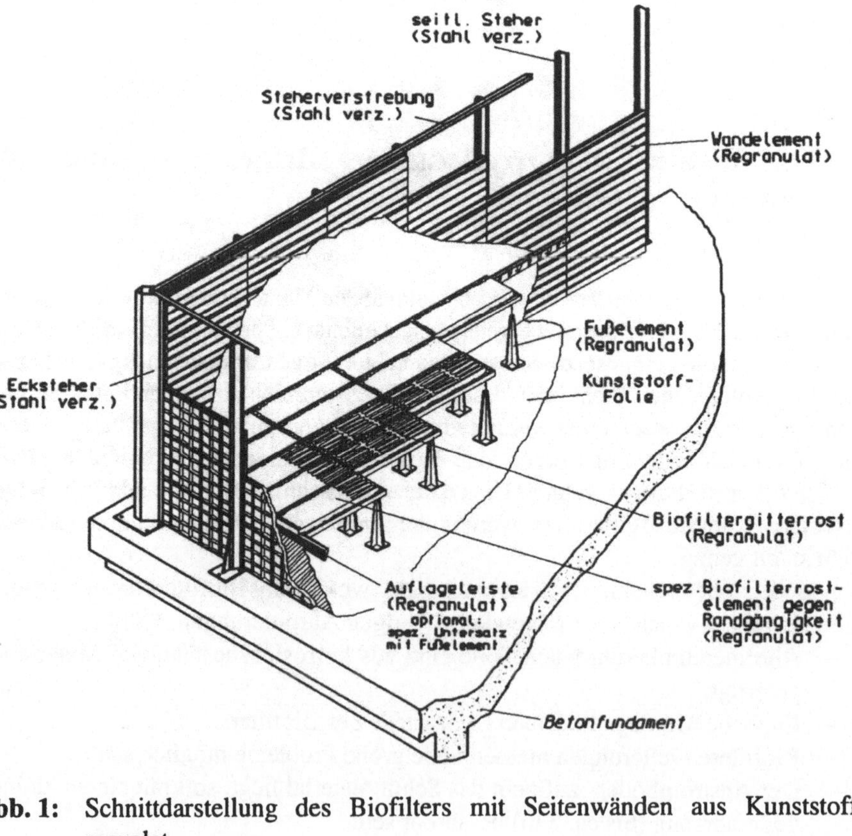

Abb. 1: Schnittdarstellung des Biofilters mit Seitenwänden aus Kunststoffrecyclat

Zur Abdichtung der Seitenwände werden diese mit einer Kunststoffolie aus PVC oder PE abgedeckt und an den Wänden befestigt. Der Biofilterboden aus Beton wird ebenfalls mit einer Folie bedeckt, die fest und dicht mit der Seitenwandfolie verschweißt ist. Auf und unter die Bodenfolie wird ein Vlies gelegt, welches die Folie vor mechanischer Beschädigung durch die punktuelle Belastung der Fußelemente schützt.

Der Biofiltergitterrost und die Fußelemente bestehen ebenfalls aus sortenreinem Kunststoffregranulat. Die Gitterroste bilden ein intelligentes Stecksystem, welches eine sehr einfache Verlegung und Montage gewährleistet. Die Fußelemente, die in verschiedenen Höhen ausführbar sind, werden einfach unter die einzelnen Gitterroste gesteckt und tragen das System. Bei ausreichender Fußanzahl können Laderfahrzeuge bis zu einem Gesamtgewicht von 3 t auf dem Gitterrost fahren.

Um Randgängigkeitseffekte an den Biofilterseitenwänden zu vermeiden, wird eine Folie bestimmter Breite am Rand über die Folie gelegt. Diese Folie wird wiederum mit der Abdichtfolie an der Wand fest verschweißt.

Der Lufteintritt in den Druckraum des Biofilters unterhalb der Gitterroste kann auf unterschiedliche Weise gestaltet werden. Die einfachste Möglichkeit ist eine oder mehrere rechteckige Öffnungen an den Seitenwänden anzubringen, durch die die Luft einströmen kann. Eine andere Konstruktion sieht ein Rohr vor, welches die Luft senkrecht von oben in der Mitte der Biofilterfläche in den Druckraum einströmen läßt. Es können aber auch Einströmkanäle im Druckraum verlegt werden.

Werden die einzelnen Biofilterkomponenten, wie Gitterroste, Seitenwände oder Stahlteile nach einer Demontage nicht mehr benötigt, so können die Komponenten zum überwiegenden Teil wieder zum Bau eines neuen Filters an anderer Stelle verwendet werden. Soll das Filter verschrottet werden, so kann der Betreiber den überwiegenden Teil der Komponenten dem Hersteller kostenfrei zum Recycling zurückgeben.

5 Abweichende realisierbare Bauarten

Die oben beschriebene Konstruktion des einfachen Flächenfilters läßt alle Sonderbauformen und verfahrenstechnischen Betriebsweisen zu. Als Beispiele für die unterschiedlichen Bauformen und Verfahrensweisen, die je nach Kundenwunsch oder verfahrenstechnischen Erfordernissen realisiert werden können, seien folgende genannt:

- Flächenfilter (offen) mit oder ohne feste Beregnungseinrichtung
- Flächenfilter (geschlossen) mit Beregnungseinrichtung
- Etagenfilter (offen oder geschlossen)
- Tropfkörperbiofilter (geschlossen)
- Durchströmung der Schüttschicht von oben nach unten

Außerdem ist eine Sanierung bestehender Biofilteranlagen durch dieses Konzept unter bestimmten Voraussetzungen möglich. In Abb. 2 ist die Möglichkeit der

Sanierung einer bestehenden Biofilteranlage mit Biofilterbecken dargestellt. Mit dieser Biofilterkonstruktion ist ein preisgünstiges, umweltfreundliches und sehr flexibles Biofilterkonzept mit den oben beschriebenen Vorteilen entstanden. Dadurch wird auch ein wirkliches Recycling von Kunststoffen gewährleistet und nicht ein Downcycling, bei dem Produkte entstehen, die nicht mehr auf derselben Qualitätsebene wiederverwendet werden können.

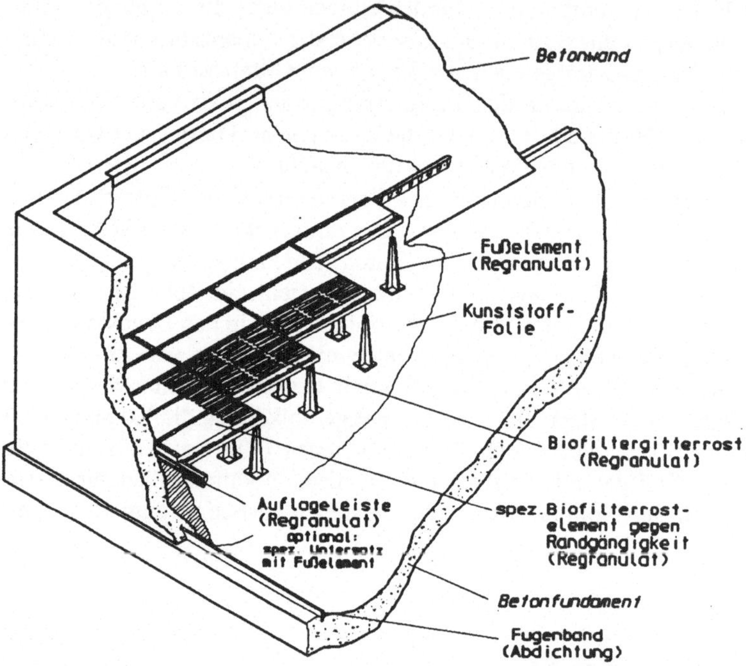

Abb. 2: Schnittdarstellung des Biofilters mit Seitenwänden aus Beton

6 Literatur

Bardtke D. (1990) Mikrobiologische Voraussetzungen für die biologische Abluftreinigung. In: Fischer K. (Hrsg.) Biologische Abluftreinigung. Band 212, Expert Verlag, Renningen

VDI-Richtlinie 3477 (1991) Biofilter. Beuth-Verlag, Berlin

Zeisig D. (1990) Biologische Abluftreinigung in Kläranlagen. VSA Fachtagung Zürich (Verbandsbericht Nr. 431)

Hochleistungsbiofiltersysteme zur Reinigung industrieller Abluftströme – Entwicklungen und Einsatzmöglichkeiten

F. Sabo[1], K. Fischer[2] und T. Schneider[1]

1 Zusammenfassung

Es konnte anhand der Entwicklung und des Einsatzes von Hochleistungsbiofiltern gezeigt werden, daß das Biofilterverfahren durchaus auch zur Reinigung kritischer Abluftströme, für die die Biofiltration bisher nur als bedingt einsatzfähig galt, verwendet werden kann. Mit der Entwicklung dieser Hochleistungssysteme konnten große Fortschritte bezüglich der Dauerbetriebssicherheit bei maximalem Anlagenwirkungsgrad erreicht werden.

Diese Anlagen können aus kleineren Einheiten modular aufgebaut werden. Dadurch können nahezu alle verfahrenstechnischen Nachteile, die bei Flächenfiltern auftreten, beseitigt werden.

Durch die Entwicklung eines neuartigen dynamischen Biofiltersystems können durchaus auch Abluftströme mit erhöhten Festpartikel- und Aerosolgehalten effektiv biologisch gereinigt werden, da Verstopfungen des Filtermaterials durch Ablagerungen effektiv vermieden oder verzögert werden können.

2 Übersicht

Das Biofilterverfahren wird in den letzten Jahren immer häufiger zur Elimination emissionsrelevanter gasförmiger Abluftinhaltsstoffe eingesetzt. Die großen Vortei-

[1] Reinluft Umwelttechnik Ingenieurgesellschaft mbH, Klopstockstraße 32, D-70569 Stuttgart

[2] Universität Stuttgart, Institut für Siedlungswasserbau, Wassergüte und Abfallwirtschaft, Bandtäle 1, D-70193 Stuttgart

le dieses Verfahrens sind die geringen Investitions- und Betriebskosten sowie die Umweltfreundlichkeit.

Zunehmend wird das Biofilter auch in der Industrie eingesetzt. Durch diese neuen Einsatzgebiete haben sich auch die Anforderungen an das Verfahren verändert. Neben größeren zu reinigenden Abluftmengen müssen dauerhaft Grenzwerte der TA-Luft eingehalten und garantiert werden. Weiterhin müssen Biofilter möglichst störungsfrei und wartungsarm funktionieren. Aufgrund des bei hohen Abluftmengen notwendigen großen Flächenbedarfs muß das Biofilter in Industrieanlagen oft mit großem Aufwand dem beschränkten Platzangebot angepaßt werden (Dachfilter, Etagenfilter, Turmfilter usw.).

Ebenso treten bei den konventionellen offenen Flächenfiltern mit zunehmender Filtergröße oft verfahrenstechnische Probleme auf. Aus den genannten Gründen hat sich die Technik der Biofiltration in den letzten Jahren schnell weiterentwickelt.

3 Bisherige Biofilterverfahren

Bei großen zu reinigenden Abluftströmen wurde häufig aus Kostengründen das konventionelle offene Flächenfilter eingesetzt. Das Biofilter wird hier in der Regel in Ortsbetonbauweise ausgeführt, ist offen und wird von unten nach oben durchströmt. Erfahrungsgemäß treten beim Filterbetrieb dabei immer wieder die gleichen Probleme auf:

Die Betriebssicherheit des Biofilters sinkt mit zunehmender Filterfläche. Mit zunehmender Filtergröße werden nicht mehr alle Filterbereiche gleichmäßig vom Druckboden aus angeströmt. Damit kann nicht mehr die gesamte Filterfläche effektiv genutzt werden (Bardtke et al. 1992, Mannebeck et al. 1994).

Große Materialmengen müssen in der Regel maschinell – oft mit Radladern – in das Biofilter eingebracht werden. Dabei kann das Material kaum homogen verteilt bzw. geschüttet werden. Die Folge sind unterschiedlich stark durchströmte Flächen (Gethke 1993). Daraus resultieren Kanalbildungen und Rohgas-Durchbruchströmungen. Bei großen Flächenfiltern sind zudem die Ausfallzeiten beim Materialaustausch relativ lang.

Mit zunehmendem Alter des Filtermaterials (Mineralisierung) bzw. durch Witterungseinflüsse (Regen, Schnee) verdichtet sich das Material. Diese Verdichtungen müssen mit viel Aufwand beseitigt werden, um die Funktionsfähigkeit des Biofilters aufrechtzuerhalten.

Die Stillstandzeiten während des Materialtausches werden mit zunehmender Filterfläche immer größer (mehrere Tage bis zu einer Woche).

Durch die offene Exposition des Filtermaterials der Witterung gegenüber verändern sich die Lebensbedingungen der Mikroorganismen ständig. Dies kann zu schwankenden Abbauleistungen führen.

Die flächendeckende Befeuchtung bzw. Tiefenbefeuchtung des Materials durch eine Befeuchtungseinrichtung wird mit zunehmender Filtergröße immer schwieriger.

Bei Arbeiten am Biofilter muß die gesamte Abluftreinigung stillgelegt werden. Auch die allgemein notwendigen Wartungsarbeiten bzw. Kontrollen am Biofilter/-Filtermaterial werden mit zunehmender Filterfläche erschwert.

Eine kontrollierte Reingaserfassung und Ableitung und somit eine definierte Reingasmessung ist bei offenen Flächenfiltern nicht möglich. Dies wird von Genehmigungsbehörden zunehmend gefordert.

4 Gekapselte Flächenfilter

Um einen gleichmäßigeren Biofilterbetrieb zu ermöglichen, ging man Anfang der achtziger Jahre zunehmend dazu über, die Filterflächen zu überdachen. Mit dieser Maßnahme konnten durch Witterungseinflüsse bedingte Schwankungen des Wirkungsgrades nahezu ausgeschlossen werden. Allgemein konnten die Bedingungen für die Mikroflora erheblich besser geregelt und verändert werden.

Die Nachteile, die sich bei großen Filterflächen zwangsläufig ergeben, konnten jedoch auch nicht vermieden werden.

Mit einer luftdichten Abdeckung der Biofilter war es zum ersten Mal möglich, Strömungsrichtungen im Material zu ändern. Zur konventionellen Anströmung (unten $\rightarrow$ oben) wurde die Durchströmung von oben nach unten eingeführt. Mit dieser Durchströmungsrichtung wurde Befeuchtungswasser im Gleichstrom mit der Abluft durch die Materialschüttung transportiert. Damit konnten auch die tieferen Materialschichten gut befeuchtet werden. Diese trockneten bei einer schlechten Anlagenführung und konventioneller Durchströmung des Filtermaterials leicht aus.

5 Hochleistungsbiofilter

Aus den bisher angeführten Gründen, wie Betriebssicherheit und maximale Ausschöpfung des Leistungspotentials, wurden für kritische Abluftströme mit hohen Konzentrationen an Inhaltsstoffen bzw. für spezielle Anforderungen Hochleistungssysteme entwickelt. Mit diesen Systemen kann die Biofiltration auch in Industriebereichen eingesetzt werden, in denen sie als nicht anwendbar galt.

5.1 Gekapselte Hochleistungsbiofiltermodule

Dabei handelt es sich um kleinere, kompakte geschlossene Biofiltereinheiten (Abb. 2). Diese können aufgrund ihres modularen Aufbaus je nach Ausführung problemlos transportiert und zu großen Biofiltereinheiten verbunden werden. In der Regel werden diese Biofiltermodule auf Basis der bekannten Standard-Iso-Normcontainer gebaut. Neben den Standard-Maßen 20, 30, 40 Fuß können Filtermodule auch individuell angefertigt werden. Häufig sind diese Module auch stapelbar ausgeführt, so daß auch auf kleinen Aufstellungsflächen enorme Filterflächen erreicht werden können. Abgesehen davon können bereits bestehende Filteranlagen mit diesen Modulen problemlos erweitert werden. Diese Technik brachte für die Biofiltration deutliche Vorteile mit sich. Jedes Modul stellt für sich eine eigene individuell regelbare Einheit dar (Sabo et al. 1994).

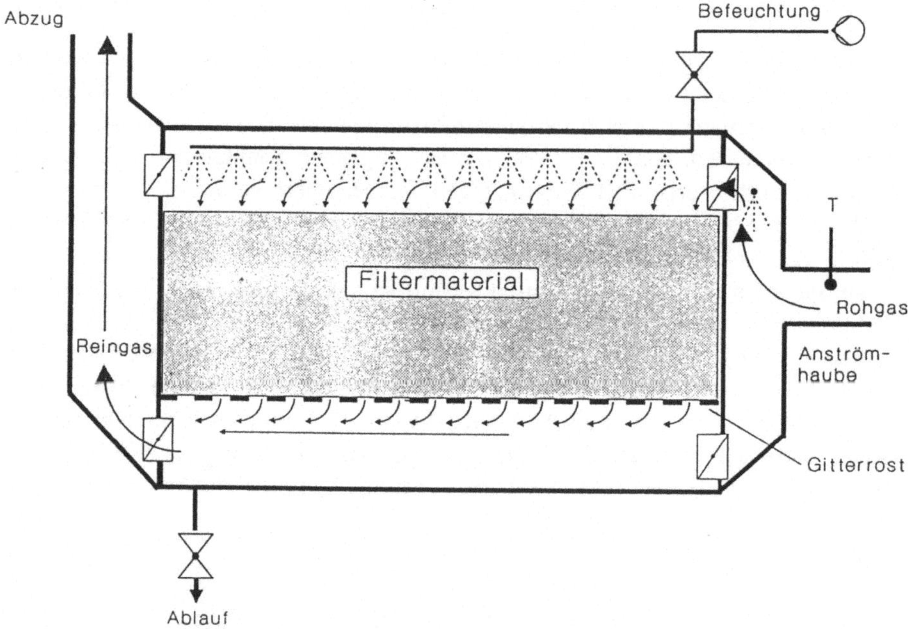

Abb. 1: Prinzipskizze für modulare Hochleistungsbiofilter auf Containerbasis mit automatischer Strömungsumkehr

In diesen kleinen Einheiten können mit geringem Aufwand die Betriebsbedingungen nahezu optimal eingestellt und gehalten werden.

Aufgrund dieser Tatsache sind diese Filter mit spezifischen Filterflächenbelastungen von $\geq 200\ m^3/m^2 \cdot h$ auch bei kritischeren Abluftinhaltsstoffen belastbar, ohne daß der Wirkungsgrad gravierend absinkt (Abb. 3).

In diesen kleinen Modulen lassen sich auch neueste Entwicklungen optimal umsetzen. So konnten z. B. die Einflüsse der Durchströmungsrichtung auf das Filtermaterial mit einbezogen und genutzt werden. Bei neueren Forschungsarbeiten war festgestellt worden, daß bei ausschließlicher Durchströmung von oben erwartungsgemäß eine bessere Filtermaterialbefeuchtung erfolgte, sich aber gleichzeitig die dazu notwendige Wassermenge aufgrund der höheren Rieselgeschwindigkeit deutlich erhöhte (Motz und Schestag 1995).

Aus diesem Grund wurde die alternierende Durchströmung einer Filterschicht entwickelt und eingesetzt. Dabei erfolgt die Durchströmung von oben nur während der Berieselung, während im Normalbetrieb die Schüttung weiterhin konventionell von unten angeströmt wird (Sabo et al. 1993).

Abb. 2: Technische Hochleistungsbiofilteranlage mit automatischer Strömungsweiche, V = 8000 m^3/h

Auch die Probleme rund um das Materialhandling konnten gelöst werden. Während des Materialtausches muß die Anlage nicht mehr stillgelegt werden, da der Materialtausch modulweise erfolgen kann. Die kleinen Abmessungen erlauben einen homogeneren Materialeinbau in das Filtermodul. Damit kann der Ausbildung von Durchbruchsströmungen entgegengewirkt werden. Werden die Biofiltermodule samt Filtermaterial vor Ort getauscht, können mögliche Beeinträchtigungen der Produktion des Betreibers, z. B. durch notwendige Materialzwischenlagerungen und -bewegungen, vermindert bzw. ganz vermieden werden.

Auch bei eventuellen Wartungs- bzw. Reparaturarbeiten am Biofilter muß nicht mehr die gesamte Anlage außer Betrieb genommen werden.

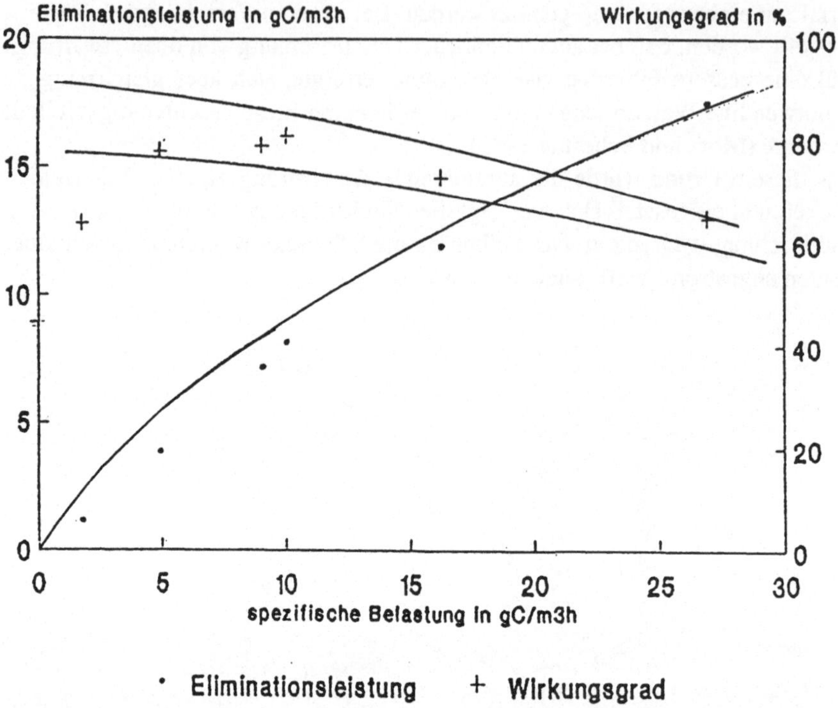

Abb. 3: Wirkungsgrad und spezifische Eliminationsleistung eines Rindenkompost/Blähton-Gemisches bei einer Filterflächenbelastung von etwa 180 $m^3/m^2 \cdot h$. Abluftinhaltsstoffe: Gemisch Methanol und Styrol (Bardtke et al. 1992)

5.2 Rotor-Biofilter

Dieses dynamische Filtersystem wurde für extreme Anwendungen entwickelt, bei denen bisherige statische Filtersysteme nur bedingt einsatzfähig waren, wie z. B. Produktionsabluft mit Staub bzw. Aerosolgehalten. Aufgrund der möglichen Umwälzung des Materials führen Ablagerungen im Material nicht sofort zu einem Verstopfen der Materialschüttung.

Die Neuentwicklung basiert auf einer auf Rollen gelagerten drehbaren Filtertrommel (Abb. 4). Aufgrund der Form des Zylinders war zu erwarten, daß die bei konventionellen Biofiltern bekannten und unvermeidbaren Randgängigkeiten weitgehend vermieden werden können. Ebenso kann durch die Drehung der Filtertrommel das Material permanent aufgelockert werden.

Aus der Bauform heraus ergibt sich für einen Zylinder ein besseres Raum-Oberflächen-Verhältnis als für ein Flächenbiofilter. Durchströmt man das Rotor-Biofilter von außen nach innen, so kann man gegenüber einem Flächenbiofilter, bezogen auf die Aufstellungsfläche, erheblich größere Volumenströme reinigen.

Tabelle 1: Mögliche Abmessungen und zugehörige Leistungsdaten des Bio-Rotors. *L* Länge Rotor; Ø Durchmesser Rotor

Länge L in mm (→)	2 000	3 000	6 000	9 000
Ø A in mm (↓)			Durchsatzleistung m³/h	
1 900	1 500	2 250	4 500	6 750
3 000		3 500	7 000	10 500
3 500			8 250	12 250
4 000			9 500	14 250

Auslegungsbeispiele sind in Tabelle 1 dargestellt.

Durch die kontinuierliche bzw. diskontinuierliche Rotation des Filters wird das Filtermaterial aufgelockert und ist somit ständig homogen durchmischt. Verdichtungen oder Verklumpen des Materials werden somit effektiv vermieden. Die Ausbildung und Auswirkungen von Staubablagerungen werden durch die ständige Umwälzung ebenfalls effizient vermindert. Dadurch kann Rohgasdurchbrüchen effektiv vorgebeugt werden.

Der Problempunkt Randgängigkeiten, vor allem auftretend in den Filterecken von konventionellen Biofiltern, reduziert sich aufgrund der Bauform auf ein Minimum. Zudem liegt der Druckverlust einer solchen Materialschüttung deutlich unter der einer statischen Schüttung, und dies dauerhaft. Somit können auch die Energiekosten deutlich gesenkt werden, da Ventilatoren mit niederer Pressung eingesetzt werden können.

Da die Durchströmung des Rotorbiofilters von außen nach innen vorgesehen ist, kann die gleichmäßige Tiefenbefeuchtung des Materials durch den Gleichstrom von Luft und Wasser durch das Material erfolgen. Auch eine eventuell notwendige Zusatzbefeuchtung des Materials nach einer Betriebsstörung kann somit leicht vonstatten gehen.

Der Materialtausch konnte bei einem Rotorfilter ebenfalls deutlich erleichtert werden. Durch Öffnungen im Rotor kann das Material auf einfachstem Weg nach unten entleert bzw. von oben befüllt werden.

Für kleinere Anwendungsfälle kann das Biorotor (Abb. 5) in einen Normcontainer eingebaut werden. Damit ist eine solche Anlage ebenfalls leicht transportabel.

Zur Zeit wird eine großtechnische Pilotanlage in Zusammenarbeit mit der Universität Stuttgart erprobt.

Erste Ergebnisse zeigten die erwarteten deutlichen Verbesserungen im Strömungsverhalten. Durch die Drehung der Trommel wurde das Material permanent aufgelockert, Verdichtungen waren auch nach längerem Betrieb nicht feststellbar.

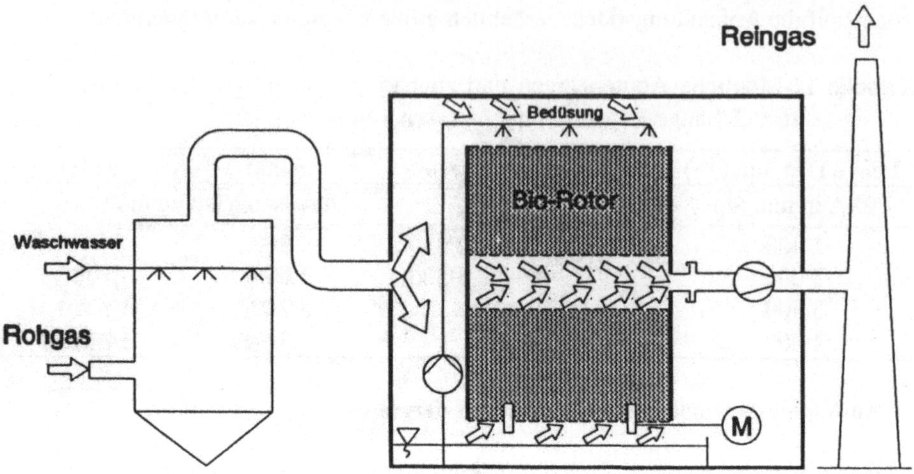

Abb. 4: Fließschema eines Rotor-Biofilters

Bezogen auf eine Filterflächenanströmung von 125 $m^3/h \cdot m^2$ konnte ein um den Faktor 3-5 niederer Druckverlust des dynamischen Systems gegenüber dem statischen System festgestellt werden, trotz des auf die Aufstellungsfläche bezogen erhöhten Abluftstromes durch das Rotorfilter.

Ebenso konnte die Tiefenbefeuchtung des Materials optimiert werden. Zur Zeit ist der großtechnische Versuchseinsatz von Rotor-Biofiltern in einer Gießerei und in der lebensmittelverarbeitenden Industrie in Vorbereitung.

Abb. 5: Technische Rotor-Biofilter Anlage. V = 1000 m^3/h

6 Literatur

Bardtke D., Fischer K., Sabo, F. (1992) Entwicklung und Erprobung von Hochleistungsbiofiltern. Forschungsbericht KfK-PEF 96; Kernforschungszentrum Karlsruhe

Getke H.G. (1993) Positive und negative Erfahrungen mit großtechnischen Biofilteranlagen. VDI-Berichte 1034: 541-561

Mannebaeck D., Hügle T., Hopp J. (1994) Luftströmungsgeschwindigkeiten bei der Durchströmung von Biofiltern. EntsorgungsPraxis 6/94: 38-42

Motz U., Schestag, S. (1995) Persönliche Mitteilung

Sabo F, Schneider T., Mössinger M. (1994) Entwicklung und Erprobung von geschlossenen Hochleistungsbiofiltern mit variabler Durchströmungsrichtung. VDI-Berichte 1104: 521-525

Sabo F., Pelic-Sabo M., Wurmthaler J., Mössinger M. (1993) Fortschritte in der Biofiltertechnologie. Vortrag und Poster anläßlich des internationalen Kongresses "Geruchsstoffemissionen-Probleme und Lösungsmöglichkeiten", Ljubiljana, Slowenien, April 1993

Wie bewähren sich Hochleistungsbiofilter unter schwierigen Bedingungen in der Praxis?

M. Reiser und K. Fischer[1]

1 Zusammenfassung

Die Forschung auf dem Gebiet der Biofilter-Technologie erbringt immer wieder neue Verfahrensvarianten und berichtet über den Abbau von Schadgas-Typen, die man vor wenigen Jahren noch nicht mit einem Biofilter in Verbindung gebracht hätte. Ob sich die erwarteten Erfolge jedoch auch dann einstellen, wenn das Filter die "sichere Umgebung" des Labors verläßt, wird oft in Frage gestellt. In einem Forschungsvorhaben (Engesser et al. 1994) zur Reinigung der Abluft eines glasfaserkunststoff(GFK-)verarbeitenden Betriebes mit einem Hochleistungsbiofilter sollte das Scaling-up einer solchen Anlage untersucht werden. Es zeigte sich dabei, daß das Auftreten von starken Konzentrationsschwankungen und technischen Defekten, wie z. B. der Ausfall der Befeuchtung, aber auch Kurzarbeit im Betrieb, sich negativ auf die Leistung des Biofilters auswirkten. Insgesamt konnte jedoch auch gezeigt werden, daß trotz dieser Schwierigkeiten sehr hohe Eliminationsleistungen und gute Wirkungsgrade erzielt werden können. Begleitende Untersuchungen des Filtermaterials ergaben außerdem, daß Styrol nicht im Filter angereichert, sondern tatsächlich biologisch abgebaut wird.

Die Untersuchungen lassen den Schluß zu, daß es auch bei industrieller Abluft durchaus sinnvoll sein kann, Biofilter im Hochlastbereich zu betreiben.

2 Einleitung

Durch die fortschreitende Optimierung des Biofilterverfahrens haben sich die Anwendungsgebiete für diese kostengünstige Methode der Abluftreinigung immer weiter vergrößert. So werden Biofilter heute auch zur Reinigung von Industrie-

[1] Universität Stuttgart, Institut für Siedlungswasserbau, Bandtäle 1, D-70569 Stuttgart

abluft eingesetzt, die unter Umständen starke Schadstoffspitzen, aber auch, beispielweise am Wochenende, Zeiten von Niedrigkonzentrationen aufweist. Beim Einsatz von Biofiltern in Kompostwerken oder Kläranlagen sind solche Erscheinungen, die für die Mikroorganismen im Filter zu starken Problemen führen können, eher die Ausnahme.

Der Schritt vom offenen Filterbeet zum geschlossenen Container erbrachte eine erhebliche Platzersparnis. Für diesen Vorteil mußte jedoch der Nachteil in Kauf genommen werden, daß das Filter nicht mehr zugänglich und damit nicht mehr so leicht zu überwachen und zu warten ist. Da Container-Filter jedoch meist auch noch unter sogenannten Hochleistungsbedingungen betrieben werden, ist eine optimale Überwachung von Filtermaterialfeuchte und anderer Parameter wichtiger denn je.

Eben diese Randbedingungen sind bei industrieller Anwendung nicht immer optimal gegeben. Andererseits müssen oft gerade hier bestimmte Grenzwerte eingehalten werden. Ob dies trotzdem möglich ist, sollte in einem Forschungsprojekt in Kooperation mit einem GFK-verarbeitenden Betrieb untersucht werden.

3 Was ist ein Hochleistungsbiofilter?

Die bisher gebauten Biofilteranlagen werden – mit wenigen Ausnahmen – in einem Belastungsbereich von 50 bis 150 $m^3/m^2 \cdot h$ betrieben. Diese Flächenbelastungen bedeuten bei einer üblichen Filterhöhe von 1 m, daß zur Abluft-Reinigung von 50.000 m^3/h eine Filterfläche von 1.000 m^2, im günstigeren Fall von 340 m^2 benötigt wird. Diese großen Flächen sind bei Kompostwerken und Kläranlagen noch akzeptabel, im industriellen Bereich sind solche Flächen jedoch häufig nicht vorhanden.

Bei eingehenden Untersuchungen und Messungen (Bardtke et al. 1992) großer Flächenfilter zeigte es sich jedoch, daß derartige Filter von einem optimalen Betrieb meist weit entfernt waren. Als Schwachpunkte traten insbesondere auf:

- ungleichmäßige Verteilung des Rohgases durch den Filterboden,
- inhomogene Durchströmung der Filterschüttung,
- Filtermaterialverdichtung durch Vernässung,
- Filtermaterialaustrocknung mit Durchbruchströmungen,
- ungenügende Konditionierung des Rohgases.

Das tatsächlich genutzte Volumen der Filter lag aus den genannten Gründen bei 50 % des verfügbaren Filtervolumens oder darunter. Durch Anwendung geschlossener Filter, verbesserter Rohluftverteilung und sorgfältigem Filteraufbau lassen sich diese Schwachpunkte weitgehend vermeiden.

Eine weitere Optimierungsmöglichkeit besteht im Filtermaterial selbst. Die Porengrößenverteilung hat entscheidenden Einfluß auf die Durchströmung des Filtermaterials. Liegt der Schwerpunkt der Poren im Bereich sehr kleiner Durchmesser, so nimmt die Strömungsgeschwindigkeit deutlich zu, da Poren < 50 µm kaum durchströmt werden. Die Verweilzeit wird dadurch niedriger und die Filterleistung zwangsläufig geringer. Anzustreben sind daher Filtermaterialien, die möglichst hohe Anteile von Grobporen um ca. 100 µm enthalten. Mit solchen Materialien erreicht man mehrere Effekte gleichzeitig:

- Verringerung des Strömungswiderstands,
- Verbesserung des Wasserhaltevermögens,
- Vergrößerung der Kontaktfläche Gas-Biofilm.

Eine weitere Optimierungsmöglichkeit ergibt sich aus der Erhöhung der Filtergeschwindigkeit. Zahlreiche Messungen zeigen, daß mit zunehmender Geschwindigkeit die laminare Strömung in eine turbulente Strömung übergeht. Der Umschlagbereich ist abhängig vom Filtermaterial und dessen Wassergehalt. Für eine Reihe von Materialien wurden diese Umschlagsbereiche bestimmt:

– Rindenkompost	100-120 $m^3/m^2 \cdot h$
– Rindenkompost-Blähton	150-180 $m^3/m^2 \cdot h$
– Torfähnliches Produkt	120-180 $m^3/m^2 \cdot h$
– Kokosfasern	180-240 $m^3/m^2 \cdot h$

Im turbulenten Bereich wird durch die homogenere Strömung ein besserer Stoffübergang und damit eine höhere Filterleistung erwartet. Turbulente Strömungen bedeuten jedoch gleichzeitig eine Erhöhung des Druckverlustes und eine Verringerung der Verweilzeit.

4 Versuchsprogramm des Forschungsprojektes

Im Rahmen eines Forschungsprojekts wurde mit einer Pilotanlage untersucht, ob die in Labor- und halbtechnischen Versuchen gewonnenen Erkenntnisse auch im technischen Betrieb realisierbar sind. Als Abluftquelle wurde ein Betrieb aus der Kunststoffbranche ausgewählt.

Durch Variation der Filterbelastung zwischen "Normal-" und Hochleistungs-Bedingungen sollte ein möglichst breites Spektrum von Ergebnissen erhalten werden.

4.1 Die Filteranlage

Die Pilotanlage, die zur Reinigung eines Teilstroms der abgesaugten Hallen- bzw. Spritzkabinenluft verwendet wurde, bestand aus einem 20-Fuß-Container, der in zwei Filterkammern unterteilt war. Das Filterbett konnte wahlweise von unten nach oben oder von oben nach unten durchströmt werden. Zur Konditionierung der Rohluft wurde ein Venturi-Wäscher vorgeschaltet, mit dem die Rohluft auf Feuchtewerte > 95 % rF angefeuchtet werden sollte. Außerdem wurde das Filtermaterial stundenweise von oben beregnet.

Die Reinigungsleistung der Biofilter-Anlage wurde durch Rohluft-Reinluft-Messungen überprüft. Dabei wurde als kontinuierliche Meßeinrichtung ein Flammenionisationsdetektor (FID) eingesetzt, der als Summenparameter die Konzentration von organischem Kohlenstoff bestimmt.

Tabelle 1: Porosität der verwendeten Filtermaterialien bei einem Feuchtegehalt von 50 %

Filtermaterial	Porosität in %
Rindenkompost-Blähton	35
Fasertorf-Heidekraut	65
Holzhäcksel	55
Kokosfaser-Fasertorf	60

4.2 Eingesetzte Filtermaterialien

In der Zweikammer-Containeranlage wurden als Filtermaterialien eingesetzt:
- Rindenkompost-Blähton-Gemisch,
- Kokosfasern-Fasertorf-Gemisch.

Das Filtervolumen pro Kammer betrug ca. 10 m^3, die Filterhöhe lag bei ca. 1,5 m. Die Porosität der Filtermaterialien wird in Tabelle 1 dargestellt.

4.3 Das Abluftproblem

Die Versuche mit der Pilotanlage wurden bei einer Firma durchgeführt, die im Bereich der Produktion von Formteilen aus glasfaserverstärktem Kunststoff tätig ist. Die Herstellung solcher Teile (z. B. Fahrerkabinen für Schneeraupen, Dächer von Wohnmobilen) wird noch zum großen Teil von Hand erledigt, wobei eine styrolhaltige Kunststofflösung auf Glasfasermatten aufgebracht werden muß. Dieser Arbeitsschritt stellt somit eine erhebliche Quelle von Styrol-Dampf-Emissionen dar, und es muß durch eine geeignete Arbeitsplatz- bzw. Hallenabsaugung gewährleistet sein, daß die MAK-Werte (für Styrol 1988: 85 mg/m^3) eingehalten werden. Noch weitaus größere Emissionen entstehen bei einem der vorhergehenden Arbeitsschritte, bei dem auf die Form eine Grundierung aus derselben Lösung aufgesprüht wird. Dieser Vorgang wird in einer stark abgesaugten Spritzkabine durchgeführt. Während der Arbeitszeit treten dabei ca. 2- bis 6mal am Tag Spitzenwerte bis zu 1500 mg C_{org}/m^3 auf, während in Arbeitspausen, über Nacht und an Wochenenden die Schadgaskonzentration auf unter 50 mg C/m^3 absinken kann. In Abb. 1 ist eine typische Tagesganglinie (Versuchstag 126) dargestellt.

Da die Rohluft nicht nur Styrol, sondern auch noch andere organische Lösemittel enthielt, wurden außerdem regelmäßig gaschromatographische Analysen durchgeführt.

Die Zusammensetzung der Rohluft änderte sich je nach Betriebszustand in der Halle beträchtlich. Infolgedessen sind auch die Aussagen der Reinluftzusammensetzung bezüglich der Abbaubarkeit der Komponenten nicht eindeutig. In Tabelle 2 werden die Komponenten und ihre Konzentrationsbereiche in der Abluft gezeigt.

Für einen GFK-verarbeitenden Betrieb mit dieser Abluftzusammensetzung werden aufgrund der geringen Schadstofffracht (berechnet in Halbstundenmittelwerten) in Deutschland noch keine Emissionsgrenzwerte gemäß der TA-Luft festgelegt (Jost 1988). Würde die Fracht die Grenze von 3 kg/h überschreiten, so müßte aufgrund der Zusammensetzung des Gases eine Höchstkonzentration von 150 mg Lösungsmittel/m^3 (dies entspricht hier ca. 120 mg C_{org}/m^3) eingehalten werden. Die Maßnahmen zur Emissionsbegrenzung, die dem derzeitigen Stand der Technik entsprechen, müssen jedoch in jedem Fall angewendet werden.

Tabelle 2: Zusammensetzung des Rohgases

Rohgaskomponente	Anteil (%)
Azeton	6-66
Styrol	34-87
Essigester	bis 6
Sonstige	bis 7

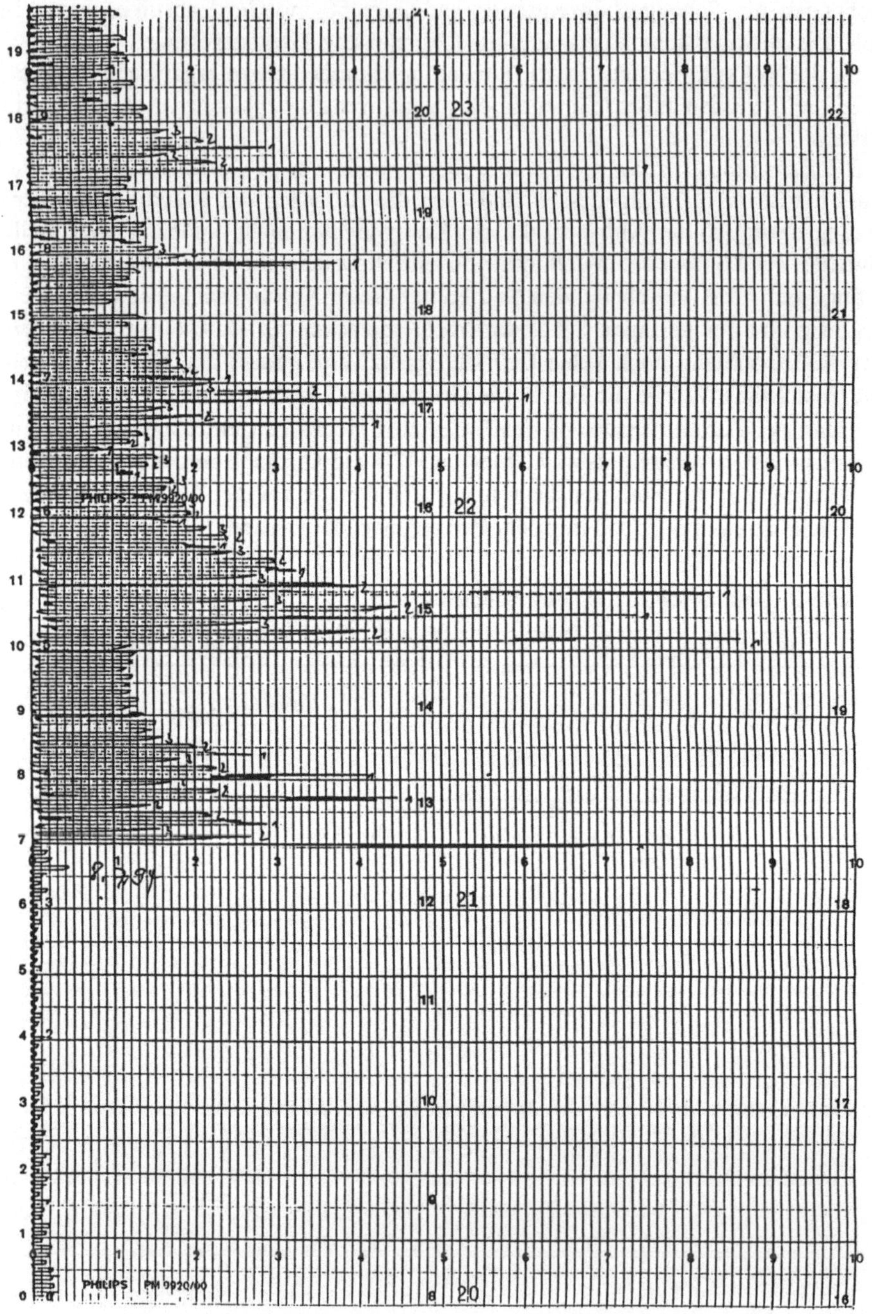

Abb. 1: Konzentrationsverlauf des organischen Kohlenstoffs (FID-Messung) in der Abluft während eines Tages (0 bis 20 Uhr). Die Höhe des Schreiberpapiers entspricht 1000 mg C_{org}/m^3.

5 Die Realität des Versuchsbetriebs

Um das Biofilterverfahren gut einsetzen zu können, werden in der Regel von Herstellern und Betreibern folgende Randbedingungen angegeben:

- Relativ gut wasserlösliche Abluft-Komponenten.
- Konzentrationsbereich zwischen 500 mg/m^3 und ca. 1 g C_{org}/m^3, möglichst konstant.
- Feuchtegehalt der Rohluft (evtl. durch Vorkonditionierung) > 95 % rF.
- Zusatzbefeuchtung durch Berieselung des Filtermaterials, um Austrocknung zu verhindern.
- Filterflächenbelastung bis ca. 200 m^3/m^2·h.

Im Rahmen des Forschungsprojekts sollten verschiedene dieser Vorbedingungen bewußt anders gewählt werden. Diese waren:

- Relativ schlecht wasserlösliche Abluftkomponenten (Löslichkeit von Styrol ca. 300 mg/l).
- Schwankende Konzentrationen mit Spitzenbelastungen bis zu 1500 mg C_{org}/m^3 (entsprach ungefähr dem Dreifachen der normalen Belastung).
- Versuchsweise Betrieb vorübergehend ohne Vorbefeuchtung.
- Filterflächenbelastung bis ca. 600 m^3/m^2·h.

Zusätzlich zu den erwünschten Abweichungen vom Optimum ergaben sich im Laufe des Projekts weitere Schwierigkeiten:

Durch Kurzarbeit gab es zeitweise nahezu keine Schadgas-Produktion; während kurzer Produktionsphasen entstanden dann Stoßbelastungen, die ungefähr das 30fache der Normalbelastung darstellten.

Aufgrund technischer Defekte verlängerte sich der Zeitraum des Betriebs ohne Vorbefeuchtung auf ca. 7 Wochen.

Zeitweise wurde die Zusatzberieselung aus Unwissenheit des Betriebspersonals abgestellt.

Die unter diesen Randbedingungen erhaltenen Ergebnisse werden im nächsten Abschnitt zusammengefaßt.

6 Ergebnisse

In allen Bereichen hat sich gezeigt, daß das Kokosfaser-Fasertorf-Gemisch mit den erschwerten Bedingungen schlechter zurechtkam. Es trocknete schneller aus und ließ sich auch nicht mehr richtig anfeuchten. Dadurch brachen Spitzenbelastungen sofort durch und die erzielten Wirkungsgrade waren niedriger. Im folgenden werden daher nur die Ergebnisse des Rindenkompost-Blähton-Gemisches angeführt.

6.1 Reinigungsleistung des Biofilters

In der ersten Versuchsperiode bis zum Versuchstag 124 wurden die Filter von oben nach unten durchströmt. Zwischen dem Versuchstag 125 und dem Versuchsende am Tag 157 wurde dann die Strömungsrichtung umgekehrt. Die verschiedenen Filterflächenbelastungen sowie die Konzentrationen an organischem Kohlenstoff in Roh- und Reingas zeigt Abb. 2. In Abb. 3 sind Ergebnisse der gaschromatographischen Messungen eines typischen Versuchstags zusammengestellt.

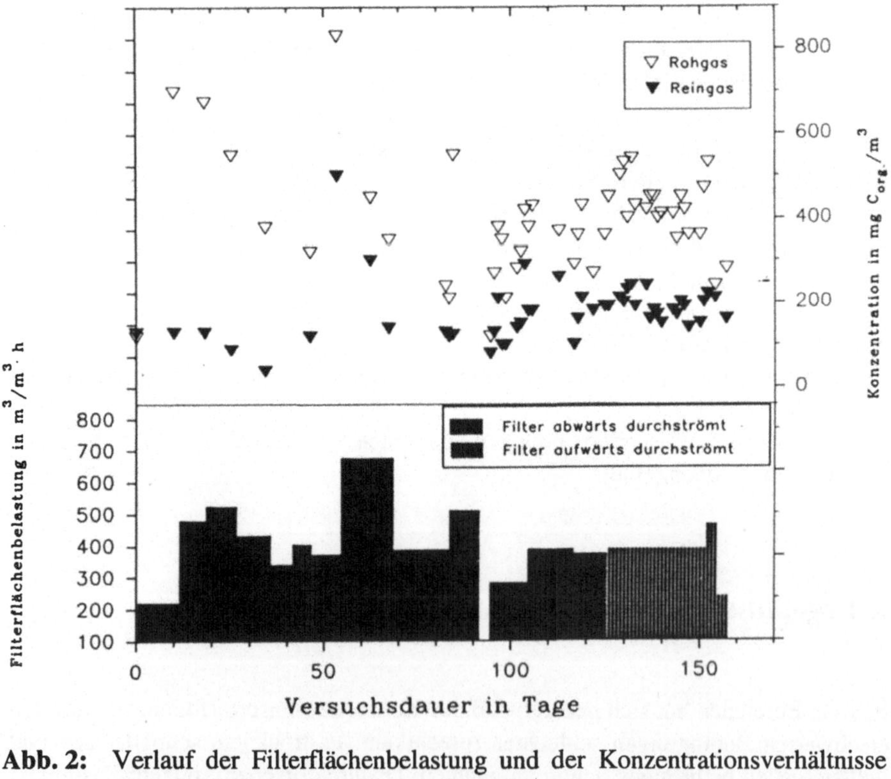

Abb. 2: Verlauf der Filterflächenbelastung und der Konzentrationsverhältnisse über den Versuchszeitraum für Filterkammer B (Filtermaterial: Rindenkompost/Blähton)

Die hier dargestellten Ergebnisse stammen vom Versuchstag 47. Die Mittelwerte der maßgeblichen FID-Meßwerte an diesem Tag ergeben analog zu der GC-Messung einen Wirkungsgrad von ca. 70 %.

Da die Konzentrationsschwankungen im Tagesverlauf jedoch beträchtlich waren, konnte eine solche Übereinstimmung zwischen den Mittelwerten der kontinuierlichen FID-Messung und der stichprobenartigen GC-Messung nicht an allen Tagen gefunden werden.

Aus den gemessenen Daten bei abwärts durchströmtem Filter ergeben sich die Abb. 4 und 5, die die wichtigsten Parameter zur Beurteilung eines Biofilters aufzeigen.

In den Schaubildern ist nicht berücksichtigt, welche Meßwerte bei welchem Zustand des Filters erhalten wurden. Um so erstaunlicher ist der deutliche Trend, der vor allem in Abb. 4 zu erkennen ist.

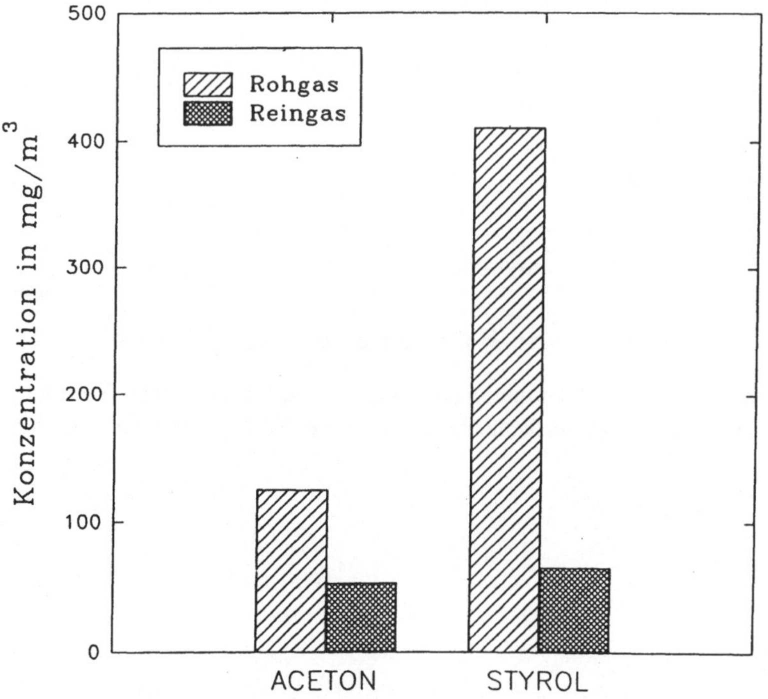

Abb. 3: Ergebnisse der gaschromatographischen Untersuchungen von Roh- und Reingas

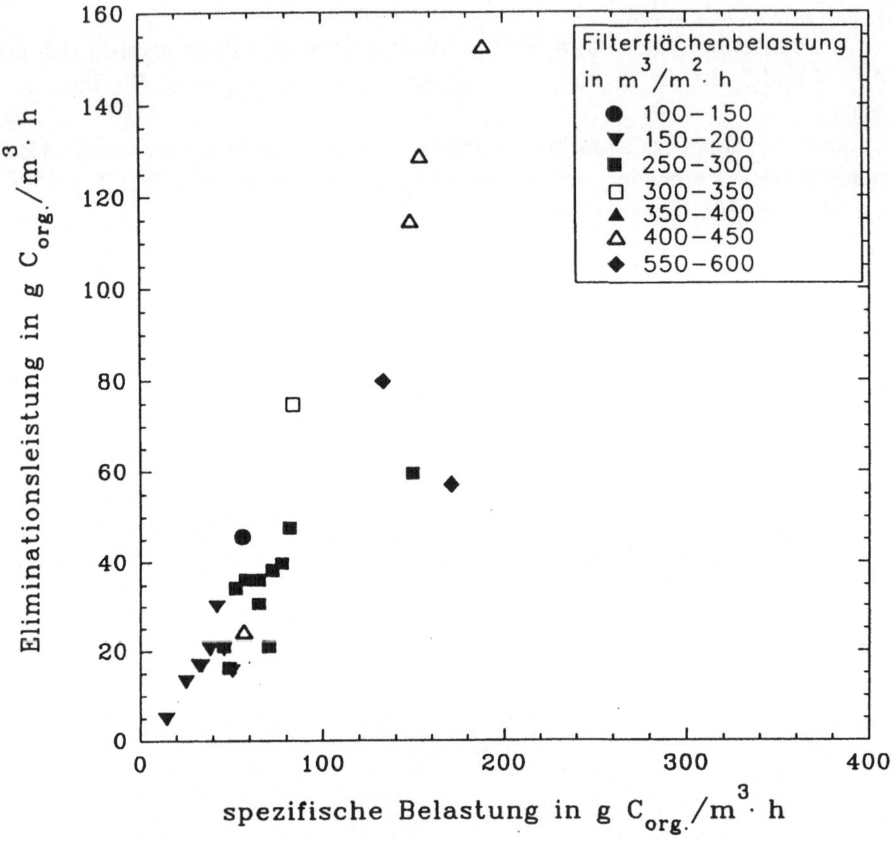

Abb. 4: Abhängigkeit der Eliminationsleistung von der spezifischen Belastung für verschiedene Filterflächenbelastungen bei Rindenkompost/Blähton

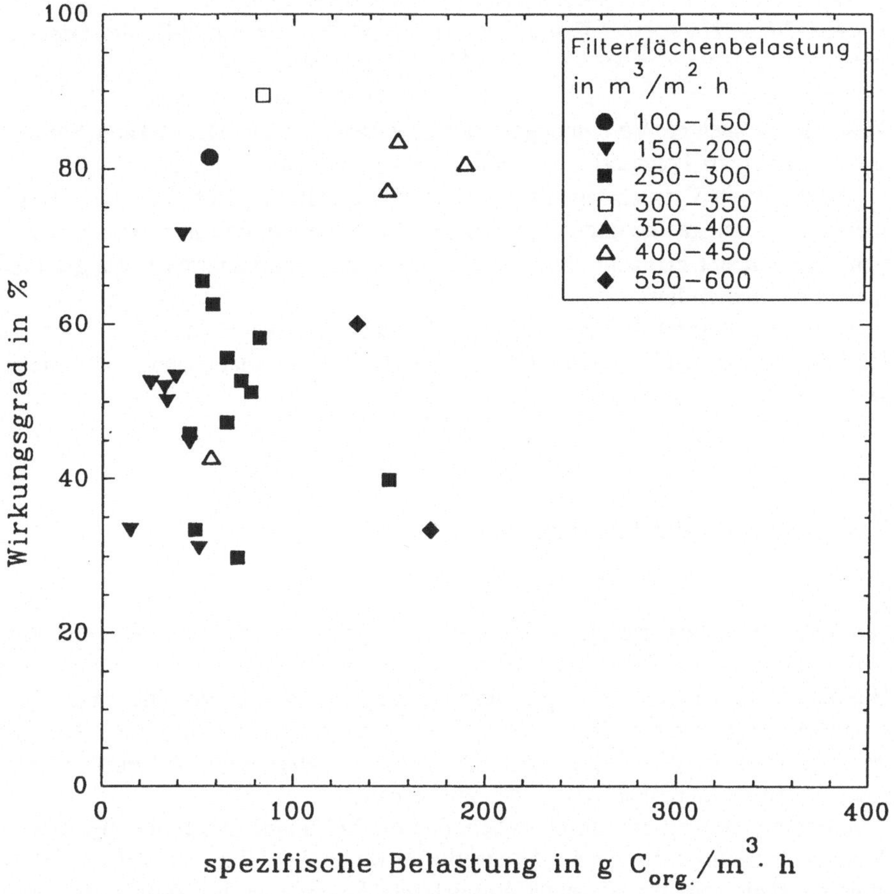

Abb. 5: Abhängigkeit des Wirkungsgrades von der spezifischen Belastung für verschiedene Filterflächenbelastungen bei Rindenkompost/Blähton

6.2 Begleitende Untersuchungen zum Abbau von Styrol

Prinzipiell bestehen mehrere Möglichkeiten, wie Styrol aus der Rohluft eliminiert werden kann:

- Styrol wird am Filtermaterial sorbiert.
- Styrol polymerisiert und verbleibt im Biofilter.
- Styrol wird mikrobiell abgebaut.

Um den Verbleib des eliminierten Styrols zu ermitteln, wurden daher folgende Untersuchungen durchgeführt:

Untersuchungen des Filtermaterials auf sorbiertes Styrol und auf Polymerisationsprodukte. Nach einer Extraktion wurden der Extrakt mit Hilfe der Gaschromatographie-Massenspektrometrie und IR-Spektrometrie auf Styrol sowie dessen Polymerisationsprodukte (Dimere, Trimere, Quadromere) analysiert. Es konnte keine der gesuchten Verbindungen nachgewiesen werden. Damit kann Sorption des Styrols sowie Polymerisation im Filter ausgeschlossen werden.

An mehreren Versuchstagen wurde der CO_2-Gehalt von Roh- und Reingas gemessen. Im Reingas konnte dabei eine erhöhte Konzentration nachgewiesen werden, die sich mit der zum entsprechenden Zeitpunkt eliminierten Lösungsmittelmenge korrelieren ließ.

In mikrobiologischen Untersuchungen wurden Bakterien auf dem Filtermaterial identifiziert, die sich in anschließenden Versuchen als styrolabbauende Stämme erwiesen.

7 Diskussion der Ergebnisse

Die Versuche haben gezeigt, daß die nichtoptimale Betriebsweise deutliche Verschlechterungen der Filterleistungen mit sich bringt. Wäre es nötig gewesen, den Grenzwert von ca. 120 mg C_{org}/m^3 einzuhalten, so wäre dies vor allem bei abgeschalteter Vorbefeuchtung und hohen Stoßbelastungen nicht immer möglich gewesen. Die Auswahl eines Filtermaterials mit einer hohen Wasserhaltekapazität ist unter diesen Bedingungen von großer Wichtigkeit.

Allerdings ist weiterhin festzustellen, daß die Leistungen des Filters bei diesem Abluftproblem trotzdem noch sehr akzeptabel waren. Die Eliminationsleistung betrug über den gesamten getesteten Bereich unabhängig von der Verweilzeit (bzw. der Filterflächenbelastung) ca. zwei Drittel der spezifischen Belastung. Der Wirkungsgrad lag dabei im Mittel bei 60 %. Es zeigt sich also, daß das Biofilterverfahren durchaus auch bei nicht optimalen Bedingungen eingesetzt werden kann.

8 Dank

Wir danken dem Forschungszentrum Karlsruhe (Projekte Europäisches Forschungszentrum für Maßnahmen zur Luftreinhaltung) für die Förderung der Forschungsarbeiten.

9 Literatur

Bardtke D., Fischer K., Sabo F. (1992) Abschlußbericht zum Forschungsvorhaben KfK-PEF 89 005 3, Forschungszentrum Technik und Umwelt, Karlsruhe

Engesser K.H., Fischer K., Reiser M. (1994) Abschlußbericht zum Forschungsvorhaben KfK-PEF 393 005, Forschungszentrum Technik und Umwelt, Karlsruhe

Jost D. (1988) Die neue TA-Luft. WEKA Fachverlage, Kissing

Biofiltersystem: BIOTON®-Verfahren

C. van Lith[1]

1 Filtervolumen

Die wesentliche Bedingung, die bei der Planung eines Biofilters von Bedeutung ist, ist das Filtervolumen. Dieses hängt von einer Vielzahl verschiedener Parameter wie der Art der Verunreinigung, der Konzentration, der Temperatur des Abluftstromes, dem gewünschten Wirkungsgrad und dem verwendeten Filtermaterial ab.

Für das BIOTON®-Filtermaterial sind einige Erfahrungswerte in Tabelle 1 zusammengefaßt. Die Bandbreite der Verweilzeit ist allgemein und für drei spezifische Anwendungsgruppen angegeben. Es muß hier besonders darauf hingewiesen werden, daß diese Angaben als Auslegungshinweise zu werten sind. Aus der Verweilzeit (t) kann das benötigte Filtervolumen (V) – in der nachfolgenden Formel angeführt – mit Hilfe des Abluftstromes (G) berechnet werden:

$$V\left[m^3\right] = \frac{G\left[m^3/h\right]\cdot t\left[s\right]}{3600}$$

Aufgrund von von mehr als 65 Großinstallationen und mehr als 60 durchgeführten Versuchen verfügt die Firma ClairTech über ein sehr breites Wissen hinsichtlich der Auslegung. Sofern die exakte Anwendung bei ClairTech noch nicht bekannt ist, werden mit Hilfe einer Versuchsanlage die für die Planung notwendigen Daten ermittelt.

[1] ClairTech BV, Postfach 65, NL-3930 EB Woudenberg

Tabelle 1: Verweilzeit für BIOTON®-Filtermaterial

Emission	Verweilzeit t (s)
	0 10 20 30 40 50 60 70
Allgemeine	[------------------------------- -----------------]
Abwasserkläranlagen/ Kompostieranlagen	[---------]
Nahrungsmittel, Aromen, Essenzen und Riechstoffindustrie	[-----------]
Lösemittelverarbeitung	[---------------------------------]

2 Konditionierung des Abluftstromes

Eine gute Konditionierung des verunreinigten Abluftstromes ist von essentieller Bedeutung für die Wirkung eines Biofilters. Die Abluft muß mit Feuchtigkeit angereichert werden, so daß vor dem Eintritt in das biologische Material die relative Luftfeuchte > 95 % ist. Die Ablufttemperatur sollte nach Befeuchtung (naß Kugeltemperatur) zwischen +15 und +40 °C sein. Bei geringeren Anforderungen an die biologische Aktivität kann die Temperatur auch < 10 °C sein. Eine Temperaturerhöhung zwischen 5 und 10 °C verdoppelt die biologische Wirkung. Schließlich ist darauf zu achten, daß der Abluftstrom rückstandsfrei ist, um ein Verstopfen des Filtermaterials zu verhindern. Die Bestimmung der Konditioniereinheit ist von großer Bedeutung. In praktisch allen Anwendungsfällen ist ein Luftbefeuchter notwendig. Die Entstaubung sowie die Temperaturanpassung mit Hilfe eines Wärmetauschers ist entsprechend zu regeln. Die Firma ClairTech hat die Erfahrung hinsichtlich der Anwendung, um auch diese Anlagen zur Vorbehandlung von Abluft adäquat zu entwerfen.

3 Ventilator und Druckverlust des Filtermaterials

Die Auslegung des Ventilators hat den zu erwartenden Druckverlust über die gesamte Installation am Ende der Standzeit des Filtermaterials zu berücksichtigen. Der Druckverlust über die Vorbehandlungseinheiten muß separat berücksichtigt werden, da dieser im allgemeinen nicht – im Hinblick auf die Zeit – zunehmen wird. Bei der Inbetriebnahme soll der Druckverlust ca. 50-70 % der erwarteten

Werte am Ende der Standzeit betragen. Der Druckverlust über das BIOTON®-Filtermaterial wird mit Hilfe der Oberflächenbelastung (O), des Filtermaterials, des zu behandelnden Abluftstromes (G), dem Filtervolumen (V) und der Filtermaterialhöhe (H) berechnet:

$$O\left[m^3 / m^2 \cdot h\right] = \frac{G\left[m^3 / h\right] \cdot H[m]}{V\left[m^3\right]}$$

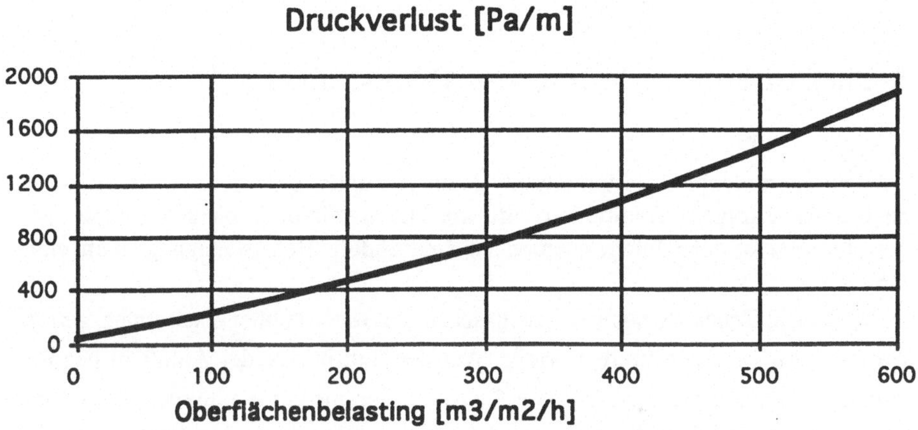

Abb. 1: Bestimmung des Druckverlustes [Pa/m] im BIOTON®-Filter

Aus der Oberflächenbelastung (O) und der Filterbetthöhe (H) kann im Mittel aus Abb. 1 der Druckverlust des BIOTON®-Filters bestimmt werden.

BIOTON®-Filtermaterial, das mit einem inerten Stützkorn aus z. B. Kunststoff vermischt ist, hat eine Standzeit von 5 Jahren. Während der gesamten Zeit ist eine Wartung des Materials nicht erforderlich. Vollständig aus organischem Material bestehende Filter müssen einmal pro Jahr behandelt werden, indem sie aufgelockert werden. Hinzu kommt, daß diese Materialien aufgefüllt werden müssen.

4 Oberflächenbelastung

Für Biofilter gelten eine minimale und eine maximale Oberflächenbelastung. Die minimale Oberflächenbelastung beträgt ca. 50 $m^3/m^2 \cdot h$ für Filter mit einem organischen Anteil (Kompost, Torf, Heide usw.). Bei einer noch geringeren Oberflächenbelastung muß darauf geachtet werden, daß die Wärme, welche durch die Bakterien produziert wird, nicht völlig abgeführt wird, so daß thermophile Bakterien vermehrt anzufinden sind. Diese thermophilen Bakterien fördern die schnelle Kompostierung des Filtermaterials, so daß die Standzeit stark reduziert wird.

Die max. Oberflächenbelastung wird durch die Art des Filtermaterials bestimmt. Langfaserige Materialien können mit 200 $m^3/m^2 \cdot h$ belastet werden. Hochwertige Filtermaterialien, sowie das BIOTON®-Filtermaterial, können mit bis 600 $m^3/m^2 \cdot h$ belastet werden. Bei der Planung eines Biofilters ist darauf zu achten, daß die angegebene Luftbelastung innerhalb dieser Grenzen bleibt.

5 Durchströmungsrichtung des Abluftstromes

Die Durchströmung des Filtermaterials kann von unten nach oben sowie von oben nach unten erfolgen. Traditionell wird die Durchströmung von unten nach oben gewählt. Bei offenen Filtersystemen ist eine andere Beaufschlagung auch nicht möglich.

Vom technischen Standpunkt aus gesehen, hat die von oben nach unten gerichtete Durchströmung mehrere Vorteile. Auf der Eintrittseite der Abluft in das Filtermaterial enthält diese die höchste Konzentration an Verunreinigungen, und der Abluftstrom ist noch nicht völlig mit Feuchte gesättigt (ausgehend von einer niemals idealen Befeuchtungseinrichtung). Das bedeutet, daß die größte Austrocknung des Filtermaterials beim Eintritt der Abluft stattfinden wird. Damit kann durch ein zusätzliches Bedüsungssystem dieser Austrocknung des Materials gezielt entgegengewirkt werden. Es wird verhindert, daß das gesamte Filtermaterial mit Wasser übersättigt werden muß, um die trockenen Stellen an der Ablufteintrittstelle zu erreichen.

Weiterhin kann bei einer von oben nach unten gerichteten Durchströmung die Oberflächenbelastung erhöht werden, ohne daß die Gefahr besteht, daß das Filtermaterial in ein Wirbelbett überführt wird. Bei dieser Verfahrensweise ist ein Beobachten der meist kritischen Stellen im Filtermaterial durch entsprechende Inspektionsluken von oben einfach möglich.

6 Offene oder geschlossene Filtersysteme?

Der Unterschied zwischen einem offenen und einem geschlossenem Biofiltersystem ist im wesentlichen durch die Betriebssicherheit gekennzeichnet. Bei einem offenen System werden Wetterbedingungen einen Einfluß auf die Wirkungsweise, im wesentlichen auf den Druckverlust und damit auf die Abluftmenge, haben. Für Bereiche, die hinsichtlich der Druckschwankungen empfindlich sind, kommt deshalb nur ein geschlossenes Biofilter in Betracht. Biofilter, die diskontinuierlich betrieben werden, sollten ebenfalls geschlossen sein, da während der Stillstandszeit Pflanzenbewuchs oder z. B. fallender Schnee die Durchströmung beeinflussen bzw. blockieren könnten.

Hochbelastete Biofiltersysteme sind sehr stark abhängig von einer zusätzlichen Wasserbedüsung, gesteuert über eine ständige Feuchtemessung des Filtermaterials. In einem offenen System ist eine derartige Überwachung technisch schlecht ausführbar. Daher wird angeraten, offene Filtersysteme bei einer organischen Belastung des Filtermaterials von 18 g/m³ und höher nicht mehr einzusetzen. Es sei denn, man nimmt in Kauf, daß ein derartiges System mindestens einmal pro Woche mit Wasser besprüht wird.

Offene Filtersysteme können dann eingesetzt werden, wenn die Abluft kontinuierlich anfällt, sie niedrig belastet ist und aus einem Prozeß stammt, der sowohl durch Druck- sowie durch Volumenschwankungen wenig beeinflußbar ist.

7 Steuerungs- und Regelungstechnik

Einen großen Teil der benötigten Steuerungs- und Regelungstechnik beansprucht die Konditioniereinheit des Abluftstromes. Im Biofilter selbst wird im allgemeinen nur der Feuchtegehalt des Filtermaterials kontrolliert und, falls notwendig, wird ein Bedüsungssystem den zusätzlichen Wasserbedarf ergänzen. Diese zusätzliche Feuchtezugabe kann im Prinzip auf drei Arten erfolgen (Tabelle 2).

Die erforderliche Wassersprühfrequenz hängt vom stündlichen Wasserverlust ab, und ClairTech empfiehlt, eine der vorgenannten Befeuchtungseinrichtungen zu verwenden. Die Besprühfrequenz wird aus der Effektivität der Vorbefeuchtung und der Verbrennungswärme der Verunreinigungen im Abluftstrom berechnet (Tabelle 3). Hierbei kann vereinfachend angenommen werden, daß 1 kg Verunreinigung eine Verdampfung von 10 kg Wasser verursacht. In Europa beträgt der Anfall von Regenwasser ca. 400-1.000 l/m²·a. Diese Wassermenge ist nicht ausreichend, um die Verdampfungsverluste in einem offenen Biofiltersystem völlig zu kompensieren. Den Erfahrungen der Firma ClairTech zufolge sind kontinuierliche Feuchtemessungen des Filtermaterials allein verläßlich genug, um ein gleichmäßiges Material zu erhalten. Die Gewichtsabnahme durch den Feuchteverlust wird registriert.

Tabelle 2: Zur Verfügung stehende Befeuchtungsmethoden für Biofilter

Methode	Beschreibung
Automatisch	Der Feuchtigkeitsgehalt des Filtermaterials wird automatisch gemessen. Die Befeuchtung aus Sprühdüsen über dem Filterbett wird durch das Signal des Feuchtigkeitsmessers aktiviert. Eine Warnung für den Filtermaterial-Wassergehalt wird vorgesehen.
Halb-automatisch	Die Befeuchtungsanlage wird mit einer Schaltuhr gesteuert, wobei die Sprühfrequenz regelmäßig mittels Probeentnahmen (1- bis 4mal pro Monat) oder einer kontinuierlichen Messung des Feuchtigkeitsgehaltes nachgeregelt wird.
Manuell	Es wird eine Befeuchtungsanlage mit einem von Hand abschließbaren Ventil installiert. Für regelmäßige Probeentnahmen (1 mal pro Monat) wird ein Befeuchtungsschema ausgearbeitet.

Tabelle 3: Empfohlene Befeuchtungsmethoden für Biofilter je nach Sprühfrequenz

Sprühfrequenz [Tage]	Methode
< 3	Automatische Methode
3-7	Halbautomatische Methode
>7	Von Hand bedienbare Methode

Formaldehydentfernung aus der Abluft in einer Biofilteranlage im technischen Maßstab

J. Mackowiak[1]

1 Zusammenfassung

In diesem Beitrag wird eine großtechnische Anlage beschrieben, in welcher seit über 1,5 Jahren im Dauerbetrieb ca. 30.000 Bm^3/h mit Formaldehyd belastete Abluft gereinigt werden.

Die Anlage besteht aus einem Befeuchter und drei Biofiltermodulen mit jeweils 25 m^2 Biofilterfläche. Trotz einer sehr hohen spezifischen Filterbelastung von 400 $m^3/m^2 \cdot h$ zeichnet sich die Anlage durch extrem geringe Druckverluste aus, welche ca. 700 Pa betragen. Die Abscheidewirkung von Formaldehyd liegt bei ca. 90 % und erfüllt somit den von den lokalen Behörden verlangten Grenzwert von 0,6 mg/m^3 im Reingas.

2 Einleitung

Bei der Herstellung von Sperrholzplatten, welche mittels Melamin-Harnstoff und Formaldehyd-Klebstoffen verklebt werden, werden in die Umgebung große Mengen an Formaldehyd emittiert. Die jährlichen Emissionswerte lagen bei einem polnischen Sperrholzplattenhersteller – der Firma Sklejka Eko/Ostrow – bei mehreren Tonnen, welche eine Gefährdung für die umliegende, dicht besiedelte Gegend darstellten.

In einer Pilotanlage, die aus einem Befeuchter und einem Biofilter mit einer Filterfläche von 3,4 m^2 bestand, wurden im Bypass-Verfahren ca. 400-1400 Bm^3/h Abluft gereinigt. Die Abscheidewirkung der Pilotanlage lag – je nach spezifischer Biofilterbelastung – zwischen 70 und 95 %, und die Druckverluste lagen zwischen 500 und 2.000 Pa/m. Der Testbetrieb dauerte mehr als ein Jahr und wurde 1992

[1] ENVICON Engineering GmbH, Baßfeldshof 2-6, D-46537 Dinslaken

mit der Auftragserteilung an ENVICON Engineering/Dinslaken für die Planung und den Bau einer großtechnischen Anlage abgeschlossen (Maćkowiak 1992).

Diese Anlage sollte – nach ersten Schätzungen – ca. 46.000 m³/h Abluft reinigen.

3 Auslegung und Beschreibung der großtechnischen Anlage

In der ersten Phase des Planungsauftrages wurde dem Auftraggeber ein Maßnahmenkatalog vorgestellt, der zur Reduzierung der Formaldehydkonzentration am Arbeitsplatz und in der gesamten Produktionshalle sowie zur Reduzierung der gesamten zu reinigenden Abluftmenge führte.

Durch diese Vormaßnahmen wurde die Abluftmenge bei $V_G \cong 30.000$ Bm³/h festgelegt. Die zu reinigende Abluft war trocken, ihre relative Feuchte lag zwischen 15 und 50 %; die Eintrittstemperaturen betrugen bis zu 50° C.

Aus Platzmangel am ursprünglich geplanten Aufstellungsort mußte das Biofilter in der Halle aufgestellt werden, wo die dem Biofilter und dem Befeuchter zur Verfügung stehende Gesamtfläche nur ca. 100 m² betrug. Somit mußte die Anlage für hohe spezifische Belastungen – nahe an der Belastungsgrenze des Biofilters – ausgelegt werden. Die Belastungsgrenze für den "Versuchsbiofilter" mit $A_{BF} = 3{,}4$ m² lag bei ca. 411 m³/m²·h (Maćkowiak 1992). Als Betriebspunkt für das zu installierenden Biofilter wurde eine spezifische Filterbelastung von 400 m³/m²·h gewählt, was eine gesamte Biofilterfläche von 75 m² ergab. Um den gesamten Druckverlust des Gases im Filtermaterial zu verringern, wurden weitere, nachfolgend angegebene Maßnahmen getroffen:

- möglichst genaue Gasvorverteilung,
- geringe Änderung der Rezeptur für die Biofilterfüllung, um den Belastungsbereich des Biofilters zu erweitern, mit gleichzeitiger Druckverlustreduzierung innerhalb des Betriebsbereiches.

3.1 Auslegungsparameter für den Befeuchter

Zur Auslegung des Befeuchters der trockenen Luft wurde das vorgestellte Auslegungsverfahren nach dem TSB-Modell verwendet (Maćkowiak 1991). Es ergaben sich folgende Auslegungsparameter:

Kolonnendurchmesser ds	=	2,4 m
gesamte Kolonnenhöhe H	=	6,5 m
Wasserumlaufmenge	=	25 m³/h
installierte Pumpenleistung	=	4 kW
spezifische Flüssigkeitsbelastung	=	5,5 m³/m²·h
relative Luftfeuchtigkeit am Ausgang	=	> 98 %

3.2 Bestimmung der Filtermaterialhöhe H

In den Pilotversuchen (Maćkowiak 1991) wurden bei vergleichbaren spezifischen Filterbelastungen von $u_{V,B}$ = 250-400 m³/m²·h im Mittel Abscheidegrade um 80 % erzielt. In der großtechnischen Anlage mußten höhere Abscheidegrade von rund 90 % erzielt werden. Man sollte dabei beachten, daß das Verhältnis der Biofilterfläche A_{BF} die Fläche des Pilotbiofilters um das 22fache übersteigt und daß mit einer Verschlechterung der Filtermaterialschüttung gerechnet werden mußte.

Unter der vereinfachten Annahme, daß man den Formaldehydabbau im Biofilter bei der geringen HCOH-Konzentration als eine Absorption mit ausschließlich gasseitigem Stofftransport-Widerstand betrachtet, kann nach Gl. (3) – anhand des bekannten HCOH-Abscheidegrades – die Zahl der gasseitigen Übergangseinheiten NTU_G gemäß der Definition

$$NTU_G = \ln(\frac{y_{ein}}{y_{aus}}) \qquad (1)$$

bestimmt werden. Für die Abscheidewirkung η gilt Gl. (2)

$$\eta = (1 - \frac{y_{aus}}{y_{ein}}) \qquad (2)$$

Aus Gl. (1) und Gl. (2) erfolgt nun Gl. (3)

$$NTU_G = -\ln(1-\eta) \qquad (3)$$

Für die Schütthöhe H = 1,0 m erhält man nach dem HTU x NTU-Modell, Gl. (4), folgende Beziehung zwischen dem Abscheidegrad η und der Höhe einer Übergangseinheit HTU_G

$$HTU_G = \frac{1}{-\ln(1-\eta)} \qquad (4)$$

Nach Einsetzen von η = 80 % ergibt sich ein HTU_G-Wert von $HTU_G \approx 0{,}62$ m.

Für eine 90 %ige HCHO-Abscheidewirkung der Schüttung sind daher nach Gl. (5) $NTU_G = 2{,}3$ Übergangseinheiten erforderlich. Unter der Annahme, daß die gleiche Trennleistung des Filtermaterials wie im Pilotbiofilter besteht und für die technische Ausführung $HTU_G = 0{,}62$ m gilt, erhält man nach Gl. (5) für die gesamte Filtermaterialhöhe H

$$H = NTU_G \cdot HTU_G = 2{,}3 \cdot 0{,}62 \text{ m} = 1{,}43 \text{ m} \qquad (5)$$

Es wurde eine Filtermaterialhöhe von 1,5 m festgelegt, dies ergibt bei einer Biofilterfläche von A_{BF} = 75 m² ein Biofiltermaterialvolumen von V_F zu V_F =

112,5 m³. Zusätzlich wurde noch eine Reserve von ca. 30 cm für den Fall vorgesehen, daß die gewünschte Trennleistung nicht erreicht wird.

Das Schema der im August 1993 fertiggestellten Anlage zeigt Abb. 1.

Die Funktionsweise der Anlage ist identisch mit jener Pilotanlage, die bereits ausführlich beschrieben wurde (Maćkowiak 1992).

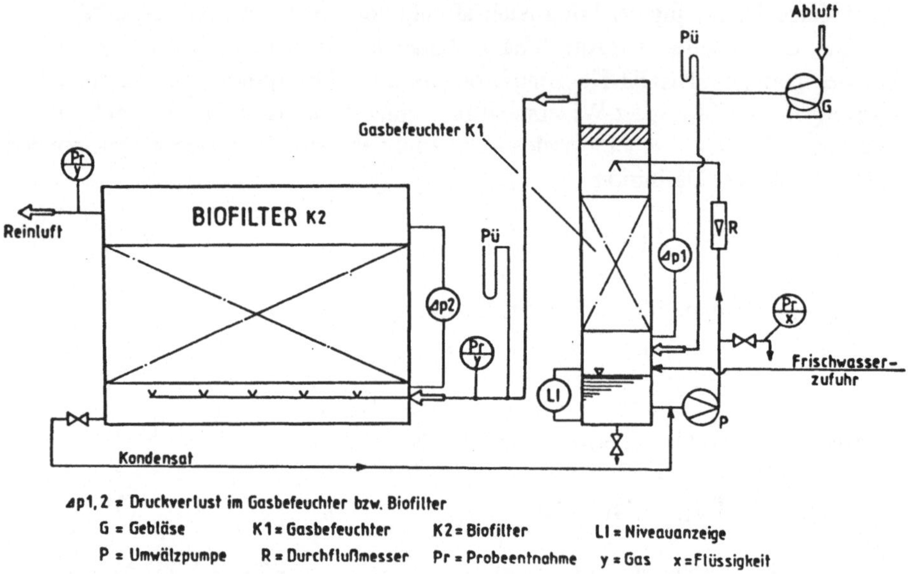

Abb. 1: Schema der Biofilteranlage (bestehend aus drei Biofiltermodulen mit jeweils 25 m² und einem Befeuchter mit ds = 2,4 m) zur Entfernung von Formaldehyd aus einem Abluftstrom von 30.000 Bm³/h

4 Meßergebnisse

Die Kapazität der Anlage (Abb. 1) wurde stufenweise von Woche zu Woche nach der Inbetriebnahme von ca. 6750 über 13.500 und 23.250 bis auf ca. 30.000 Bm³/h erweitert. Die dabei gemessenen Druckverluste im Biofilter sind in Abb. 2 dargestellt.

Bei den Betriebsbedingungen nach Abb. 2 sind die auf 1 m Filtermaterial bezogenen Druckverluste $(\Delta p/H)_B$ deutlich kleiner als im Pilotbiofilter und betragen bei Vollast der Anlage rund 250 Pa/m. Das Biofilter wird deutlich unterhalb der maximalen Belastungsgrenze betrieben. Dies ist zum Teil auf eine anders gewählte Filtermaterialrezeptur zurückzuführen.

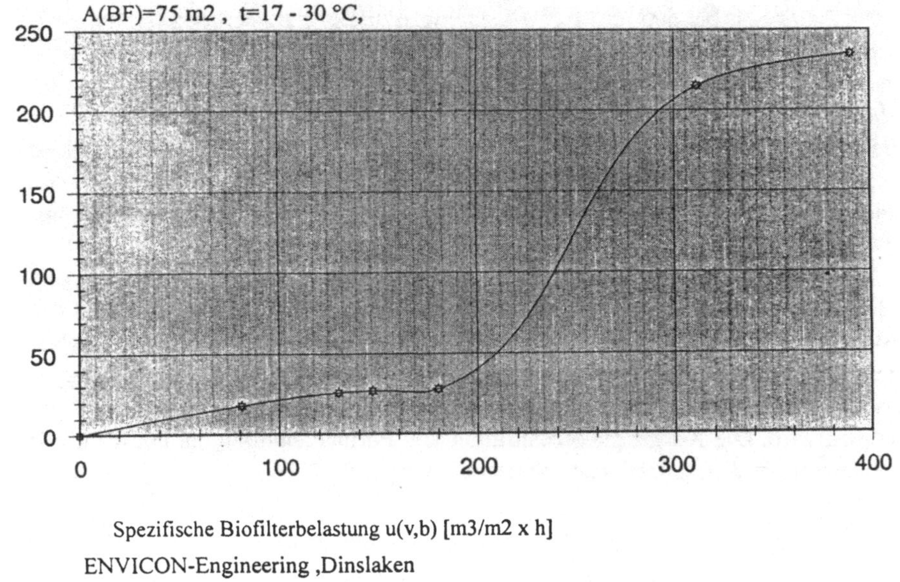

Abb. 2: Druckverlust (Δp/H)B im Biofilter als Funktion der spezifischen Filterbelastung $u_{V,B}$

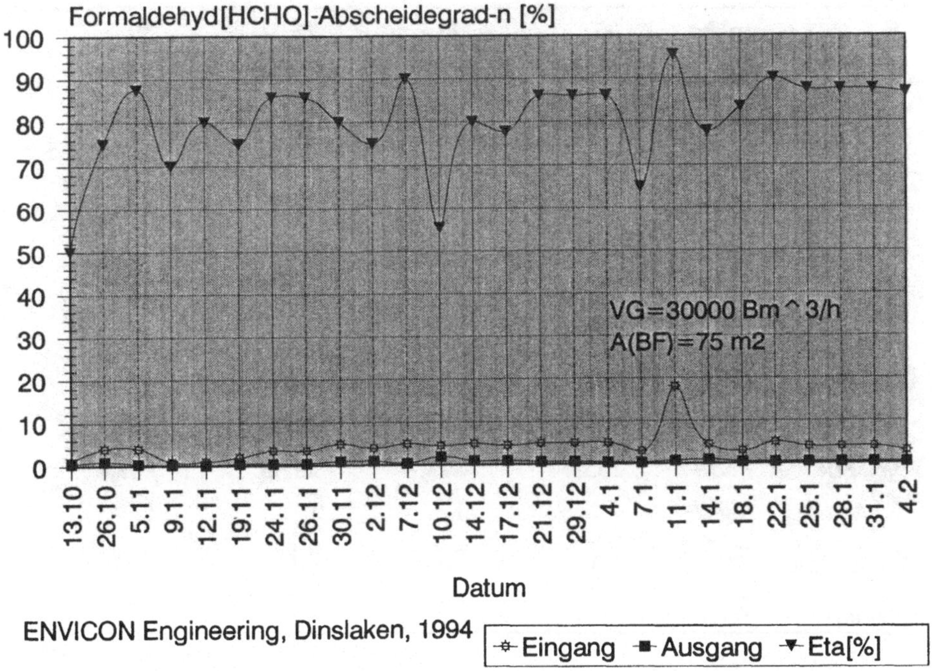

Abb. 3: Formaldehyd-Abscheidegrad η als Funktion der Meßzeit bei $V_G \cong$ 30.000 Bm^3/h, $A_{BF} = 75\ m^2$

Die Anlage ist bis dato etwa 16 Monate in Betrieb, und nach den letzten Kontrollmessungen sind die Druckverluste im Biofilter praktisch in der gleichen Grössenordnung von ca. 360 Pa geblieben. Dies bestätigt eine Zusammenstellung nach Tabelle 1, in der die Betriebsbedingungen und die Leistungsdaten der Anlage in verschiedenen Betriebsmonaten der Anlage dargestellt sind. Besonders auffallend ist auch ein geringer Druckverlust im Befeuchter und ein praktisch gleicher Druckverlust in allen drei Biofiltermodulen (Tabelle 1). Der Gesamtdruckverlust der Anlage ist mit 700 Pa als extrem gering zu bezeichnen.

Die Trennleistung des Biofilters an verschiedenen Meßtagen ist in Abb. 3 dargestellt. Die Abscheideleistung der gesamten drei Biofiltermodule liegt zwischen 80 und 95,5 %. Die niedrigen Werte werden jeweils am Anfang einer Woche gemessen, da die Anlage im 6-Tage-Betrieb läuft und sonntags außer Betrieb genommen wird. Die Ausgangskonzentration von Formaldehyd lag an den Kontrollmeßtagen unter dem geforderten Wert von 0,6 mg/m³.

Tabelle 1: Zusammenstellung der Betriebsdaten der großtechnischen Anlage zur Formaldehydabscheidung aus der Abluft

Parameter	Einheit	Meßtag			
		05.11.1993	12.11.1993	30.12.1993	24.01.1994
V_L	m³/h	25	25	25	30
U_L	m/s·10³	1,535	1,535	1,535	1,842
V_g	Bm³/h	29127	28970	29127	23364
$V_{g,N}$	Nm³/h	26463	26620	26620	21220
U_{VK}	m/s	1,79	1,79	1,79	1,41
F_{VK}	√Pa	1,94	1,94	1,94	1,73
$\underline{\Delta P_4}\, H_K$	Pa/m	142,0	147,0	152,0	93,2
U_{VB}	m³/m²·h	388,4	386,4	388,4	311,5
$\underline{\Delta P_1}\, H_K$	Pa/m	241,9	235,4	209,0	209,2
$\underline{\Delta P_2}\, H_K$	Pa/m	241,9	235,4	202,7	215,7
$\underline{\Delta P_3}\, H_K$	Pa/m	235,4	222,3	209,0	209,2
C_{HCHO}, ein	mg/m³	4	1	1	1
C_{HCHO}, aus	mg/m³	0,5	0,2	0,15	0,15
η_{HCHO}	%	87,5	80	85	85

5 Schlußfolgerungen

1. Im vorliegenden Beitrag wurde eine großtechnische Anlage zur Reinigung von ca. 30.000 Bm^3/h Abluft dargestellt und beschrieben. Nach einem ca. 1,5jährigen Betrieb arbeitet die Anlage stabil, ohne irgendwelche betrieblichen Probleme, bei praktisch gleichen Druckverlusten von ca. 700 Pa. Bei Formaldehydeingangskonzentrationen in der Biofilteranlage zwischen 5-7 mg/Nm^3 (maximal ca. 25 mg/m^3) werden in der Anlage ca. 80-95,5 % Formaldehyd reduziert. Die trockene Eingangsluft mit einer Temperatur von 35-50 °C und einer relativen Feuchte von 15 % wird bis auf 100 % gesättigt.
2. Die erzielten Meßergebnisse bestätigen insbesondere die Gültigkeit von Auslegungsverfahren (Maćkowiak 1991) für Befeuchter und Biofiltermodule. Bei Einhaltung gleicher Betriebsverhältnisse in der Pilotanlage und in der großtechnischen Anlage muß man mit einem Sicherheitszuschlag von lediglich ca. 20 % für die Filterhöhe rechnen, wenn man eine vergleichbare Trennleistung in der großtechnischen Anlage erzielen möchte. Dies gelingt nur dann, wenn die Gasvorverteilung im Biofilter sorgfältig ausgelegt wird.
3. Das in diesem Beitrag vorgestellte Verfahren zur Bestimmung der Filterhöhe bei den verschiedenen Abscheidewirkungen des Biofilters gilt zunächst für den Fall der Formaldehydabscheidung und wird durch Messungen am Pilotbiofilter und an den drei Biofiltermodulen mit jeweils 25 m^2 bestätigt.
4. Die Auslegung einer großtechnischen Anlage wäre ohne Pilotversuche nicht möglich gewesen.

6 Literatur

Maćkowiak J. (1991) Fluiddynamik von Kolonnen mit modernen Füllkörpern und Packungen für Gas/Flüssigkeitssysteme. Salle + Sauerländer Verlag, Aarau, Frankfurt am Main

Maćkowiak J. (1992) Abscheidung von Formaldehyd aus der Abluft im Biofilter. WLB-Wasser, Luft und Boden 3: 65-66

Biologische Reinigung CKW-kontaminierter Abluft

D. Jäger[1]

Es gibt genügend Produktionslinien, deren Abluftströme Beimengungen von Chlorkohlenwasserstoffen enthalten, obwohl die CKWs auf dem Index stehen und immer weniger produziert werden.

Für diese Abluftströme mit geringem CKW-Gehalt wurde uns ein Testzyklus von der Großchemie in Auftrag gegeben.

Es war der Großchemie klar, daß man das Problem der CKW-Vernichtung auch mit einer Hochtemperaturverbrennungsanlage (HTV) angehen kann, jedoch spricht der Energieaufwand dagegen.

Dem Testzyklus gingen selbstverständlich einige Laborversuche voraus. In diesen Laborversuchen wollten wir 2 vorgegebene Aufgaben lösen:

1. die Bestimmung der Sterberate im Vergleich zur Populationsrate,
2. die Entwicklung einer Meßmethode für die Bestimmung der Sterberate, günstigstenfalls eine automatisierbare mitlaufende Meßmethode.

Die Theorie zu den vorlaufenden Laborversuchen zeigt Abb. 1. Als Beispiel habe ich Ethylendichlorid gewählt. Abbildung 1 zeigt die Inkoporation von Sauerstoff. Das Bakterium hat also das Sauerstoffmolekül aufgenommen, um die Oxidation und damit den Stoffwechsel zu starten.

Es sind H_2O, CO_2 und Salzsäure gebildet worden. Hier nun zeigt sich die Toxizität des Ethylendichlorid. Es kommt zur Ansäuerung des Mediums.

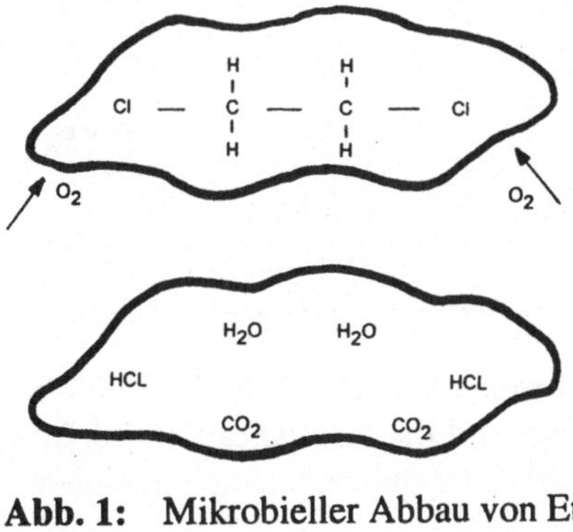

Abb. 1: Mikrobieller Abbau von Ethylenchlorid

[1] C.A.R. Construction and Recycling GmbH, Rudolf-Diesel-Straße 4, D-21684 Stade

Wir hatten somit einen Parameter für die Sterberate gefunden und konnten eine Messung im Großversuch installieren.

Tabelle 1 zeigt die Zusammensetzung der Rohluft der laufenden Produktion einer Chemieanlage im Osten. Die Auflistung zeigt die „Chemie“ einer Großanlage. Für das Wachstum der Mikroorganismen haben wir Nährsalze zugegeben.

Tabelle 1: Ergebnisse des Pilotversuches (Werte in ∓m/m^2)

Schadstoffe	Rohluft	Nach der Neutralisation	Reinluft nach dem Biofilter	Geruchs-schwelle
Dichlormethan	28	12		540000
1,2 Dichlorethan	7301	53	14	24000
Trichlorethan	62	29	18	1134
1,2 Dichlorpropan	1996	967	112	1167
1,3 Dichlorpropan	324	96	10	
2,3 Dichlorpropan	312	44	4	
Perchlorethylen	684	257	86	31356
Monochlorbenzol	2061	806	53	980
2-Chlortoluol	235	132	64	235
3-Chlortoluol	206	81	46	235
Chloroform	667	70	35	250000
Chlorverbindungen	13876	2547 (81 %)	442 (82 %)	
Dimethyldisulfid	120	35	3	
Dimethyltrisulfid	227	18		62
Dimethyltetrasulfid	14	8		
Methylisobutylket.	4935	882	35	410
Dimethylether	1063	126	6	
Toluol	132	28	12	17550
Cyclohexan	82	38	13	
Geruchseinheiten	GE= 6318		GE=841	

In Abb. 2 ist der Aufbau des Großversuchs gezeigt. Links im Bild der Rohluftbehälter, mittig ist ein Wäscher angeordnet. Hier wird die Neutralisation des Befeuchtungswassers erreicht. Rechts im Bild das Biofilter mit Befeuchter, die Überläufe wurden in eine biologische Kläranlage abgeleitet.

Im Sumpf des Wäschers (Bild Mitte) wurde der pH-Wert auf pH 8-10 eingestellt, um den biologischen Rasen im Wäscher vor zu starker Säurebildung zu schützen.

Im Sumpf des Biofilters mußten wir letztendlich ebenfalls eine pH-Messung installieren. Die Versauerung des Sumpfwassers hat sich eindeutig als Parameter für das Verhältnis Populationsrate zu Letalrate erwiesen.

Wir konnten im Wäscher einen Abbau von 81 % und im Biofilter einen Abbau von 82 % der chlorierten Kohlenwasserstoffe feststellen (Tabelle 1).

Der Geruchsabbau war außerordentlich groß, aber noch nicht groß genug, um die Anforderungen der TA-Luft zu erfüllen. Jedoch lassen sich die Konstruktionsgrößen für eine 1:1-Anlage aus diesem Großversuch ableiten.

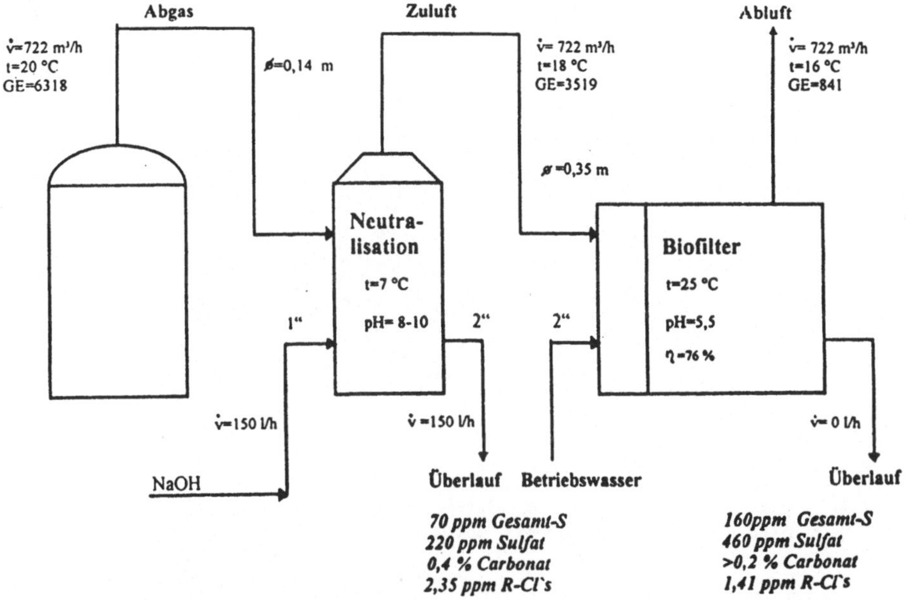

Abb. 2: Massenbilanz im Biofilter

Aufgrund der Versuchsanlage dieser Größe und einer Versuchsdauer von 3 Monaten sind wir sicher, daß diese Biofilteranwendung großtechnisch durchgeführt werden kann.

Die 1:1-Anlage ist in Planung und stellt sich wie folgt dar: Der Belüftungsboden, auf dem das Biobeet lagert, besteht aus einer Betonplatte (30 cm dick) mit einbetonierten Schlitzrinnen aus Edelstahl für die Luftverteilung. Das heißt, der Belüftungsboden ist nicht unterkellert und ohne Ringmauern hergestellt.

Hier einige Merkmale eines C.A.R. Biofilters:

- Bauweise ohne Luftverteilungskeller.
- Der Belüftungsboden ist schwerlastbefahrbar (60 t).
- Die Biobeetfüllung ist aus gerissenem Wurzelstock.
- Die Lebenszeit der Biobeetfüllung beträgt mindestens 4 Jahre.
- Die Füllhöhe des Biobeetes beträgt im frischen Zustand 2,2 m.
- Es ist keine Biobeetpflege, d. h. kein Auflockern über die ganze Lebenszeit der Biobeetfüllung nötig.
- Die Montagezeit für die Biofilteranlage beträgt ca. 3 Monate.
- Keine Beton-Korrosion.
- Die Schlitzrinnen sind aus Edelstahl 1.4301/1.4571 hergestellt (patentiert).
- Das Belüftungssystem ist durch Begehung des luftführenden Mittelrohres inspizierbar.
- Die Schlitzrinnen können durch Spülrohre auch während des Betriebes gereinigt werden

Reinigung von Lackiererei-Abluft mit einem Gitterträger-Biofilter

R. Bronnenmeier, P. Fitz und H. Tautz[1]

1 Zusammenfassung

Mittels einer lackierereitypischen Rohluft wurde ein unkonventionelles biologisches Verfahren zur Abluftreinigung entwickelt, das folgende Merkmale aufweist:

- Der Einsatz selektierter Startkulturen ermöglicht Anfahren in 1-2 Tagen und höchstmögliche spezifische Aktivität der Biomasse.
- Durch die Verwendung von gitterförmigem, tangential angeströmtem Trägermaterial sind extrem niedrige Gasdruckverluste und Hochbauweise oder Kreuzstrombauweise möglich.
- Es tritt keine Verpilzung, Verstopfung oder Versäuerung ein.
- Das Gittermaterial sorgt durch sehr feine und gleichmäßige Verteilung der Flüssigphase für optimale Befeuchtung des Biofilms, der zwischen den Stegen aufgespannt ist.
- Die Zufuhr von Nährsalzen sichert reproduzierbare, hohe und stabile Aktivität des Biofilms.
- Periodische Abreinigung des Trägermaterials verhindert starke Eigengeruchsentwicklung und hohes Schlammalter. Auch Staub aus der Rohluft wird bei der Abreinigung entfernt.
- Das Trägermaterial ist langlebig und muß nicht innerhalb weniger Jahre mit hohem Kostenaufwand entsorgt, bzw. neu beschafft werden.
- Das Verfahren ist reif für die Vermarktung.

[1] Linde AG, Werksgruppe Verfahrenstechnik & Anlagenbau, Dr.-Carl-von-Linde-Straße 6-14, D-82049 Höllriegelskreuth

2 Einleitung

Obwohl die Anwendung lösemittelarmer Lacke zunimmt, werden heute noch überwiegend konventionelle Lacke eingesetzt: 1992 wurden in Deutschland nach Auskunft des statistischen Bundesamtes 555.400 t konventionelle und 155.600 t lösemittelarme und -freie Lacke produziert. Größere Lackierstraßen setzen über 100.000 m^3/h Abluft frei. Bei Verwendung stark lösemittelhaltiger Lacke werden für die Abluft Reinigungsanlagen benötigt. Nach der Entwicklung eines Abluft-Biowäschers für leicht wasserlösliche Schadstoffe, wie z.B. Formaldehyd (Bronnenmeier und Renner 1992), erarbeitete die Linde AG, Werksgruppe Verfahrenstechnik und Anlagenbau, Höllriegelskreuth, deshalb auch ein Verfahren für die biologische Reinigung von Lackierereiabluft.

3 Beschreibung der Versuchsanlage

Abbildung 1 zeigt das Schema der Technikumsanlage. Der Hauptluftstrom I wird in einem Füllkörperwäscher befeuchtet. Verdunstungsverluste im Wasserreservoir des Befeuchters werden laufend durch Frischwasserzufuhr ausgeglichen. Ein kleiner, trockener Luftstrom II wird durch die Lösungsmitteldosierstrecken LM 1 bis LM 4 geleitet und danach in den feuchtigkeitsgesättigten Hauptluftstrom I gespeist. Nach Durchlaufen einer Mischstrecke und Passieren der Meßstelle QE 1 tritt der schadstoffhaltige Rohluftstrom in den Kopfraum von vier parallel geschalteten Bioreaktoren ein, von denen in Abb. 1 nur einer dargestellt ist. In den Reaktoren befindet sich eine Trägermaterialzone von 80 cm Höhe und 10 cm Durchmesser.

Das Trägermaterial wird über einen Flüssigkeitskreislauf berieselt. Je nach Berieselungsdichte ist Biofilter-, Tropfkörper-, oder Biowäscherbetrieb möglich. Die schadstoffhaltige Luft durchläuft die Reaktoren von oben nach unten, tritt als sog. Reinluft über einem kleinen Sumpf aus und passiert die Meßstelle QE 2. Der Sumpf wird durch einen eigenen Kreislauf ständig umgewälzt. Dadurch bleibt er homogen suspendiert, und Sauerstoffmangel wird vermieden. Der pH-Wert des Sumpfes wird geregelt. Die Nährstoffdosierung erfolgt kontinuierlich in grober Orientierung am geplanten Schadstoffumsatz. Träger und Sumpf werden periodisch gereinigt.

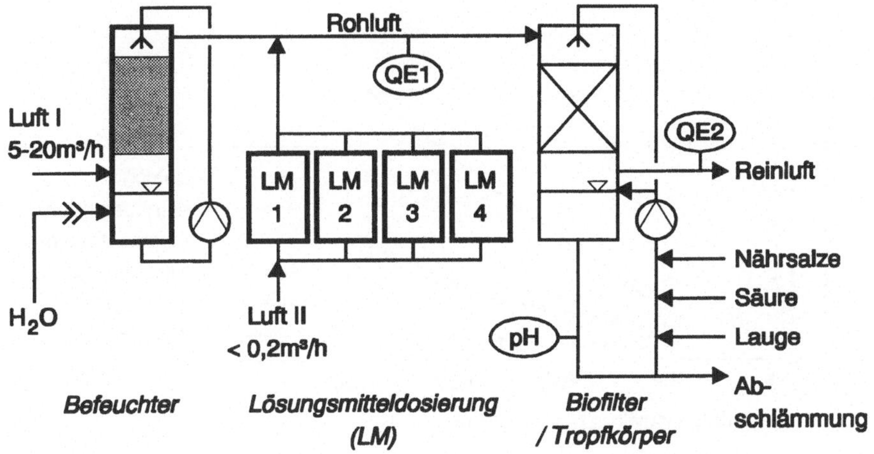

Abb. 1: Schema der Biofiltertechnikumsanlage

4 Trägermaterial

Der Entwicklung lag – nicht zuletzt auch aufgrund von Erfahrungen mit der Pilotanlage des Biowäschers für leicht wasserlösliche Schadstoffe – folgende Überlegung zugrunde: hohe volumenspezifische Umsätze setzen Bakterienwachstum und Nährsalzdosierung voraus. Nachteilig ist dabei die Volumenzunahme des Biofilms und – bei konventionellem Trägermaterial oder Schüttungen – der allmählich ansteigende Druckverlust im Reaktor. Schon bei niedrigen Gasgeschwindigkeiten unter 360 m/h sind Druckverluste von 100-250 Pa/m die Regel (Kuchta und Ryser 1993). Die Ergebnisse eigener Messungen mit frischen, unbewachsenen, trockenen Trägermaterialien sind in Abb. 2 dargestellt. Besonders für die technisch zur Einsparung von Anströmfläche wünschenswerten höheren Gasgeschwindigkeiten oder bei Hochbauweise sind die meisten Materialien wegen des damit verbundenen hohen Druckverlusts nicht gut geeignet.

Auch andere bekannte Trägermaterialnachteile, wie hohes Gewicht (Tabelle 1), lokale Inhomogenität, Verdichtung und Verfilzung, lokale Vernässung oder Übersäuerung infolge meß- und regeltechnischer Probleme ermutigten dazu, einen neuen Weg zu gehen. Die grundlegende Verbesserung sahen wir in einem Plattenbiofilter (Tautz und Lang 1990), das aus Platten in geordneter Packung besteht, die tangential angeströmt werden. Als weitere Verbesserung dieses – experimentell erprobten – Plattenbiofilters wurden, wegen der besseren Flüssigkeitsverteilung und des geringen Gewichts, Gittermaterialien mit verschiedenen Maschenweiten ausgewählt (Deutsche Patentanmeldung P 42 13 814.0).

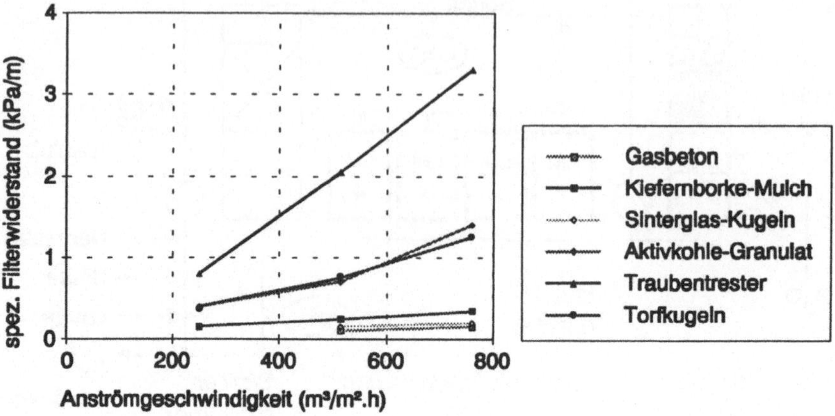

Abb. 2: Druckverlust diverser trockener Trägermaterialien in Abhängigkeit von der Anströmgeschwindigkeit

Tabelle 1: Schüttgewichte diverser Trägermaterialien bei einer Wasseraktivität von a_w=0,95

Trägermaterial	kg/m³	Trägermaterial	kg/m³
Buchenspäne	261	Gasbeton	353*
Holzschnitzel	190	Sinterglas-Kugeln	219
Torfkugeln	560	Linpor® offenporiger Schaumstoff	20
Traubentrester	450	Gitterträger	45

* wurde nicht mit feuchter Luft behandelt

Die Gitter können als ebene Fläche, als Rohrbündel oder in anderer geeigneter Geometrie angeordnet sein. Die Abstände der Gitterflächen liegen im cm-Bereich, damit eine Abreinigung mit scharfem Flüssigkeits-Strahl oder mechanisch erfolgen kann. Die Stege der Gitter sind so verschweißt, daß eine sehr gleichmäßige Flüssigkeitsverteilung bzw. Benetzung gewährleistet ist: Bereits bei sehr niedriger Berieselungsdichte wird zwischen den Gitterstegen ein Flüssigkeitsfilm aufgespannt, der Mikroorganismen enthält und beidseitig von der Luft überströmt wird. Diese Anordnung erzeugt auch bei Bewuchs mit einem im schlimmsten Fall mehrere Millimeter dicken Biofilm keinen relevanten Druckverlust. Der Druckverlust des Gittermaterials ist wesentlich niedriger als bei den in Abb. 2 aufgeführten Trägermaterialien. So ist bei der von uns angestrebten, in der bisherigen Biofiltertechnik nicht realisierten, Gasgeschwindigkeit von 1,1 m/s ein Druckverlust von ca. 20 Pa/m zu erwarten. Zwar erreicht man mit diesen Gittern nur relativ geringe

Oberflächen pro Reaktorvolumen; es wird jedoch möglich, Biofilter in Hochbauweise mit hohem Gasdurchsatz und geringem Grundflächenbedarf zu bauen. Eine Variante ist der Betrieb als Kreuzstromreaktor, in dem die Luft horizontal den von oben befeuchteten Träger durchströmt.

Über experimentelle Ergebnisse mit solchen "Gitterträger-Biofiltern" wird nun berichtet. Standardbetriebsbedingungen waren 234 m/h Anströmgeschwindigkeit und 24-26 °C. Da die eingesetzten Gitterträger in den Reaktoren verschieden angeordnet waren, schwankt die Packungsdichte zwischen 63 und 90 m^2 Gitter pro m^3 Reaktor.

5 Ergebnisse

5.1 Versuche mit simulierter Lackierereiabluft

In der Abluft eines Lackierereibetriebs fanden sich als Hauptkomponenten Butylacetat (= Essigsäure-n-butylester) und die in Tabelle 2 aufgelisteten Aromaten. Die (aus den Konzentrationen in der Abluft errechneten) Gleichgewichtskonzentrationen im Wasser erlauben eine Beurteilung ihrer Bioverfügbarkeit, wenn man davon ausgeht, daß sie vor der Aufnahme in die Zelle mindestens einen Wasserfilm passieren müssen. Die Versuchsanlage wurde mit dem Gasgemisch als Biowäscher, Tropfkörper und Biofilter betrieben (Abb. 3). Dabei wurde Butylacetat vollständig umgesetzt, während nahezu kein Aromatenabbau stattfand (< 10 $g/m^3 \cdot h$ pro Aromat).

Da die Eliminierung des Butylacetats so weit unproblematisch ist, wird im folgenden nur über Ergebnisse berichtet, die mit reinem Aromatengemisch gemäß Tabelle 2 erhalten wurden.

Tabelle 2: Organische Hauptkomponenten in der Abluft einer Lackiererei und korrespondierende Gleichgewichtskonzentrationen in Wasser

Schadstoff	Rohluftkonzentration (mg/m^3)	Gleichgewichtskonzentration in Wasser (g/m^3) bei T=20 °C und p=100 kPa
Toluol	50	0,23
Ethylbenzol	100	0,49
o-Xylol	25	0,17
m-Xylol	200	1,15
p-Xylol	200	1,11
Butylacetat	400	70,0

5.2 Anfahrbetrieb und Nährsalzversorgung

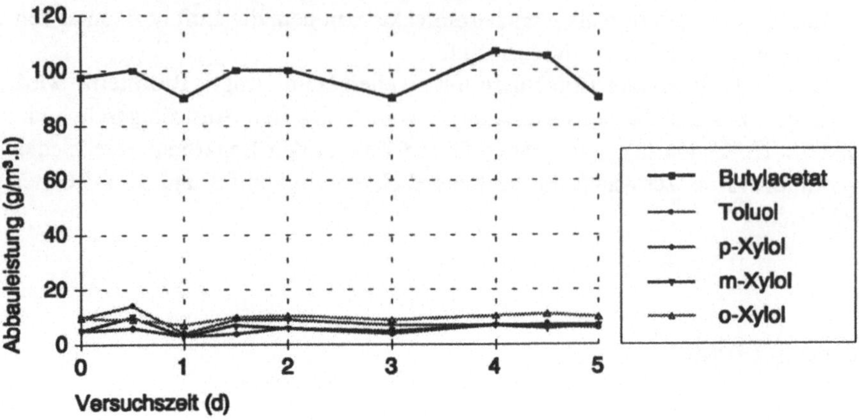

Abb. 3: Reinigung von simulierter Lackiererei-Abluft im Labor-Biowäscher

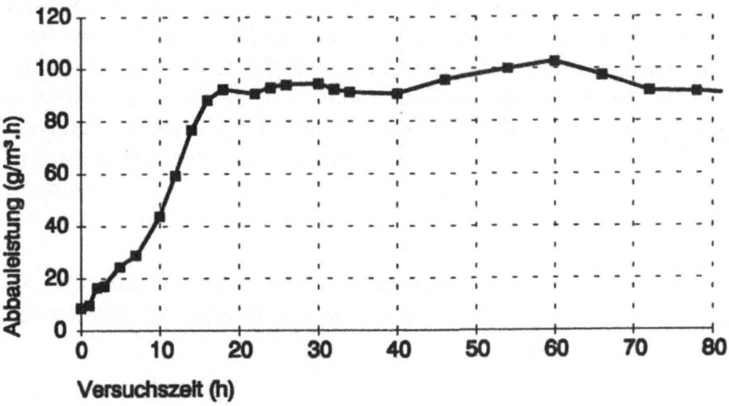

Abb. 4: Optimierter Anfahrprozeß mit adaptierter Kultur

Das Anfahren der Biofilter erfolgte mit weniger als 1 g Bakterien (Trockenmasse) pro m² Gitterfläche. Die Animpfkulturen stammten aus dem Waschwasser einer Lackiererei. Sie wurden identifiziert und auf Unbedenklichkeit geprüft (BG Chemie Merkblatt B006). Ihre Vorkultivierung lief unter Sterilbedingungen in zuckerhaltiger Nährlösung. Nach dem Überführen in das Biofilter gewöhnten sie sich rasch an die dort herrschenden Bedingungen, und der Aromatenabbau setzte innerhalb von ca. 15 Stunden ein. War die Kultur bereits an Aromaten voradaptiert und die Nährsalzversorgung nicht limitierend, erhielt man optimierte Anfahrvorgänge wie in Abb. 4 dargestellt. Hier wurde mit einer abgeschlämmten Kultur aus einem anderen Biofilter gestartet. Ist eine Komponente im Nährsalz limitierend, so wird der Anfahrprozeß verzögert und kann durch Nährsalznachdosierung beschleunigt werden. In Abb. 5 wird dies demonstriert. Die Pfeile symbolisieren die Nachdosierung von Nährsalzen.

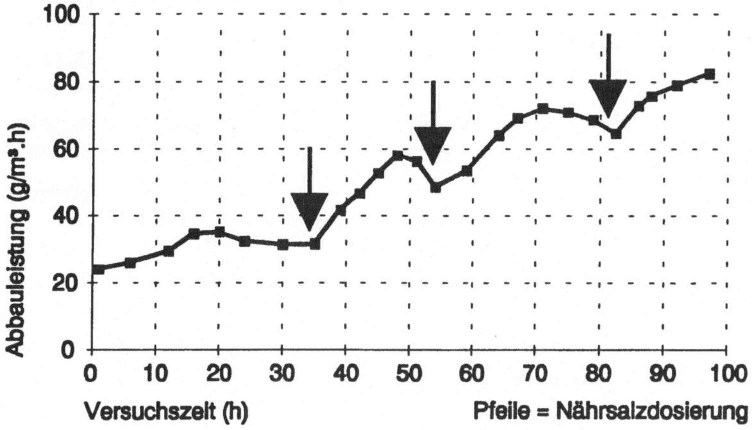

Abb. 5: Anfahrprozeß eines Biofilters bei Nährsalzmangel

5.3 Stationäre Betriebsdaten normal- und niedriglastadaptierter Biofilter

Im "Normallastbetrieb" wurde die Aromatenkonzentration der Rohluft ab dem Animpfen gemäß Tabelle 2 eingestellt (= 575 mg/m³) und mehrere Wochen beibehalten (Schwankungsbreite ± 5 %). Die Messung der Konzentrationsabnahme der Aromaten im 80 cm langen Biofilter ergab den in Abb. 6 dargestellten, gut reproduzierbaren Verlauf.

In der Eintrittszone wird weniger umgesetzt als ab ca. 20 cm Tiefe; dort nimmt die Konzentration annähernd linear ab bis auf 250 mg/m³. Die Ursache für den geringeren Umsatz im Eintrittsbereich zeigte sich beim Öffnen des Biofilters: In der Sprühzone bildet sich fast kein Biofilm auf dem Träger aus. Die geringfügig höhere Aktivität am untersten Meßpunkt kann durch Aromatenumsatz im Sumpfkreislauf verursacht sein.

Mit diesem normallastadaptierten Biofilter wurde anschließend eine Versuchsserie durchgeführt, bei der die Aromatenkonzentration der Rohluft (C_{ein}) zwischen 2.000 und 30 mg/m³ variiert wurde. Jeder Betriebspunkt wurde so lange eingehalten, bis eine konstante Reinluftkonzentration C_{aus} erreicht war.

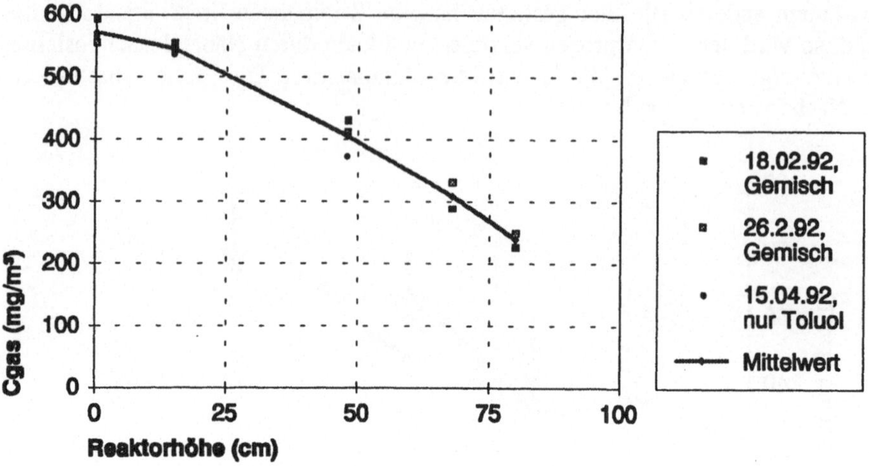

Abb. 6: Konzentrationsverlauf der Aromaten in der Gasphase einer 0,8 m hohen Biofilterpackung

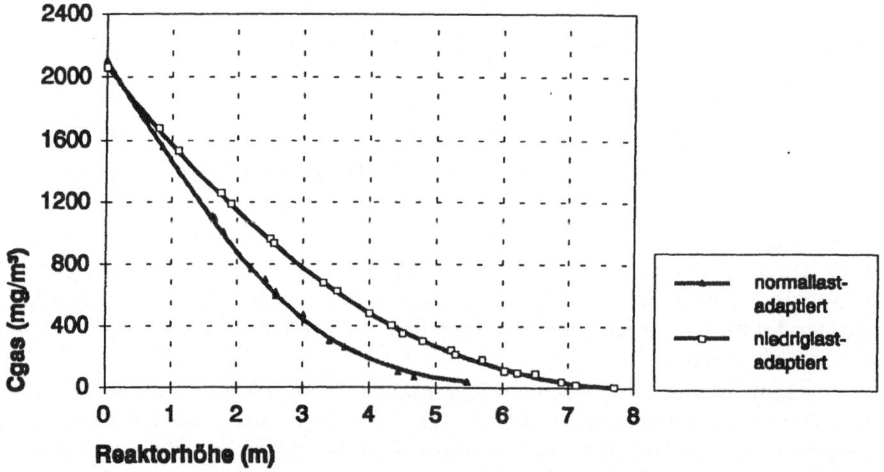

Abb. 7: Konzentrationsverlauf der Aromaten in der Gasphase eines Hochbiofilters

Fügt man alle so gemessenen Wertepaare C_{ein} und C_{aus} in einem Diagramm "C_{gas} über Reaktorhöhe" zusammen, erhält man den fiktiven Aromatenkonzentrationsverlauf in der Gasphase eines ca. 5,6 m hohen Biofilters (Abb. 7). Man sieht, daß die Konzentration im Bereich oberhalb 800 mg/m³ linear und steil abfällt. Bei geringen C_{gas}-Konzentrationen flacht der Kurvenverlauf immer stärker ab. Die zweite etwas weniger steil abfallende Kurve wurde mit einem niedriglast-adaptierten Biofilter aufgenommen. Das Niedriglast-Biofilter war frisch angeimpft und 6 Wochen mit C_{ein} = 80 mg/m³ Aromaten betrieben worden. Anschließend wurde C_{ein} variiert, und die Wertepaare „C_{ein}, C_{aus}" ermittelt. Die Ergebnisse zeigen:

- Auch das niedriglastadaptierte Biofilter ist bei höheren Belastungen zu guten Abbauleistungen fähig. Für 99,6 %igen Umsatz von ca. 2000 mg/m³ Aromaten ist bei 234 m/h Anströmgeschwindigkeit entweder ein 5,6 m hohes normallast-adaptiertes oder ein ca. 8 m hohes niedriglastadaptiertes Biofilter erforderlich.
- Auch bei niedrigen Aromatenkonzentrationen ist ein langzeitstabiler Betrieb möglich. Es treten keine Auszehrungserscheinungen der Kultur auf.
- Reinluftwerte von nur 6 ± 4 mg/m³ Aromatengehalt sind realisierbar.

Diese Aussagen sind für den Betrieb des Feinreinigungsbereiches eines großtechnischen Hochbiofilters von erheblicher Bedeutung.

Ermittelt man aus Abb. 7 für das niedriglastadaptierte Biofilter die volumenbezogenen Abbauleistungen und trägt diese über der Aromatenkonzentration der Rohluft auf, ergibt sich Abb. 8.

Bis zu einer Eintrittskonzentration von 120 mg/m³ steigt die Abbauleistung linear mit dem Aromatengehalt der Rohluft (I). Über 120 mg/m³ flacht der Anstieg der Abbauleistung mit zunehmender Konzentration ab (II), bis schließlich oberhalb 2000 mg/m³ die maximale Abbauleistung erreicht ist (III).

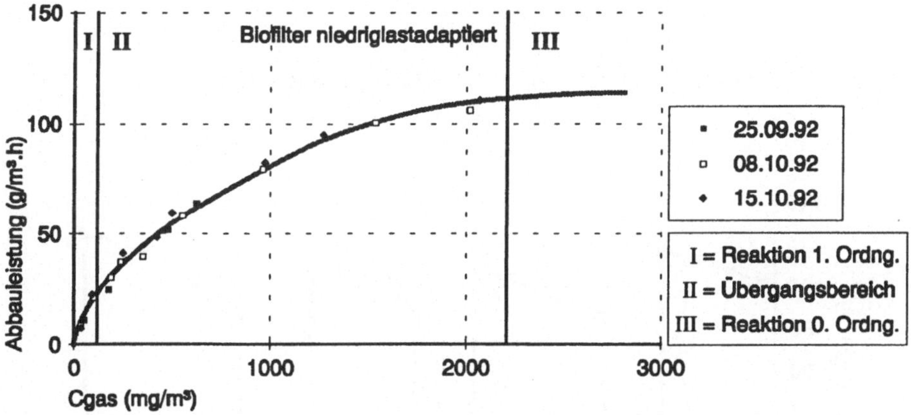

Abb. 8: Abbauleistung als Funktion der Aromatenkonzentration der Luft C_{gas}

5.4 Dynamik bei Lastschwankungen und im Zweischicht-Betrieb

In Abb. 9 sind die Konzentrationsverläufe in Roh- und Reinluft eines 80 cm langen Biofilters bei sprunghafter Änderung der Eintrittskonzentration dargestellt. Die Abbauleistung paßt sich innerhalb einer Minute der neuen Konzentration an. Die gemessene CO_2-Entwicklung folgt dem neuen Lastzustand innerhalb von 2-4 Minuten.

Es wurde auch untersucht, wie sich das Biofilter beim Zweischicht-Betrieb einer Lackiererei verhält. Das Ergebnis zeigt Abb. 10: Nach jeweils achtstündigem Stop der Aromatenzufuhr setzte die Abbauleistung bei 90 % des Mittelwertes ein und stieg innerhalb der 16 Stunden Schicht auf bis zu 120 % des Mittelwertes an. Daraus kann man auch die enorme Betriebsstabilität ersehen.

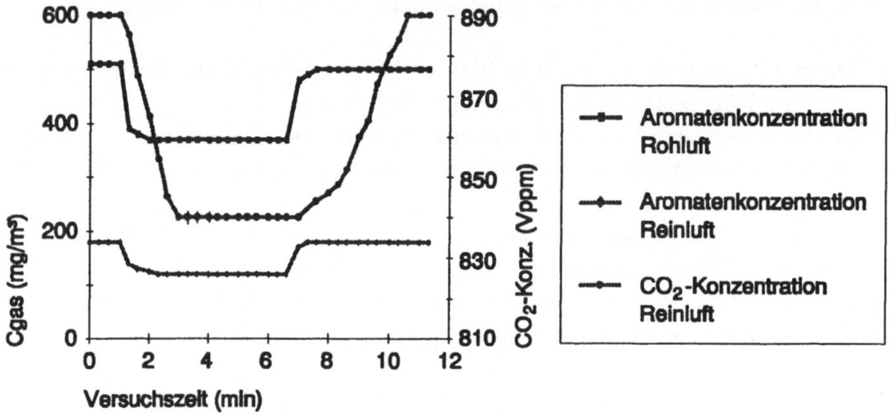

Abb. 9: Anpassungszeit des Biofilters bei Lastschwankungen

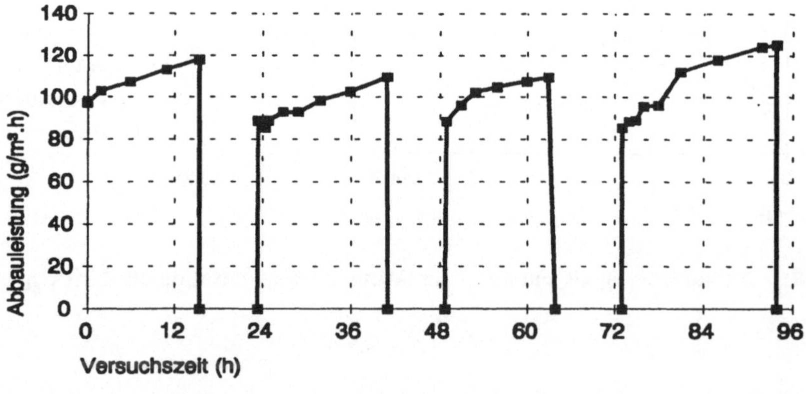

Abb. 10: Betriebsstabilität eines Biofilters beim Zweischicht-Arbeitsrhythmus einer Lackiererei

5.5 CO_2- und Biomassebildung

An einem normallastadaptierten Biofilter wurde C_{ein} variiert und die jeweils ausgestoßene CO_2-Menge bilanziert. Der Umwandlungsfaktor gibt das Massenverhältnis aus dem in Form von CO_2 abgegebenen zu dem in Form von Aromaten absorbierten Kohlenstoff wieder. Die beiden Kurven in Abb. 11 ergaben sich aus Messungen, die in einem Abstand von einem Monat durchgeführt wurden. Sie besagen, daß bei $C_{ein} > 400$ mg/m³ zwei Drittel des Aromaten-Kohlenstoffs in CO_2 überführt werden. Man kann daraus schließen, daß das restliche Drittel in die Biomassesynthese eingeht.

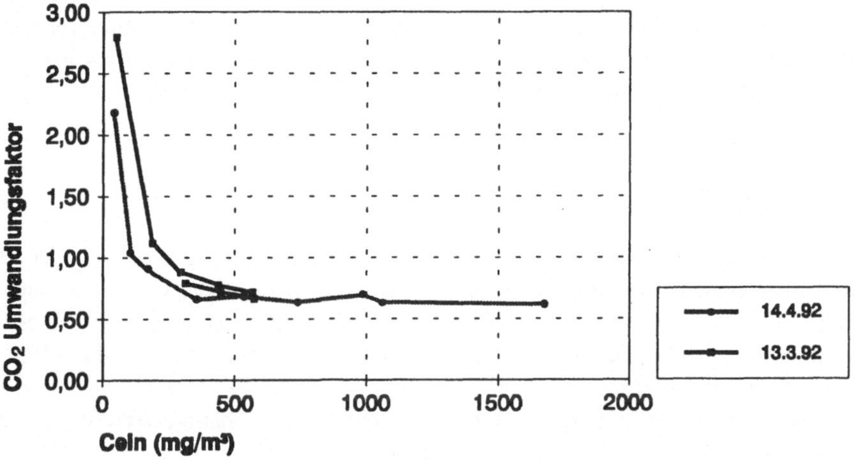

Abb. 11: Einfluß der Eintrittskonzentration auf die Umsetzung der Aromaten zu CO_2

Bei $C_{ein} < 115$mg/m³ bzw. < 260mg/m³ wurde mehr Kohlenstoff in Form von CO_2 emittiert als in Form von Aromaten absorbiert. Es wurde somit Biomasse veratmet, und es stellte sich die Frage nach der Existenzfähigkeit der Mikroorganismen bei niedrigkonzentrierter Aromatenzufuhr. In drei frisch angeimpften Niedriglastversuchen mit $C_{ein} = 80$mg/m³ wurde daher über 6 Wochen hinweg eine vollständige Biomassebilanzierung durchgeführt. Dabei ergab sich, daß zwischen 11 und 17,5 % des umgesetzten Aromatenkohlenstoffs in die Biomassesynthese eingegangen waren. Das bedeutet, daß sich die Mikroorganismen an die gegebenen Verhältnisse anpassen und auch bei niedrigem Schadstoffangebot noch wachsen können. Der gemessene Biomassezuwachs zeigt, wie wichtig es ist, daß der Biomasseträger abgereinigt werden kann.

5.6 Einsatz von Lösungsvermittlern

Bei 20 °C sind maximal ca. 200 mg/l Xylol in destilliertem Wasser löslich. Durch Zugabe geringer Mengen eines kommerziellen Lösungsvermittlers auf Polyethylenglykolderivat-Basis konnten bis zu 1 g/l m-Xylol in der wäßrigen Phase einer gesättigten Lösung angereichert werden. Dieser Lösungsvermittler war für die Bakterien in der angewandten Konzentration nicht toxisch. Es wurde versucht, durch Zudosierung des Lösungsvermittlers in vier stationär betriebenen Biofiltern eine Erhöhung des Aromatenumsatzes zu erzielen. Dies gelang nur bei einem der Biofilter. Dieses erbrachte vor der Dosierung des Lösungsvermittlers aber nur 50 % und danach 70 % des Umsatzes der anderen Biofilter. Bei bereits gut laufenden Anlagen scheint somit eine Leistungssteigerung durch Lösungsvermittler nicht möglich zu sein. Der praktische Nutzen der Lösungsvermittler-Dosierung wird außerdem durch intensive Schaumbildung beeinträchtigt.

5.7 Eigengeruch

Der Geruch der Reinluft hinter Biofiltern ist bedingt durch den Geruch der verbleibenden Schadstoffe und den Eigengeruch des Biofilters. Zur olfaktometrischen Ermittlung des Eigengeruchs des Biofilters wird deshalb die Aromatendosierung für je eine Stunde abgeschaltet und anschließend die Probe für die olfaktometrische Messung gezogen.

In einer Versuchsreihe wurde durch Verzicht auf regelmäßige Abreinigung die Ausbildung eines dicken Biofilms zugelassen.

Der geringe Anfangsgeruch von ca. 50 GE/m³, der in den ersten Betriebswochen auftritt, stieg im Lauf der Monate auf bis zu 400 GE/m³ an. Das entspricht etwa 30 % des Wertes der Rohluft mit 550 mg/m³ Aromatengehalt!

Um den Eigengeruch eines Biofilters möglichst gering zu halten, ist es vorteilhaft, wenn man das Trägermaterial abreinigen kann. Bei Biofiltern mit konventionellen Trägermaterialien ist dies nicht möglich.

5.8 Biologische Sicherheit

Nach fünfmonatigem Betrieb wurden aus drei Biofiltern die Hauptkulturen isoliert und durch die DSM (Deutsche Stammsammlung für Mikroorganismen) identifiziert. Von den sechs Kulturen, die z. T. in allen drei Biofiltern vorkamen, waren fünf Gram-negativ und gehörten der Risikogruppe 1 bzw. 1* an. Sie sind somit unbedenklich (BG Chemie Merkblatt B 006). Das grampositive Bakterium ist eine bisher unbekannte Spezies und gehört zur Gruppe coryneformer Stäbchen mit Zellwandtyp B7, von denen keine pathogenen Varianten bekannt sind. Zwei der gefundenen Hauptstämme gehören zur gleichen Spezies wie eine der Animpfkulturen.

6 Literatur

Bronnenmeier R., Menner M. (1992) Reinigung formaldehydhaltiger Abluft in einer Pilotanlage unter Einsatz einer Starterkultur. In: Dragt A.J., van Ham J. (eds.) Biotechniques for air pollution abatement and odour control policies. Elsevier Science Publishers, Amsterdam, 265-272

BG Chemie Merkblatt B 006, 1/92, ZHN 1/346: Eingruppierung biologischer Agenzien: Bakterien

Kuchta K., Ryser C. (1993) Biofilter, Wirkung, Einsatzmöglichkeiten und Steuerung. Entsorgungspraxis 9: 634-641

Tautz H., Lang U. Offenlegungsschrift DE 4017384 A1, Anmeldetag 30.05.90, Anmelder: Linde AG, Wiesbaden

Untersuchungen im Rahmen der Erstellung der ÖNORM S2020 für Biofilterkomposte

W. Rieneck und G. Gstraunthaler[1]

1 Einleitung

Die Biofiltertechnologie konnte sich in den letzten Jahren als praktikable Alternative, besonders bei der Behandlung von geruchsbelasteten Abluftströmen, etablieren. Sie zeichnet sich vor allem durch geringe Kosten bei Planung und Bau der Anlagen und einen vergleichsweise minimalen Aufwand bei deren laufendem Betrieb aus. Die Schadstoffe werden dabei nicht nur auf physikalischem oder chemischem Weg in eine andere Zustandsform überführt, welche aus kurzfristigen Überlegungen heraus im Moment leichter zu entsorgen oder zwischenzulagern erscheint; durch die Metabolisierung der Luftschadstoffe im Biofilm werden diese im optimalen Betrieb vielmehr zu biologisch unbedenklichen Produkten wie Kohlendioxid und Wasser umgewandelt.

Müllkompost konnte sich – vor allem als Mischung mit unterschiedlichen Strukturmaterialien – als hervorragendes Biofiltermedium behaupten. Seine enorme biologische Aktivität und sein vielfältiges mikrobielles Artenspektrum ermöglichen eine rasche Anpassung an unterschiedlichste Abluftinhaltsstoffe, ohne ein zusätzliches Animpfen mit spezialisierten Mikroorganismen durchführen zu müssen.

Die in der neuen österreichischen Müllverordnung vorgeschriebene Mülltrennung und getrennte Kompostierung biogener Abfallstoffe wird in kürzester Zeit zu einem starken Anstieg der Verfügbarkeit von hochwertigen Biokomposten führen. Da dieser Rohstoff nicht mehr – wie es bisher bei Hausmüllkomposten meist noch der Fall ist – auf Deponien gelagert werden kann, ist es notwendig, sinnvolle Absatzgebiete dafür zu erschließen. Der Bereich der Biofiltration stellt einen solchen rasch wachsenden Markt für Biokomposte dar. Um jedoch eine gleichbleibende Qualität des Produktes gewährleisten zu können, wurden Parameter ermittelt, wel-

[1] Institut für Mikrobiologie der Universität Innsbruck, Technikerstraße 25, A-6020 Innsbruck

che zur Güteklassifizierung und -sicherung geeignet erscheinen und die Grundlage einer ÖNORM für Komposte im Biofilterbau darstellen sollen.

Zur Evaluierung dieser Parameter wurde ein System entwickelt, mit dessen Hilfe unterschiedliche Biofiltermaterialien bei der Reinigung geruchsbelasteter Abluft untersucht werden können. Zu diesem Zweck wurden drei Probebiofilter unterschiedlicher Dimensionen konstruiert. Diese wurden mit Meßsensoren für Temperatur und Gesamtkohlenstoffgehalt der Luft versehen. Zusätzlich zu den eigentlichen Filtern sollte auch eine automatische Meßwerterfassung entwickelt werden, um sowohl die Flammenionisationsdedektorsignale als auch jene der Temperatursensoren kontinuierlich aufzuzeichnen. Unter Zuhilfenahme dieses Komplettsystems wurden verschiedene Filtermaterialien getestet, um ihre Reinigungsleistung und deren Veränderung auch über längere Zeiträume zu der biologischen Aktivität der Materialien in Beziehung zu setzen.

2 Aufbau der Probebiofilter

Die Filterkörper (Abb. 1) aller drei Probebiofilter sind aus je drei Segmenten aufgebaut. Zwischen den einzelnen Segmenten liegen je zwei Verbindungsringe aus verzinktem Stahl. Die Segmentwände werden durch flexible Gummischläuche gebildet, welche ein Zusammensinken der gesamten Konstruktion erlauben.

Das Filtermaterial kann also seinem natürlichem Setzungsbestreben folgen, ohne daß eine nennenswerte Randgängigkeit zu beobachten wäre. Durch eine ausreichende Ringspannung der Segmentwände wird auch die radiale Ausdehnung der Filter verhindert. Der Innendurchmesser der beiden größeren Filter 1 und 2 (Abb. 2) liegt bei 1000 mm, das kleine Filter durchmißt hingegen nur 490 mm. Die Segmenthöhe beträgt bei Filter 1 und 2 maximal etwa 450 mm, die Segmente von Filter 3 sind hingegen nur 350 mm hoch.

Den augenfälligsten Unterschied zwischen den Filtern stellt neben der Größe die Behandlung des Rohgases dar. Die großen Filter beziehen ihre Zuluft direkt aus dem Filteruntergrund eines an der Müllkompostanlage Roppen installierten Biofilters. Eine zusätzliche Zuluftkonditionierung ist daher nicht notwendig (Abb. 2).

Im Gegensatz dazu kann das Probefilter 3 (Abb. 3) auch mit Zuluftströmen beschickt werden, die vor Ort hergestellt werden können und definierte Abluftinhaltsstoffe enthalten können. Es verfügt daher über eine zusätzliche Steuerungseinrichtung zur Befeuchtung und Temperaturregelung des Rohgases.

Abb. 1: Probebiofilter 3 (A) und 1 (B), installiert an der Abfallverwertungsanlage Roppen

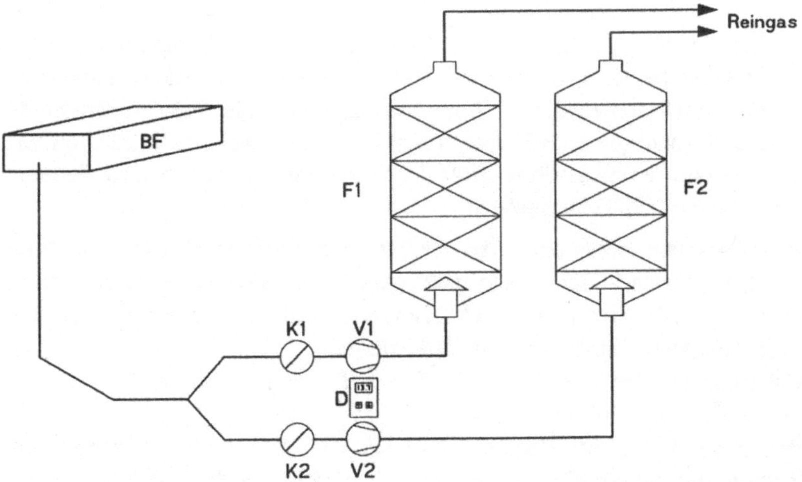

Abb. 2: Anschlußschema der Filter 1 und 2. *BF* Biofilter; *K1, K2* Drosselklappen; *V1, V2* Ventilatoren; *D* Drehzahlregelung; *F1, F2* Filterkörper

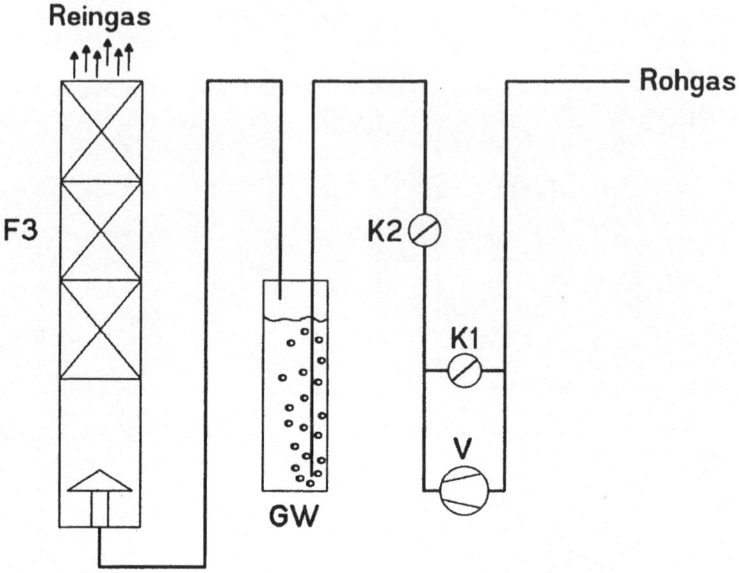

Abb. 3: Anschlußschema Filter 3. *K1, K2* Drosselklappen; *V* Ventilator; *GW* Gaswäsche; *F1,F2* Filterkörper

3 Meßwerterfassung

Neben den Analysen, welche an den Komposten selbst durchgeführt wurden, fanden während sieben Langzeitversuchen Online-Messungen direkt an den Probebiofiltern statt. Im Rahmen dieser Online-Messungen sollte die Temperatur des Zu- und Abgases sowie jene des Filtermaterials ermittelt werden. Zusätzlich war eine Bestimmung des Kohlenstoffgehaltes der Gasströme mit Hilfe eines Flammenionisationsdedektors (FID) vorgesehen.

Als Meßsystem diente ein 8-MHz-PC, welcher mit einer Wandlerkarte vom Typ PCL-711 der Firma PCLab ausgestattet wurde. Mit Hilfe dieser Karte konnten sowohl die analogen Signale des FID als auch die digitalen Informationen des verwandten Temperaturmoduls ausgewertet werden.

Außerdem wurden zwei Umschaltlogiken entwickelt, welche eine Ansteuerung von 12 Temperaturmeßstellen und 6 FID-Meßstellen ermöglichen. Des weiteren wurden an den Filtern per Hand die Abstände zwischen den Segmenten gemessen.

Zur kontinuierlichen Bestimmung der Temperatur und des Kohlenstoffgehaltes wurde ein Meßprogramm erstellt, welches die Daten graphisch anzeigt und in einem standardisierten Format zur weiteren Bearbeitung auf Festplatte ablegt.

Die Abb. 4-6 zeigen die einzelnen Komponenten der automatischen Meßwerterfassung, die ebenfalls bei der Kompostierungsanlage Roppen installiert wurden.

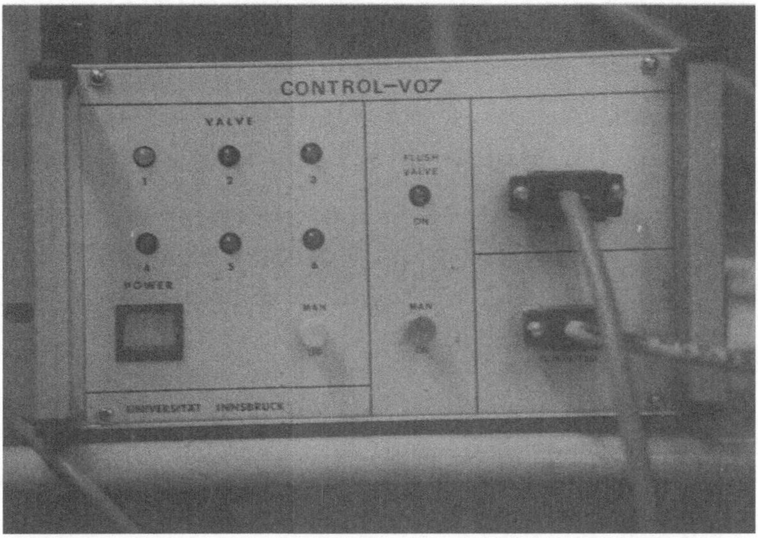

Abb. 4: Umschalteinheit der FID-Meßstellen

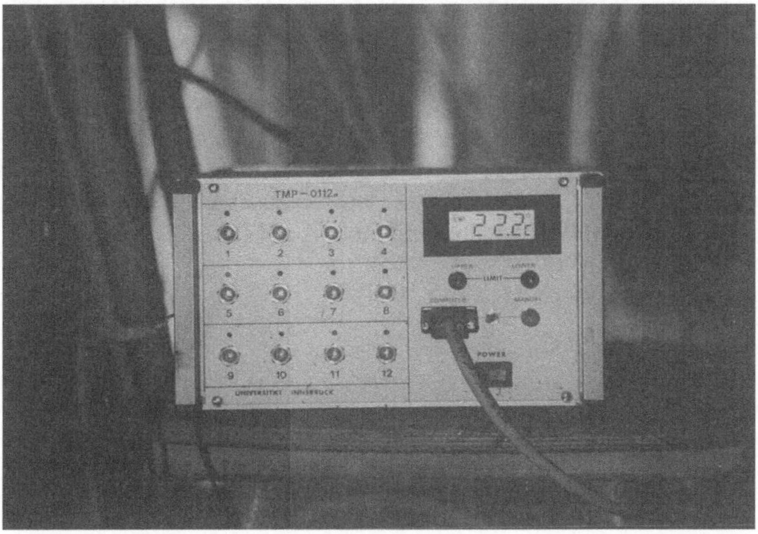

Abb. 5:* Umschalteinheit der Temperatur-Meßstellen

Abb. 6: Magnetventilsteuerung

4 Beschreibung des Rohgases

Obwohl das Probebiofilter 3 (Abb. 3) mit einer Zuluftkonditionierung ausgestattet ist und somit auch mit eigens erzeugten Rohgaszusammensetzungen beschickt werden kann, wurden bei den bisherigen Versuchen alle drei Filter mit Rohgas aus der Müllverwertungsanlage Roppen betrieben. Die Zuluft zu den Probefiltern wurde aus dem unteren Filterbett des Biofilters der Anlage entnommen und mittels drehzahlgeregelter Ventilatoren durch die Probefilter gepreßt. Das geruchsbelastete Gas stammt direkt aus der Rottetrommel, in welcher die Vorrotte des angelieferten Abfalls stattfindet. Die Geruchsbelastung und die Temperatur der Abluft sind jedoch nicht konstant, sondern zeigen abhängig vom Betriebszustand der Anlage große Schwankungen (Abb. 7-8). Die relative Feuchte der Zuluft wurde direkt vor den Probebiofiltern diskontinuierlich überprüft und lag stets bei 100 % RF.

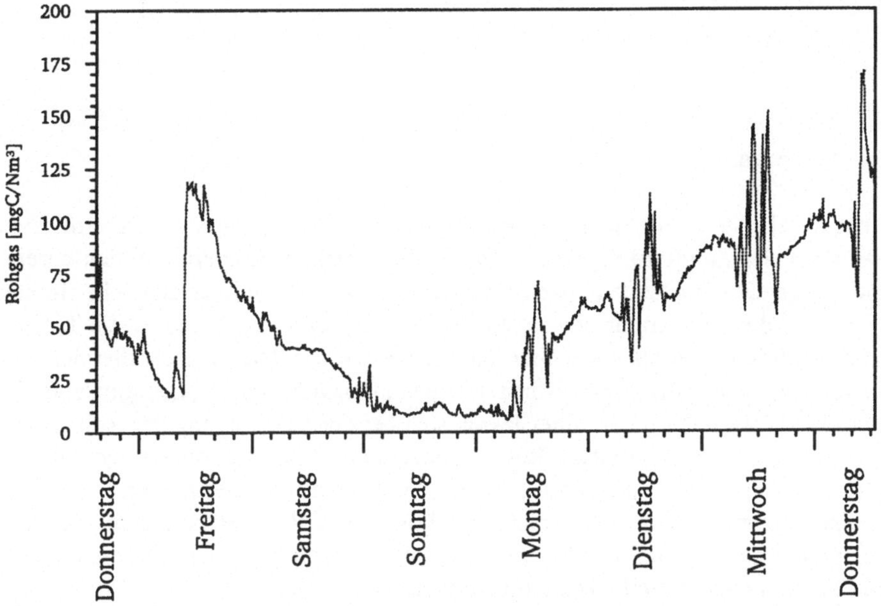

Abb. 7: Änderung der Rohgasbelastung im Wochenverlauf

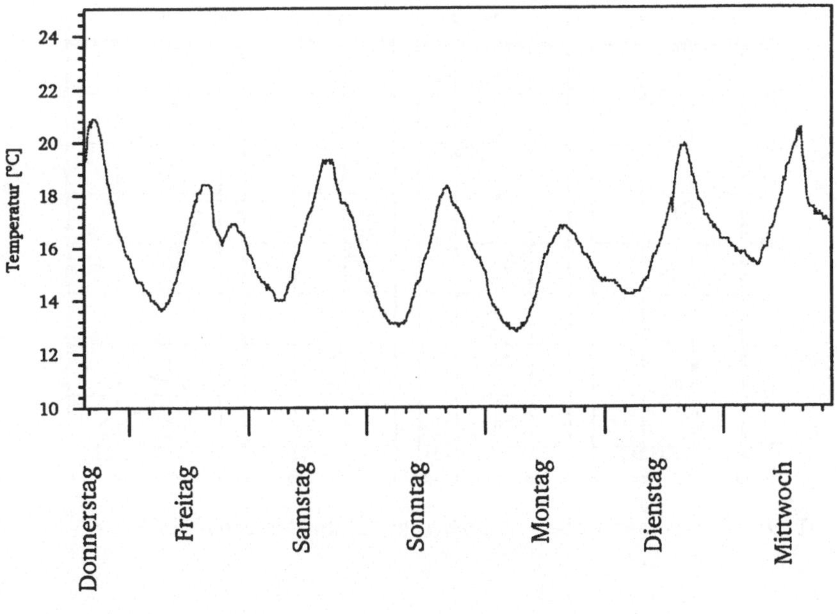

Abb. 8: Änderung der Rohgastemperatur im Wochenverlauf

5 Ergebnisse und Diskussion

5.1 Temperatur

Anhand Abb. 9 ist die deutliche Abhängigkeit der Temperatur im Filtermedium von jener der Zuluft zu erkennen. Das Biofiltermedium reagiert - in den aufeinanderfolgenden Segmenten jeweils etwa um 4-5 Stunden zeitversetzt - in direkter Weise auf die Temperaturschwankungen des Rohgases. Zusätzlich ist die Temperatur des Filtermaterials gegenüber jener des Rohgases durch die exothermen Abbaureaktionen der Mikroorganismen um etwa 2-10 Grad erhöht. Aussagen über die mikrobielle Aktivität im Biofilter lassen sich bei der Verwendung der Rohluft aus der Müllkompostierungsanlage Roppen anhand der Temperaturmessungen im Filtermaterial jedoch kaum treffen. Bei der Verwendung von definierten Rohgaszusammensetzungen und einer annähernd konstanten Rohgastemperatur wird der Temperaturmessung bei der Berurteilung der mikrobiologischen Umsatzprozesse im Filter ein höherer Stellenwert zuzuordnen sein.

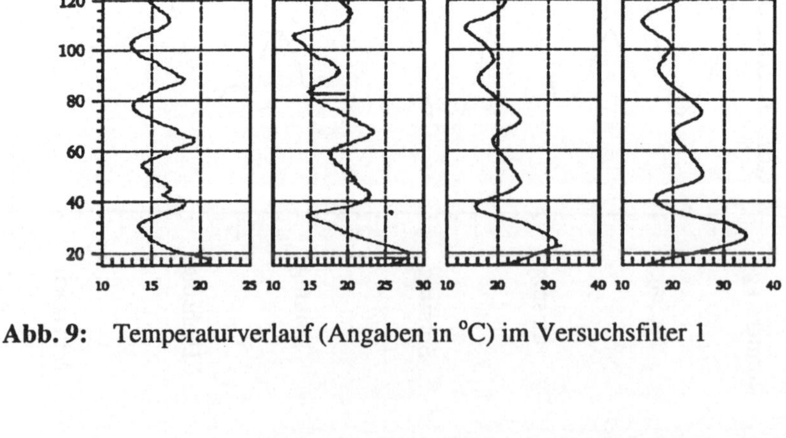

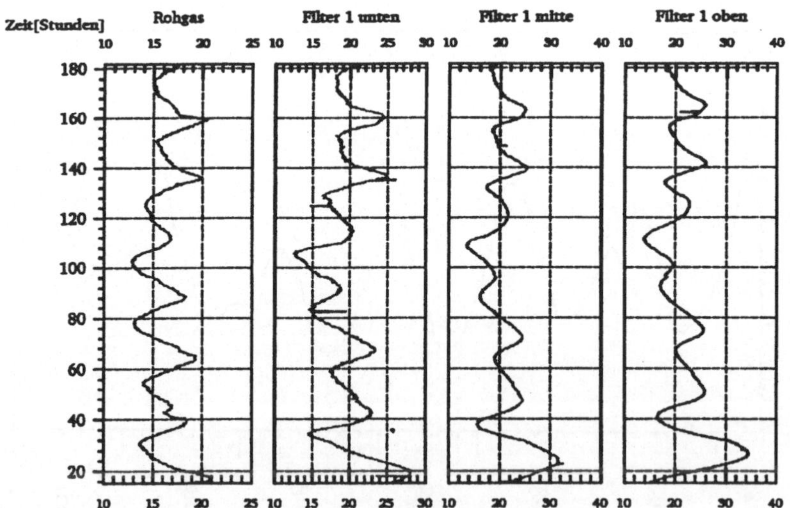

Abb. 9: Temperaturverlauf (Angaben in °C) im Versuchsfilter 1

5.2 Biologische Aktivität des Filtermaterials

Die mikrobiologischen Kennwerte "Dehydrogenaseaktivität" und "Biomasse" (über die substratinduzierte Atmungsaktivität berechnet) wurden jeweils zu Beginn und am Ende der einzelnen Versuche bestimmt. Abbildung 11 illustriert eine recht typische Veränderung der biologischen Aktivität im Probebiofilter im Verlauf eines Langzeitversuches.

Die mikrobiologischen Aktivitätsparameter steigen während der Filterstandzeit häufig weiter an. Dieser Effekt konnte insbesondere bei reifen Komposten oder bei Filtermaterialien mit besonders hohem Strukturanteil festgestellt werden. Bei allen durchgeführten Versuchen außer Versuch 1 (Abb. 10) konnte nach Beendigung eine geringer werdende biologische Aktivität von unten nach oben im Probebiofilter gemessen werden. Dieser "Gradient" der mikrobiellen Aktivität im Filter dürfte sich vor allem durch den höheren Nährstoffeintrag über das Rohgas in den unteren Filterschichten einstellen. Die abbauaktive Mikroflora ist in hohem Maße an diese Nährstoffe adaptiert und dürfte sich also im unteren Bereich stärker vermehren.

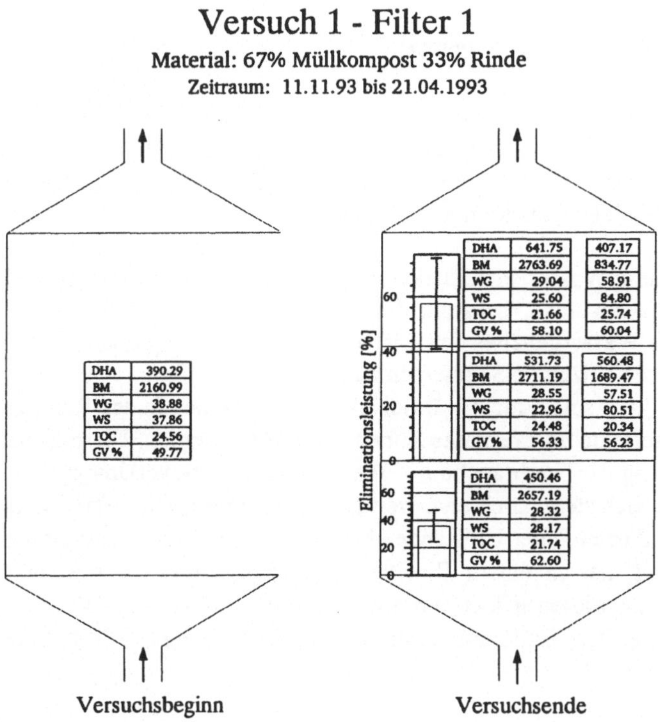

Abb. 10: Veränderung einiger Kennwerte im Laufe der Filterstandzeit im Versuchsfilter 1. *DHA* Dehydrogenaseaktivität; *BM* Biomasse; *WG* Wassergehalt; *WS* Wassersättigung; *TOC* Total Organic Carbon; *GV %* Glühverlust; Einheiten laut Tabelle 1

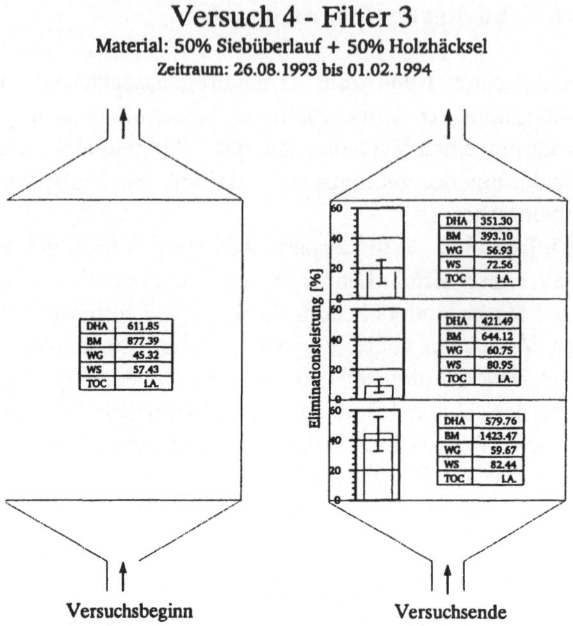

Abb. 11: Veränderung einiger Kennwerte im Laufe der Filterstandzeit im Versuchsfilter 3. *DHA* Dehydrogenaseaktivität; *BM* Biomasse; *WG* Wassergehalt; *WS* Wassersättigung; *TOC* Total Organic Carbon; *GV %* Glühverlust; Einheiten laut Tabelle 1

Die höhere Wasserverfügbarkeit in den unteren Filterschichten wirkt sich ebenfalls positiv auf das Wachstum der dort siedelnden Mikroorganismen aus. Messungen des Wassergehaltes des Filtermediums brachten jedoch kaum Unterschiede zwischen den einzelnen Segmenten zutage.

Da die Filter selbst nicht wärmeisoliert sind, können in den Randschichten Kondensationseffekte und vernäßte Zonen beobachtet werden. Diese Zonen erschienen beim Austrag der "verbrauchten" Filterschüttung stark verklumpt und verklebt und zeichneten sich stets durch eine weit geringere biologische Aktivität aus. In diesen Bereichen dürften unter Umständen bereits mikroaerophile Verhältnisse herrschen, ein Zustand, der in einem Biofilter möglichst verhindert werden sollte. Diese Randbereiche wiesen jedoch nur eine Breite von maximal 7-10 cm auf und schienen kaum negative Einflüsse auf die Reinigungsleistung der Probefilter auszuüben.

5.3 Abbauraten

Bei Messungen der Abbauraten in den einzelnen Segmenten eines Filters konnten deutliche Zusammenhänge zwischen der biologischen Aktivität und der Reinigungskapazität des Filters aufgezeigt werden. Der größte Beitrag zur Eliminationsleistung eines Probebiofilters wird häufig vom untersten Segment erbracht. Besonders dann, wenn man sehr hohe Reinigungsraten beobachtet, werden oft weit mehr als 50 % der organischen Abluftinhaltsstoffe im unteren Drittel eliminiert (Abb. 12). Vergleicht man diese Werte mit jenen eines Filters ähnlicher Eliminationsleistung (ca. 80-90 %), dessen drei Segmente eine gleichmäßige Verteilung der biologischen Aktivität aufweisen, erkennt man die Bedeutung der Parameter Biomasse und Dehydrogenaseaktivität für die Beurteilung von Filterkomposten. In diesem Fall trugen, wie aus Abb. 10 ersichtlich, alle drei Segmente etwa ein Drittel zur Reinigungsleistung des Gesamtfilters bei.

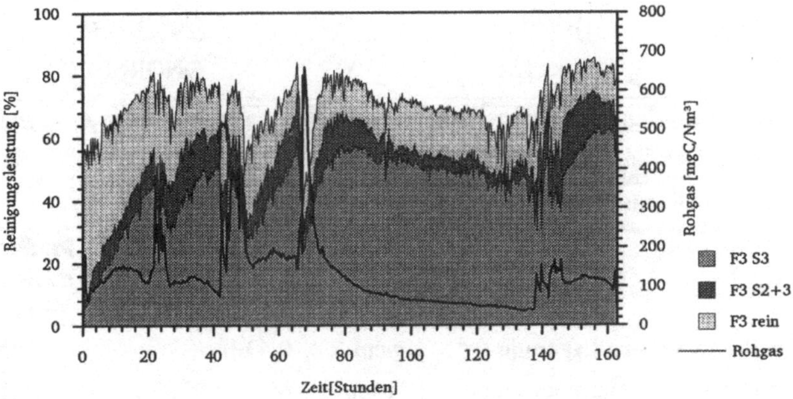

Abb. 12: Reinigungsleistung der einzelnen Segmente von Filter 3 im Vergleich zur Rohgasbelastung. *F3 S3* unteres Segment; *F3 S2+3* unteres und mittleres Segment; *F3 rein* gesamter Filter

5.4 ÖNORM

Die aus den Vorversuchen und den Untersuchungen an den Probebiofiltern gewonnenen Daten führten schließlich zur Erstellung eines Normenvorschlages für die ÖNORM S 2020 "Biofiltermaterialien auf Kompostbasis – Eignungskriterien und Prüfparameter" (Tabelle 1). Neben allgemeinen Kennwerten (Wassergehalt, Wasserkapazität, pH-Wert, Glühverlust und Nährstoffgehalt) und den beiden mikrobiologischen Parametern "Biomasse" und "Dehydrogenaseaktivität" fanden auch vier bodenmechanische Kennwerte Eingang in diese Norm. Diese bodenmechanischen und bodenphysikalischen Parameter erlauben die Abschätzung der Strukturstabilität und der inneren Oberfläche des Biofiltermaterials. Die Kennwerte und Methoden zu deren Bestimmung wurden parallel zu den Untersuchungen in Innsbruck und Roppen von einer Arbeitsgruppe unter Dipl. Ing. Dr. Helfried Breymann an der "Bautechnischen Versuchs- und Forschungsanstalt Salzburg" erarbeitet.

Tabelle 1: Prüfparameter des Vorschlags (August 1994) der ÖNORM S2020: Biofiltermaterialien auf Kompostbasis Anforderungen und Prüfparameter

Allgemeine Kennwerte

Kennwert	Einheit	Beurteilungskriterien für Kompostmischungen	Prüfmethode gemäß
Wassergehalt	[%FS]	40 bis 60	ÖNORM S 2023
Wasserkapazität	[%TS]	≥ 120	ÖNORM S 2023
pH-Wert	–	6,5 bis 8,5	ÖNORM S 2023
Glühverlust	[%TS]	≥ 50	ÖNORM S 2023
Nährstoffe	[mg/kgTS]	x)	ÖNORM S 2023

FS = Feuchtsubstanz; TS = Trockensubstanz; x) dieser Wert ist vom Ausgangsmaterial abhängig und vom Biofiltermaterialhersteller anzugeben

Mechanische Kennwerte

Kennwert	Einheit	Beurteilungskriterien für Kompostmischung	Prüfmethode gemäß
Dichte der lockersten Lagerung	[$g \cdot cm^{-3}$]	0,4 bis	DIN
Längenbezogener Filterwiderstand	[$Pa \cdot s \cdot m^{-2}$]	600 bis 2500	6.1
Setzungsverhalten (Stauchung)	[%]	bis 25	6.1
Kriechmaß [1]	[mm]	bis 10	6.1

[1] Beurteilung im Zusammenhang mit längenbezogenem Filterwiderstand

Mikrobiologische Kennwerte

Kennwert	Einheit	Beurteilungskriterien für Kompostmischungen	Prüfmethode gemäß
Dehydrogenase	[µg INTF/g·h]	≥ 400	6.2.2
Biomasse	[mg Biom./100 g TS]	≥ 1000	6.2.1

6 Dank

Diese Arbeit wurde vom Bundesministerium für Wissenschaft und Forschung gefördert.

Reinigung von kohlenwasserstoffhaltigen Abluftströmen mit biologischen Verfahren

W. Ploder[1], E. Reithner[1], R. Braun[2], Ch. Plas[2], P. Holubar[2], K. Moser[2], H. Binder[2], A. Friedl[3] und I. Schindler[3]

1 Einleitung

Kohlenwasserstoffhaltige Abluftströme wurden lange Zeit durch physikalische Verfahren, wie sie auch aus der chemischen Verfahrenstechnik bekannt sind, etwa der Kondensation und Adsorption, gereinigt. Biologische Verfahren, deren Potential bis heute unterschätzt wird, wurden im wesentlichen zur Desodorierung von Abluftströmen sowie in späterer Folge zur Elimination leicht wasserlöslicher, leicht abbaubarer Kohlenwasserstoffe herangezogen. In Tabelle 1 sind die wesentlichsten Abluftreinigungsverfahren hinsichtlich ihres Einsatzgebietes, Wirkungsgrades und ihrer Kosten zusammengestellt.

1.1 Biologische Abluftreinigungsverfahren

Die technisch eingesetzten Methoden zur biologischen Abluftreinigung werden in Biofiltration-, Tropfkörper- und Biowäscherverfahren eingeteilt. Die Verfahren unterscheiden sich durch die verwendeten Füllmaterialien, einem zusätzlichen Wasserkreislauf bei Biowäschern und Tropfkörperreaktoren sowie durch die räumliche Trennung von Schadstoffabsorption und -metabolisierung bei Biowäschern. In Abb. 1 sind die einzelnen Verfahren schematisch dargestellt.

Bei den Biofiltern findet die Sorption und Metabolisierung der Schadstoffe in der mikrobiell hochaktiven Schüttung aus biogenem Material (z. B. Rinden-, Müll-

[1] ÖMV-AG, Mannswörther Straße 28, A-2320 Schwechat
[2] Universität für Bodenkultur, Institut für Angewandte Mikrobiologie, Nußdorfer Lände 11, A-1190 Wien
[3] Technische Universität, Institut für Verfahrenstechnik, Brennstofftechnik und Umwelttechnik, Getreidemarkt 9/159, A-1060 Wien

oder Grünkompost) statt. Der Abluftstrom muß bei Biofiltern konditioniert, d. h. befeuchtet werden, ehe er durch das lose geschüttete Filterbett geleitet wird.

Tabelle 1: Einsatzgebiet, Wirkungsgrad und Kosten verschiedener Abluftreinigungsverfahren.
Wirkungsgrad: Hoch >95 %, Mittel 80-95 %, Niedrig < 80 %; Kosten: Hoch > 600 $/t VOC, Mittel 200-600 $/t VOC, Niedrig < 200 $/t VOC.

Technologie	Anwendungsgebiet: niedrige Konzentration < 3 g/m3		Anwendungsgebiet: hohe Konzentration > 5 g/m3	
	Wirkungsgrad	Kosten	Wirkungsgrad	Kosten
Thermische Nachverbrennung	hoch	hoch	hoch	mittel
Katalytische Verbrennung	hoch	mittel	mittel	mittel
Aktivkohlefilter	hoch	hoch	mittel	mittel
Absorption	sehr niedrig	hoch	hoch	mittel
Kondensation	sehr niedrig	hoch	mittel	niedrig
Biofiltration	mittel-hoch	niedrig	niedrig	niedrig

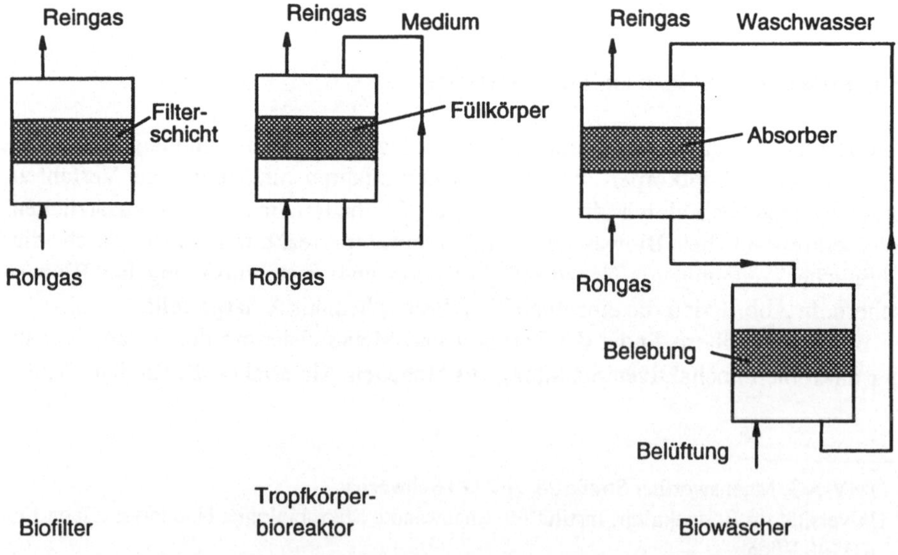

Abb. 1: Verfahrensschemata biologischer Abluftreinigungsverfahren

Im Gegensatz dazu ist der Tropfkörperreaktor mit einem inerten Trägermaterial (z. B. Leka oder Pallringe) gefüllt. Da der inerte Träger in der Regel kein Wasserspeichervermögen besitzt, wird kontinuierlich mit Wasser berieselt, um die Mikroorganismenaktivität und die Schadstoffabsorption aufrecht zu erhalten.

Im Biowäscher werden die Luftschadstoffe zuerst in einer Absorptionskolonne, gefüllt mit inertem Füllmaterial, in einer Waschlösung (zumeist Wasser) sorbiert und in einem Regeneratorteil metabolisiert. Das regenerierte Kreislaufwasser wird anschließend wieder der Absorptionskolonne zugeführt.

Genau betrachtet stellt also der Tropfkörperreaktor eine Mischform aus Biofilter- und Biowäscherverfahren dar. In Tabelle 2 sind die wesentlichsten Merkmale der angeführten biologischen Abluftreinigungsverfahren zusammengefaßt.

1.2 Stoffübergang bei Biofiltern und Tropfkörpersystemen

In Biofiltern und Tropfkörpersystemen wird die zur Verfügung stehende Trägeroberfläche mit einem Biofilm überzogen. Der Übergang der Schadstoffe aus der Gasphase zu den Mikroorganismen ist ein mehrstufiger Prozeß, der in Abb. 2 vereinfacht dargestellt ist. Um die Schwierigkeiten des Schadstofftransportes aufzuzeigen, sei auf die Übergangs- und Diffusionsbarrieren im System hingewiesen:

- Übergang von der Gas- in die Flüssigphase,
- Diffusion in der Wasserphase,
- Übergang von der Flüssigphase in den Biofilm,
- Diffusion im Biofilm,
- Aufnahme durch die Mikroorganismen.

In der Gasphase erfolgt der Transport der Schadstoffe hauptsächlich konvektiv bis zur gasseitigen Grenzschicht und diffusiv durch diese hindurch. Der Schadstoff wird im Flüssigkeitsfilm absorbiert und muß zum Biofilm, in dem nach der Schadstoffaufnahme die biologische Umsetzung erfolgt, diffundieren. Für die Geschwindigkeit des Stoffüberganges ist nun jener Teilschritt wichtig, welcher den größten Widerstand aufweist.

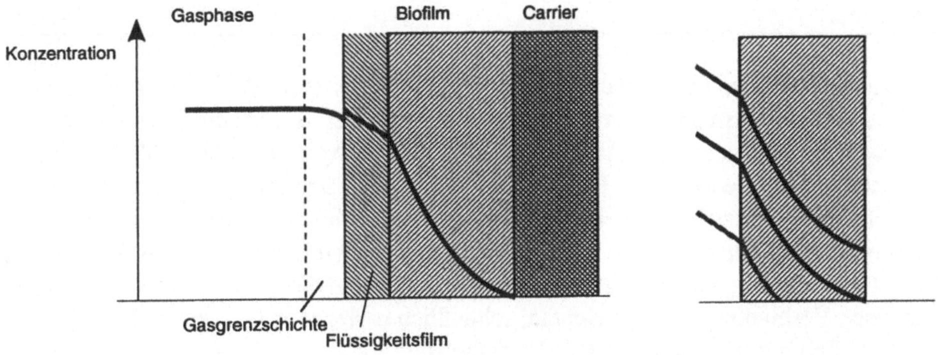

Abb. 2: Stofftransport

Tabelle 2: Merkmale biologischer Verfahren (ÖMV 1992)

	Biofilter		Tropfkörper		Biowäscher	
Trägermaterial	biogen		inert		inert	
Biologischer Abbau	im Absorptionsteil		im Absorptionsteil		getrennt vom Absorptionsteil	
Mikro organismen	autochthon immobilisiert		künstlich immobilisiert		extern suspendiert	
Luftfführung	nach oben	nach unten	nach oben	nach unten	Gegenstrom	Gleich-strom
Befeuchtung	Rohgas feucht-gesättigt	Berieselung von oben	Berieselung von oben		Organismen in Suspension Waschlösung von oben	
Druckverlust	relativ hoch		gering		gering	sehr gering
Betriebs-stabilität	anfällig gegen Austrocknung		hoch		hoch	
Anfälligkeit bei Rohgasausfall	gering		hoch		mittel	
Standzeit	Monate-2 Jahre		5-10 Jahre		bis 10 Jahre	
Alternativver-sorgung nach:	Tage-Wochen		Stunden- 2 Tage		einige Tage	
Regelbarkeit	vorhanden		gut		sehr gut	
Einsatzbereich						
wasserlösliche Stoffe	sehr gut		sehr gut		sehr gut	
schwer wasser-lösliche Stoffe (Alkane,..)	gut		gut		nur mit Lösemittel	

Ausgehend vom klassischen Biofiltermodell mit der Vorstellung eines diskreten Wasserfilmes entstand die Ansicht, daß mit Hilfe der Biofiltration nur gut wasserlösliche Substanzen aus Abluftströmen eliminiert werden könnten. Versuchsergebnisse zeigen jedoch, daß Fälle auftreten, in denen Substanzen genau entgegengesetzt ihrer Wasserlöslichkeit eliminiert werden. Abbildung 3 zeigt den Konzentrationsverlauf für n-Pentan, n-Hexan, n-Heptan und n-Oktan in der Abluft über die Filterstrecke, wobei sichtbar wird, daß zuerst n-Oktan als am schlechtesten lösliche Verbindung, dann n-Heptan, schließlich n-Hexan und zuletzt n-Pentan (in diesem Fall nur mehr unwesentlich) metabolisiert wird.

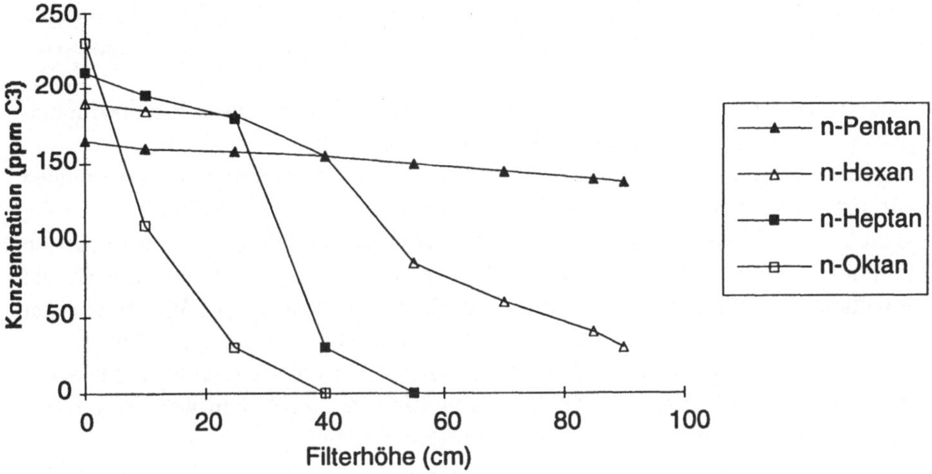

Abb. 3: Abbau der n-Alkane in Biofiltern

Diese und ähnlich gelagerte Fragestellungen sowie Optimierungsaufgaben beim Betrieb von biologischen Ablufteinigungsanlagen zur Reinigung kohlenwasserstoffhältiger Abluftströme führten 1990 zu einem Kooperationsprojekt zwischen dem Labor für Forschung und Produktentwicklung der ÖMV AG, dem Institut für angewandte Mikrobiologie der Universität für Bodenkultur Wien und dem Institut für Verfahrenstechnik der Technischen Universität Wien. Ziel dieses Projektes war es, ein leistungsfähiges Filter zur Elimination leicht bis schwer abbaubarer Kohlenwasserstoffe im mittleren Konzentrationsbereich zu entwickeln. Einige der Ergebnisse auf dem Gebiet der biologischen Abluftreinigung sind im Folgenden dargelegt.

2 Biofilter

2.1 Bedeutung der Feuchte

Zu Beginn der Untersuchungen zur Reinigung stark kohlenwasserstoffbelasteter Abluft wurden Biofilter mit Kompost gefüllt und auf klassische Weise (mit konditionierter, d. h. befeuchteter, Abluft von unten nach oben) beaufschlagt. Mit dieser Betriebsweise wurden bereits gute Ergebnisse erzielt, so daß die Vermutung nahe lag, daß eine Verbesserung des Wirkungsgrades lediglich der verfahrenstechnischen Optimierung der Versuchsanlage oblag. Verwendet wurde synthetische Abluft aus Benzol, Toluol, Methylcyclohexan und C5- bis C8-Alkanen in unterschiedlichen Zusammensetzungen je nach Versuchsanlage. Die eingesetzten Kohlenwasserstoffkonzentrationen lagen zwischen 400 und 1500 mg $C \cdot m^{-3}$, die Volumenbelastungen zwischen 40 und 250 $m^3 \cdot m^{-3} \cdot h^{-1}$. Aus diesen Randbedingungen ergaben sich Belastungswerte von 16-375 g $C \cdot m^{-3} \cdot h^{-1}$.

Nach mehrtägigem Betrieb der Biofilter traten Austrocknungserscheinungen auf, die auch durch Optimierungsversuche im Bereich der Rohgaskonditionierung nicht beherrscht werden konnten. An die Fortsetzung des Betriebes mit trockenen Filtern ist jedoch nicht zu denken, da Wasser von essentieller Bedeutung für die Erhaltung der Organismenaktivität im System ist. Ausgedrückt als Wasseraktivität (a_w-Wert) gibt es Mindestwerte für das Wachstum von Bakterien und Pilzen. Bestimmungen der Wasseraktivität in Müllkompost bei unterschiedlichen Materialfeuchten zeigten, daß Materialfeuchten von 40-50 % eingehalten werden müssen, um einen ausreichenden a_w-Wert zu gewährleisten (Abb. 4).

Parallel dazu zeigten Versuche, daß Rohgasfeuchten von 93-95 % notwendig wären, um gemäß der Gleichgewichtseinstellung zwischen Gas- und Materialfeuchte die erforderlichen Gutsfeuchten einzustellen (Abb. 5).

Dieser Umstand warf zwei weitere Probleme auf: einerseits sind Gasfeuchten so knapp unter der Wassersättigung nur sehr schwierig einzustellen, andererseits können Austrocknungsphänomene selbst mit wassergesättigtem Rohgas nicht vermieden werden.

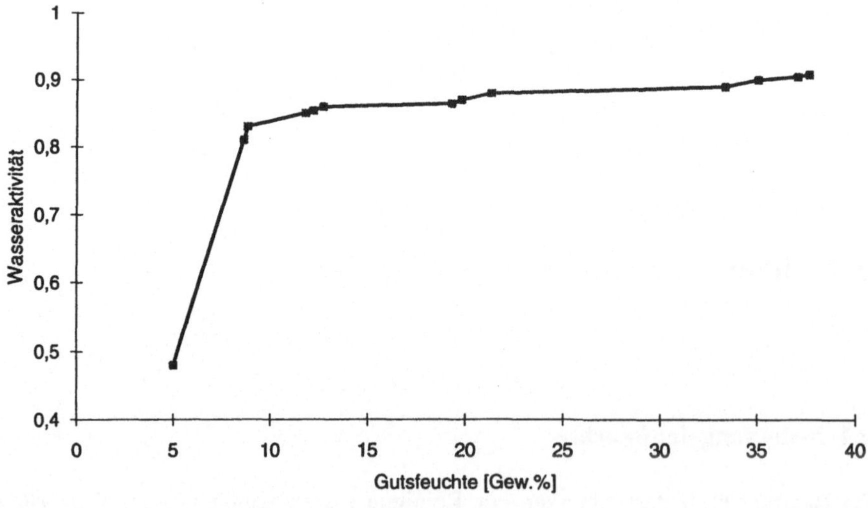

Abb. 4: Zusammenhang zwischen Wasseraktivität und Materialfeuchte bei Müllkompost

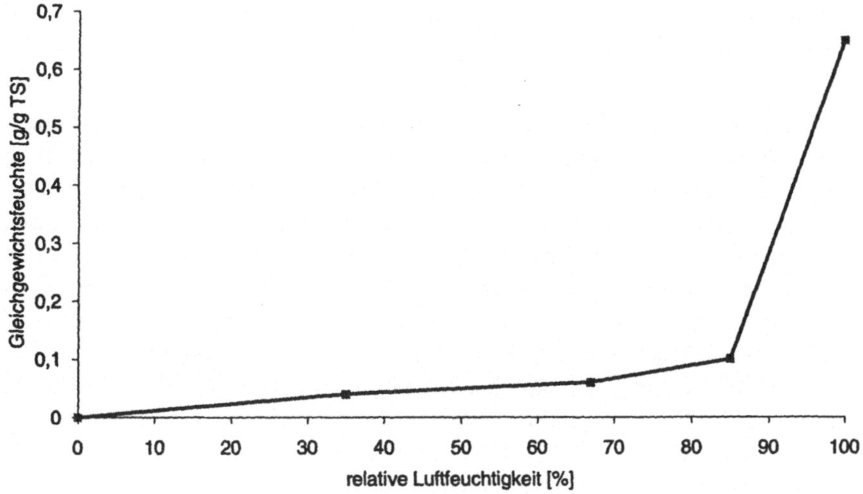

Abb. 5: Gleichgewichtsfeuchten für Müllkompost

Der Lösungsansatz lag jedoch in einem meist vernachlässigten Phänomen, der bei jedem biologischen Stoffwechselprozeß freiwerdenden Verbrennungswärme. Daß dieser Umstand gerade bei den gewählten Versuchseinstellungen so deutlich zum Tragen kam, ist einleuchtend: je höher die organische Belastung und damit (bei Funktionieren des Systems) der volumenspezifische Abbau, desto höher ist die entstehende Wärme. In einem hoch belasteten Biofiltersystem treten demnach viel eher Austrocknungserscheinungen auf als in einem sehr schwach belasteten.

2.2 Wasserbilanz

Um die Temperatur und damit den Feuchtehaushalt eines Biofilters bilanzieren zu können, ist es jedoch notwendig nachzuweisen, ob die zugeführten Kohlenstoffverbindungen (im vorliegenden Fall also Kohlenwasserstoffe) vollständig zu Kohlendioxid metabolisiert werden. Messungen der Konzentration an Gesamtkohlenwasserstoffen (mit FID) sowie der CO_2-Konzentration in Roh- und Reingas gaben den Nachweis, daß in Summe alle abgebauten Abluftinhaltsstoffe zu Kohlendioxid endoxidiert wurden (Tabelle 3).

Dies bedeutete, daß die gesamte bei der Verbrennung der verwendeten Kohlenwasserstoffe erhaltbare Energie in der Wasserbilanz in Rechnung gestellt werden durfte. Tabelle 4 zeigt in Analogie zu Tabelle 3 die Bilanz der Feuchte für das Biofiltersystem.

Die Quantifizierung der Feuchte ist dabei durch mehrere Methoden möglich:
- direkt durch Wägen des Biofilters,
- indirekt durch Messen der Temperaturzunahme und
- indirekt durch Berechnung der Verbrennungsenthalpie.

Es konnte also der Feuchteverlust im Biofilter berechnet und experimentell nachgewiesen werden. Dem Phänomen der Austrocknung des Filtermaterial kann also nur über eine zusätzliche Zufuhr von Wasser (zusätzlich zu einer bereits erfolgten Rohgasbefeuchtung) begegnet werden. Eine vorstellbare Methode ist die Beregnung des Biofilters. Aus der Praxis ist eine Unzahl von Negativbeispielen bekannt, bei denen eine Beregnung der Filteroberfläche Vernässung im obersten Materialbereich und – nach wie vor – Austrocknungserscheinungen im unteren bis mittleren Bereich der Filterstrecke nach sich zog. Als Konsequenz muß also bei zusätzlicher Beregnung der Abluftstrom umgekehrt werden und von oben nach unten durch das Biofilter geführt werden. Dadurch erhält das Wasser die Möglichkeit, durch die Schwerkraft und durch die immer trockener werdende Abluft über die gesamte Filterstrecke mitgenommen zu werden.

Versuche zur Rückbefeuchtung unter den neuen Verhältnissen waren erfolgreich und gewährleisteten hohe Wirkungsgrade über längere Zeiträume.

Tabelle 3: Momentaufnahme einer Kohlenstoffbilanz im Biofilter

Kohlenstoffanalyse:	Rohgas	767 mg $C \cdot m^{-3}$
	Reingas	192 mg C m^{-3}
	Differenz	575 mg C m^{-3} = 0,047 mol C m^{-3}
entspricht einer Bildung von:		2,11 g CO_2 m^{-3}
Überprüfung mit GC (0,044 mol $C \cdot m^{-3}$):		1,94 g $CO_2 m^{-3}$
CO_2-Analyse:	Rohgas	400 ppm
	Reingas	1400 ppm
CO_2-Bildung von 1000 ppm =		1,94 g $CO_2 \cdot m^{-3}$

Tabelle 4: Momentaufnahme einer Wasserbilanz im Biofilter

Rohgastemperatur	26	°C		
Rohgasfeuchte	27,6	$g \cdot m^{-3}$ (Tabellenwert)		
Reingasfeuchte	34,9	$g \cdot m^{-3}$		
Wasseraustrag	7,3	$g \cdot m^{-3}$		
entspricht einer Reingastemperatur von: 29,8 °C				
Temperaturmessungen (°C):	Rohgas	26,2	26,0	26,0
	Reingas	29,2	28,8	29,0
Berechnung über Verbrennungsenthalpie:				
	Enthalpie	26	$kJ \cdot m^{-3}$	
	Enthalpie (h-x)	20	$kJ \cdot kg^{-1}$	
entspricht im Mollier h-x-Diagramm einer Reingastemperatur von: 30,2 °C				

2.3 Nährstofflimitierung

Nach wenigen Wochen allerdings nahm die Abbauleistung auch bei optimaler Feuchte ab. Untersuchungen zur Verfügbarkeit von Nährstoffen im Filtermaterial (Elektroultrafiltration) ergaben die Gewißheit, daß aufgrund der hohen Kohlenstoffbelastung die Organismen unter Nährstoffmangel litten. Der Einsatz von Medium anstatt des bisher verwendeten Wassers für die Befeuchtung stellte die Funktionstüchtigkeit der Biofilter wieder sicher (Abb. 6).

Ein Zusammenhang zwischen der Nährstoffzufuhr und dem Absinken der Reingaskonzentration ist klar zu erkennen. Als Variante wurde schließlich die Nährstoffversorgung mit festem Dünger bei Befeuchtung mit Leitungswasser getestet und brachte ebenfalls zufriedenstellende Resultate.

Die drei getesteten Verfahrensweisen (trocken mit Gasstrom von unten nach oben, Befeuchtung mit Wasser und Gasstrom von oben nach unten, Befeuchtung mit Mineralmedium und Gasstrom von oben nach unten) sind im direkten Vergleich in Abb. 7 dargestellt. Bei den gezeigten Ergebnissen handelt es sich um Langzeitversuche, dies erklärt den Null-Abbau bei der trockenen Fahrweise.

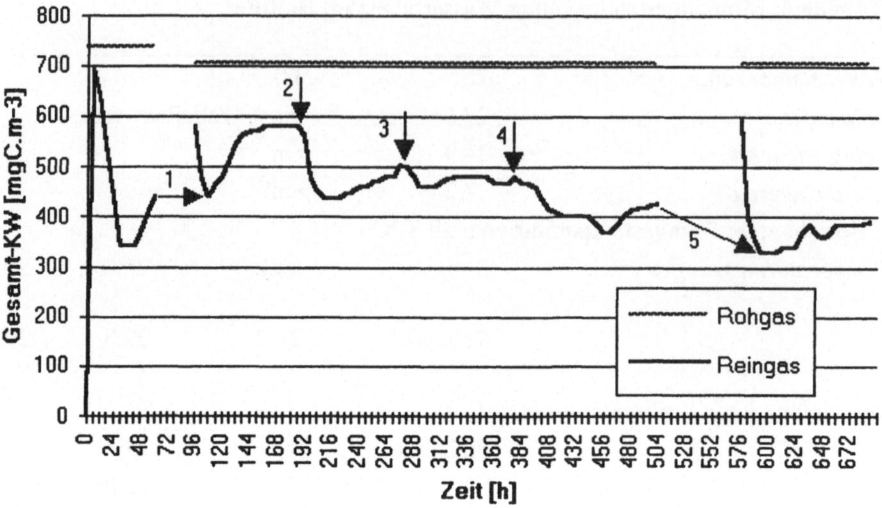

Abb. 6: Einfluß der Befeuchtung des Biofilters mit Mineralmedium (Pfeile) auf die Reingaskonzentration

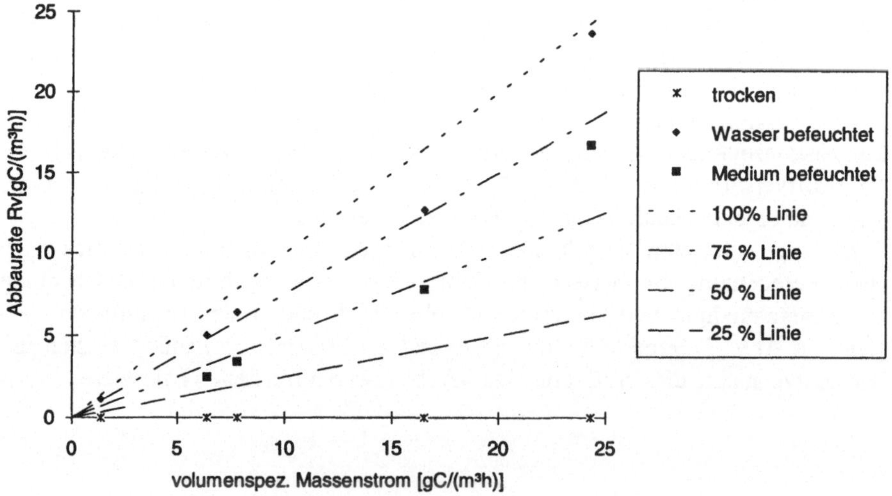

Abb. 7: Verfahrensvergleich für die Biofiltration von Toluol/n-Heptan-Gemisch

2.4 Betriebsergebnisse

Für alle weitergehenden Versuche wurde folgendes Verfahrensschema gewählt:
- Führung des Abluftstromes in Schwerkraftrichtung durch das Filter,
- zusätzliche Befeuchtung des Filters,
- Versorgung des Filtermateriales mit Nährstoffen.

Dadurch konnten selbst bei sehr hohen Rohgaskonzentrationen (3 g $C \cdot m^{-3}$ bei 40 $m^3 \cdot m^{-3} \cdot h^{-1}$ bzw. 1 g $C \cdot m^{-3}$ bei 250 $m^3 \cdot m^{-3} \cdot h^{-1}$) zufriedenstellende Wirkungsgrade von etwa 90 % im ersten Fall und über 50 % im zweiten Fall erhalten werden. Bemerkenswert sind die relativ großen Unterschiede in der Leistung bei verschiedenen Filtermaterialien. Im untersuchten Fall wurden die besten Ergebnisse mit Grünkompost und offenporigem PU-Schaum erzielt.

Aus mikrobiologischen Voruntersuchungen geht hervor, daß schwer abbaubare Verbindungen wie Alicyclen in guten Betriebsphasen zumindest teilweise eliminiert werden können. Versuchsergebnisse einer 250-Liter-Anlage mit einem komplexen Abluftgemisch ergaben zwischen 75 und 90 % Gesamtkohlenwasserstoffabbau. Diese hohen Wirkungsgrade können, selbst unter der Annahme, daß Toluol, Benzol und ein Großteil der Aliphaten komplett eliminiert wurden, nur durch einen massiven Cycloalkanabbau erreicht werden. Trotzdem muß in Hinblick auf erhöhte Betriebssicherheit bei massivem Auftreten von Cycloaliphaten in der Abluft vom Einsatz biologischer Reinigungsverfahren abgeraten werden.

2.5 Vergleich der Betriebsergebnisse mit Literaturdaten

Der Bereich der biologischen Abluftreinigung umfaßt üblicherweise die Elimination von Geruchsstoffen und leicht abbaubaren Kohlenwasserstoffen in niedrigen Konzentrationen. Aus diesem Grund sind nur sehr wenige Daten über kohlenwasserstoffhaltige Abluft in der Literatur verfügbar. Leider sind die meisten Daten davon auch unvollständig, was die Betriebsparameter der Biofilter betrifft. Im Vergleich können also nur Tendenzen abgelesen werden. Diese sind jedoch deutlich genug, um die Aussage zuzulassen, daß die vorgestellten Untersuchungen eine ganz wesentliche Erweiterung des Einsatzbereiches sowie eine Leistungssteigerung der Biofiltration mit sich bringen.

Für Aromaten konnten selbst bei hohen Kohlenstoffbelastungen erhöhte Abbauraten und Wirkungsgrade und dadurch eine wesentliche Leistungssteigerung bei der Biofiltration erzielt werden. Gleiches gilt auch für die Elimination von von alicyclischen und aliphatischen Verbindungen.

2.6 Auslegung von Hochleistungsbiofiltern

Eine Endaussage dieser Untersuchungen an Biofiltersystemen gibt die Möglichkeit zur Auslegung von Anlagen zur biologischen Abluftreinigung. Als Bemessungsgrundlage wurden die der TA-Luft zugrunde liegenden 150 mg C·m^{-3} Gesamt- Kohlenwasserstoffe im Reingas verwendet. Abbildung 8 ermöglicht bei gegebener Rohgaskonzentration die Ermittlung der höchsten zulässigen Volumenbelastung, mit der ein nach dem entwickelten Verfahren ausgelegtes Biofilter betrieben werden kann.

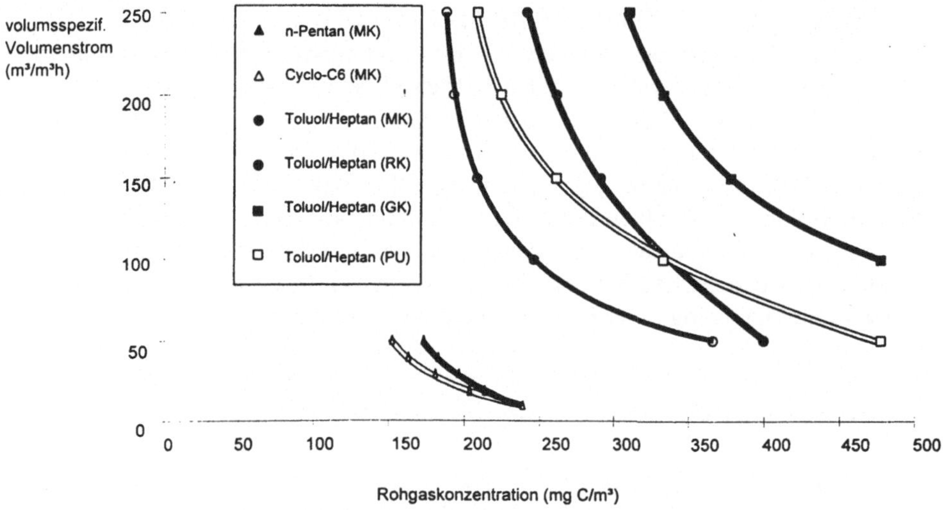

Abb. 8: Auslegungsdiagramm für Biofilter. *GK* Grünkompost; *RK* Rindenkompost; *MK* Müllkompost; *PU* Polyurethan-Schaum

3 Tropfkörpersystem

In praktischen Versuchen wurden als Schadstoffe Ethylacetat, Toluol und Heptan als Reinsubstanzen und Toluol/Heptan als 1:1 Mischung gewählt. Die Versuche erfolgten in Tropfkörperanlagen im Labor- und im Technikumsmaßstab mit unterschiedlichen Füllkörpern (Leka, Pallring und PU-Schaum). In Abb. 9 ist die Technikumsanlage dargestellt. Die Laborversuchsanlage war analog aufgebaut, hatte jedoch eine durchgehende Füllkörperschicht.

Tabelle 5: Anlagendaten zur Technikumsanlage

Anlage	Laboranlage	Technikumsanlage
Durchmesser [m]	0,15	0,285
Schütthöhe [m]	0,25	1,0-1,6
Querschnittsfläche [m^2]	0,017	0,064
Volumen der Schüttung [m^2]	0,0044	0,055-0,1

Die Abmessungen der verschiedenen Anlagen sind in Tabelle 5 zusammengefaßt.

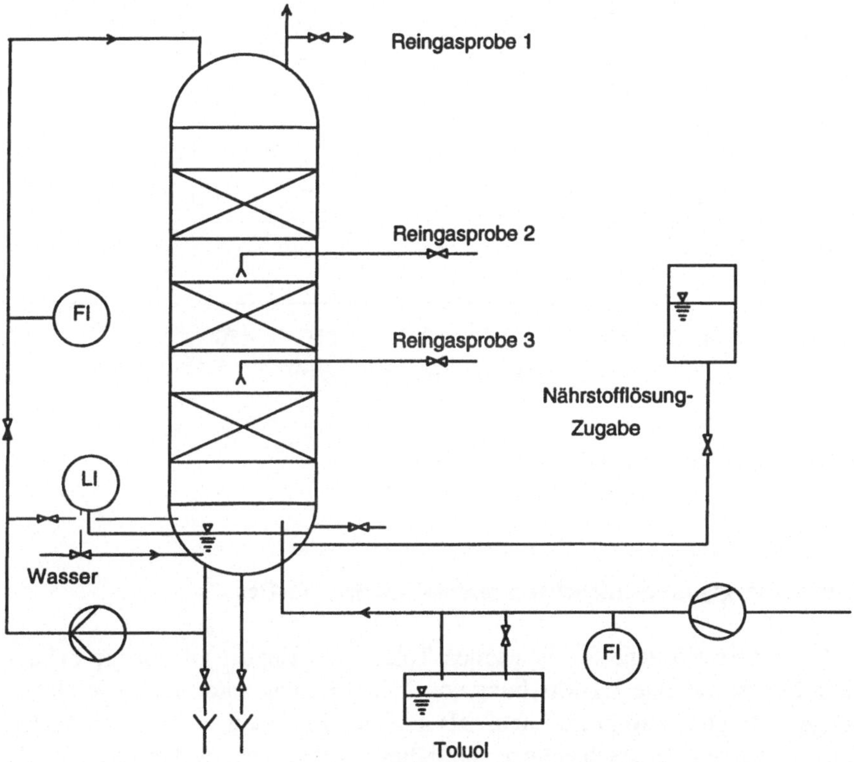

Abb. 9: Verfahrensaufbau der Technikumsanlage (TU-VT)

Die biologische Reinigung von Abluft, kontaminiert mit leicht wasserlöslichen Stoffen wie z. B. Ethylacetat (Abb. 10), Methyl-Ethyl-Keton u. a., war in der Vergangenheit Gegenstand vieler erfolgreicher Untersuchungen. Als Resultat haben sich für leicht wasserlösliche Stoffe die biologischen Abluftreinigungsverfahren schon erfolgreich auf dem Markt etabliert.

Es zeigte sich, daß sich unterhalb eines volumenspezifischen Massenstroms von 50 g $C \cdot m^{-3} \cdot h^{-1}$ mit Volumenströmen von 40-70 $m^3 \cdot m^{-3} \cdot h^{-1}$ Wirkungsgrade im Bereich von weit über 80 % realisieren lassen. Die höchsten Abbauraten, bei denen noch ein Wirkungsgrad von über 60 % erreicht wurde, liegen im Bereich von 70-80 g $C \cdot m^{-3} \cdot h^{-1}$.

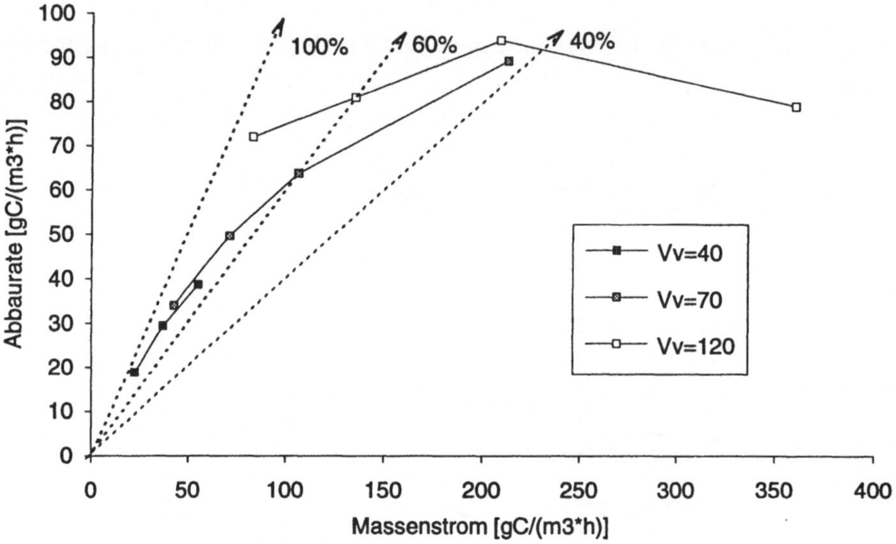

Abb. 10: Abbau von Ethylacetat in der Abluft

3.1 Betriebsergebnisse mit schwer wasserlöslichen Stoffen

Als schwer wasserlösliche Stoffe wurden Toluol und Heptan als einzige Schadstoffe in Luft sowie eine 1:1-Mischung von Toluol/Heptan untersucht. Die Untersuchungen erfolgten sowohl im Labor- als auch im Technikumsreaktor. In beiden Reaktoren wurden unterschiedliche Füllkörper untersucht, wobei Toluol als Schadstoff gewählt wurde.

Im Vergleich einzelner Füllkörper konnten sowohl in der Laboranlage als auch in der Technikumsanlage mit dem offenporigen PU-Schaum die besten Veruchsergebnisse erzielt werden. Im Laborreaktor (Abb. 11) ist bei Konzentrationen um 500 mg C/m^3 die Differenz des Wirkungsgrades zu den anderen Füllmaterialien am größten. Mit PU-Schaum konnten im Laborreaktor Wirkungsgrade von 70 bis ca. 90 % erreicht werden. Im Technikumsreaktor waren die erreichten Werte für den Wirkungsgrad etwas geringer und lagen im Bereich von 40-75 % (Abb. 12). Leka als Füllmaterial ergab um etwa 10-15 % geringere, jene für Pallring um etwa

20 % geringere Wirkungsgrade als jene für den PU-Schaum. Es zeigte sich, daß bei gleichem Füllmaterial (z. B. PU-Schaum) die besseren Ergebnisse mit jenem Reaktor erzielt werden konnte, der die geringere Gasleerrohrgeschwindigkeit aufwies (Abb. 13).

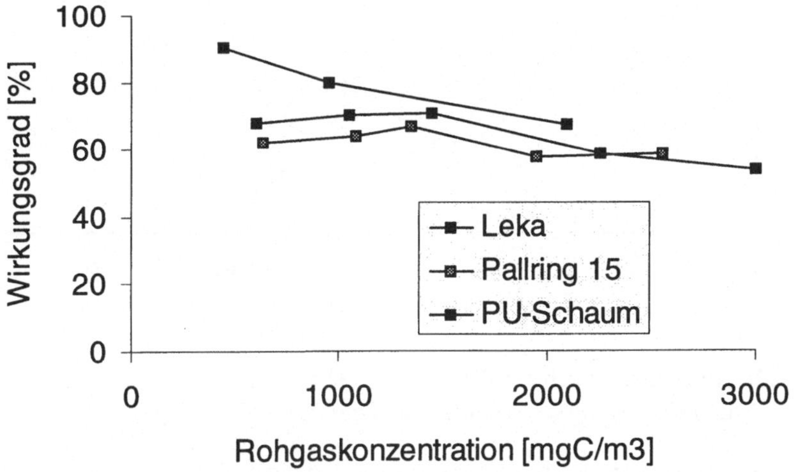

Abb. 11: Füllkörpervergleich für die Laboranlage bei einer Volumensbelastung von 40 $m^3 \cdot m^{-3} \cdot h^{-1}$ mit Toluol als Schadstoff

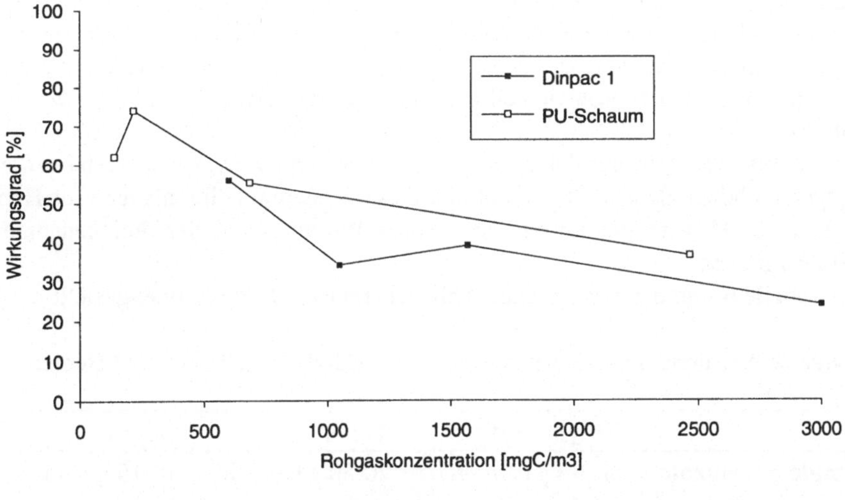

Abb. 12: Füllkörpervergleich für die Technikumsanlage bei einer Volumensbelastung von 40 $m^3 \cdot m^{-3} \cdot h^{-1}$ mit Toluol als Schadstoff

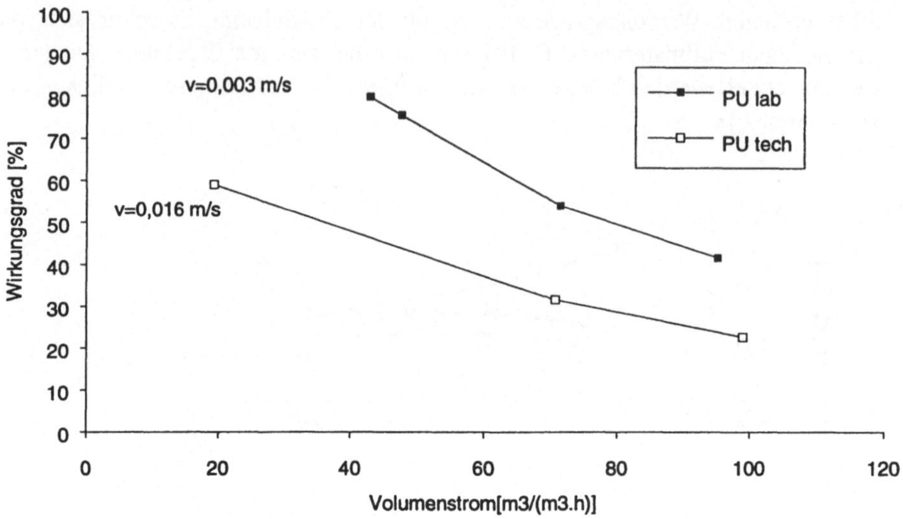

Abb. 13: Anlagenvergleich für PU-Schaum bei verschiedener Volumensbelastung und einer Rohgaskonzentration (Toluol) von 1000 mg $C{\cdot}m^{-3}$

Bei den Untersuchungen der schlecht wasserlöslichen Reinsubstanzen im Laborreaktor zeigt sich ganz eindeutig, daß Toluol wesentlich höhere Abbauraten von etwa 25-50 g $C{\cdot}m^{-3}h^{-1}$ im Vergleich zu etwa 10-15 g $C{\cdot}m^{-3}{\cdot}h^{-1}$ für Heptan aufweist. Toluol weist auch höhere Wirkungsgrade auf als Heptan. Vergleicht man die Ergebnisse für Toluol, Heptan und die 1:1-Mischung von Toluol und Heptan, so zeigt sich, daß die Gesamtabbaurate und der Gesamtwirkungsgrad der Mischung wesentlich höher liegen als jene des reinen Heptan und nur geringfügig geringer sind als jene des reinen Toluol. Zerlegt man Abbaurate und Gesemtwirkungsgrad in die Anteile von Toluol und Heptan, so zeigt sich, daß der Beitrag von Toluol immer den größten Teil ausmacht und im Bereich von 75-97 % liegt (Abb. 14).

Die Abbauwerte für den leicht wasserlöslichen Stoff Ethylacetat waren erwartungsgemäß höher als jene für Toluol und diese wiederum höher als jene für Heptan. In Abb. 15 wird der jeweils erreichbare Wirkungsgrad der drei genannten Stoffe verglichen.

In Tabelle 6 sind die wesentlichen Abbaucharakteristika zusammengestellt.

Tabelle 6: Abbauraten und Wirkungsgrade von Ethylacetat, Toluol und Heptan

	Ethylacetat	**Toluol**	**Heptan**
Maximale Abbaurate	bis 80 g $C{\cdot}m^{-3}{\cdot}h^{-1}$	20-50 g $C{\cdot}m^{-3}{\cdot}h^{-1}$	10-15 g $C{\cdot}m^{-3}{\cdot}h^{-1}$
Wirkungsgrad bei 1000 mg $C{\cdot}m^{-3}$ Rohgas	65-80 %	~30 %	~20 %

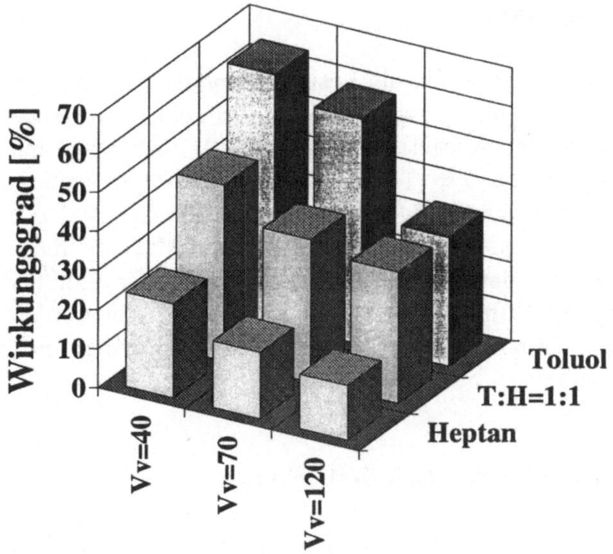

Abb.: 14: Wirkungsgrade Toluol, Heptan und Toluol/Heptan 1:1 bei einer Rohgaskonzentration von 1000 mg $C \cdot m^{-3}$

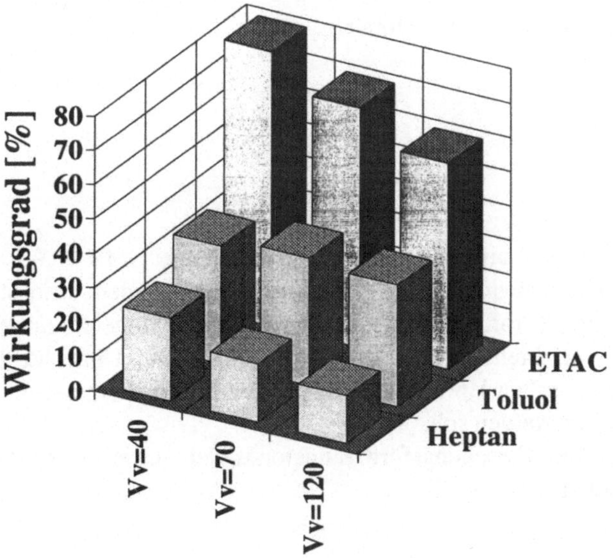

Abb. 15: Vergleich der erreichten Wirkungsgrade von Ethylacetat, Toluol und Heptan bei einer Rohgaskonzentration von 1000 mg $C \cdot m^{-3}$

3.2 Einsatz von Lösungsvermittlern

Tetraethylenglycoldimethylether wurde als Lösungsvermittler eingesetzt, um zu untersuchen, ob eine Erhöhung der Wasserlöslichkeit von Toluol und Heptan eine wesentliche Verbesserung der Abbauleistung und des Wirkungrades mit sich bringt. Durch die Zugabe von 5 % Tetraethylenglycoldimethylether kann die Wasserlöslichkeit von Toluol um 48 % und von Heptan um ca. 1600 % erhöht werden. Die Zugabe des Lösungsvermittlers zu Toluol brachte keine Verbesserung der Werte. Bei Heptan kann durch den Zusatz von 5 % Lösungsvermittler eine geringfügige Erhöhung des Wirkungsgrades um ca. 10 % erreicht werden. Der Einsatz des untersuchten Lösungsvermittlers scheint infolge des geringen positiven Effektes nicht sinnvoll zu sein.

3.3 Abbauverhalten bei unterbrochener Berieselung

Stoffübergangsbetrachtungen zeigten, daß der geschwindigkeitsbestimmende Schritt bei geringen Rohgaskonzentrationen im Durchgang des Schadstoffes durch den Flüssigkeitsfilm begründet ist (Sotoudeh 1991). Im Diffusionsschritt durch den Flüssigkeitsfilm ist die Dicke des Flüssigkeitsfilmes eine wesentliche Größe.

Der Einfluß der Unterbrechung der Berieselung auf das Abbauverhalten Toluol und Heptan wurde untersucht. Es zeigte sich jedoch, daß weder bei Toluol noch bei Heptan durch das Unterbrechen der Berieselung eine Verbesserung der Abbaucharakteristik des Tropfkörperbioreaktors erreicht werden konnte.

4 Dank

Die vorliegende Arbeit beruht auf einem Forschungsprojekt der ÖMV AG, Labor für Forschung und Produktentwicklung, in Zusammenarbeit mit dem Institut für Angewandte Mikrobiologie (Prof. Katinger) der Universität für Bodenkultur Wien und dem Institut für Verfahrenstechnik, Brennstofftechnik und Umwelttechnik (Prof. Schmidt) der Technischen Universität Wien, deren Mitarbeitern auf diesem Wege Dank ausgesprochen werden soll.

Das Projekt wurde vom Forschungsförderungsfonds der gewerblichen Wirtschaft finanziell unterstützt.

5 Literatur

Bardtke D., Fischer K. (1986) Untersuchungen zur Abbaubarkeit und Abbaukinetik ausgewählter anorganischer und organischer Abluftinhaltsstoffe beim Biofilterverfahren. Institut für Siedlungswasserbau, Univ. Stuttgart

Beyreitz G., Hübner R., Saake M. (1989) Biotechnologische Behandlung lösemittelhaltiger Abluft. wlb 9: 53-57

Fischer K. (1990) Biologische Abluftreinigung. Expert-Verlag, Renningen

Hippchen B. (1985) Mikrobiologische Untersuchungen zur Eliminierung von organischen Lösungsmitteln im Biofilter. Stuttgarter Berichte zur Siedlungswasserwirtschaft, Bd. 94

Höler I. (1991) Entwicklung und Betrieb eines Tropfkörperbioreaktors zum Abbau flüchtiger organischer Verbindungen. Diplomarbeit am Institut für Verfahrens-, Brennstoff- und Umwelttechnik der TU-Wien

Kirchner K., Schlachter U., Rehm H.J. (1989) Biological purification of exhaust air using fixed bacterial monocultures. Appl. Microbiol. Biotechnol. 31: 629-632

ÖMV-AG (1992) Analytikbericht

ÖMV-AG/IAM-BOKU/VT-TU (1992) Projektendbericht zum Gemeinschaftsprojekt "Biologische Reinigung kohlenwasserstoffhältiger Abluft"

Ottengraf S.P.P. (1987) Biological systems for waste gas elimination. TIBTECH 5: 132-136

Ottengraf S.P.P., van den Oever A.H.C. (1983) Kinetics of organi compound removal from waste gas with a biological filter. Biotechnol. Bioeng. 25: 3089-3102

Ottengraf S.P.P., van den Oever A.H.C., Kempenaars F.J.C.M. 1984. Waste gas purification in a biological filter bed. Innov. Biotechnol. 157-167

Schlegel H.G. (1985) Allgemeine Mikrobiologie. Thieme Verlag, Stuttgart

Sotoudeh M. (1991) Anwendung verschiedener Korrelationen für den Stoffübergang auf einem biologischen Festbettreaktor zur Abluftreinigung. Diplomarbeit, Technische Universität Wien

Vauck/Müller "Grundoperationen chemischer Verfahrenstechnik"; Verlag VCH Weinheim; 7. Auflage

"VOC-letters"; März 1993

Windsperger A. (1991) Optimierung von biologischen Abluftreinigungsanlagen an praktischen Beispielen. Proceedings of the International Symposium Maastricht, The Netherlands, 27-29 October 1991, 107-117

Biologische Reinigung hochbelasteter Abluftströme

P. Holubar und R. Braun[1]

1 Ausgangssituation

Abluftströme, die nur mit niedrigen Konzentrationen von organischen Schad- oder Geruchsstoffen verunreinigt sind, werden mittels biologischer Abluftreinigung in vielen Fällen zufriedenstellend gereinigt. Dies ist, unter anderem, das Ergebnis einer Studie, die das Institut für Angewandte Mikrobiologie (IAM) im Auftrag des Bundesministeriums für Umwelt, Jugend und Familie österreichweit durchgeführt hat (Braun et al. 1994). Bei den erhobenen Anlagen handelt es sich bis auf zwei Ausnahmen um Biofilter. Ein Großteil der Anlagen wird in der Nahrungsmittelindustrie eingesetzt (Tabelle 1).

Tabelle 1: Branchenweiser Einsatz der biologischen Abluftreinigung

Industriesparte	Anteil an biologischen Abluftreinigungsanlagen in Österreich (%)
Papierindustrie	7
Allgemeine Gewerbe	17
Erdölindustrie	2
Chemische Industrie	22
Kunststoffverarbeitende Industrie	5
Elektronikindustrie	3
Keramikindustrie	3
Holzverarbeitende Industrie	2
Lederverarbeitende Industrie	2
Nahrungs- und Genußmittelindustrie	37

1 Universität für Bodenkultur, Institut für Angewandte Mikrobiologie, Nußdorfer Lände 11, A-1190 Wien

Der Großteil der in Österreich bestehenden Anlagen wird demnach zur Desodorierung von Abluftströmen eingesetzt. Bei hohen Konzentrationen, insbesonders von schwer abbaubaren organischen Substanzen in der Abluft, ist die biologische Behandlung problematisch. Die dabei zu berücksichtigenden Faktoren zeigt schematisch Abb. 1.

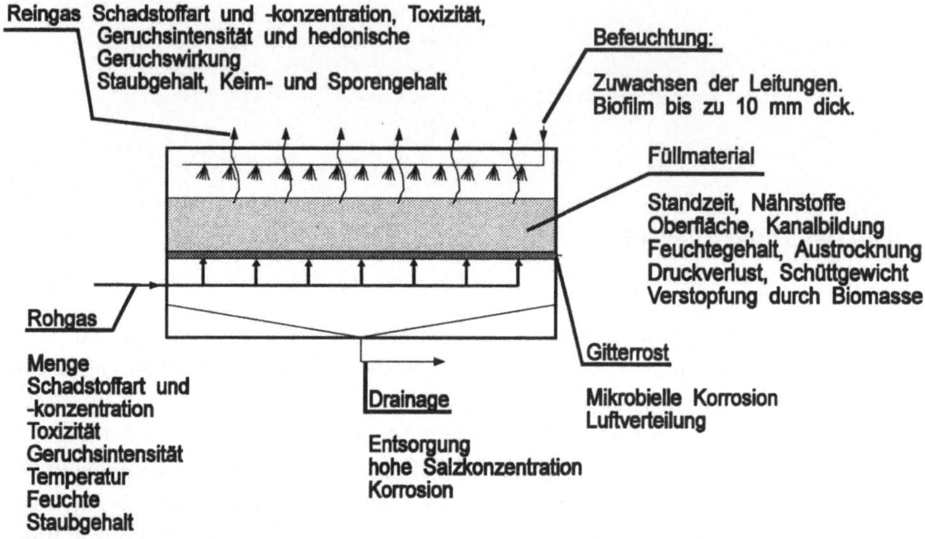

Abb. 1: Einflußfaktoren auf die biologische Abluftreinigung

2 Forschungsarbeiten des IAM

Im Rahmen von verschiedenen Projekten zur biologischen Reinigung industrieller Abluftströme wurden am Institut Inhaltsstoffe wie etwa Schwefelkohlenstoff, Schwefelwasserstoff und verschiedene Kohlenwasserstoffe untersucht. Dazu wurden sowohl Biofilter und Tropfkörperreaktoren als auch Biowäscher eingesetzt.

Nach der Identifizierung der Abluftinhaltsstoffe mittels GC-MS wurden im Labormaßstab ausgewählte Problemsubstanzen auf ihre biologische Abbaubarkeit geprüft. So wurden etwa die Leistungszahlen für den Abbau der Kohlenwasserstoffe Toluol, Heptan, Cyclohexan und 2,2,4-Trimethylpentan (Isooctan) in Biofiltersäulen ermittelt. Diese Substanzen wurden gewählt, da sie aufgrund ihrer unterschiedlichen chemischen Struktur und der unterschiedlichen mikrobiologischen Abbauwege repräsentativ für viele verschiedene Abluftinhaltsstoffe sind. In diesen Versuchen wurde das Abbauverhalten des Biofilters bei unterschiedlichen

Konzentrationen, Verweilzeiten und Frachten als in der Praxis notwendiger Dimensionierungsparameter getestet.

In Tropfkörperreaktoren wurde der Abbau von Toluol und Heptan-Gemischen untersucht.

Verschiedene, in der Praxis Verwendung findende Füllmaterialien, wie verschiedene Kompostarten, Kokosfasern, Reisschalen, Sonnenblumenkernschalen und Polyurethanschäume wurden bei unterschiedlichen Betriebsbedingungen auf ihre Tauglichkeit untersucht.

3 Ergebnisse

Die durchgeführten Untersuchungen zeigen die prinzipielle Eignung biologischer Verfahren auch bei hochbelasteten Abluftströmen. Dabei wurden für Toluol-Heptan-Gemische in Biofiltern und Tropfkörperreaktoren volumenspezifische Abbauraten R_v von 50-120 g $C \cdot m^{-3} \cdot h^{-1}$ ermittelt (Abb. 2 und 3).

Der Wirkungsgrad hängt allerdings stark von der Volumenbelastung und der Rohgaskonzentration ab. Während bei einer volumenspezifischen Volumenbelastung von 120 $m^3 \cdot m^{-3} \cdot h^{-1}$ der Wirkungsgrad aller getesten Filtermaterialien bei etwa 50 % lag, verringerte sich dieser bei volumsspezifischen Volumenbelastungen von 250 $m^3 \cdot m^{-3} \cdot h^{-1}$ auf durchschnittlich 30 %. Man muß bei der Beurteilung des Wirkungsgrades allerdings bedenken, daß die beiden Schadstoffkomponenten aufgrund ihrer geringen Wasserlöslichkeit keine idealen Substrate darstellen. Mit herkömmlichen Lösemitteln wie etwa Butylacetat und Ethylacetat müßten sich bei ähnlichen Belastungen wesentlich bessere Wirkungsgrade erzielen lassen.

Bei der Durchführung der Untersuchungen zeigte sich ein zentrales Problem der Reinigung von hochbelasteten Abluftströmen. Selbst bei bestmöglicher Befeuchtung des Rohgases trocknet das Biofiltermaterial durch die beim mikrobiellen Abbau entstehende Wärme aus (Holubar et al. 1994), und es kommt im Filtermaterial zu Kanal- und Rißbildungen. Bei einer Rückbefeuchtung des Biofiltermaterials kommt es oftmals zur Verschlämmung, einer Erhöhung des Druckverlustes und zu verstärkter Randgängigkeit. Dieser Effekt ist in Abb. 4 deutlich zu erkennen. Der mit Müllkompost gefüllte 0,25 m^3 Laborbiofilter war durch Berieselung der Oberfläche rückbefeuchtet worden. Der dadurch erhöhte Druckverlust in der Mitte des Filters führt zu deutlich meßbarerer Randgängigkeit und damit, vor allem bei kleineren Anlagen, zu einer Verringerung des Gesamtwirkungsgrades.

Nach dem Abtrocknen des Filters stellt sich dann wieder eine gute Abbauleistung über die gesamte Filterfläche ein (Abb. 5).

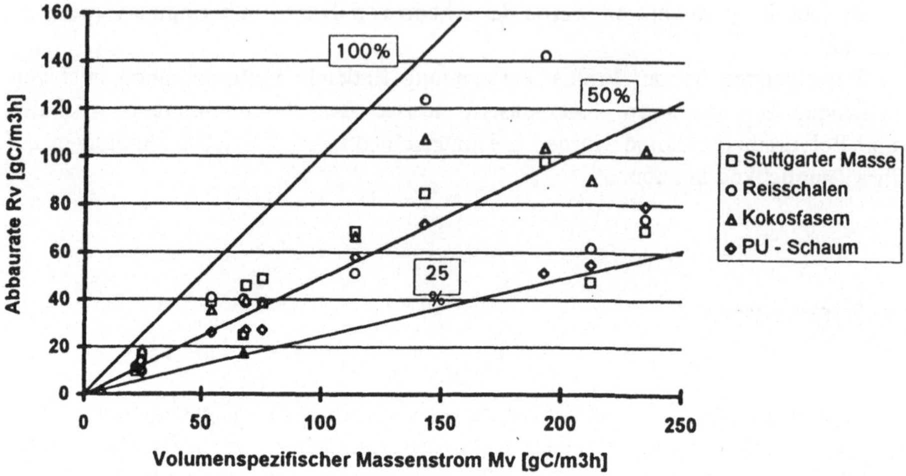

Abb. 2: Test verschiedener Filtermaterialien hinsichtlich des Abbaues von Toluol-Heptan (50 vol %) im Biofilter mit einem Volumen von 3 l bei einer volumsspez. Volumenbelastung von 120 $m^3 \cdot m^{-3} \cdot h^{-}$

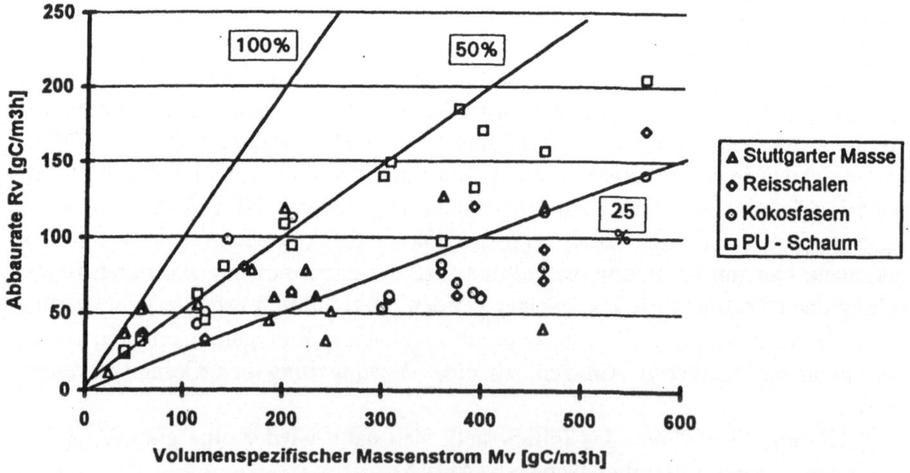

Abb. 3: Test verschiedener Filtermaterialien hinsichtlich des Abbaues von Toluol-Heptan (50 vol %) im Biofilter mit einem Volumen von 3 l bei einer volumsspez. Volumenbelastung von 250 $m^3 \cdot m^{-3} \cdot h^{-1}$

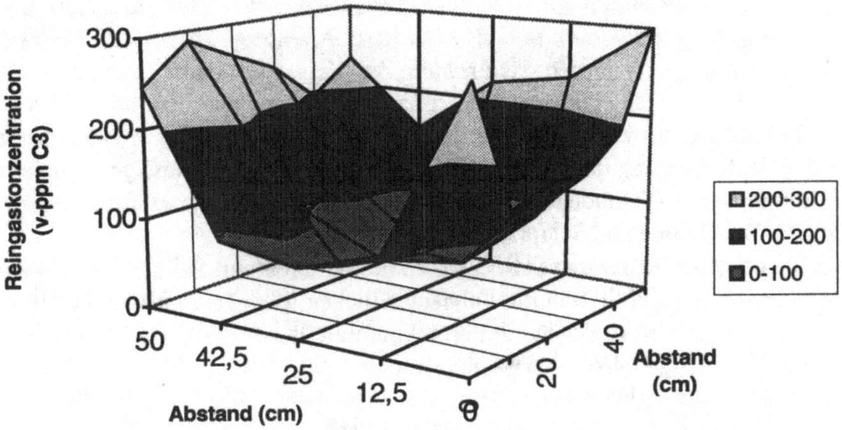

Abb. 4: Konzentrationsprofil der Reinluft nach Rückbefeuchtung in Abhängigkeit des Meßpunktes vom Abstand zum Rand der quadratischen Versuchsanlage

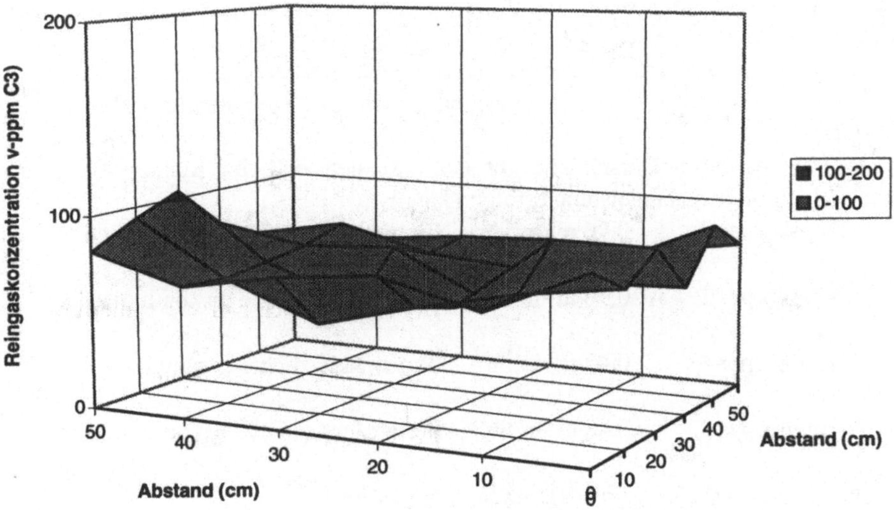

Abb. 5: Konzentrationsprofil der Reinluft nach Abtrocknung des überschüssigen Wassers in Abhängigkeit des Meßpunktes vom Abstand zum Rand der quadratischen Versuchsanlage

Diese Ergebnisse führten am IAM bei hochbelasteten Abluftströmen zum Einsatz von Tropfkörperreaktoren und Biowäschern. Allerdings ist bei der Verwendung von Tropfkörperreaktoren das Problem des Verstopfens durch zuwachsende Biomasse zu beobachten (Weber und Hartmans 1994), und reine Biowäscher wiederum sind nur für ausreichend wasserlösliche Abluftinhaltsstoffe geeignet, da sie durch den Stoffübergang der Schadstoffe aus der Abluft in die flüssige Wäscherphase limitiert sind (Schindler et al. 1994). Abhilfe kann hier das Biosolv-Verfahren schaffen (Poppe und Schippert 1992).

Vier Tropfkörper-Reaktoren (TRK) waren mit retikuliertem Polyurethanschaum (Porengröße 10 ppi) gefüllt und mit unterschiedlichen Mengen an Mineralmedium befeuchtet worden. Um zu testen, ob durch kontinuierliche oder diskontinuierliche Befeuchtung bei gleicher Berieselungsdichte ein Effekt hinsichtlich des Wirkungsgrades zu erzielen wäre, wurden jeweils zwei Filter kontinuierlich und zwei diskontinuierlich berieselt (Sasshofer 1994). Als C-Quelle wurden dem Rohgas eine flüssige Mischung von je 45 vol% Toluol und n-Heptan, sowie je 5 vol% Isooctan und Cyclohexan zugeführt und im Gasstrom verdampft. Eine Zusammenfassung der Versuchsdaten geben die Tabellen 2 und 3.

Der Stillstand im Zeitraum Versuchstag 62-79 war notwendig geworden, da die zuwachsende Biomasse die Filter verblockte und damit der Wirkungsgrad drastisch sank. In diesem Zeitraum wurde versucht, die überschüssige Biomasse durch Autolyse der Zellen des Biofilms zu entfernen. Zu diesem Zweck wurde lediglich die Zufuhr von Kohlenwasserstoffen gestoppt, alle anderen Betriebsparameter blieben unverändert. Allerdings zeigte diese Maßnahme in einem Zeitraum von 17 Tagen keinerlei Erfolg, so daß die Filter manuell von der überschüssigen Biomasse befreit werden mußten. Die Versuche ab dem Tag 80 wurden dann mit den Filtern, deren Biomasse auf diese Weise verringert worden war, durchgeführt. In Abb. 6 ist der zeitliche Verlauf des Wirkungsgrades des Kohlenwasserstoff-Abbaues zu ersehen.

Bereits aus dieser Darstellung läßt sich erkennen, daß eine Reihung der Filter hinsichtlich ihrer Abbauleistung erfolgen kann:

- Tropfkörper 2 0,96 $m^3 \cdot m^{-3} \cdot h^{-1}$ Berieselungsdichte kontinuierlich
- Tropfkörper 1 0,96 $m^3 \cdot m^{-3} \cdot h^{-1}$ Berieselungsdichte diskontinuierlich
- Tropfkörper 4 0,48 $m^3 \cdot m^{-3} \cdot h^{-1}$ Berieselungsdichte kontinuierlich
- Tropfkörper 3 0,48 $m^3 \cdot m^{-3} \cdot h^{-1}$ Berieselungsdichte diskontinuierlich

Die beiden Abb. 7 und 8 verdeutlichen dieses Bild.

Tabelle 2: Betriebsdaten der Tropfkörper-Reaktoren während der Untersuchungen zum Einfluß der Befeuchtung auf den Wirkungsgrad

Versuchstage 1-100				
TRK	**Reaktor-volumen (l)**	**Berieselungs-menge ($l \cdot h^{-1}$)**	**Berieselungs-dichte ($m^3 \cdot m^{-3} \cdot h^{-1}$)**	**Befeuchtungsart**
1	2,5	2,4	0,96	diskontinuierlich
2	2,5	2,4	0,96	kontinuierlich
3	2,5	1,2	0,48	diskontinuierlich
4	2,5	1,2	0,48	kontinuierlich
Versuchstage 101-116				
1	2,5	1,2	0,48	diskontinuierlich
2	2,5	1,2	0,48	kontinuierlich
3	2,5	0,6	0,24	diskontinuierlich
4	2,5	0,6	0,24	kontinuierlich

Tabelle 3: Betriebsdaten der Tropfkörper-Reaktoren während der Untersuchungen zum Einfluß der Befeuchtung auf den Wirkungsgrad

Versuchs-dauer (d)	**Rohgaskonz. ppm C3**	**Rohgaskonz. ($g\ C \cdot m^{-3}$)**	**volumenspezi-fischer Volumen-strom V_v ($m^3 \cdot m^{-3} \cdot h^{-1}$)**	**volumenspezi-fischer Massen-strom M_v ($g\ C \cdot m^{-3} \cdot h^{-1}$)**
1-18	400	0,64	40	25,6
19-46	200	0,32	40	12,8
47-61	400	0,64	40	25,6
62-79	Stillstand	0,00	40	0,00
80-91	800	1,28	40	51,2
92-100	200	0,32	40	12,8
101-116	400	0,64	40	25,6

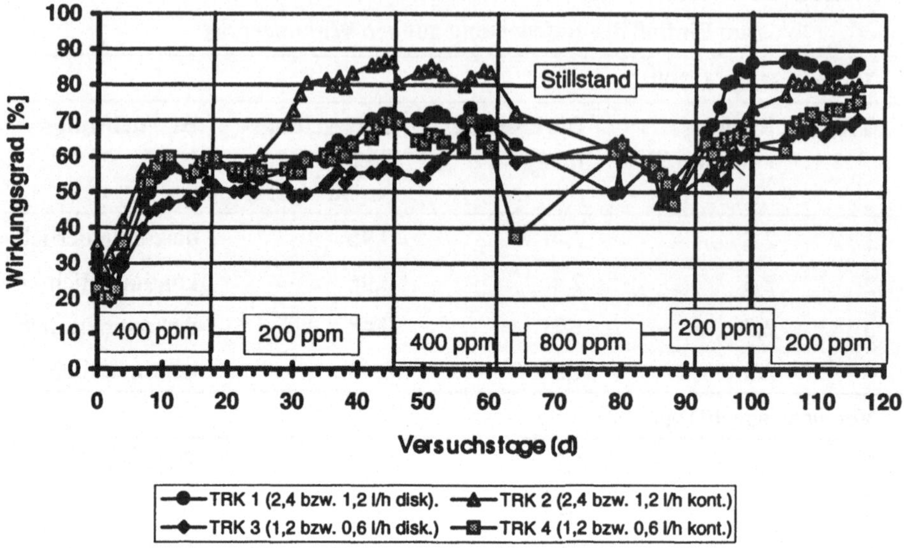

Abb. 6: Wirkungsgrad des Gesamt-Kohlenwasserstoffabbaues gegen die Versuchsdauer der Untersuchungen zur Auswirkung der Befeuchtungsart

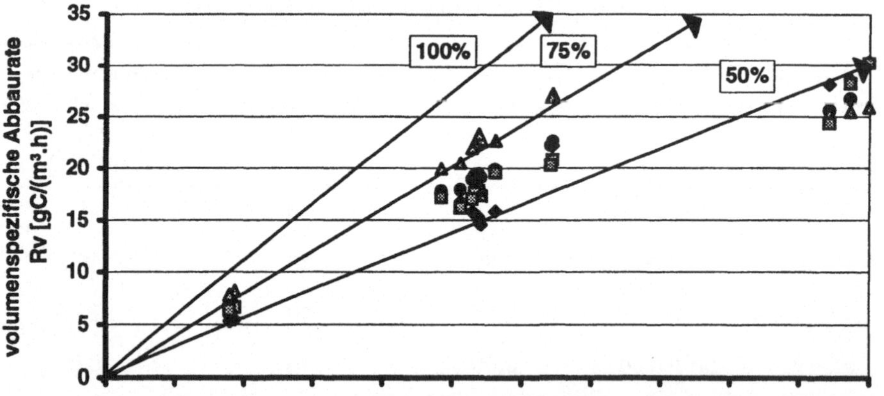

Abb. 7: Volumenspezifische Abbaurate Rv gegen den volumenspezifischen Massenstrom Mv der Untersuchungen zur Auswirkung der Befeuchtungsart

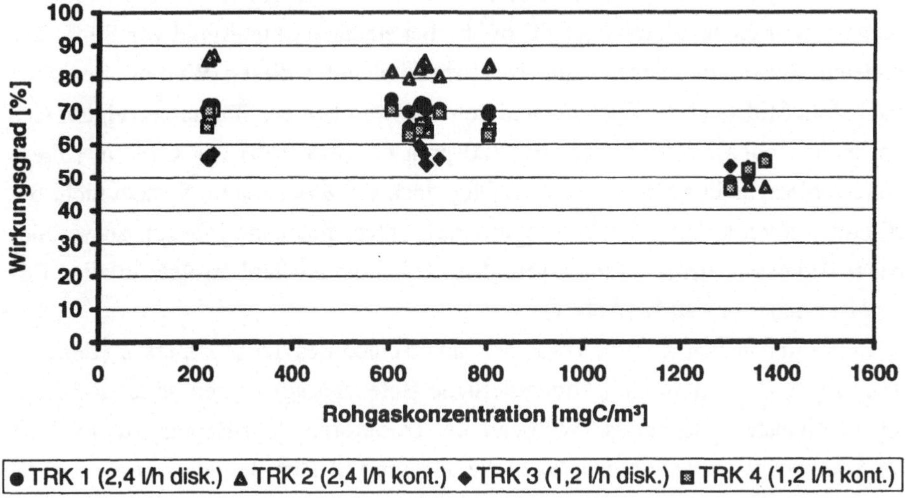

Abb. 8: Wirkungsgrad gegen Rohgaskonzentration der Untersuchungen zur Auswirkung der Befeuchtungsart

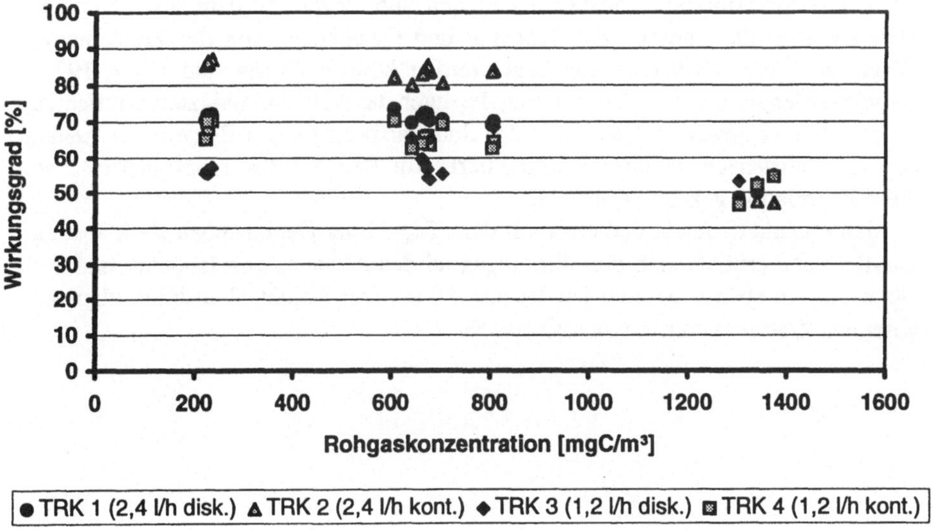

Abb. 9: Wirkungsgrad des Abbaues von Toluol als Funktion der Rohgaskonzentration während der Untersuchungen zur Auswirkung der Befeuchtungsart

Tropfkörper 2 (Berieselungsdichte 0,96 $m^3 \cdot m^{-3} \cdot h^{-1}$, kontinuierliche Befeuchtung) verwertete bis zu etwa 30 g $C \cdot m^{-3} \cdot h^{-1}$ bei einem Wirkungsgrad von 80 %. Die anderen Reaktoren bleiben zum Teil erheblich unter diesen Werten. Lediglich nach dem Stillstand des Systems und dem Auswaschen der Biomasse zeigten sich bei einer Rohgaskonzentration von 800 ppm C3 (MV = 51,2 g $C \cdot m^{-3} \cdot h^{-1}$) diese Unterschiede nicht mehr so deutlich. Da jedoch die Biomasse im System nicht bestimmt werden konnte, dürfte dies auf stark unterschiedliche Mengen an verbliebener Biomasse zurückzuführen sein. Der Abbau von Toluol erfolgte in allen Filtern zu mindestens 80 % (Abb. 9).

Beim Abbau von n-Heptan war der Unterschied des Tropfkörpers 2 (Berieselungsdichte 0,96 $m^3 \cdot m^{-3} \cdot h^{-1}$, kontinuierliche Befeuchtung) zu den anderen Filtern am deutlichsten ausgeprägt. Während im Tropfkörper 2 n-Heptan zu maximal 80 % abgebaut werden konnte, lagen die anderen Filter im Bereich zwischen 45 % und 5 % Wirkungsgrad (Abb. 10). Wiederum zeigte sich dabei deutlich die bereits oben angeführte Reihung hinsichtlich des Wirkungsgrades des n-Heptan-Abbaues: TRK 2 > TRK 1 > TRK 4 > TRK 3.

Der Abbau von Cyclohexan und Isooctan verlief in keinem der Filter zufriedenstellend und lag zwischen 0 und maximal 35 % der Rohgaskonzentration. Überdies unterlagen die Meßwerte starken Schwankungen. Auffällig ist jedoch die positive Korrelation des Abbaues der beiden Substanzen mit dem des n-Heptans. Dies bestätigt die Theorie, daß Isooctan und Cyclohexan von der Zelle nur im Wege des Cometabolismus abgebaut werden können (Beam und Perry 1973). Dabei werden durch die Alkanoxidase, die durch das n-Heptan induziert worden ist, aufgrund einer gewissen Unschärfe der Substratspezifität des Enzyms die beiden anderen Substanzen gleichsam mitoxidiert. Am Beispiel des Tropfkörpers 2 sei diese Korrelation gezeigt (Abb. 11).

Man erkennt deutlich, daß etwa mit dem Tag 22 der Heptanabbau stark anstieg. Parallel dazu erhöhte sich der Wirkungsgrad des Abbaues von Isooctan und Cyclohexan, um ebenso parallel wieder abzufallen. Der Toluolabbau blieb über den gesamten Zeitraum konstant bei 90-100 %.

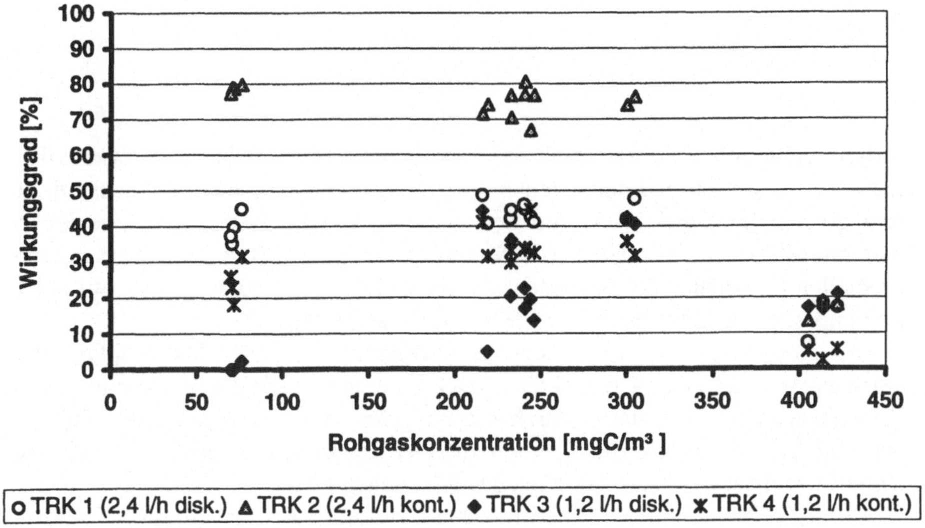

Abb. 10: Wirkungsgrad des Abbaues von n-Heptan als Funktion der Rohgaskonzentration während der Untersuchungen zur Auswirkung der Befeuchtungsart

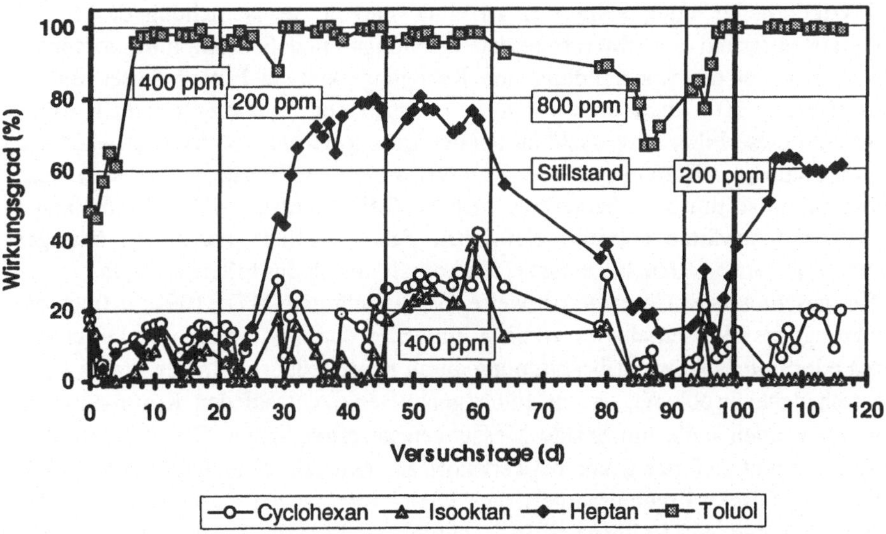

Abb. 11: Wirkungsgrad des Abbaues der einzelnen Kohlenwasserstoffe im Verlauf der Versuchsdauer während der Untersuchungen zur Auswirkung der Befeuchtungsart

4 Diskussion

Die durchgeführten Versuche zeigen ein zentrales Problem der biologischen Abluftreinigung auf. Einerseits muß das Filtermaterial entsprechende Wasseraktivitätswerte aufweisen und damit feucht genug sein, um mikrobielles Wachstum zu ermöglichen (Schlegel 1985), auf der anderen Seite trocknet jedoch das Filtermaterial selbst bei bestmöglicher Befeuchtung des Rohgases durch die bei der mikrobiellen Umsetzung der organischen Schadstoffe freiwerdende Wärme auf jeden Fall im Laufe der Zeit aus (Moser 1994, Plas et al. 1994).

Aus dieser Tatsache ergibt sich die Notwendigkeit zur Rückbefeuchtung des Systems. Wie die Abb. 4 und 5 aber zeigen, kommt es bei der Verwendung von Komposten als Filtermaterial durch die Aufgabe von Wasser auf jeden Fall zu einer örtlichen Verschlämmung, damit zu einer Erhöhung der Randgängigkeit und damit verbunden zu einem Absinken des Wirkungsgrades.

Moser (1994) konnte den Zusammenhang zwischen Kohlenwasserstoff-Abbau, Erwärmung des Biofilters und damit verbundener Wasserabgabe aufgrund der Verbrennungswärme der eingesetzten Substanzen bilanzieren.

In der Praxis werden offene Biofilter mit Spaltenboden (VDI-Richtlinie 3477, 1991) gelegentlich durch künstliche oder natürliche Beregnung befeuchtet, eine Messung des Wassergehaltes erfolgt in der Regel nicht. Durch die Austrocknung und Wiederbefeuchtung kommt es zu einer starken Beanspruchung des Filtermaterials aufgrund der abwechselnden Quellungs- und Schrumpfungsvorgänge. Dies begünstigt die Kanalbildung und Randgängigkeit. In Filtern dieser Bauart können bis zu 90 % der Zuluft durch die entstandenen Kanäle entweichen. Allerdings sind diese Filter hauptsächlich bei der Desodorierung von niedrig belasteten Abluftströmen aus Kläranlagen oder Kompostwerken im Einsatz, so daß sich diese Effekte nicht so drastisch bemerkbar machen (Mildenberger 1992), da fast keine freie Reaktionswärme entsteht. Auf jeden Fall beeinflußt jedoch ein häufiger Wechsel der Materialfeuchte entscheidend die Standzeit des Filtermaterials.

Bei geschlossener Containerbauweise (VDI-Richtlinie 3477, 1991) erfolgt die Steuerung des Wassergehaltes zumeist entweder durch Messung des Druckverlustes oder mittels Gewichtsbestimmung durch Kraftmeßdosen. In der Praxis ergeben sich dabei Probleme, da das Filter genau senkrecht auf den Kraftmeßdosen montiert werden muß, um exakte Messungen zu ermöglichen. Durch Sonnenbestrahlung dehnt sich der Containerwerkstoff aus und drückt seitlich auf die Meßdosen, was falsche Ergebnisse bewirken kann. Auch ist bei dieser Betriebsweise darauf zu achten, daß Rohgas und Befeuchtungsmedium im Gleichstrom von oben nach unten zu führen sind, um stauende Nässe zu verhindern.

Nach Erfahrungen der Autoren können sich bei technischen Anlagen auch Probleme durch Zuwachsen der Bewässerungsleitungen ergeben. In der verfügbaren Literatur wird diese Problematik nicht behandelt, im persönlichen Gespräch mit Anlagen-betreibern tritt dieses Problem jedoch relativ häufig auf.

Die Ergebnisse der Untersuchungen zum Wasserhaushalt der Biofiltermaterialien führten am IAM zum Einsatz des Polyurethanschaum-Bioreaktors. Neben den vielen günstigen Eigenschaften des verwendeten Trägermaterials aus Polyurethanschaum erwies sich dessen Kompressibilität in Verbindung mit dem einsetzenden Biomassewachstum als größtes Problem im Verlauf der Versuche.

Wie man in Abb. 6 erkennen kann, kam es bei den verschiedenen Tropfkörpern bald zu schwerwiegenden Beeinträchtigungen im Abbauverhalten, ausgelöst durch die veränderten Strömungsverhältnisse im bewachsenen Träger. Durch die zunehmende Dicke des Biofilms wurde die ursprüngliche Hohlraumstruktur so sehr verändert, daß der Großteil der Gas- und Flüssigphase nur noch durch wenige Poren strömte, die Verweilzeit verkürzt wurde und einem großen Teil der Mikroorganismen die Kohlenwasserstoffe für die Metabolisierung nicht mehr zur Verfügung standen. Der Druckverlust erreichte auf Grund dieser Entwicklung, welche die Flutung des Tropfkörpers und die Kompression des gesamten Polyurethanschaumzylinders zur Folge hatte, Werte von über 25 kPa. Weber und Hartmans (1994) beschrieben ein ähnliches Verhalten bei einem 70-l-Tropfkörperreaktor, der mit Toluol als Kohlenstoffquelle betrieben wurde. Dabei erfolgte das Zuwachsen des Tropfkörpers beschleunigt beim Auftreten von filamentösen Bakterien.

Bei der Betrachtung des Verlaufes des Heptanabbaues fällt auf, daß erst einige Zeit nachdem Toluol mit einem hohen Wirkungsgrad von der Mikroorganismen-Flora der Reaktoren umgesetzt worden war, diese Verbindung in größerem Ausmaß metabolisiert wurde. Dies könnte damit erklärbar sein, daß die Mikroorganismen zuerst auf dem weit besser löslichen Substrat Toluol in ausreichender Menge anwachsen müssen. Bei der Verwertung von Kohlenwasserstoffen schütten die Mikroorganismen dann Biotenside aus und erhöhen so durch Pseudosolubilisierung die Löslichkeit und damit Verfügbarkeit auch des Heptans. Zotlöterer (1992) konnte in 0,3-l-Submerskulturen mit Laborkulturen von *Pseudomonas cepacia*, welche n-Dekan als Kohlenstoffquelle verwerteten, durch Biotensidbildung eine mehr als 20.000fache Erhöhung der Dekankonzentration in der flüssigen Phase beobachten.

Die für die Abbauleistung verschiedener Systeme in der Literatur angegebenen Werte sind oftmals nicht vergleichbar, da in der Regel Mischungen von Kohlenassertoffen, wie z. B. Vergaserkraftstoff, verwendet werden, oder es werden wichtige Angaben, wie Reaktorvolumen, volumenspezifische Volumenbelastung oder volumenspezifischer Massenstrom nicht genannt. Im Vergleich mit unten angeführten Literaturdaten liegen die am IAM erhobenen Abbauwerte aber deutlich höher.

Weber und Hartmans (1994) berichten über Abbauraten von Toluol in einem 70-l-Tropfkörperreaktor von 9,8 bzw. 12,5 g $C \cdot m^{-3} \cdot h^{-1}$. Der Wirkungsgrad wird mit 35-41 % angeben, der volumenspezifische Massenstrom betrug etwa 68 g $C \cdot m^{-3} \cdot h^{-1}$.

Im Vergleich dazu wurden am IAM Abbauraten von im Schnitt 50 g $C \cdot m^{-3} \cdot h^{-1}$ und Wirkungsgrade im Bereich von 50-100 % erreicht.

Schindler et al. (1994) berichteten über Untersuchungen in einer 100-l-Technikumsanlage und einem 4-l-Laborreaktor. In der 100-l-Technikumsanlage wurde Dinpac 1 als Tropfkörperfüllung verwendet. Der volumenspezifische Volumenstrom betrug zwischen 50 und 180 $m^3 \cdot m^{-3} \cdot h^{-1}$. Die untersuchten Substanzen waren Toluol und Ethylacetat. Der 4-l-Laborreaktor war mit Pallringen 15 gefüllt. Der volumenspezifische Volumenstrom betrug 40 $m^3 \cdot m^{-3} \cdot h^{-1}$, die untersuchten Substanzen waren Toluol und Heptan. Tabelle 4 stellt die Ergebnisse zusammen.

Diese Werte sind den in dieser Arbeit erhobenen Abbauraten vergleichbar, wenngleich sie etwas darunter liegen.

Die in Braun et al. (1994) erhobene Situation der biologischen Abluftreinigung in Österreich zeigt, daß viele mögliche Anwender noch zu konventionellen Techniken der Abluftreinigung tendieren. Dies ist auch durch die Unsicherheiten bei der Auslegung von biologischen Abluftreinigungsanlagen zu erklären. Vor allem auf dem Sektor der Analytik der Abluftinhaltsstoffe und der Abschätzung deren biologischer Abbaubarkeit sind viele Anlagenplaner überfordert. Die Ergebnisse der Untersuchungen der diversen Filtermaterialien des IAM zeigen aber deutlich, daß die biologische Abluftreinigung auch bei hochbelasteten Abluftströmen ihre Berechtigung hat.

Weitere Forschungsaktivitäten sollten auch auf diesem Sektor der Abluftreinigung größere Sicherheit bringen und letztlich bessere Auslegung von technischen Anlagen erlauben.

Tabelle 4: Ergebnisse der Untersuchungen zur Rohgaskonzentration und Abbaurate RV von Toluol und Ethylacetat in einer Technikumsanlage und einem Laborreaktor (Schindler et al. 1994)

Substanz	Rohgaskonz. ($g\ C \cdot m^{-3}$)	Abbaurate R_V ($g\ C \cdot m^{-3} \cdot h^{-1}$)
Technikumsanlage (100 l)		
Toluol	600	11-28
	1000	20-40
		max. 90
Ethylacetat	600	30-68
	1000	45-79
Laborreaktor (4 l)		
Toluol	600	15-26
	1000	22-36
Heptan	600	12
	1000	15-20
		max. 40

5 Literatur

Beam H.W., Perry J.J. (1974) Microbial degradation of cycloparaffinic hydrocarbons via co-metabolism and commensalism. J. Gen. Microb. 82: 162-169

Braun R., Holubar P., Plas C. (1994) Biologische Abluftreinigung in Österreich. Studie im Auftrag des Bundesministeriums für Umwelt, Jugend und Familie, Sektion II, Wien

Holubar P., Plas C., Weiß B., Sasshofer S., Braun R. (1994) Kohlenwasserstoff-Elimination mit einem Polyurethanschaumbioreaktor. VDI-Berichte 1104: 505-510

Mildenberger H.J. (1992) Biofiltersysteme zur Geruchsbeseitigung und zur Reduzierung von Organika-Emissionen auf Kläranlagen und in der chemischen Industrie. In: Dragt A.J., van Ham J. (eds) Biotechniques for air pollution abatment and odour control policies. Elsevier, Amsterdam.

Moser K. (1994) Reinigung kohlenwasserstoffhaltiger Abgase mit Biofiltern im Pilotmaßstab. Diplomarbeit am Institut für Angewandte Mikrobiologie, Universität für Bodenkultur, Wien

Plas C., Holubar P., Moser K., Ploder W., Braun R. (1994) Die Bilanzierung von Wasser und Kohlenstoff bei der Biofiltration. VDI-Berichte 1104: 273-278

Poppe W., Schippert E. (1992) Das KCH-Biosolv-Verfahren in Kombination mit einem Biowäscher herkömmlicher Art. In: Dragt A.J., van Ham J. (eds). Biotechniques for air pollution abatment and odour control policies. Elsevier, Amsterdam

Sasshofer S. (1994) Einfluß der Befeuchtung auf den Kohlenwasserstoffabbau in Tropfkörperreaktoren. Diplomarbeit am Institut für Angewandte Mikrobiologie, Universität für Bodenkultur, Wien

Schindler I., Friedl A., Schmidt A. (1994) Abbaubarkeit von Ethylacetat, Toluol und Heptan in Tropfkörperbioreaktoren. VDI-Berichte 1104: 135-147

Schlegel H.G. (1985) Allgemeine Mikrobiologie. Thieme Verlag, Stuttgart

VDI-Richtlinie 3477 (1991) Biologische Abluftreinigung - Biofilter. VDI-Handbuch Reinhaltung der Luft, Band 6

Weber F.J., Hartmans S. (1994) Toluene degradation in a trickle-bed reaktor - prevention of clogging. VDI-Berichte 1104: 161-168

Zotlöterer S. (1992) Isolierung biotensid-bildender Pseudomonaden bei der Assimilation von Kohlenwasserstoffen. Diplomarbeit am Institut für Angewandte Mikrobiologie, Universität für Bodenkultur, Wien

Abbau von Ethylacetat in Biofiltern und Tropfkörper-Bioreaktoren

R. Reitzig, F. Pröll, I. Schindler, P. Schönduve und A. Friedl[1]

1 Einleitung

Man kennt heute verschiedene Verfahren zur biologischen Abluftreinigung, die sich im Vergleich zu den alternativen chemisch-physikalischen Verfahren durch geringeren Investitions- und Betriebskostenbedarf auszeichnen. Außerdem werden sekundäre Emissionen und somit die Verlagerung der Abfallproblematik in ein anderes Umweltkompartiment vermieden. Von den biologischen Verfahren konnten sich bislang insbesondere das Biofilter und der Topfkörper-Bioreaktor neben dem Biowäscher großtechnisch durchsetzen. Im Rahmen dieses Beitrages sollen das Abbau- und Druckverlustverhalten von klassischen Biofiltern mit konventionellem Kompostfilterbett, von Biofiltern mit alternativen Füllmaterialien, darunter einem füllmaterialoptimierten Biofilter, und von Tropfkörper-Bioreaktoren betrachtet werden. Es wurde das in Lacken und Druckfarben häufig enthaltene Ethylacetat als Modellsubstanz für einen leicht wasserlöslichen Luftschadstoff verwendet.

2 Betriebstechnische Probleme von Biofiltern

Obwohl Biofilter inzwischen Stand der Technik sind, weisen sie immer noch eine Vielzahl betriebstechnischer Probleme auf. Diese liegen ursächlich zumeist in der Austrocknung des Filterbettes und den daraus resultierenden Begleiterscheinungen wie Randgängigkeit und Kanalbildung begründet. Daraus resultieren subopti-male Abbauleistungen, die vom Anlagenbetreiber nicht mehr zu tolerieren sind, da er unter Umständen mit den ihm vorgeschriebenen Grenzwerten in Konflikt gerät.

[1] Technische Universität, Institut für Verfahrenstechnik, Brennstofftechnik und Umwelttechnik, Getreidemarkt 9, A-1060 Wien

Die Austrocknung des Filterbettes ist einerseits durch die technisch schwierig zu erreichende Feuchtesättigung des Rohgases mit der dem Biofilter vorgeschalteten Rohgaskonditionierung bedingt und andererseits durch die Wärme, die aufgrund der mikrobiellen Oxidation beim Luftschadstoffabbau im Biofilter entsteht. Die Kombination von ungenügender Abluftbefeuchtung und Erwärmung des Biofilters führt zwangsläufig zu einer kontinuierlichen Austrocknung des Filtermaterials. Eine ausreichende Feuchte des Filterbettes ist jedoch eine für eine zufriedenstellende mikrobielle Abbautätigkeit unabdingbare Voraussetzung. Zum Ausgleich dieses Feuchteverlustes werden Biofilter üblicherweise berieselt. Dies führt jedoch bei den heutzutage zumeist eingesetzten Kompostschüttungen vor allem zu einem signifikanten Ansteigen des Druckverlustes und dadurch bedingt zu erhöhten Energiekosten für die Gebläse. In weiterer Folge kommt es zu einem regelrechten "Versotten" (Verschlammung) des Komposts vor allem in den tieferen Bereichen der Filterschüttung. Auch dies führt zu Kanalbildung und Randgängigkeit des Abluftstromes durch den Biofilter. Des weiteren können dadurch anaerobe (also nicht mit Sauerstoff versorgte) Zonen entstehen, von denen die Bildung sekundärer Geruchsstoffe und eine Versäuerung des Filterbettes ausgehen können. Als Resultat findet nur in wenigen Bereichen im berieselten Biofilter ein effektiver Stoffübergang der Luftschadstoffe aus der Gasphase in die wässrige Phase und eine optimale mikrobielle Abbautätigkeit statt.

3 Bedeutung der Filterbettfeuchte und Merkmale der untersuchten Verfahren

Die Eliminierung des Abluftinhaltsstoffes erfolgt in drei Teilschritten:

1. Überführen des Abluftinhaltsstoffes in die wässrige Phase (Absorption),
2. Transport der gelösten Abluftinhaltsstoffe zu den Mikroorganismen (Diffusion) und
3. Regeneration der wässrigen Phase durch eine biologische Abbaureaktion.

Hierbei ist zu beachten, daß für das Überleben der Mikroorganismen und deren Stoffwechselaktivität (zum Abbau von Luftschadstoffen!) eine wässrige Phase unabdingbar ist. Das Vorhandensein von Wasser im Füllmaterial in ausreichender für die Mikroorganismen zur Verfügung stehender Quantität ist gerade beim praktischen Betrieb von Biofiltern eine oft vernachlässigte Notwendigkeit.

Beim Biofilter dient eine niedrige Berieselungsdichte der Biofilmbefeuchtung und somit der Aufrechterhaltung einer für die Mikroorganismen nötigen Wasseraktivität (a_w-Wert). Beim Tropfkörper-Bioreaktor führt eine hohe Berieselungsdichte zur Ausbildung einer makroskopischen bewegten Wasserphase auf dem Biofilm, wobei der in der umgepumpten Mikroorganismensuspension stattfindende Schadstoffabbau neben demjenigen im Biofilm eine nicht untergeordnete Rolle spielt. Diese makroskopisch bewegte Wasserphase wirkt auch als Stofftransportbarriere für Sauerstoff und Luftschadstoffe, die die suspendierten und die immobilisierten Mikroorganismen umgibt.

Tabelle 1: Grundsätzliche Verfahrensmerkmale von klassischen Biofiltern, füllmaterialoptimierten Biofiltern und Tropfkörper-Bioreaktoren

	Klassischer Biofilter	**Füllmaterial-optimierter Biofilter**	**Tropfkörper--Bioreaktor**
Füllmaterial	biogen, evtl. mit Stützmaterialien	biogen, aber feuchte- und strukturstabil	inert, meist aus Kunststoff
Mikro-organismen	autochthone Flora	autochthone Flora, evtl. Inokulierung	künstlich zu inokulieren
Befeuchtung	Rohgas unbedingt H_2O-gesättigt, evtl. zusätzliche Berieselung	Rohgas nicht zwingend H_2O-gesättigt, intermittierende Berieselung	konstante oder intermittierende Berieselung
Druckverlust	hoch	mittel	niedrig
Nährsalze	im Füllmaterial enthalten	im Füllmaterial enthalten	in Kreislaufflüssigkeit zuzudosieren
Betriebs-stabilität	Austrocknung kritisch	hoch	hoch
Rohgas-ausfall	unkritisch für Tage und Wochen	unkritisch für Tage und Wochen	kritisch nach wenigen Stunden
Regel-möglichkeit	schlecht	gut	sehr gut
Standzeit	Monate bis 2 Jahre	2 bis 5 Jahre erwartet	mehr als 5 Jahre

Tabelle 1 zeigt die Systemparameter der drei untersuchten Verfahren zur biologischen Abluftreinigung.

Das füllmaterialoptimierte Biofilter ist mit strukturiertem Kompost geschüttet. Dieses am Institut für Verfahrens-, Brennstoff- und Umwelttechnik der TU Wien entwickelte Biofilterfüllmaterial ist im Gegensatz zu dem in Biofiltern heute meistens verwendeten Kompost feuchtestabil und erlaubt deshalb eine problemlose intermittierende Berieselung. Bei einer derartigen Berieselung steigt der betriebskostenrelevante Druckverlust beim Durchströmen der Reaktorschüttung mit der Abluft nur geringfügig an. Durch die Möglichkeit der Berieselung des feuchtestabilen Füllmaterials entfällt die bei konventionellen Kompostschüttungen gegebene Notwendigkeit einer Feuchtesättigung des Rohgases vor Eintritt in das Biofilter. Diese bisher unabdingbare Rohgaskonditionierung ist mit der Verwendung von strukturiertem Kompost als Biofilterfüllmaterial entbehrlich. Dies stellt einen Vorteil dar, da die zur Rohgasbefeuchtung nötigen Wäscher anlagentechnisch aufwendig sind und eine Feuchtesättigung in der betrieblichen Praxis ohnehin nur schwierig zu bewerkstelligen ist. Dies wirkt sich positiv auf niedrigere Anlageninvestitionskosten durch den Wegfall einer Befeuchtungseinrichtung und auf eine höhere Betriebsstabilität aus.

4 Verwendete Versuchsanlagen

Für die vergleichenden Untersuchungen der verschiedenen Füllmaterialien wurden drei verschiedene Versuchsanlagen (Tabelle 2) verwendet, die prinzipiell jeweils aus zwei Teilanlagen bestehen, einer zur Herstellung befeuchteter Abluft, welche eine definierte Menge Schadstoff enthält (Rohgaskonditionierung), und einer weiteren zur biologischen Abluftreinigung derselben (Sorption und mikrobieller Abbau). Als Bioreaktoren dienen bei Versuchsanlage 1 vier modular aufgebaute Festbettreaktorkolonnen und bei den Versuchsanlagen 2 und 3 jeweils eine Festbettreaktorkolonne. Durch Variation der Umpumprate der Kreislauf- bzw. Berieselungsflüssigkeit können die Versuchsanlagen sowohl als klassischer oder intermittierend befeuchteter Biofilter als auch als Tropfkörper-Bioreaktor betrieben werden. Die Luftführung der Versuchsanlagen ist variabel von oben nach unten (Gleichstrom von Luft und Wasser) oder von unten nach oben (Gegenstrom von Luft und Wasser) einstellbar.

Tabelle 2: Beschreibung der Versuchsanlagen. BF Biofilter

	Versuchsanlage 1	Versuchsanlage 2	Versuchsanlage 3
Schüttvolumen V_R	30,0 l	4,4 l	90,0 l
Durchmesser d	0,19 m	0,15 m	0,285 m
Reaktorhöhe h	1,06 m	0,25 m	1,41 m
Verhältnis d/h	0,17	0,6	0,2
Querschnittfläche	0,028 m^2	0,0177 m^2	0,064 m^2
Untersuchte Füllmaterialien	Grünkompost, Kompost mit Holzstücken, Strukturierter Kompost, Maisspindeln	Pallring 15 der Fa. Raschig	Dinpac 1 der Fa. Envicon
Umpumprate der Kreislaufflüssigkeit	klassischer Biofilter: 0 intermittierend befeuchtet. BF: 7,5 $m^3/m^3{}_{Reaktorvol.}h$ für 10 min alle 48 h	11 $m^3/m^3{}_{Reaktorvol.}h$ kontinuierlich	6 $m^3/m^3{}_{Reaktorvol.}h$ kontinuierlich
Gasanalytik	vollautomatisierte semikontinuierliche GC-Messung	diskontinuierliche GC-Messung	kontinuierliche FID-Messung

5 Untersuchte Füllmaterialien

Die relevanten Daten der drei Versuchsanlagen und die damit untersuchten Füllmaterialien sind in Tabelle 3 angegeben.

Tabelle 3: Kenndaten der untersuchten Füllmaterialien. *PP* Polypropylen; *MO* Mikroorganismen

	biogener Grünkompost	Grün- und Müllkompost mit angerotteten Holzstücken	Strukturierter Kompost mit Zuschlagstoffen	getrocknete Maisspindeln 2 Monate kompostiert	Dinpac 1 aus PP, nicht hydrophilisiert	Pallringe 15 aus PP, hydrophil. mit H_2SO_4 durchbroch. Zyl.
Hersteller	Fa. SAB GmbH	Fa. SAB GmbH	Eigenproduktion	Landwirtschaft	Fa. Envicon	Fa. Raschig
Größe [mm]	Siebfraktion 8	Siebfr. 8 u. Holzstücke 20-100	ca. 7x20	ca. 30x30	47x18x1,5	15x15
Lückengrad [m^3/m^3]	0,3-0,6	0,3-0,6	0,42	0,57	0,92	0,87
Spezif. Oberfläche [m^2/m^3]	ca. 3000	ca. 2000	187	111	135,1	350
Inokulierung mit MO	unnötig, da autochthone Flora vorhanden	unnötig, da autochthone Flora vorhanden	unnötig, da autochthone Flora vorhanden	empfehlenswert	voradaptierte MO nötig	voradaptierte MO nötig
Nährsalzdosierung	unnötig	unnötig	unnötig	unnötig	nötig	nötig

6 Ethylacetatabbau bei Anwendung unterschiedlicher Füllmaterialien

Die Füllmaterialien wurden auf ihre Leistungsfähigkeit zum Abbau von Ethylacetat untersucht. Dabei wurden drei verschiedene Betriebsmodi angewendet, nämlich klassisches Biofilter ohne Befeuchtung, intermittierend befeuchtetes Biofilter und Tropfkörper-Bioreaktor. Die Abbildungen 1-8 zeigen die spezifischen Abbauraten R_v [g/($m^3_{Reaktorvolumen}$ · h)] über den spezifischen Frachten [g/($m^3_{Reaktorvolumen}$ · h)] bei ähnlichen Raumgeschwindigkeiten k* [m^3/($m^3_{Reaktorvolumen}$ · h)].

Nach einer 10tägigen Adaptierung an den Luftschadstoff baut der derzeit häufig in Biofiltern eingesetzte Grünkompost das Ethylacetat mit einer hohen reaktorvolumenspezifischen Abbaurate von 78 g org. C/(m^3·h) bei einer spezifischen Rohgasfracht Rv von 78 g org. C/(m^3·h), entsprechend einem Wirkungsgrad (Umsatz) von 100 %, ab (Abb. 1). Der Rohgasstrom von 50 m^3/($m^3_{Reaktorvolumen}$ · h) wurde auf 80 % rel. Luftfeuchte befeuchtet und durchströmte die 100 cm hohe Reaktorschüttung von oben nach unten. Nach 30 Tagen unter diesen Betriebsbedingungen war die optisch durch die Plexiglaswandungen des Bioreaktors erkennbare "Feuchtefront" (diskrete Trennlinie zwischen trockenem und feuchtem Kompost) 70 cm von der Oberkante der Schüttung nach unten gewandert. Dabei war die spezifische Abbaurate auf nur 8 g org. C/(m^3·h) bei einer spezifischen Rohgasfracht von 78 g org. C/(m^3·h), entsprechend einem Wirkungsgrad (Umsatz) von ca. 10 %, abgesunken (Abb. 2). Diese drastisch verschlechterten Abbauwerte des hier untersuchten Laborbiofilters innerhalb von nur 20 Betriebstagen spiegeln die in der industriellen Praxis mit Biofiltern oft gemachte Erfahrung wieder, daß anfänglich gut funktionierende Biofilter bei Austrocknung nur mehr schlechte Abscheideleistungen erbringen. Eine derartig ausgetrocknete Kompostschüttung läßt sich nach unseren Erfahrungen auch durch Berieselung nicht mehr befeuchten. In der betrieblichen Praxis muß ein derartig ausgetrockneter Biofilter neu befüllt werden. Da eine Feuchtesättigung des Rohgasstromes schwierig zu realisieren ist, kommt es häufig zu derartigen Austrocknungen und in Folge zu einer schlechten Abbauleistung des Biofilters.

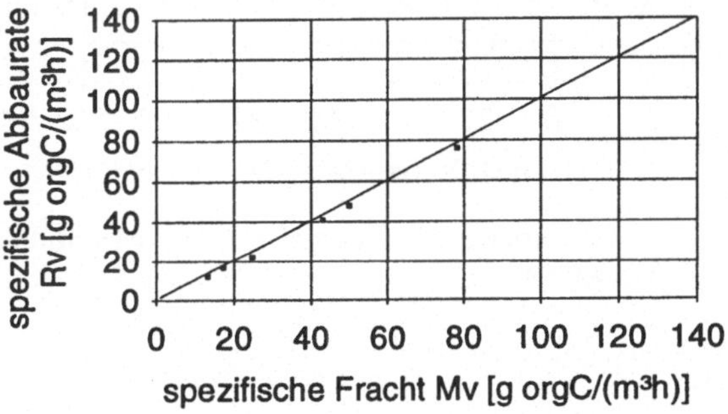

Abb. 1: Unbefeuchteter Kompost nach 10 Betriebstagen, k* = 50 1/h

Auch bei Feuchtesättigung des Rohgases kommt es zu einem kontinuierlichen Feuchteaustrag aus dem Biofilter durch die aufgrund der mikrobiellen Oxidationsvorgänge entstehende Wärmetönung. Aus diesem Grunde sind moderne Biofilteranlagen mit Berieselungseinrichtungen ausgerüstet, um dem Austrocknen des Füllmaterials vorzubeugen. Damit läßt sich langfristig eine hohe Abbauleistung (96 % Umsatz bei einer spezifischen Fracht von 120 g org. C/(m^3·h)) des Grünkomposts aufrechterhalten (Abb. 3). Auch eine Mischung aus 33,3 Vol. % Grünkompost, 33,3 Vol. % Müllkompost und 33,3 Vol. % 2-10 cm großen angerotteten Holzstücken zur Auflockerung der Mischung baut das Ethylacetat sehr gut ab (85 % Umsatz bei einer spezifischen Fracht von 120 g org. C/(m^3·h)) (Abb. 4).

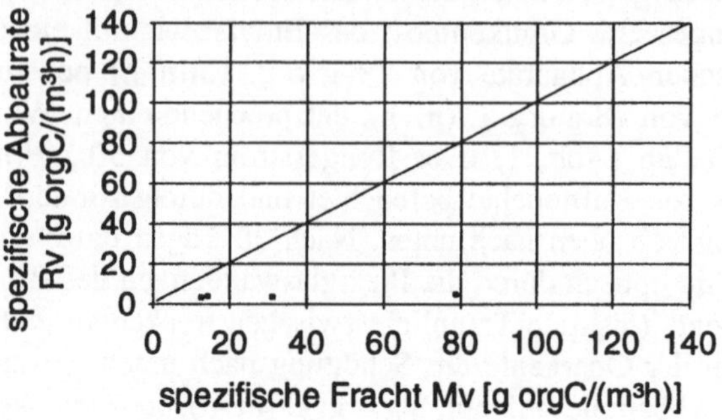

Abb. 2: Unbefeuchteter Kompost nach 30 Betriebstagen mit k* = 50 1/h

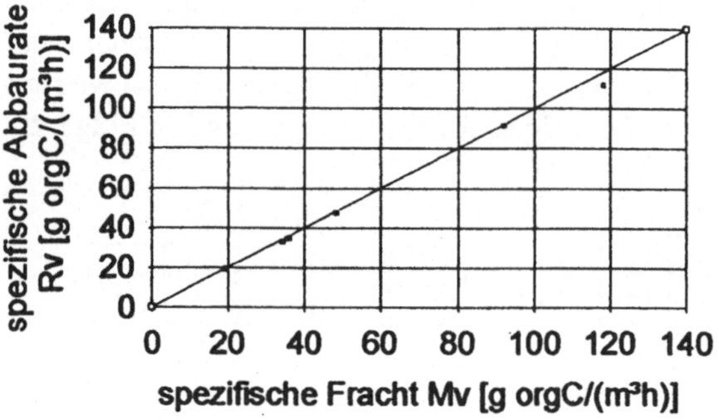

Abb. 3: Kompost intermittierend befeuchtet, d. h. alle 48 Stunden für 10 Minuten mit k* = 61 1/h

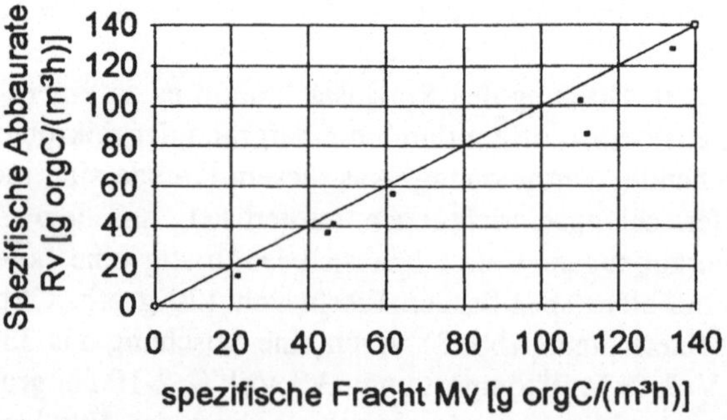

Abb. 4: Kompost mit Holzstücken, intermittierend befeuchtet mit k* = 59 1/h

Strukturierter Kompost (Abb. 5) baut bei einer spezifischen Fracht von 60 g org. C/(m³·h) mit 92 % Umsatz ab und bei einer spezifischen Fracht von 120 g org. C/(m³·h) noch mit 66 % Umsatz ab. Die geringeren Abbauleistung im Vergleich zu unbehandeltem Kompost sind vermutlich durch eine niedrigere spezifische Oberfläche bedingt, die für eine mikrobielle Besiedelung und für die Stoffaustauschvorgänge zwischen Luft- und Wasser-/Festphase zur Verfügung stehen.

Abbauversuche mit für zwei Monaten ankompostierten Maisspindeln (Abb. 6), einem schwierig weiterverwertbarem Abfallprodukt der Landwirtschaft, als Füllmaterial für ein intermittierend befeuchtetes Biofilter erbrachten unzufriedenstellende Ergebnisse. Diese konnten auch durch Mineralsalzdosierungen in die Berieselungsflüssigkeit nicht verbessert werden. Die Gründe hierfür dürften in der relativ niedrigen spezifischen Oberfläche von 111 m²/m³ trotz der Wabenstruktur der Maisspindeln und in evtl. auftretenden Diauxieeffekten (für die Mikroorganismen leichter als Ethylacetat verwertbare Kohlenstoffquellen trotz Kompostierung) liegen.

Der Vergleich der inerten Kunststofffüllkörper Dinpac 1 (Abb. 7) und Pallring 15 (Abb. 8) zeigt, daß das Füllmaterial mit der höheren spezifischen Oberfläche (Pallring 15 mit 350 m²/m³) bessere Abbauleistungen erzielt als dasjenige mit der geringeren spezifischen Oberfläche (Dinpac 1 mit 135 m²/m³).

Die spezifischen Oberflächen und die Abbauraten bei einer reaktorvolumenspezifischen Rohgasfracht von 120 g org. C/(m³·h) sind zusammenfassend für alle untersuchten Füllmaterialien in Abb. 9 grafisch dargestellt.

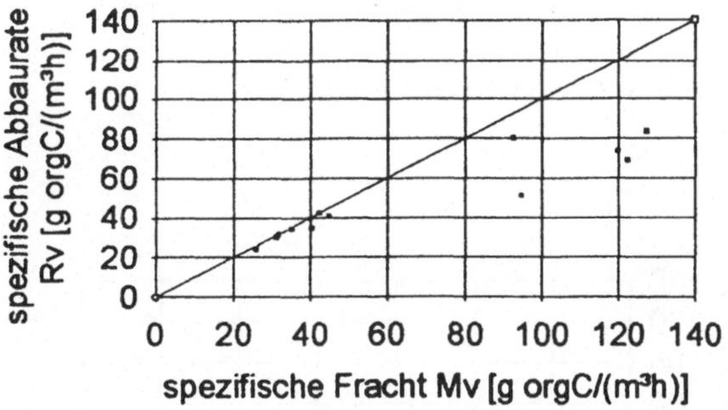

Abb. 5: Strukturierter Kompost intermittierend befeuchtet mit k* = 59 1/h

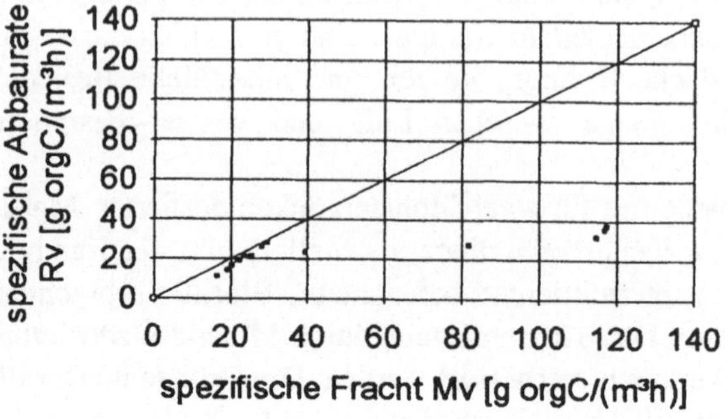

Abb. 6: Kompostierte Maisspindeln intermittierend befeuchtet mit k* = 50 1/h

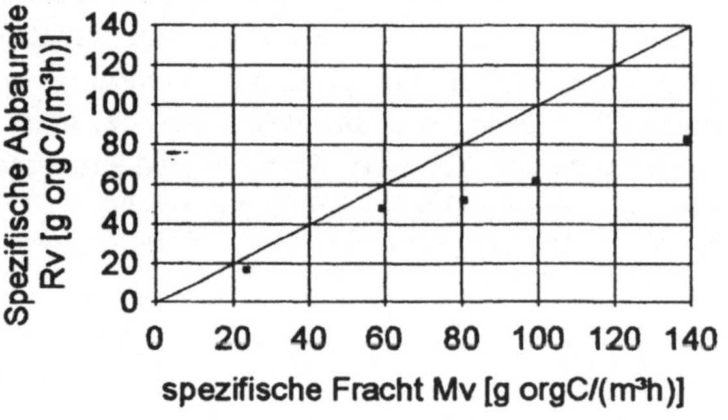

Abb. 7: Dinpac 1 kontinuierlich berieselt mit k* = 56 1/h

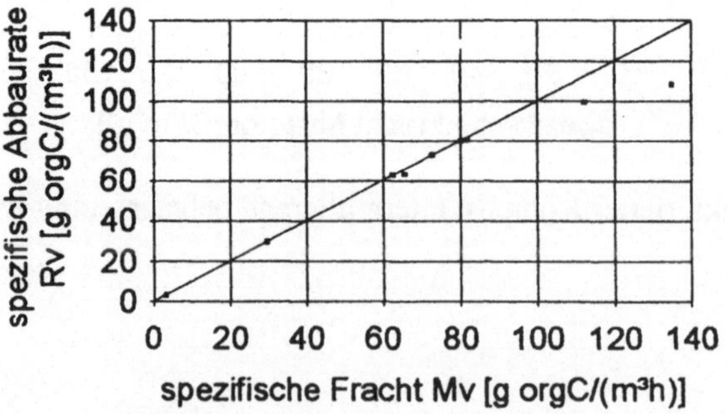

Abb. 8: Pallring 15 kontinuierlich berieselt mit k* = 100 1/h

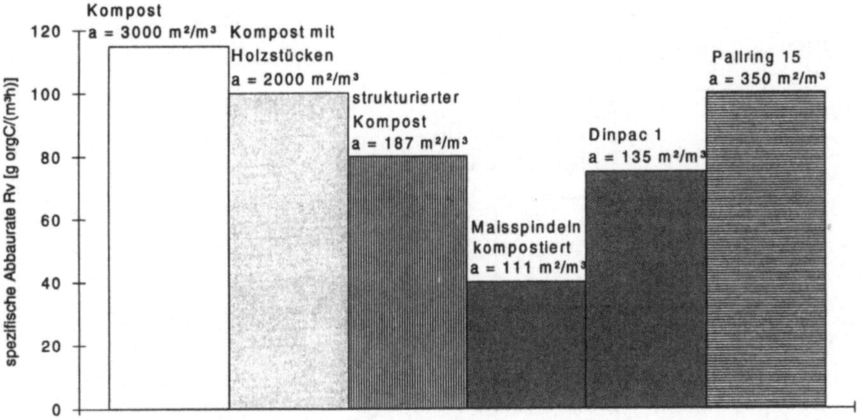

Abb. 9: Reaktorvolumenspezifische Abbauraten bei einer reaktorvolumenspezifischen Rohgasfracht von 120 g org. C/(m^3·h). Die spezifischen Oberflächen *a* der Füllmaterialien sind angegeben

7 Druckverlustvergleich

Zur Beurteilung eines Füllmaterials muß neben der erzielbaren Abbauleistung unbedingt auch der durch die Biofilterschüttung verursachte Druckverlust berücksichtigt werden, da dieser ein die Betriebskosten durch den Gebläseenergiebedarf maßgeblich beeinflussender Faktor ist. Die durch die verschiedenen Füllmaterialien verursachten Druckverluste bei Raumgeschwindigkeiten von k* = 59 m^3/(m^3·h) über die Reaktorschüttung sind in Abb. 10 dargestellt. Hinsichtlich des verursachten Druckverlustes sind der strukturierte Kompost und die inerten Kunststofffüllkörper sehr gut für den Einsatz in berieselten biologischen Abluftreinigungsverfahren geeignet.

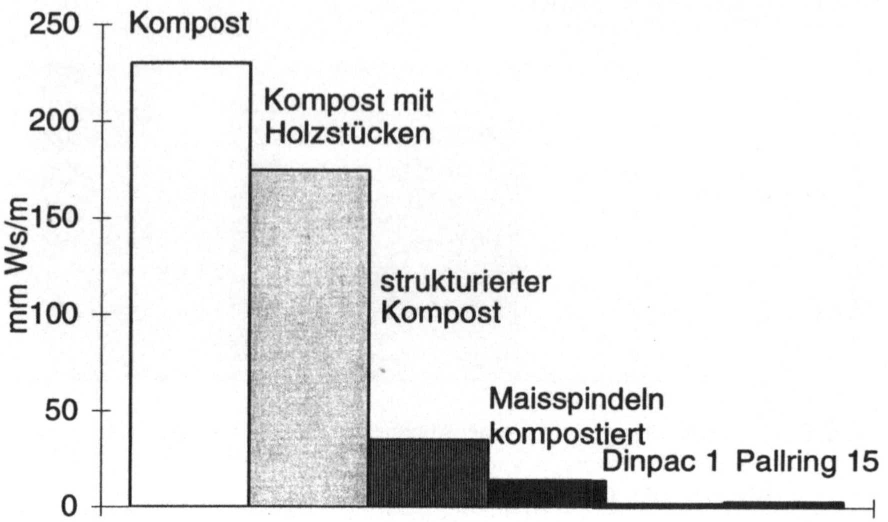

Abb. 10: Druckverlustwerte [mm Wassersäule pro Meter Reaktorschütthöhe] der verschiedenen Füllmaterialien bei k* = 59 1/h. Kompost, Kompost mit Holzstücken, strukturierter Kompost und Maisspindeln wurden intermittierend befeuchtet, Dinpac 1 und Pallringe 15 kontinuierlich berieselt

8 Diskussion der Ergebnisse

Aus den Daten der erzielten Abbauleistungen läßt sich eine grundsätzliche Eignung von Kompost und inerten Füllkörpern zur biologischen Abluftreinigung ableiten. Die spezifischen Oberflächen, die reaktorvolumenspezifischen Abbauraten und die Wirkungsgrade bei reaktorvolumenspezifischen Rohgasfrachten von 60 und 120 g org. C/(m^3·h) sind für alle untersuchten Füllmaterialien in Tabelle 4 zusammengefaßt. Der Zusammenhang von hohen spezifischen Oberflächen und hohen Abbauleistungen ist deutlich erkennbar.

Die mit konventionellem Kompost erzielbaren hohen Abbauleistungen sind an Feuchtegehalte geknüpft, die durch Rohgaskonditionierung alleine nicht erreichbar sind. Bei Berieselung verursacht konventioneller Kompost (und ähnliche hier nicht beschriebene Füllmaterialien wie z. B. Torf-Heidekraut-Mischungen) einen zu hohen Druckverlust. Vergleichbar hohe Abbauleistungen sind auch mit inerten Füllkörpern bei sehr geringem Druckverlust erzielbar, diese erfordern jedoch einen hohen Regelbedarf der Anlage, z. B. hinsichtlich der pH-Wert-Regulation und der Nährsalzdosierung.

Tabelle 4: Kenndaten und Leistungswerte der Füllmaterialien

Füllmaterial Parameter	Kompost intermittierend befeuchtet	Kompost mit Holzstücken intermitt. befeucht.	strukturierter Kompost intermitt. befeucht.	Maisspindeln kompostiert intermitt. befeuchtet	Dinpac 1 kontinuierlich berieselt	Pallring 15 intermitt. befeuchtet
spezif. Oberfl. a [m²/m³]	ca. 3000	ca. 2000	ca. 187	ca. 111	135	350
Lückengrad ε [m³/m³]	0,3-0,6	0,3-0,6	ca. 0,42	ca. 0,57	0,87	0,92
Druckverlust [mm WS/m] bei k* = 60 1/h	225	175	35	15	2	4
Abbaurate [g C/(m³·h)] bei Mv=60 g C/(m³·h) Wirkungsgrad [%]	ca. 60 100	ca. 55 92	ca. 55 92	ca. 30 50	ca. 48 80	ca. 60 100
Abbaurate [g C/(m³·h)] bei Mv=120 g C/(m³·h) Wirkungsgrad [%]	ca. 115 96	ca. 102 85	ca. 80 66	ca. 40 33	ca. 75 63	ca. 100 83

Strukturierter Kompost als Alternative zu diesen konventionellen Füllmaterialien kann eine Reihe von Vorteilen in sich vereinen, wodurch ein relativ geringer Druckverlust und niedrige Betriebskosten verursacht werden. Aufgrund des geringeren regeltechnischen Bedarfs (pH-Pufferung und Nährsalzversorgung durch das Füllmaterial) und der nicht nötigen Rohgasbefeuchtungseinrichtung entstehen niedrigere Investkosten. Ein Rohgasausfall bei Anlagenstillstand ist für die Mikroorganismen unkritisch, da im Kompost alternative Kohlenstoffquellen zur Verfügung stehen. Darüber hinaus lassen sich aufgrund der Feuchtestabilität des strukturierten Komposts lange Standzeiten auch bei Berieselung bei langfristig hohen spezifischen Abbauleistungen realisieren. Mit diesem Füllmaterialien wird eine gleichmäßige Durchströmung des gesamten Biofilters mit der zu reinigenden Abluft erreicht, wobei der mikrobielle Abbau aufgrund des im gesamten Filterbett gegebenen ausreichenden Feuchtegehalts optimal funktioniert.

Untersuchungen zum Abbauverhalten und zur Abbaukinetikeiner schwefeloxidierenden Mikroflora in einem Tropfkörperreaktor zur Abgasreinigung

B. Zwerger, S. Steinlechner, A. Windsperger und M. Sotoudeh[1]

1 Zusammenfassung

An den experimentellen Werten des simultanen Abbaus von CS_2 und H_2S in einem Tropfkörperreaktor zur Reinigung der Abluft eines Viskosefaserbetriebes wurde die Annahme einer Parallelreaktion mit unterschiedlicher Abbaugeschwindigkeit geprüft. Die Werte der Abbaukonstante und der Reaktionsordnung wurden ermittelt und die erhaltenen Werte in Gleichungen für Reaktoren mit unterschiedlicher Rückvermischung eingesetzt. Dabei zeigte sich für einen idealen Rohrreaktor die beste Übereinstimmung.

Aus den erhaltenen Ergebnissen konnte gefolgert werden, daß Mischungen von schwerlöslichen Komponenten unterschiedlicher Abbaubarkeit in Rieselbettreaktoren abgebaut werden können, die leichter abbaubare Substanz im untersuchten Fall aber den Abbau des schwerlöslichen Stoffes störte.

Um die getroffenen Annahmen zu erhärten und die Aussagen genauer zu prüfen, wäre die analoge Auswertung von Ergebnissen einer vergleichbaren Anlage, eventuell im Vergleich mit anderen Schadstoffen, günstig.

2 Einleitung

Biologische Verfahren finden in der Abluftreinigung verstärkte Anwendung. Ihre Vorteile liegen vor allem darin, daß Sekundäremissionen vermieden werden können und daß die Betriebskosten derartiger Anlagen relativ niedrig sind. Die biologischen Abluftreinigungsverfahren können in zwei Gruppen unterteilt werden: in

[1] Forschungsinstitut für Chemie und Umwelt, TU Wien, Getreidemarkt 9/191, A-1060 Wien

die Biofilter einerseits und in die Biowäscher (inklusive Tropfkörper) andererseits, wobei der Tropfkörper eine Zwischenstellung zwischen Biofilter und Biowäscher einnimmt. Die Abbauleistung eines Tropfkörpers ist vom Stoffübergang und der biologischen Reaktion geprägt. Der Tropfkörper findet vor allem bei niedrig belasteten Abgasströmen Einsatz, da bei zu hoher Schadstoffkonzentration die Gefahr des Verstopfens durch zu starkes Wachstum der Mikroorganismen gegeben ist (Braun et al. 1994). Zur Zeit ist jedoch das Potential derartiger Anlagen noch nicht genau bekannt, da die Kenntnisse über die Abbaukinetik noch gering sind. Mit dieser Arbeit sollte versucht werden, Ansätze zur theoretischen Evaluation von Abbauverhalten und Abbaukinetik einer schwefeloxidierenden Mikroflora zu liefern.

3 Versuchsanlage und Methodik

Ein Plexiglasreaktor (Volumen 0,375 m^3) wurde mit Raluringen (Fa. Raschig, Durchmesser 3 cm) beschickt und mit Belebtschlamm beimpft. Zur Versorgung mit Nährstoffen und zur Befeuchtung der Mikroorganismen wurde mit Ammonsulfat und Phosphorsäure versetztes Wasser von oben in den Reaktor geleitet und im Kreis geführt. Das Umlaufwasser wurde in einem Becken gesammelt und dort regelmäßig pH und Leitfähigkeit gemessen. Zur Vermeidung zu hoher Salzkonzentrationen wurde absatzweise ein Teil des Umlaufwassers gegen frische Nährlösung ersetzt.

Ein mit CS_2 und H_2S belasteter Abgasstrom (Konzentration der Komponenten $< 1\ g \cdot m^{-3}$) aus einem Viskosefaserbetrieb wurde im Gegenstrom zum Umlaufwasser in den Reaktor eingeleitet. Der Abgasstrom war mit Feuchte gesättigt und wies eine Temperatur von 30 °C auf.

Über den gesamten Versuchszeitraum wurde täglich die Reingas- und Rohgaskonzentration an CS_2 und H_2S sowie der Gasstrom gemessen (Windsperger und Steinlechner 1995).

4 Ergebnisse

Abbildung 1 zeigt eine Zusammenfassung der erhaltenen Ergebnisse im Versuchszeitraum. Wie aus den Zeitdiagrammen ersichtlich, benötigte die Biofilteranlage eine Anfahrphase, bis der Abbau beider Stoffe relativ konstant war. In dieser Zeit sank aber auch die Konzentration im Zuluftstrom. Aus den Werten ist generell ein höherer Wirkungsgrad für H_2S zu erkennen, allerdings war auch die entsprechende Belastung niedriger. Um den jeweiligen Belastungszustand zu berücksichtigen, wurden die erhaltenen Daten hinsichtlich der Kinetik des Abbaus beider Schadstoffe und der Anwendbarkeit eines Strömungsrohrmodells untersucht.

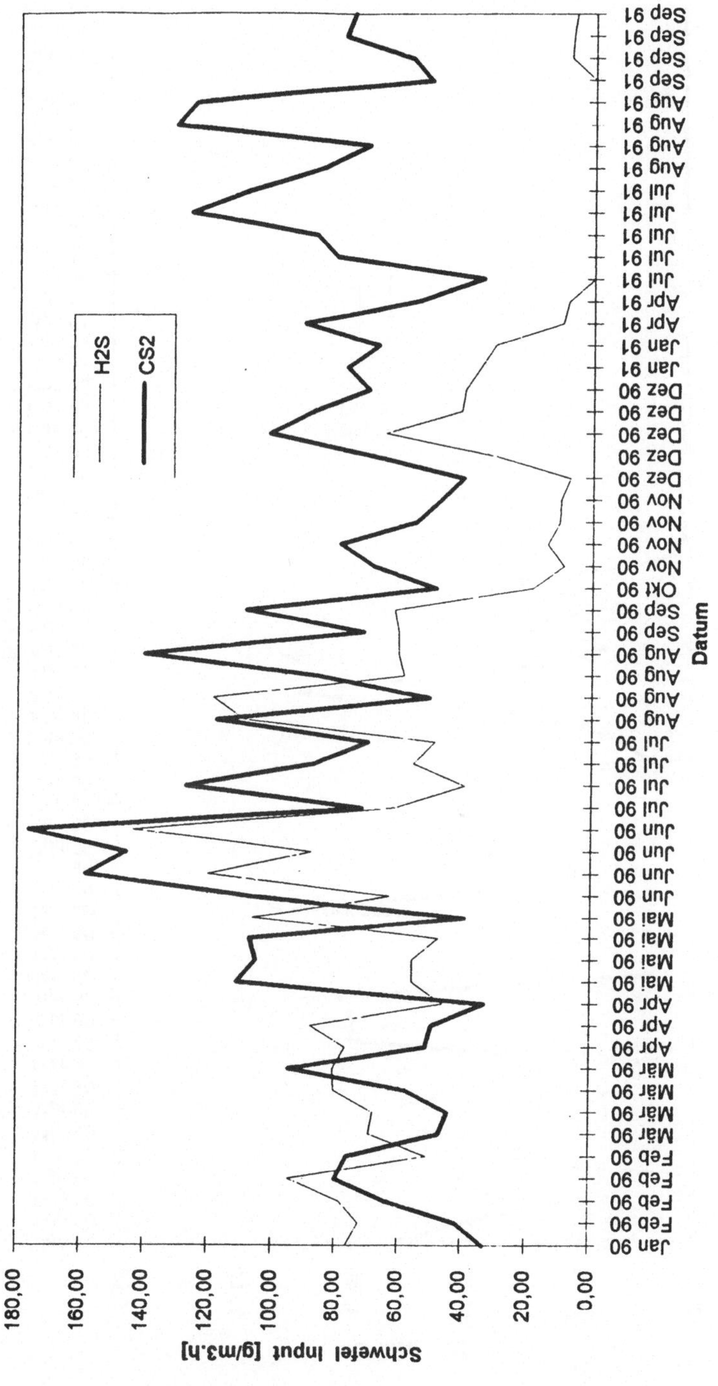

Abb. 1a: Verlauf des Frachteintrages beider Komponenten im Versuchszeitraum

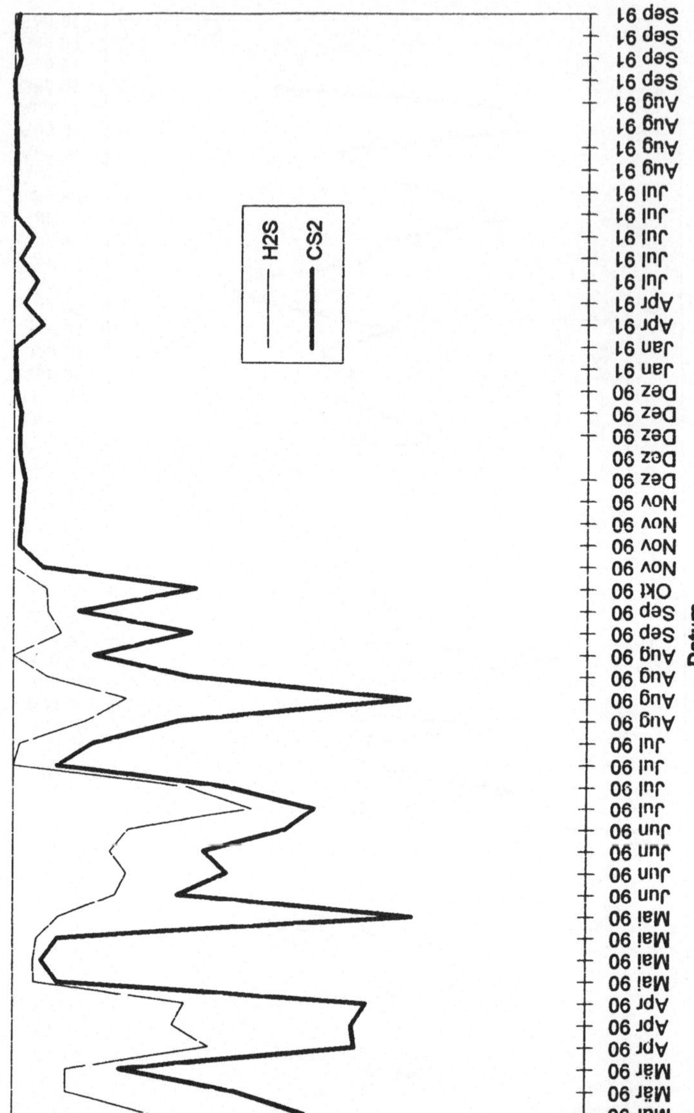

Abb. 1b: Verlauf der Abscheidung beider Komponenten im Versuchszeitraum

4.1 Untersuchung der Kinetik der biologischen Oxidation von CS_2 und H_2S

Der gleichzeitige Abbau zweier Stoffe erfolgt häufig nach einer Parallelreaktion. Diese würde auf die Anwesenheit verschiedener Organismenstämme für den Abbau der beiden Stoffe hindeuten. Bei Oxidation durch denselben Stamm könnte auch ein serieller Abbau angenommen werden, wobei zuerst H_2S und danach CS_2 oxidiert würde. In einem solchen Fall sollte der CS_2-Abbau erst nach vollständigem H_2S-Umsatz stattfinden.

Die biologische Oxidation der beiden Komponenten verläuft nach folgenden Reaktionsgleichungen (Berzaczy et al. 1988):

$$H_2S + 2O_2 \rightarrow SO_4^{--} + 2H^+$$

$$CS_2 + 4O_2 + H_2O \rightarrow 2SO_4^{--} + 4H^+ + CO_2$$ [2]

Aus den Daten in Abb. 1 erschien uns ein Parallelabbau mit unterschiedlichen Abbaugeschwindigkeiten möglich. Bei der Überprüfung dieser Annahme wurde der nachfolgend beschriebene Weg gewählt.

Da es sich hier um enzymatische Reaktionen handelt, kann die Michaelis-Menten-Gesetzmäßigkeit verwendet werden, die bei niedriger Substratkonzentration in eine Reaktion 1. Ordnung übergeht.

$$-r = k \cdot S^n$$

(n ... Reaktionsordnung; n=1)

Bei dem hier verwendeten Tropfkörperreaktor handelt es sich um ein Festbettreaktorsystem, bei dem nur eine beschränkte Rückvermischung anzunehmen ist. Daher wurde für die Berechnung des Abbaus das Modell eines idealen Rohrreaktors verwendet.

Danach errechnet sich die Reingaskonzentration bei Annahme einer Kinetik 1. Ordnung nach:

$$Cg_{out} = Cg_{in} \cdot \exp(-k \cdot \tau)$$

Der Wert k beinhaltet nach einem von Windsperger (1991) beschriebenen Modell den Transportwiderstand, die Reaktionsgeschwindigkeitskonstante, die Gleichgewichtskonstante und die spezifische Oberfläche.

Der Umsatz U ergibt sich dann aus der Konzentrationsdifferenz zwischen Roh- und Reingas bezogen auf die Rohgaskonzentration.

$$U = (Cg_{in} - Cg_{out})/Cg_{in} = 1 - Cg_{out}/Cg_{in}$$

Die Abscheidung kann somit für die einzelnen Komponenten durch

$$U_{CS2} = 1 - \exp(-k_{CS2} \cdot \tau)$$

---

[2] Die meisten schwefeloxidierenden Bakterien sind obligat chemolithoautotroph und auf CO_2-Fixierung angewiesen (Schlegel 1985). Da beim Abbau von CS_2 auch CO_2 entsteht, beim Abbau von H_2S jedoch nicht, kann dies entscheidenden Einfluß auf das Abbauverhalten haben. Der Metabolismus wurde aber nicht weitergehend untersucht.

$$U_{H2S} = 1 - \exp(-k_{H2S} \cdot \tau)$$

ausgedrückt werden.

Die Verweilzeit τ wurde durch Division des Reaktorvolumens (0,375 m^3) durch die im Betrieb gemessenen Gasvolumenströme erhalten. Für verschiedene Verhältnisse der Konstanten von CS_2 und H_2S wurden die rechnerisch erhaltenen Umsätze in Abb. 2 gegeneinander aufgetragen und den experimentellen Werten gegenübergestellt.

Es zeigte sich, daß mit einem Verhältnis von 0,4-0,7 der Abbaukonstanten von CS_2 zu H_2S eine gute Anpassung an die experimentellen Werte erreicht werden kann. In erster Näherung beschreibt eine Parallelreaktion in einem Rohrreaktor die Versuchsdaten relativ gut.

Eine genauere Untersuchung der experimentellen Daten erbrachte, daß die Werte, die von der Anfangsphase des Betriebes der Anlage stammen, mehr zu der Kurve mit dem Verhältnis 0,4 passen und die Werte aus der späteren Betriebsphase fast ausschließlich auf der 0,7-Kurve zu finden sind. Anfänglich dominieren somit scheinbar die H_2S-abbauenden Organismen. Die CS_2-abbauenden Organismen wachsen langsamer an, erreichen bei längerer Versuchsdauer aber in Summe relativ ähnliche Abbaukonstanten wie die H_2S abbauenden Organismen.

Prüfung auf Reaktion 1. Ordnung. Die vorhin angenommenen Werte von k, die Stofftransport, die Reaktion und Gleichgewicht beinhalten, sollten nun aus den experimentellen Werten ermittelt werden.

Für eine Reaktion n-ter Ordnung ergibt sich bei Auftragung im doppelt logarithmischen Maßstab entsprechend

$$\log(-r) = \log k + n \cdot \log S$$

eine Gerade, wobei der Anstieg der Reaktionsordnung n und der Achsenabschnitt dem Wert der Abbaugeschwindigkeitskonstante entspricht.

Da sich die Substratkonzentration bei einer Reaktion 1. Ordnung in einem Rohrreaktor über die Länge ändert, wurde die mittlere Substratkonzentration verwendet, die folgendermaßen berechnet wurde:

$$C_{mittel} = (Cg_{in} - Cg_{out}) \,/\, LN \quad (Cg_{in}/Cg_{out})$$

Um die Annahme der Reaktion 1.Ordnung zu überprüfen, wurde der Logarithmus der negativen Reaktionsrate (berechnet aus Umsatz mal Fracht) gegen den Logarithmus der mittleren Substratkonzentration aufgetragen (Abb. 3 und 4). Bei dieser Auftragung zeigt sich ein Bereich, der von der Linearität deutlich abweicht. Dieser Bereich entspricht der Anfangsphase des Versuchsbetriebes. Ob die Abweichung durch die Inbetriebnahme, durch die hohen Konzentrationen oder durch die noch unzureichend ausgebildete Mikroorganismenflora verursacht wird, konnte bis jetzt nicht eindeutig geklärt werden.

Die statistische Auswertung der verwendbaren Werte zeigte nur für H_2S eine signifikante Korrelation. Bei CS_2 lagen speziell bei höherer H_2S-Konzentrationen deutliche Unterschiede in der Streuung vor.

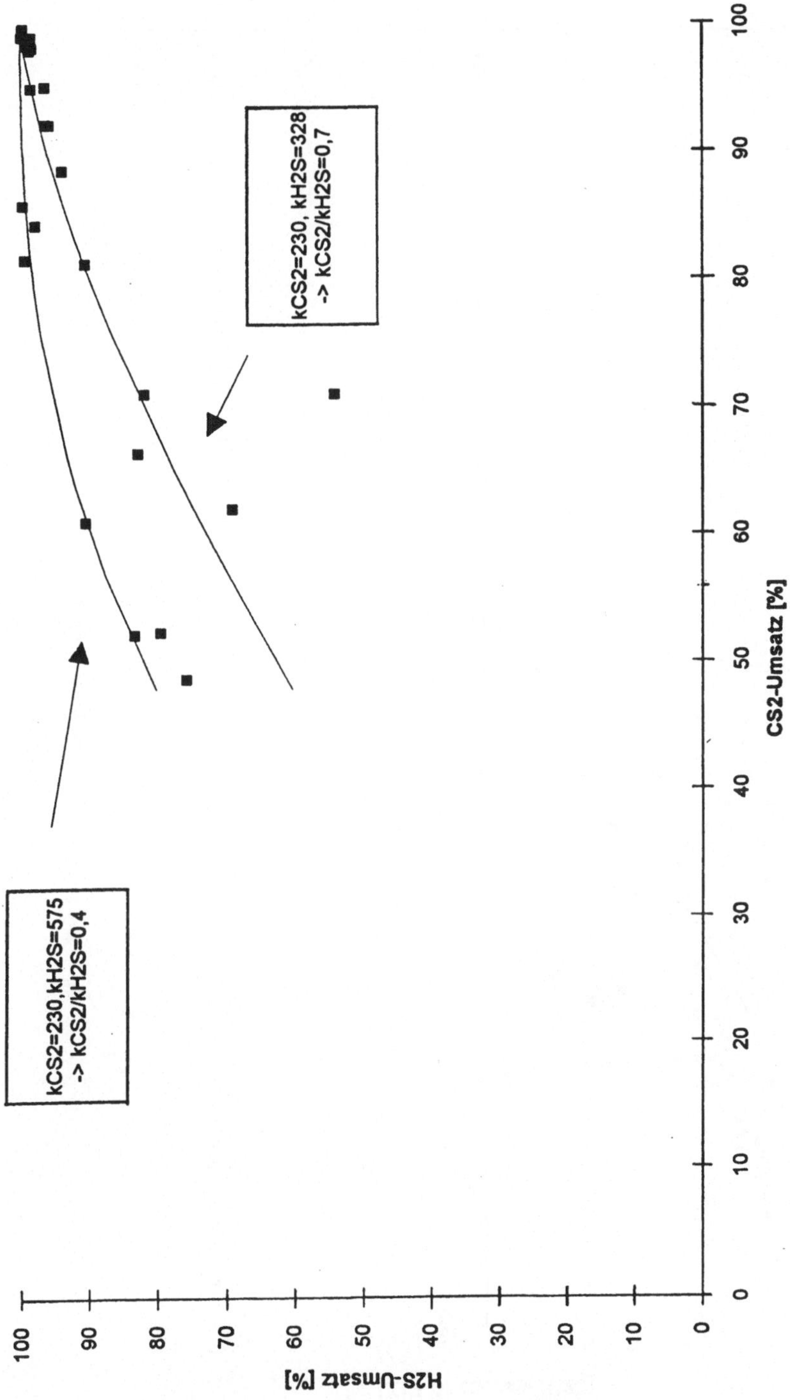

Abb. 2: Zusammenhang zwischen H_2S-und CS_2-Umsatz

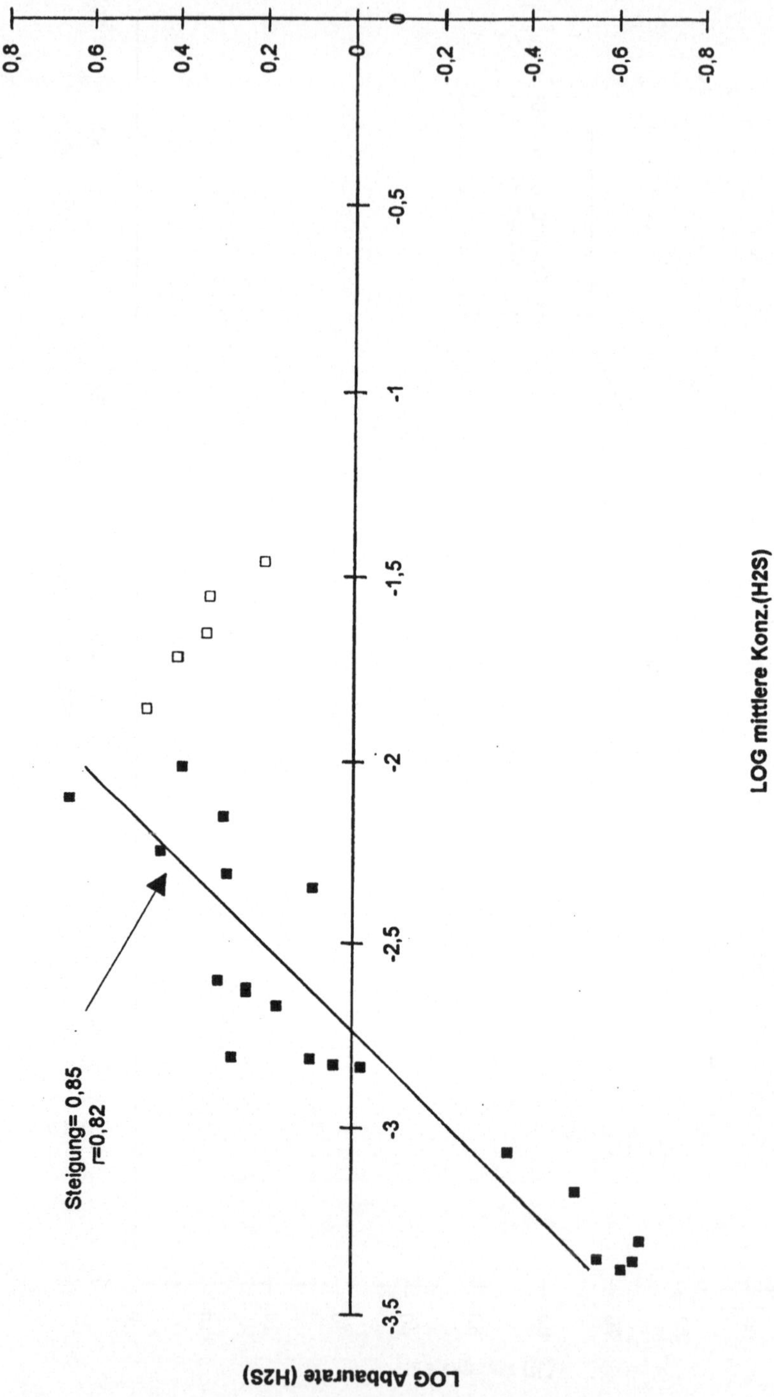

Abb. 3: Bestimmung der Kinetik des H_2S-Abbaus

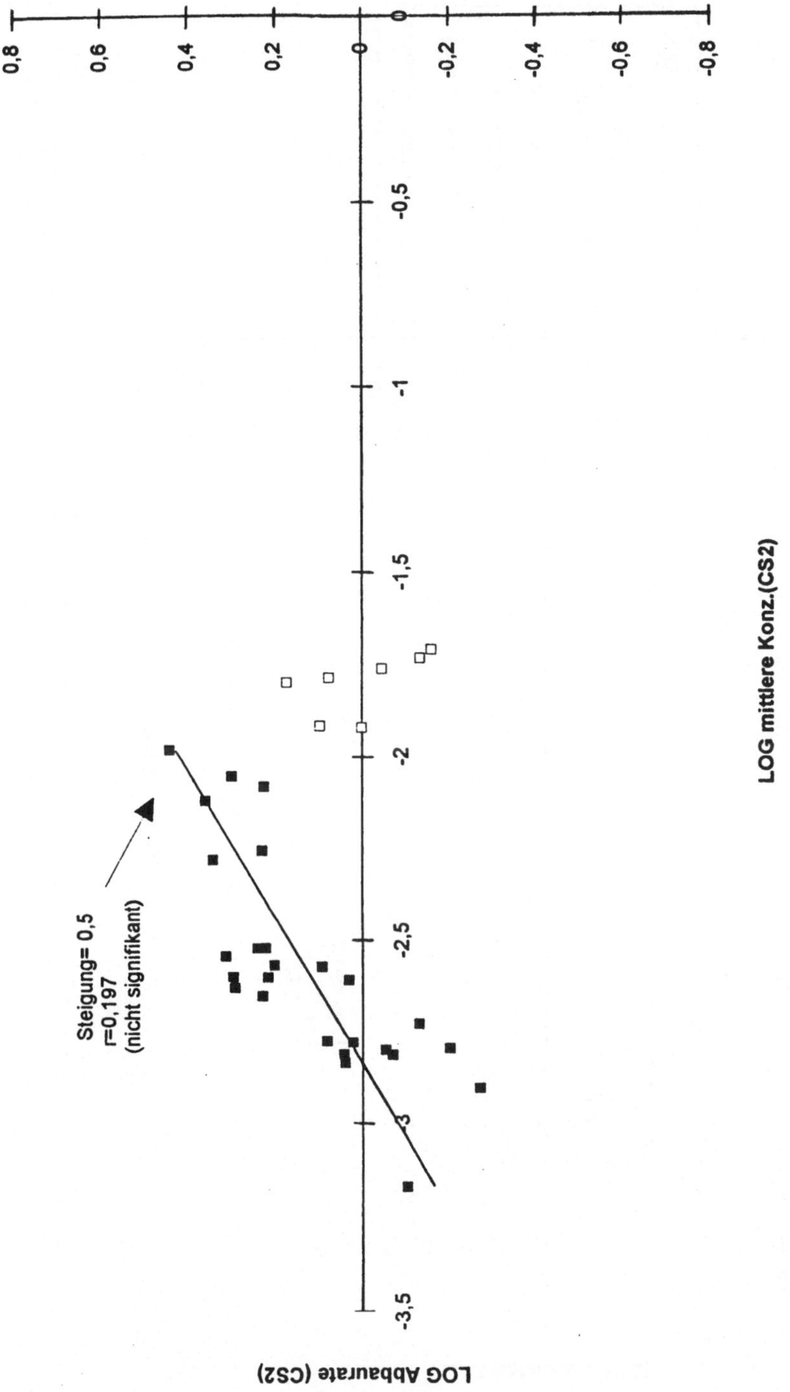

Abb. 4: Bestimmung der Kinetik des CS_2-Abbaus

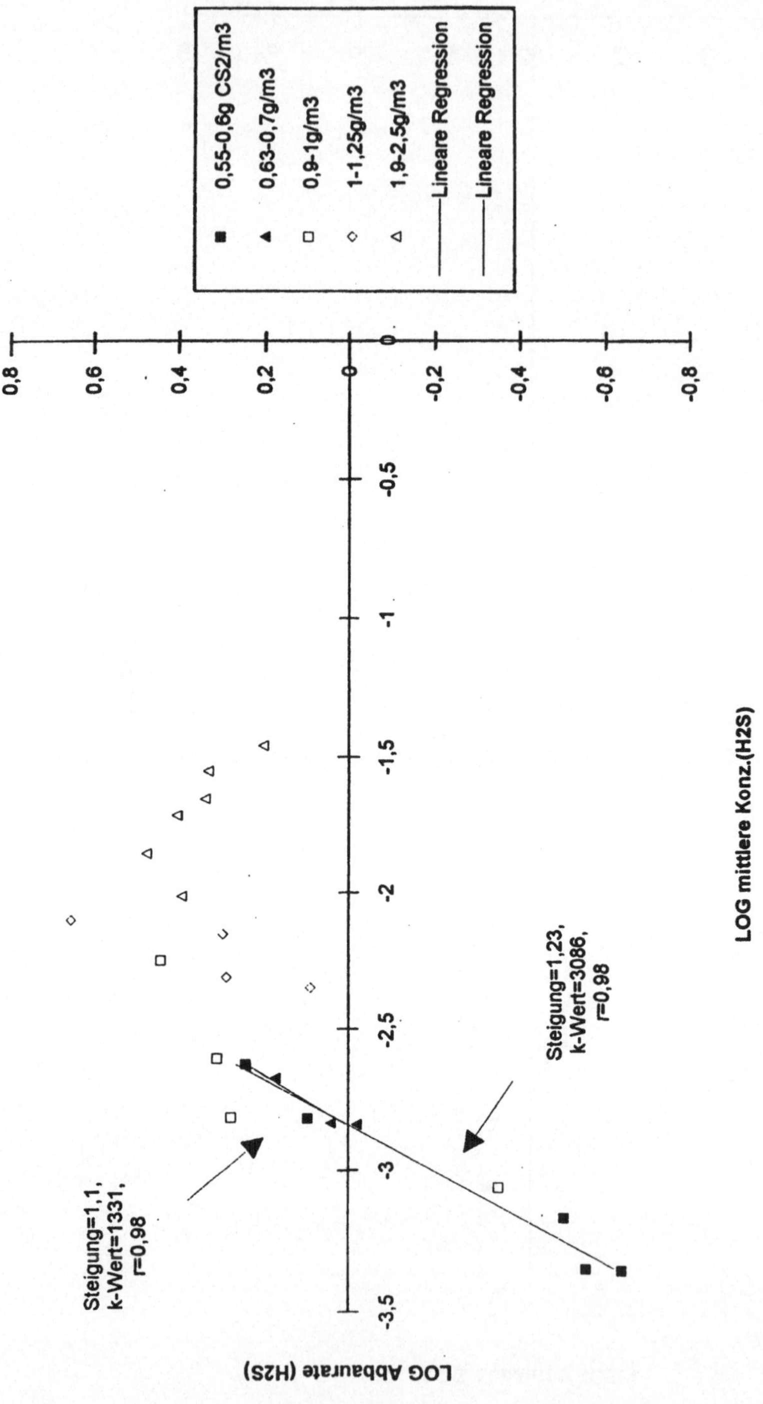

Abb. 5: Bestimmung der Kinetik des H_2S-Abbaus (sortiert nach CS_2-Beladung)

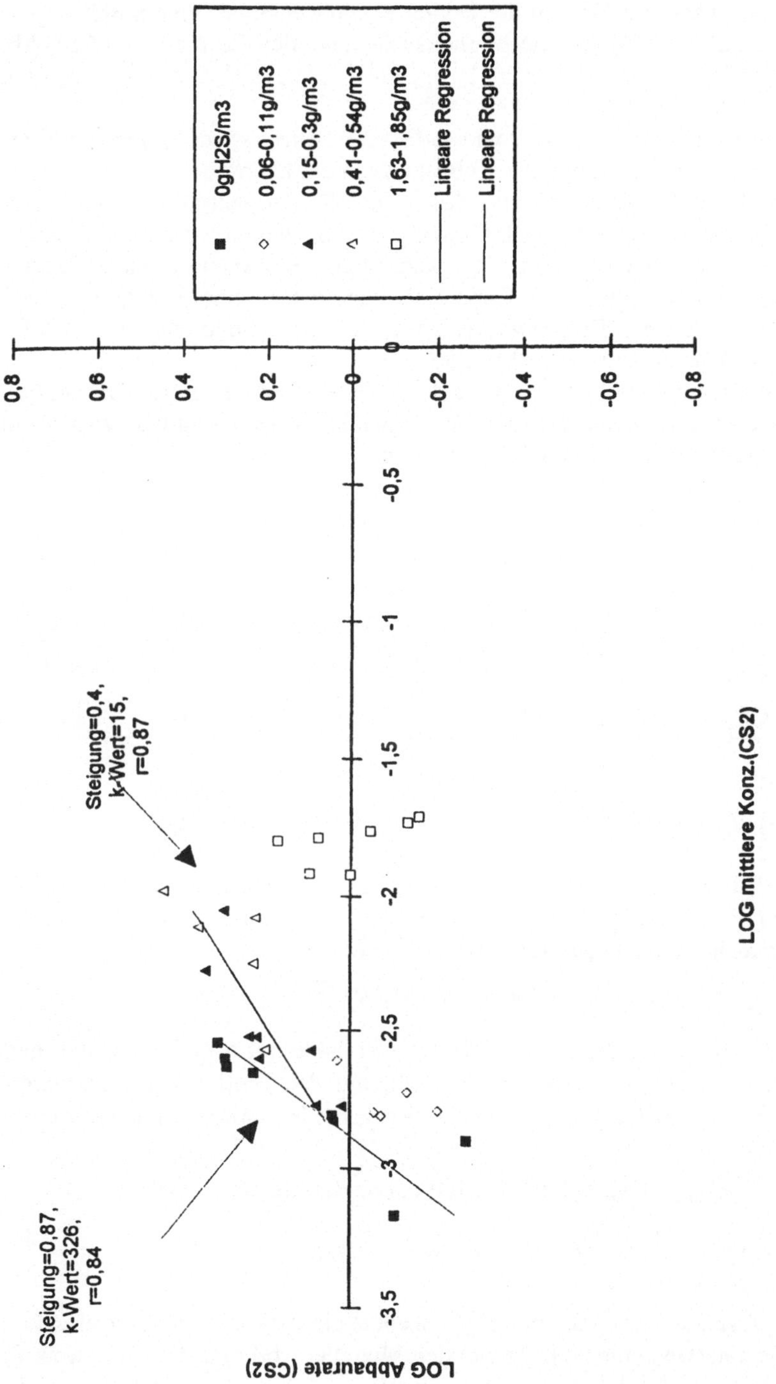

Abb. 6: Bestimmung der Kinetik des CS_2-Abbaus (sortiert nach H_2S-Beladung)

Um den gegenseitigen Einfluß der beiden Komponenten als eine mögliche Ursache der Streuung der CS_2-Werte zu untersuchen, wurden die Werte des CS_2-Abbaus nach der H_2S-Konzentration im Rohgas und jene des H_2S-Abbaus nach der CS_2-Konzentration im Rohgas sortiert (Abb. 5 und 6).

Für die auswertbaren Bereiche konnten die in Tabelle 1 wiedergegebenen Werte der Reaktionsordnung (n) und der Abbaukonstanten (k) ermittelt werden.

Die Kinetik des H_2S-Abbaus wird durch die CS_2-Konzentration kaum beeinflußt, die Annahme einer Reaktion 1. Ordnung trifft im wesentlichen zu.

Bei der Abbaukinetik des CS_2 zeigt sich demgegenüber ein direkter Zusammenhang zur H_2S-Konzentration. Ohne H_2S liegt nahezu eine Reaktion 1. Ordnung vor, bei steigender Konzentration wird die Abweichung stärker und führt letztlich zur fehlenden Korrelation bei CS_2.

Da sich die ermittelten k-Werte nur auf spezielle Zustände (hoher Umsatz beider Komponenten) beziehen, darf das Verhältnis der k-Werte von CS_2 zu H_2S in diesem Fall nicht mit Abb. 2 verglichen werden.

Tabelle 1: Werte der Reaktionsordnung und Abbaukonstanten

	H_2S			CS_2	
Beladung:	n	k [1/h]	Beladung:	n	k [1/h]
0,55-0,6 g CS_2/m^3	1,23	3086	0 g H_2S/m^3	0,87	326,4
0,63-0,7 g CS_2/m^3	1,10	1331	0,15-0,3 g H_2S/m^3	0,40	15

4.2 Anwendung der erhaltenen Werte auf ein Rohrreaktormodell

Die oben erhaltenen Werte für k konnten nun in das mathematische Modell für einen idealen Rohrreaktor mit biologischem Abbau 1. Ordnung eingesetzt und damit die entsprechenden Abbauraten berechnet werden.

$$Cg_{out} = Cg_{in} \cdot \exp(-k \cdot \tau)$$

Dieses Modell wurde dem einer Rührkesselkaskade mit 5 und 3 Kesseln und einer Reaktion 1. Ordnung gegenübergestellt, um den Einfluß der Rückvermischung auf die Abweichungen zwischen experimentellen und errechneten Werten zu sehen.

$$Cg_{out} = Cg_{in} / [1 + k \cdot (\tau / N)]\ N \quad \text{(N...Anzahl der Kessel)}$$

Für den gültigen Bereich der Korrelation wurden die erhaltenen Ergebnisse mit den experimentellen Werten verglichen.

In Abb. 7 zeigte sich, daß bei H_2S unabhängig von der Rückvermischung generell eine gute Übereinstimmung mit den Modellen vorliegt. Bei CS_2 (Abb. 8) ist der Unterschied zwischen Rohrreaktormodell und Rührkesselmodell deutlicher. Die Abweichung der errechneten von den experimentellen Daten wird mit steigender Rückvermischung (Kaskade mit 3 Kesseln) größer.

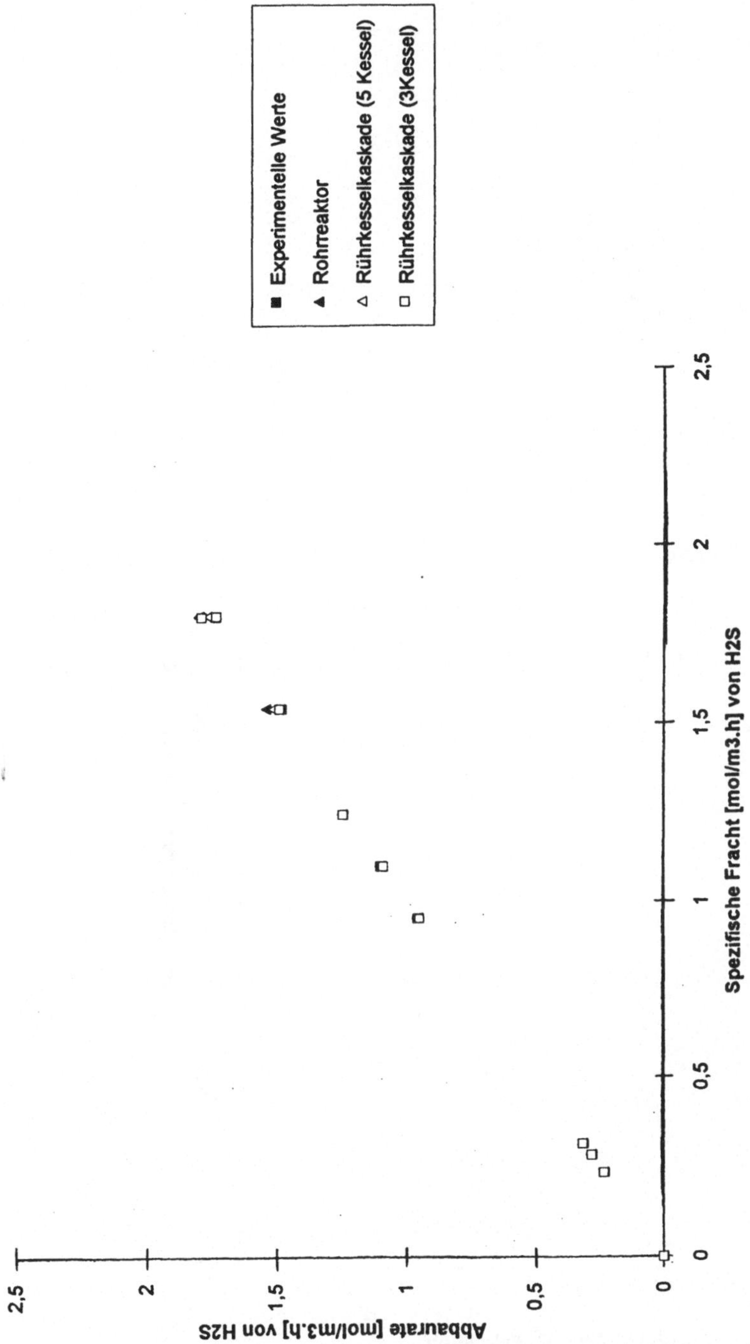

Abb. 7: Vergleich zwischen experimentellen und für verschiedene Reaktormodelle berechneten Werten (für H_2S)

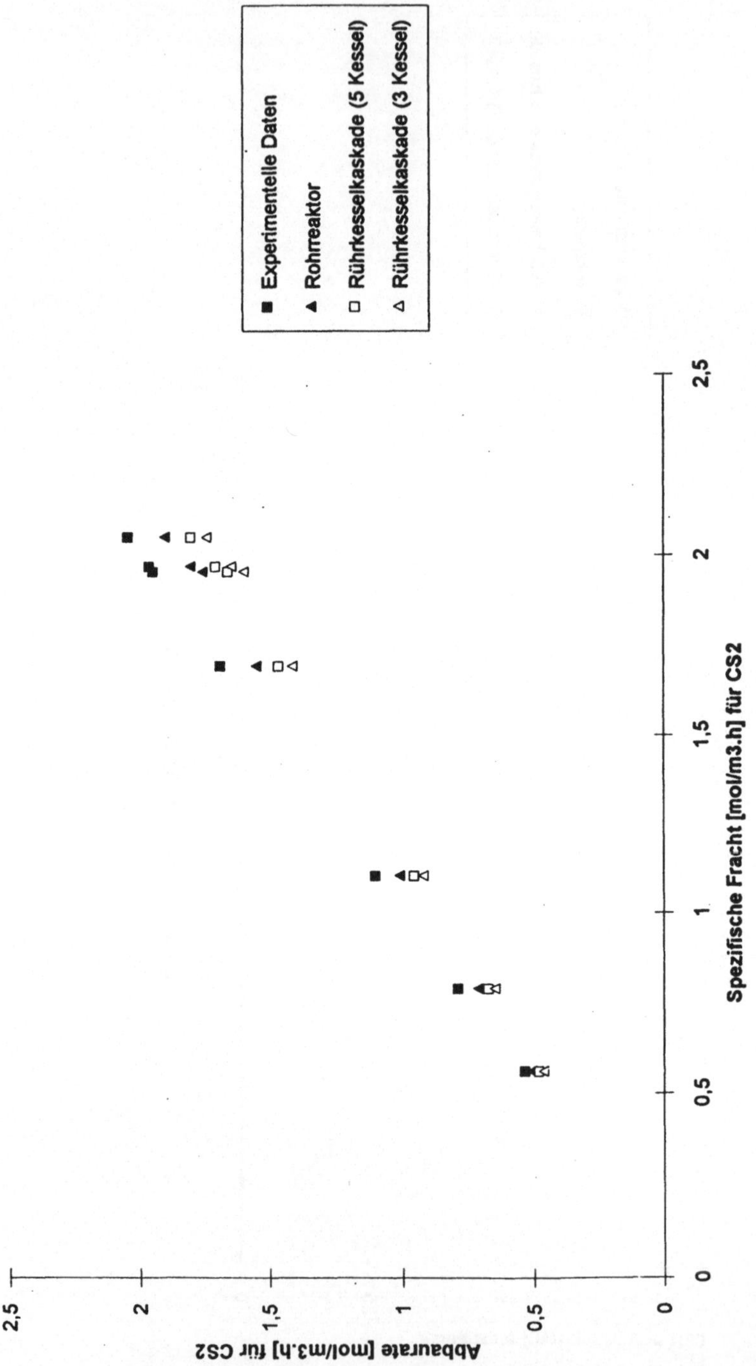

Abb. 8: Vergleich zwischen experimentellen und für verschiedene Reaktormodelle berechneten Werten (für CS_2)

5 Variablenliste

Cg_{in} :	Rohgaskonzentration [mol/m³]
Cg_{out} :	Reingaskonzentration [mol/m³]
C_{mittel} :	mittlere Substratkonzentration [mol/m³]
k :	Abbaugeschwindigkeitskonstante [1/h]
N :	Kesselzahl
n :	Reaktionsordnung
r :	Abbaurate [mol/m³·h]
S :	Substratkonzentration [mol/m³]
U_{CS2} :	Umsatz des CS_2
U_{H2S} :	Umsatz des H_2S
τ :	Verweilzeit [h]

6 Literatur

Berzaczy, L. et al. (1988) Biological exhaust gas purification in the rayon fiber manufacture (The Waagner-Biro/Glanzstoff Austria Process). Chem. Biochem. Eng. Q 2(4): 201-204

Braun, R., Holubar P. und C. Plas (1994) Biologische Abluftreinigung in Österreich, Studie im Auftrag der Sektion II des Bundesministeriums für Umwelt, Jugend und Familie, Wien

Schlegel, H. (1985) Allgemeine Mikrobiologie, 6. Auflage. Georg Thieme Verlag

Windsperger, A. (1991) Reinigung lösungsmittelhaltiger Abluft mit Biofiltern, Teil 2: Modellrechnung zur Bestimmung des Abbauverhaltens, Staub-Reinh. Luft 51: 15-19

Windsperger A., Steinlechner S. (1995) Verfahrensvarianten bei der Anwendung biologischer Festbettreaktoren. In: Margesin, R., Schneider, M. und F. Schinner (Hrsg.) Abluftreinigung - Theorie und Praxis biologischer und alternativer Technologien. Tagungsberichte Nr. 13, Umweltbundesamt, Wien

Biologische Abluftreinigung mit dem Zander-Tropfkörperverfahren

M.A. Kottwitz[1]

1 Geschichte der biologischen Abluftreinigung

1.1 Biofilter

Die biologische Abluftreinigung wurde schon in den 60er Jahren erprobt. Hier wurden vor allem Versuche mit geruchsbelasteter Luft aus Tierkörperverwertungen und Kläranlagen durchgeführt. Es handelte sich dabei um Biofilter. Diese funktionieren relativ einfach, dadurch daß die belastete Luft durch eine Kompostschüttung geleitet wird. Im Kompost lebende Mikroorganismen oxidieren die Schadstoffe zu CO_2 und H_2O.

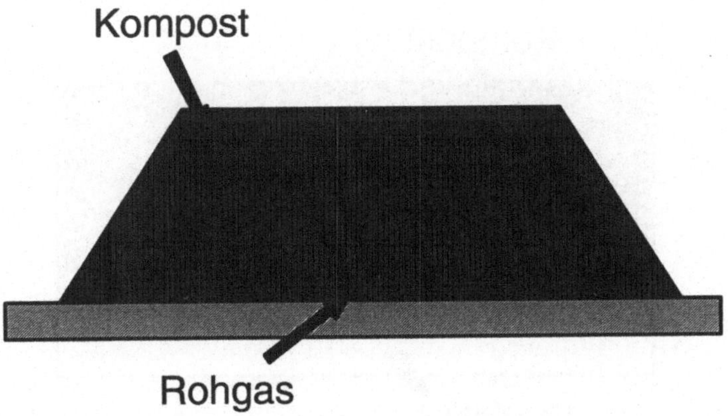

Abb. 1: Erste Biofilter mit einfachster Luftführung und offener Kompostschüttung

[1] Zander Umwelt GmbH, Rollnerstraße 111, D-90408 Nürnberg

Ende der 70er Jahre wurden Biofilter dann häufiger eingesetzt, als die Anforderungen des Umweltschutzes stiegen. Die damals aufgetretenen Probleme beim Einsatz von Biofiltern konnten im Laufe der Jahre zwar vermindert werden, eine endgültige Lösung für die meisten Probleme wurde jedoch nicht gefunden. Die Luftverteilung wurde als erstes verbessert.

Die simpelste Version des Biofilters ist in Abb. 1 dargestellt. Mit diesem System war keine befriedigende Luftverteilung zu erzielen. Deshalb wurde in die unterste Schicht des Filters eine grobe Kiesschüttung eingebracht (siehe Abb. 2). Außerdem wurde die Anzahl der Luftkanäle erhöht.

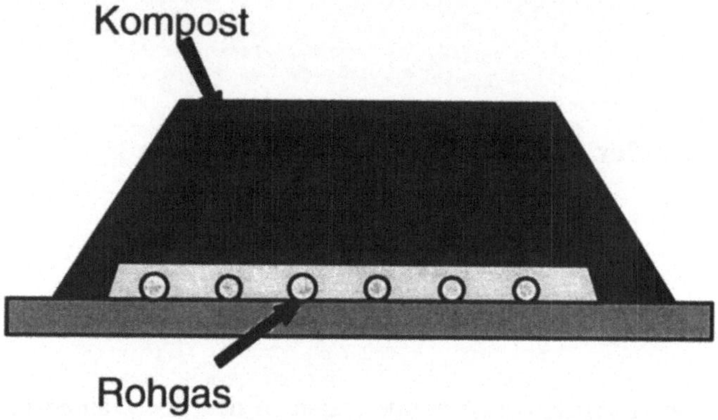

Abb. 2: Verbesserung der Luftverteilung durch Kiesschicht und mehrere Luftkanäle

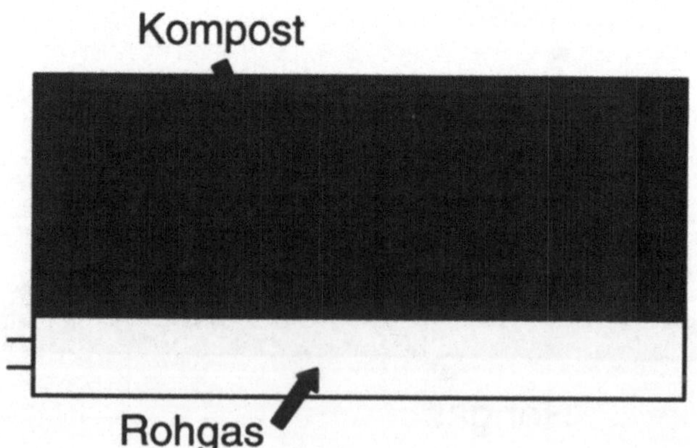

Abb. 3: Die nächste Entwicklungsstufe führte zu großvolumigen Luftverteilungen und Aufbau des Filters mit Umfassungswänden

Im Verlaufe der 80er Jahre wurden breite Erfahrungen mit diesem Verfahren gesammelt. Verschiedene Konstruktionen und Verfahrensvarianten wurden propagiert und eingesetzt. Recht weit verbreitet sind Filter wie in Abb. 3 dargestellt. Ein Hohlraum unter dem Filterbett brachte eine deutliche Verbesserung der Luftverteilung. Jedoch sind in derartigen Anlagen immer noch unterschiedliche Luftdurchsätze über die Fläche feststellbar.

Neben dem Problem der Luftverteilung wurde ein anderes Problem immer deutlicher. Die Biofilterfüllung muß immer gleichmäßig feucht gehalten werden. Änderungen (gleichgültig in welche Richtung) führen zu großen Problemen (Risse, Durchbrüche, Kondensation). Aus diesem Grunde ist eine Wasserdampfsättigung der Luft beim Eintritt in das Filtermaterial anzustreben.

Eine Biofilteranlage ist schematisch in Abb. 4 dargestellt. Die Befeuchtungseinrichtung stellt nach wie vor ein Problem für die Biofilter dar, da eine Befeuchtung auf möglichst 100 % rel. Feuchte erzielt werden muß.

Einige Hersteller gehen nun noch einen Schritt weiter und bauen das Filterbett in eine geschlossenes Gehäuse ein. Die Luft wird nun von oben nach unten geführt. Dies erleichtert eine Befeuchtung durch Besprühen (siehe Abb. 5).

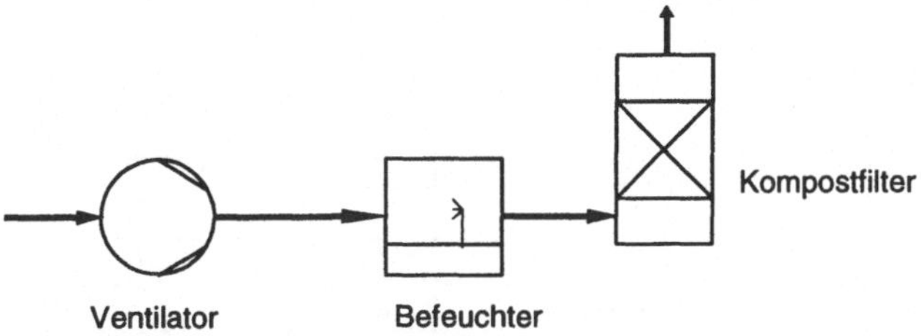

Abb. 4: Schematische Darstellung einer Kompostfilteranlage mit Ventilator, Befeuchter und Filter

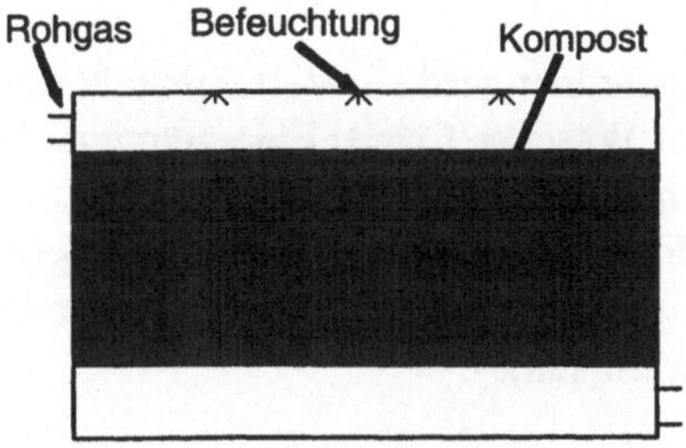

Abb. 5: Derzeit modernste Bauart von Kompostfiltern. Geschlossenes Gehäuse mit Beregnungseinrichtung und Luftführung von oben nach unten

Die Probleme, die Kompostfilter im praktischen Einsatz mit sich bringen, nahm die Zander Umwelt GmbH zum Anlaß, ein Verfahren zu entwickeln, das den Anforderungen des industriellen Einsatzes gerecht wird. Probleme der Kompostfilter sind:

- Luftverteilung auf eine große Fläche,
- Feuchtehaushalt im Filtermaterial,
- Flächenbedarf,
- Pflegeaufwand,
- Filtermaterialaustausch,
- Energiebedarf.

1.2 Biowäscher

Parallel zum Biofilter wurde ein Verfahren entwickelt, das vor allem wasserlösliche Schadstoffe abreinigen kann. Die Biowäscher absorbieren die Schadstoffe im Waschwasser, welches in einer Belebungsstufe biologisch gereinigt wird (Abb. 6). Das gereinigte Waschwasser kann wieder zur Absorption genutzt werden. Dieses Verfahren wird um so aufwendiger, je besser die Reingaswerte sein müssen. Zwar ist hier keine Befeuchtung der Abluft notwendig, jedoch ist der Energieaufwand für die Belüftung der Belebungsstufe erheblich.

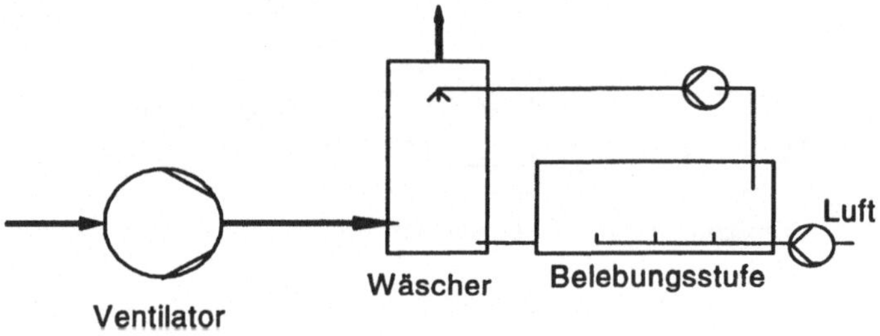

Abb. 6: Schematische Darstellung eines Biowäschers

Den Biowäschern zugeordnet wird ein Verfahren, das die Mikroorganismen auf einem Trägermaterial im Wäscher fixiert. Eine getrennte biologische Reinigungsstufe ist dadurch nicht mehr unbedingt notwendig. Dieses Verfahren wird als Biowäscher mit fixierten Mikroorganismen bezeichnet. Hauptprobleme dieses Verfahrens stellen der schwierige Abtransport von entstandener Biomasse und das Erreichen niedriger Reingaswerte dar.

2 Der biologische Abbau von Schadstoffen

Der biologische Abbau der Schadstoffe in einem Biofilter erfolgt in einem sogenannten Biofilm, der in Abb. 7 dargestellt ist. Die Schadstoffe diffundieren in den Biofilm. Ebenso müssen Sauerstoff und Nährstoffe in den Biofilm transportiert werden. Im Biofilm werden die Schadstoffe von den Mikroorganismen oxidiert. Die Abbauprodukte (CO_2 und H_2O) werden aus dem Biofilm an die vorbeistreichende Luft abgegeben.

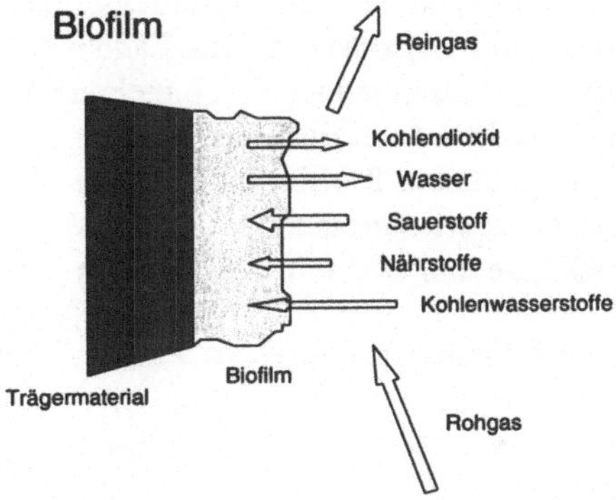

Abb. 7: Schematische Darstellung der Transportvorgänge am Biofilm eines Zander-Tropfkörpers

Im Biofilter erfolgt der Abbau der Schadstoffe durch Mikroorganismen und deren freigesetzte Enzyme. Die Endprodukte des Schadstoffabbaus (Mineralisation) sind CO_2 und H_2O (Abb. 8).

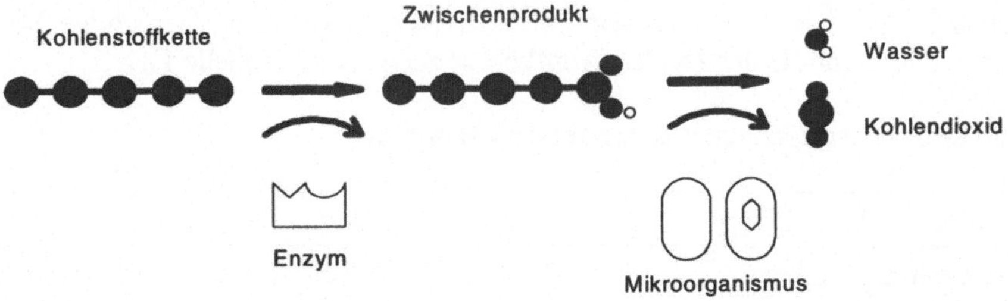

Abb. 8: Vereinfachte Darstellung des mikrobiellen Abbaues von Kohlenwasserstoffen

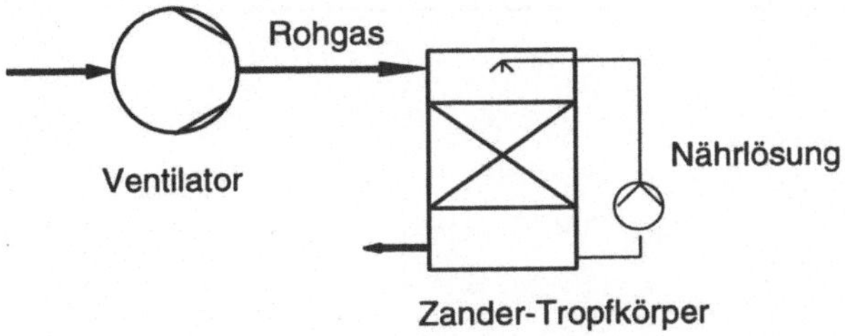

Abb. 9: Verfahrensschema einer Zander-Tropfkörperanlage

3 Das Zander–Tropfkörperverfahren

Als Ausgangspunkt für die Entwicklung des Verfahrens diente das o.g. Biowäscherverfahren mit fixierten Mikroorganismen. Das Zander-Tropfkörperverfahren (Abb. 9) unterscheidet sich von diesem jedoch durch mehrere Merkmale:
- Eine Absorption in ein Waschmedium findet nicht statt.
- Die Schadstoffe werden direkt zum Biofilm transportiert.
- Das Wachstum von Biomasse wird gesteuert.
- Es werden überwiegend Pilze und Hefen in den Anlagen angesiedelt.

Für die Praxis haben sich folgende Vorteile des Zander-Tropfkörperverfahrens herausgestellt:
- geringer Flächenbedarf,
- geringer Energiebedarf,
- kein Filtermaterialwechsel,
- vollautomatischer Betrieb,
- geringer Wartungsaufwand.

3.1 Einsatzgebiete

Das Zander-Tropfkörperverfahren kann zur Beseitigung von Lösemitteln und Gerüchen in Abluftströmen eingesetzt werden. Beispielhaft seien hier einige Branchen genannt, für die der Zander-Tropfkörper geeignet ist (Tabelle 1).

Tabelle 1: Einsatzgebiete von Zander-Tropfkörpern

Lösemittelbeseitigung	Geruchsbeseitigung
Lackierung	Fisch-, Fleischverarbeitung
Lackherstellung	Fischmehlverarbeitung
Siebdruck	Kläranlagen
Flexodruck	Tierkörperverwertung
Kunststoffverarbeitung	Kompostierungsanlagen

Erfahrungen mit einem neuen Rieselbettreaktor

R. Oosting, L. G. C. M. Urlings, P. H. van Riel und T.H. Tammes[1]

1 Zusammenfassung

Die Luftreinigung bildet einen wichtigen Teilbereich des Umweltschutzes. Daher wird kontinuierlich nach Mitteln und Wegen gesucht, um bestehende Luftreinigungsverfahren zu optimieren. In den letzten Jahren zeigte sich dabei immer deutlicher, daß die biologische Abluftreinigung interessante Möglichkeiten bietet.

So hat Tauw Milieu bv in den vergangenen Jahren einen Biotricklingfilter (Rieselbettreaktor), ein System, das eine gute Prozeßbeherrschbarkeit mit niedrigen Kosten kombiniert, erprobt. Im folgenden werden zwei Pilotversuche mit Biotricklingfiltern (BTF) beschrieben. Das erste Projekt betrifft die Entfernung von Lösemitteln aus der Abluft von Spritzlackieranlagen, das zweite die Optimierung des Klimas in einem Stall mittels Stalluftrezirkulation und Stalluftsäuberung (Ammoniak- und Geruchsentfernung) mit einem BTF. In beiden Fällen hat sich erwiesen, daß der Biotricklingfilter gut funktioniert: Bei der Entfernung von Lösemitteln werden Aromaten und gut wasserlösliche Kohlenwasserstoffe wie Acetate und Alkohole simultan aus der Abluft entfernt; wichtig ist dabei aber, daß die Konzentrationen der Kohlenwasserstoffe nicht zu stark fluktuieren. Bei starker Fluktuation sollte eine Puffertechnik angewandt werden. Bei der Stalluftreinigung hat sich erwiesen, daß ein Biotricklingfilter in Kombination mit einer Rezirkulation der Stallluft die Ammoniakemissionen um 90 % vermindern kann. Neben Ammoniak lassen sich auch Geruchskomponenten wie Schwefelwasserstoff entfernen.

[1] Tauw Milieu bv, Handelskade 11, NL-7417 DE Deventer

2 Pilotversuch 1: Entfernung von Lösemitteln aus der Abluft von Spritzlackieranlagen mit Hilfe eines Biotricklingfilters

Ein Möbelhersteller verarbeitet in der Endbearbeitung von Schlafzimmermöbeln hochwertige Qualitätslacke. Geformte Teile werden durch Spritzpistolenzerstäubung, teils automatisiert, mit Grundierlack und Decklack versehen. Zur Verringerung der Kohlenwasserstoff- und Geruchsemissionen wird an der Umsetzung eines prozeßintegrierten Maßnahmenpaketes gearbeitet. Diese Maßnahmen werden jedoch kurzfristig, auch vor dem Hintergrund der Produktionssteigerung, nicht zur gewünschten Emissionsreduzierung führen. Aus diesem Grund wurde mit einer eingehenden Untersuchung nachgeschalteter Techniken begonnen.

Nach einer ersten Auswahl zeigte sich, daß eine biologische Technik durchaus einsetzbar wäre. Bereits bestehende Systeme (Biofilter, Biowäscher) sind u.a. im Hinblick auf ihre Größe weniger geeignet. Ein neuer Typ Rieselbettreaktor (Biotricklingfilter) erwies sich als möglicherweise anwendbar. Um Erfahrungen mit dieser neuen Technik zu sammeln, wurde im Zeitraum Januar bis August 1993 eine Pilotanlagenuntersuchung ausgeführt, deren Gegenstand Einsatz und Entwicklung eines Rieselbettreaktors zur Reinigung der Abluft aus der automatischen Spritzkabine der Holzlackiererei und damit zur Reduzierung der Kohlenwasserstoff- und Geruchsemission war.

2.1 Konzept

Vor Durchführung des Projektes hat Tauw Milieu bv einen Rieselbettreaktor konzipiert. Aus einer Machbarkeitsstudie im Jahr 1992 ging hervor, daß es für die Behandlung von Multikomponentensystemen günstig ist, eine Mehrstufenbehandlung durchzuführen. Die wichtigsten Komponenten der zu behandelnden Abluft sind:

Xylol	Butanol
Toluol	Ethanol
Butylaceat	MIBK/MEK
Ethylacetat	

Der Kohlenwasserstoffanteil in der Abluft ist nicht konstant. Er variiert einerseits im Hinblick auf die Zusammensetzung, da täglich mehrmals ein anderer Lacktyp verwendet wird, und andererseits in bezug auf den Anteil, da nur dann gespritzt wird, wenn sich Holzteile unter den Spritzköpfen befinden.

Aufgrund der Zusammensetzung des Kohlenstoffbelastungsprofils entschied sich Tauw für ein Zwei-Stufen-Konzept (Abb. 1).

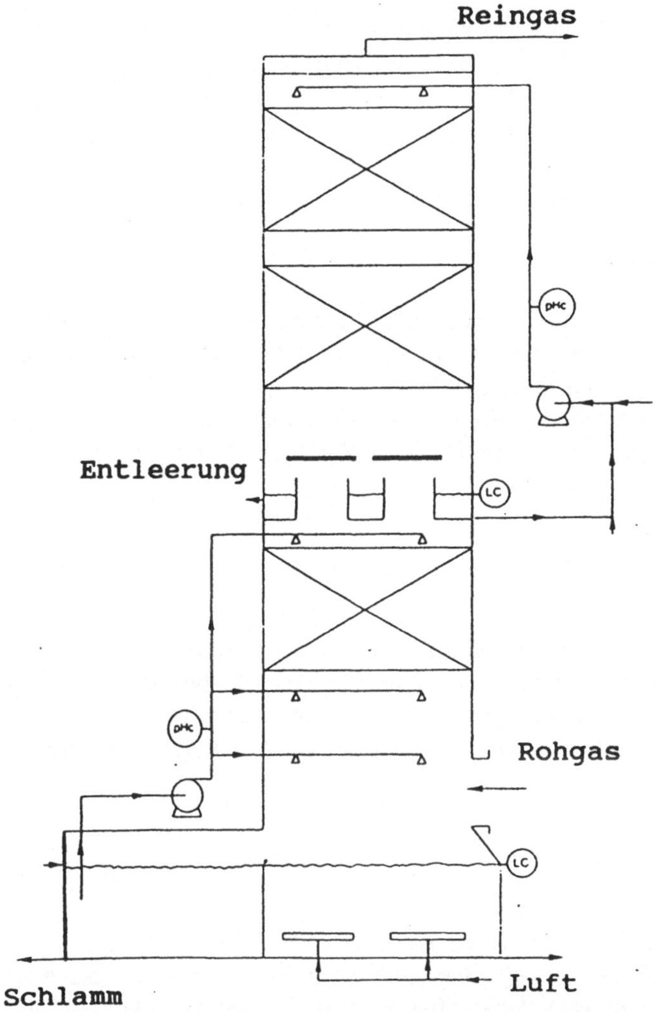

Abb. 1: Schematische Darstellung des Rieselbettreaktors

In der ersten Stufe werden die gut wasserlöslichen Komponenten behandelt. Die Entfernung aus der Gasphase erfolgt hintereinander durch zwei Düsensets, eine Packung (h = 0,5 m) und ein weiteres Düsenset. Durch die Mikroorganismen auf dem neuen Packungsmaterial (retikuliertes Polyurethan), aber auch durch die Organismen in der Flüssigkeit, werden die absorbierten Komponenten abgebaut. Zur Mischung und O_2-Übertragung wird mit Membranbelüftern belüftet.

In der zweiten Stufe werden die Aromaten mit Hilfe des Packungsmaterials (Oberflächenvergrößerung) aus der Gasphase entfernt und gleichzeitig durch die im Packungsmaterial vorhandenen Mikroorganismen abgebaut. Das vorhandene Düsenset dient zur Befeuchtung des Packungsmaterials, zur Nährstoffzufuhr und pH-Regelung.

Nach den Funktionstests wurde der Rieselbettreaktor durch Aufbringen spezifischer Bakterienkulturen gestartet. Hierbei wurden die erste und zweite Stufe unterschiedlich beschickt.

Auf die erste Stufe wurden 10 Liter folgender Mischkultur aufgebracht:
- *Pseudomonas* BCG 6,
- *Pseudomonas* BCG 20,
- *Pseudomonas* BCG 30,
- *Pseudomonas* BCG 18.

Diese Mischkultur wurde unter kontrollierten Bedingungen auf einer Äthylacetat-, MIBK-, Butylacetat- und MEK-Mischung gezüchtet und dient als Grundlage für die zu entwickelnden (Mikro-)Ökosysteme.

Die Beschickung der zweiten Stufe richtete sich hauptsächlich auf den Abbau von Aromaten. Die Mischkultur wurde auf einer Xylol- und Toluol-Mischung gezüchtet und enthält:
- *Pseudomonas* GJ 40,
- *Pseudomonas* GJ 8,
- *Pseudomonas* GJ 100.

Während des Tests wurden regelmäßig Proben aus der Gasphase und der Flüssigphase entnommen. Diese wurden im zertifizierten Umweltlabor von Tauw Milieu bv analysiert. Gleichzeitig wurden mit dem PID sehr häufig "On-line-Messungen" durchgeführt. Die Entwicklung der Biomasse wurde mittels Aktivitätsmessungen und Mikroskopie verfolgt.

2.2 Ergebnisse

Nach Anlaufen des Versuches zeigte sich, daß eine leichte Steuerung möglich ist. Im Laufe der Zeit blieb das Druckgefälle niedrig (ca. 40 Pa), und der pH-Wert pendelte um pH 7. Es traten keine Verstopfungen der Leitungen und/oder des Flüssigkeitsverteilersystems auf. Zweimal wurde jedoch ein leichtes Verwachsen des Packungsmaterials durch fadenförmige Organismen festgestellt. Dies wurde zum Teil durch das Vorhandensein hoher Konzentrationen an gut abbaubaren Komponenten verursacht. Bemerkenswert ist, daß das Verwachsen nach einer relativ hohen Keton-Belastung auftrat. PID-Messungen zeigten, daß bei relativ hoher Belastung ein ziemlich guter Abbau erzielt wurde. Infolge der Fluktuation der eingehenden Konzentrationen schwankte der Ertrag jedoch zwischen 30 und 90 %. Abbildung 2 zeigt die Ergebnisse einer repräsentativen PID-Ertragsmessung.

Zusätzlich zu PID-Messungen wurden Proben entnommen, um den durchschnittlichen Ertrag pro Stunde festzulegen. Diese Werte lagen bei 55 %.

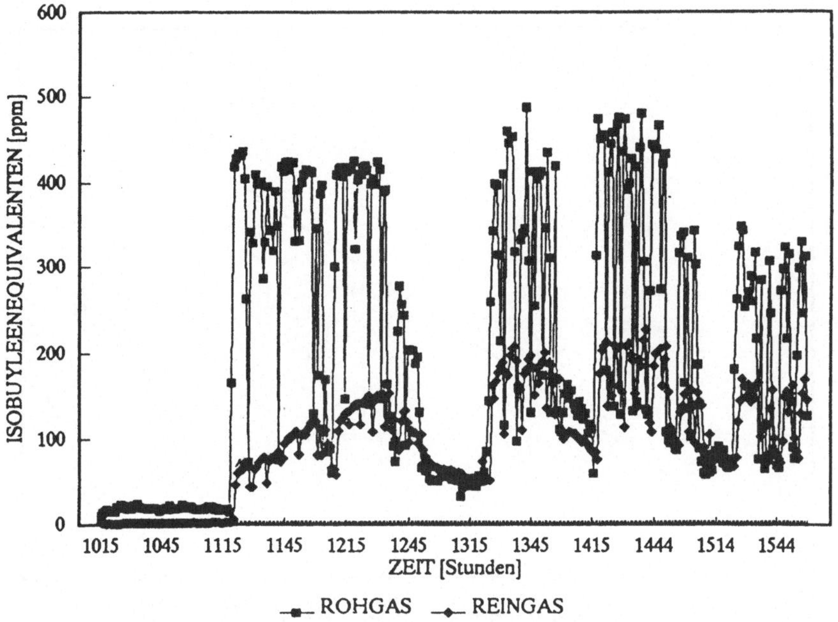

Abb. 2: PID-Ertragsmessung

Abbildung 3 stellt die Entfernungskapazität als Funktion der angebotenen Belastung dar. Erwartungsgemäß entfernt sich die Kurve bei einer höheren Belastung von der 100%-Linie.

Das Funktionieren der Stufen ist vom Ertrag der ersten Stufe abhängig. Dieser wird in bedeutendem Maße vom stark schwankenden Charakter der eingehenden Konzentration und der Zusammensetzung bestimmt. Die Fluktuation erwies sich als wesentlich stärker als angenommen, wodurch ein Durchschlagen in die zweite Stufe auftrat. Dies hatte zur Folge, daß anstelle der zwei spezifischen Kulturen im ganzen System eine uniforme Biomasse entstand. Die vorhandene Biomasse setzte besonders Alkohole und Acetate um, aber war auch in der Lage, Aromaten abzubauen.

Der Aromatenabbau findet nur bei hohen Konzentrationen von Aromaten statt. In Gegenwart anderer leicht verfügbarer Kohlenwasserstoffe wird die Möglichkeit des Enzymsystems, Aromaten abzubauen, unterdrückt (Katabolitrepression).

Neben Kohlenwasserstoffanalysen wurden auch Geruchsanalysen durchgeführt. Es stellte sich heraus, daß die Kapazität zwischen $3 \cdot 10^5$ und $10 \cdot 10^5$ GE/$m^3_{Packung} \cdot h$ variiert.

Die KWS-Erträge lagen über den Geruchserträgen, besonders bei hoher Belastung des Rieselbettreaktors. Ein Teil der angebotenen Kohlenwasserstoffe wird emittiert, nachdem diese in ein Zwischenprodukt (häufig teilweise oxidiert) umgesetzt worden sind. Diese Komponenten haben häufig eine etwas höhere Geruchsbelastung, so daß die Kohlenwasserstoffreduktion möglicherweise stärker ausfällt als die Geruchsreduktion.

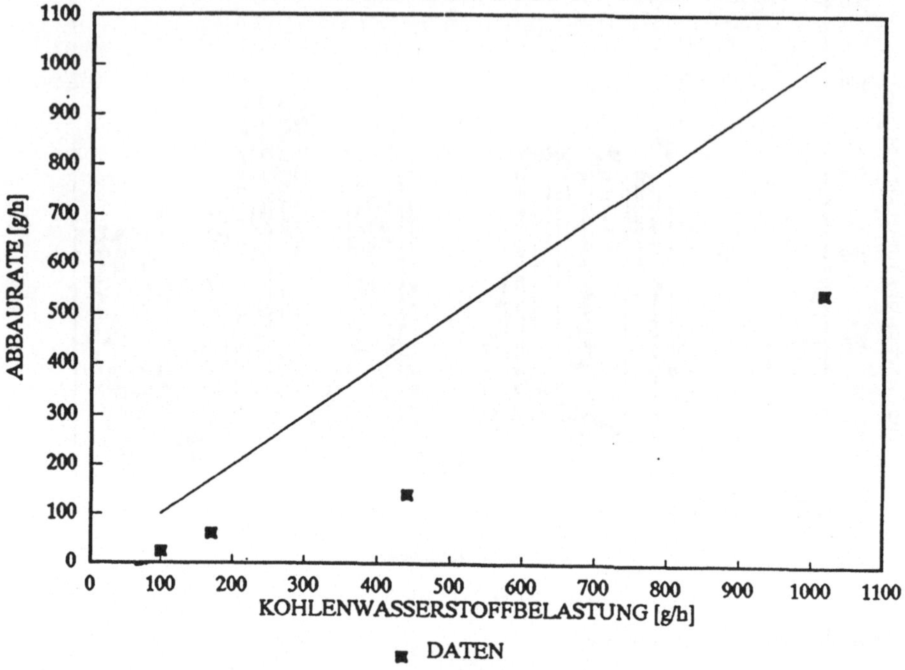

Abb. 3: Entfernungskapazität im Vergleich zur Belastung

2.3 Kostenindikation

Ausgehend von der heutigen Emissionssituation wurde für eine Belastung von 100.000 $m^3 \cdot h^{-1}$ eine Kostenindikation erstellt.

Die Investitionskosten liegen zwischen NLG 1,5-$2 \cdot 10^6$. Die Betriebskosten betragen ca. NLG 4,- pro kg entferntem Kohlenwasserstoff. Dies ist im Vergleich zu gängigen Biowäschersystemen relativ kostengünstig.

2.4 Folgerungen

Die Luftreinigung durch Rieselbettreaktoren stellt in der heutigen Situation eine reelle Alternative dar. Die biologische Aktivität ist gut, alle Komponenten können umgesetzt werden, und das System funktioniert apparatetechnisch gesehen über einen längeren Zeitraum stabil. Bevor zu einer "Full-scale-Umsetzung" übergegangen werden kann, ist es jedoch von Bedeutung, die Beladung des Systems gleichmäßiger zu gestalten. Dies kann durch Puffer erzielt werden. Ein Einführungsexperiment mit Pulverkohledosierung an der ersten Stufe des Rieselbettreaktors zeigte, daß die Fluktuationen tatsächlich abgeschwächt werden können und daß dieser Prozeß auf diese Weise apparatetechnisch gut durchführbar ist. Im Hinblick auf die Kosten und auch im Hinblick auf den geringen Platzbedarf bietet dieses System eine interessante Perspektive.

3 Pilotversuch 2: Stalluftreinigung mit Hilfe eines Biotricklingfilters

In den Niederlanden wird danach gestrebt, die Ammoniak-Emission bis zum Jahr 2000 um 70 % zu verringern (Bezugsjahr 1980). Ein Teil dieser Emissionssenkung wird über Luftbehandlungssysteme realisiert werden können. In diesem Zusammenhang wurde in früheren Studien (Oosting et al. 1992a, 1992b), ein neuartiges Packungsmaterial zum Einsatz gebracht. Durch den geringeren Druckabfall und die große spezifische Benetzungsfläche in Kombination mit einem guten Bakterien-Haftvermögen erwies sich das Material als geeignetes Trägermaterial in einer neuartigen Biotricklingfilteranlage. Im Rahmen der Studie "Untersuchung der Klimatisierung in Deckställen in der Schweinehaltung bezogen auf Vermehrungsergebnisse, Emission und Energieverbrauch" in Emmeloord (NL) kam die von Tauw Milieu entwickelte Biotricklingfilteranlage als Luftreinigungssystem zum Einsatz.

3.1 Neues Konzept

Das herkömmliche Verfahren der Stallventilation beruht auf der kontinuierlichen Erneuerung der Stalluft. Wird dabei eine ausreichende Frischluftmenge angesaugt, dann kann auf diese Weise zwar eine gute Stalluftqualität realisiert werden, es kommt aber auch zu erheblichen Ammoniak- und Wärme-Emissionen. Im Rahmen der Studie wurde von einem neuen, von Tolsma 2000 entwickelten Lüftungskonzept ausgegangen: der Stalluftrezirkulation mit Stallluftreinigung. Eine unabdingbare Voraussetzung für eine Rezirkulation der Abluft aus Schweineställen besteht darin, daß diese Luft in aufeinanderfolgenden Stufen gereinigt, entkeimt und gekühlt wird. Die Reinigung dient zur Entfernung der Ammoniak- und Geruchsbelastung, die Entkeimung zur Abtötung möglicherweise vorhandener Krankheitserreger und die Kühlung zur Temperaturregelung. Dabei muß natürlich eine ausreichende Sauerstoffversorgung der aufgestallten Tiere, in diesem Fall Schweine, gewährleistet sein. Zu diesem Zweck wird ein kleiner Teil der rezirkulierten Luft erneuert. Die Konzentration der akkumulierten Gase, insbesondere Kohlendioxid und Methan, kann durch die Zufuhr einer gewissen Ergänzungsluftmenge auf einem vertretbaren Niveau gehalten werden.

3.2 Biotricklingfilter

Das Biotricklingfilter besteht aus einem Filtergehäuse mit darin eingebrachtem Packungsmaterial (retikuliertem Polyurethan). Dieses Packungsmaterial wird mit Wasser besprüht, in dem das Ammoniak und die Geruchskomponenten gelöst werden. Die auf dem Filtermaterial angesiedelten Bakterien setzen die Substanzen in Nitrat und andere unschädliche Verbindungen um:

$$NH_4^+ + 1{,}5\ O_2 \longrightarrow NO_2^- + 2\ H^+ + H_2O$$
Nitrosomonas

$$NO_2^- + 0{,}5\ O_2 \longrightarrow NO_3^-$$
Nitrobacter

Im Rahmen der Untersuchung wurden drei Ställe miteinander verglichen:

- ein traditioneller Deckstall mit Dachventilation und 50 mm Wärmedämmung (DE-01),
- ein traditioneller Deckstall mit Dachventilation und 150 mm Wärmedämmung (DE-05),
- ein Deckstall mit Luftrezirkulationssystem und 150 mm Wärmedämmung (DE-03).

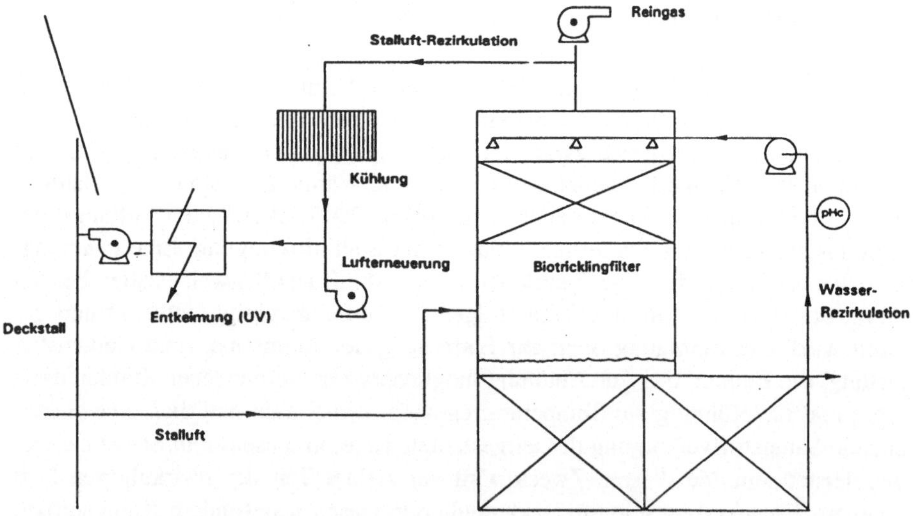

Abb. 4: Schematische Darstellung des Prozeßablaufes mit Stalluftrezirkulation

In den Stallbereichen wurden mit einem IR-Multigas-Meßsystem kontinuierlich die Temperatur, die relative Luftfeuchtigkeit sowie die Ammoniak-, Kohlendioxid-, Methan- und "Lachgas"-Konzentrationen gemessen. In Abb. 4 ist der Prozeßablauf im Stall mit Stalluftrezirkulation in schematischer Form dargestellt.

3.3 Ergebnisse

Das Biotricklingfilter funktioniert sowohl apparatetechnisch als auch prozeßtechnisch sehr gut. Apparatetechnisch funktioniert die Anlage über längere Zeit stabil, d. h. mit niedrigem Druckabfall, guter pH-Steuerung und geringer Wartung. Prozeßtechnisch liefert die Biotricklingfilteranlage unter den eingestellten Betriebsbedingungen einen Reinigungsertrag von etwa 90 %. Abbildung 5 zeigt die Ammoniakkonzentration in den drei miteinander verglichenen Ställen.

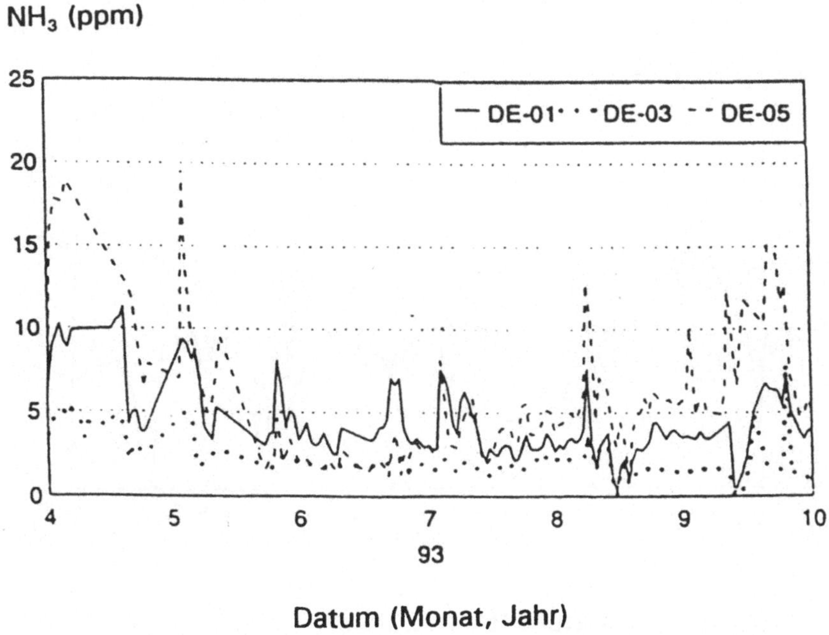

Abb. 5: Ammoniakkonzentration in den Ställen DE-01, DE-03 und DE-05 als Funktion der Zeit

Die Ammoniak-Konzentration im Stall schwankt zwischen 2 und 4 ppm. Die gängige Anforderung für gute Stalluftqualität lautet, daß die Konzentration unter 10 ppm liegen muß.

Aus Laboranalysen (u. a. GC/MS) geht außerdem hervor, daß es im Stall nicht zu einer Akkumulation von organischen Substanzen und H_2S kommt. Der Geruch unterscheidet sich wesentlich von demjenigen in den Referenzställen, er ist angenehmer. Daraus läßt sich folgern, daß mit dem Biotricklingfilter neben Ammoniak auch andere Geruchskomponenten abgebaut werden. Abbildung 6 zeigt die Ammoniakemission pro Tier und Tag für die drei Ställe.

Die Ammoniakemission ist etwa 90 % niedriger als bei anderen Ställen. Abbildung 7 illustriert die stabile Betriebsführung. Auffällig ist der Tag-/Nacht-Rhythmus der CO_2-Konzentration. Über die gesamte Anlage wird ein Druckabfall von 25 Pa (2,5 mm WS) gemessen.

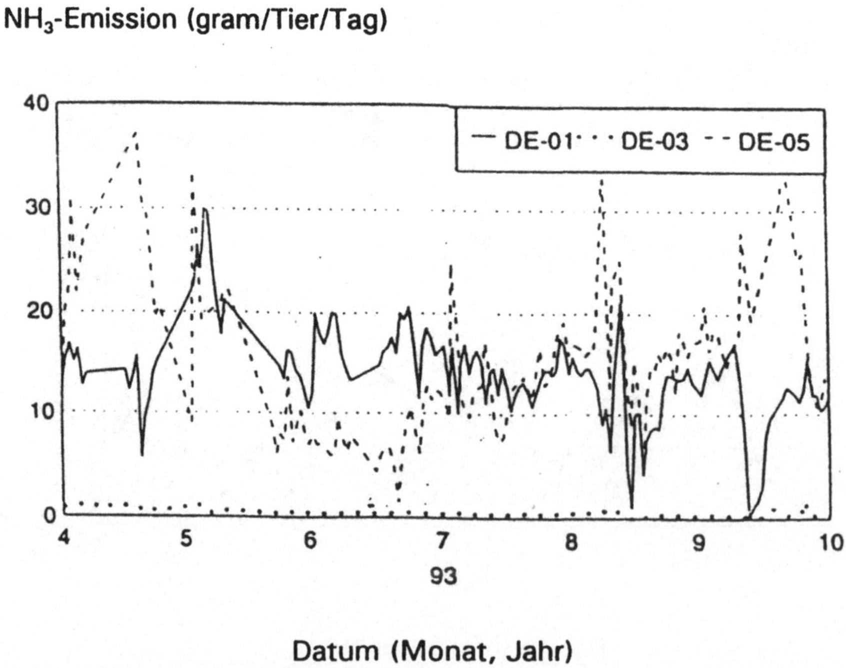

Abb. 6: Ammoniakemission in den Ställen DE-01, DE-03 und DE-05 als Funktion der Zeit

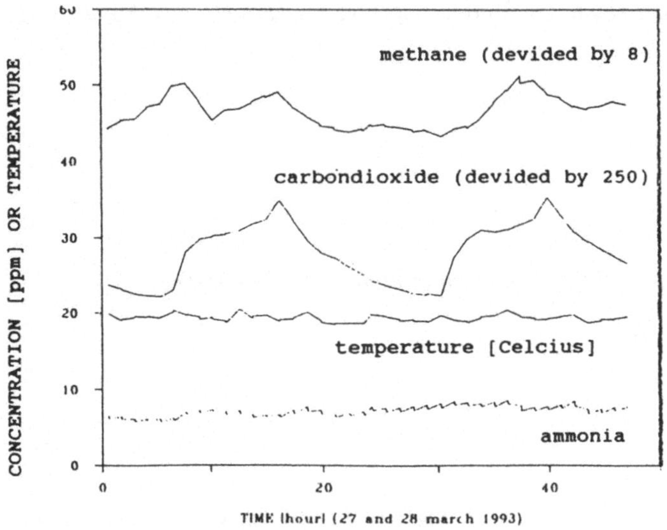

Abb. 7: Konzentrations- und Temperaturänderungen über 24 Stunden im Stall mit Stalluftrezirkulation

3.4 Folgerungen

Der Ausstoß des Stalles mit Stalluftrezirkulation (DE-03) betrug 0,2 kg NH_3 pro Tierplatz und Jahr gegenüber 5,3 kg NH_3 pro Tierplatz und Jahr für DE-01 beziehungsweise 5,7 kg NH_3 pro Tierplatz und Jahr für DE-05. Der Normwert zur Erlangung des sog. "Groen Label" (Grünen Zertifikates) liegt für die Mastschweinehaltung bei 1,5 kg NH_3/Tierplatz und Jahr; dieser Wert wird folglich (mit Leichtigkeit) erreicht. Ein weiterer Vorteil besteht in der Möglichkeit der Rezirkulation der von den Schweinen abgegebenen Wärme (etwa 250 Watt pro Tier). Die Frage, ob in diesem Stall auch bessere Produktionsergebnisse erzielt werden, wird zur Zeit noch untersucht.

4 Schlußfolgerungen

Aus beiden Projekten geht hervor, daß Rieselbettreaktoren (Biotricklingfilter) sehr gut in der Lage sind, bei geringer Wartung stabil und mit großer Sicherheit zu funktionieren. Weitere Vorteile bestehen im geringen Druckabfall und im geringen Platzbedarf. Bei stark fluktuierenden Konzentrationen muß mit Puffertechniken gearbeitet werden. Biotricklingfilter können zur Verringerung von Geruchs- und

Ammoniak-Emissionen sowie zur Entfernung von Lösemitteln aus Abluft eingesetzt werden.

5 Dank

Die Autoren danken NOVEM (Utrecht und Sittard) für ihren Beitrag.

6 Literatur

Diks R.M.M. (1992) The removal of dichloromethane from waste gases in a biological trickling filter. Dissertation Technische Universität, Eindhoven

Kok H.J.G. (1991) Biowassystemen voor de behandeling van koolwaterstofhoudende afgassen (Biowaschsyteme für die Behandlung von kohlenwasserstoffhaltiger Abluft). TNO-Bericht (Niederländische Organisation für angewandte naturwissenschaftliche Forschung) Nr. 91-151

Oosting R., Urlings L.G.C.M., van Riel P.H., van Driel C. (1992a) Alternatief pakkingsmateriaal voor biologische systemen (Alternatives Packungsmaterial für biologische Systeme). Procestechnologie, Dezember 1992

Oosting R., Urlings L.G.C.M., van Riel P.H., van Driel C. (1992b) BIOPUR®: Alternative packing for biological systems. Studies in Environmental Science 51, Elsevier

Oosting, R. Urlings L.G.C.M., Maas A., Tammes H., van Riel P.H. (1993a) Verwijdering van vluchtige organische stoffen uit ventilatielucht (Entfernung flüchtiger organischer Stoffe aus Abluft). Präsentation auf "Jaarvergadering Vereniging Lucht" (Jahresversammlung Verein Luft) Utrecht, Juni 1993. Paper Nr. 1993-P-11a

Oosting, R. Urlings L.G.C.M., Tolsma A., van't Klooster C.E. (1993b) Verwijdering van ammoniak uit stallucht (Entfernung von Ammoniak aus Stalluft). Präsentation auf "Jaarvergadering Vereniging Lucht" (Jahresversammlung Verein Luft) Utrecht, Juni 1993. Paper Nr. 1993-P-21b

Oosting R., Urlings L.G.C.M., van Riel P.H., van Driel C., Maas A. (1994) Entfernung von Lösemitteln aus der Luft von Spritzlackieranlagen mit einem Rieselbettreaktor. VDI Berichte 1104

Biologische Reinigung von NO_x- und CO-haltiger Abluft

M. Wellacher und K.-H. Robra[1]

1 Zusammenfassung

Das Ziel des vorgestellten Forschungsprojektes bestand in der Entwicklung eines mikrobiologischen Verfahrens zur Reinigung der gasförmigen Schadstoffe Kohlenmonoxid (CO) und der beiden Stickoxide Stickstoffmonoxid (NO) und Stickstoffdioxid (NO_2) aus Straßentunnelabluft. In Laborreaktoren wurden unter chemolithotrophen Bedingungen autotrophe Mischkulturen angereichert, die in der Anreicherungsphase aus synthetischer Tunnelabluft 10 % CO bzw. 16 % NO abbauen konnten. Auch NO_2 wurde weitgehend aus der Abluft eliminiert. Die angereicherten Mischpopulationen wurden daraufhin auf inertem Trägermaterial immobilisiert und die Leistungsdaten in Labor-Biotropfkörpern mit einem Volumen von 16 l ermittelt. Hier wurde CO dauerhaft um 99 % vermindert. Die maximale spezifische Abbaurate betrug 11 g/($m^3 \cdot h$). Der NO-Abbaugrad betrug maximal 18 %. Unter den Bedingungen der kontinuierlichen Abluftbelastung wurde NO_2 zu 50 % und die in Spuren vorhandenen Kohlenwasserstoffe zu 99 % eliminiert. Am Katschbergtunnel wurde eine Pilotanlage aufgrund der Laborergebnisse konzipiert, um die carboxydotrophen Mischpopulationen unter realer Abluftbelastung zu testen. Bei Aufenthaltszeiten von 7,5-11 s und Ablufttemperaturen von 4-10 °C wurden die Laborergebnisse bestätigt.

2 Einleitung

Bei der zu reinigenden Tunnelabluft handelt es sich um große Volumina von ca. 300.000 $m^3/(h \cdot km)$ mit geringen Schadstoffkonzentrationen und relativ niedrigen

[1] Institut für Abfalltechnologie und Mikrobiologie, Technische Universität, Petersgasse 12, A-8010 Graz

Temperaturen von < 10 °C. Die gefährlichsten Komponenten in Straßentunnelabluft sind Kohlenmonoxid (CO), Stickstoffmonoxid (NO) und Stickstoffdioxid (NO_2). Die durchschnittlichen Tageskonzentrationen am Katschbergtunnel (A), wo eine Pilotanlage zur biologischen Abluftreinigung installiert wurde, lauten:

CO	5-20 ppm
NO	2-5 ppm
NO_2	0,25 ppm

Bis heute konnte kein abiotisches oder geeignetes biotechnologisches Reinigungssystem für die spezifischen Schadstoffe CO und NO in den vorliegenden Konzentrationen gefunden werden (Pischinger et al. 1990, Schröder 1991, Heinlein und Lehmann 1994, Hinz et al. 1994). Die Ursachen dafür liegen zum einen in den chemisch-physikalischen Eigenschaften der beiden Schadstoffe NO und CO. Unter Umgebungsbedingungen sind die geringen Konzentrationen von NO und CO extrem schwach reaktiv. Die Löslichkeit von NO und CO in Wasser ist verhältnismäßig gering. NO_2 dagegen reagiert rasch mit Wasser zu den löslichen Verbindungen HNO_2 und HNO_3 (Anonymus 1976, Baumbach 1990). Zwei biotechnologische Verfahren zur Straßentunnelabluftreinigung wurden vorgestellt (Heinlein und Lehmann 1994, Hinz et al. 1994), jedoch ist eine Anwendbarkeit wegen des hohen Raum- und Kostenaufwandes dieser Verfahren nicht zu erwarten.

Die für die projektierte Anwendung vorgesehenen carboxydotrophen Mikroorganismen verwerten unter aeroben Bedingungen geringe Konzentrationen von CO als einzige Kohlenstoff- und Energiequelle. Sie katalysieren die Oxidation von CO zu CO_2 und verwerten die aus der Reaktion gewonnene Energie für das Wachstum, wobei ein Teil des gebildeten Kohlendioxids assimiliert wird (Conrad und Seiler 1982, Meyer und Schlegel 1983).

$$7\,CO + 2{,}5\,O_2 + H_2O \rightarrow 6\,CO_2 + (CH_2O) + \text{Energie}$$

Eine Elimination von NO aus der Luft mit Reinkulturen und Mischpopulationen wurde durch aerobe Denitrifikation nachgewiesen (Kuenen und Robertson 1988, Remde und Conrad 1991). Unter aeroben Bedingungen wurde eine signifikante Aktivität der NO-Reduktase nachgewiesen (Bell und Ferguson 1991).

3 Material und Methoden

Aus natürlichen Substraten sowie aus der Abluft und dem Staub von Straßentunnels wurden sechs spezifische Mikroorganismen-Mischpopulationen unter Begasung mit einer synthetischen Abluft in Submerskultur angereichert. Diese künstliche Abluft enthielt gleichbleibende Konzentrationen an NO_x und CO, welche sich an den oben genannten Werten orientierten. Die Submerskulturen bestanden aus Waschflaschen mit Sinterglasfritten zur Gasverteilung und einem Arbeitsvolumen von 1-2 l Minimalnährmedium. Die Abbbauleistung fand infolge der Immobilisierung der Mikroorganismen zum Großteil an und in der 6,75-cm^3-Fritte statt.

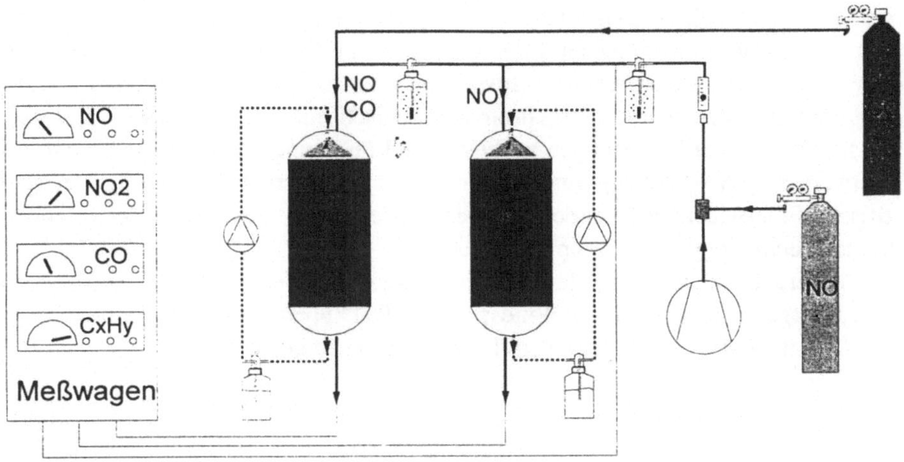

Abb. 1: Schematische Darstellung der Biotropfkörper-Versuchsanlage

Die Bedingungen in diesen Frittenkulturen waren aber ungünstig verglichen mit konventionellen biologischen Abluftreinigungsverfahren (Fischer et al. 1990, VDI-Richtlinie 3477, 1991, Lith und Ottengraf 1993, Gibson et al. 1994). Die Aufenthaltszeit des Abluftstromes betrug nur 0,1-0,5 s, die Temperatur nur 16-18 °C.

Als zweite Verfahrensstufe nach der Anreicherung wurde ein Biotropfkörper mit 16-l-Leerrohrvolumen gewählt. Das Reaktorvolumen wurde so um den Faktor 2000 vergrößert. Die Laborversuchsanlage ist in Abb. 1 dargestellt.

Unter den angereicherten Mischkulturen wurde jene ausgewählt, die NO_x und CO aus der künstlichen Abluft vergleichsweise am besten eliminierte. Diese Mischpopulation wurde auf einem inerten Träger immobilisiert, mit dem der Biotropfkörper befüllt wurde. Die Tropfkörper-Reaktoren wurden mit synthetischen Gasmischungen von oben nach unten durchströmt. Im Gleichstrom wurde ein Minimalmedium über den Träger verrieselt, um eine gleichmäßige Befeuchtung zu erreichen (Bernt 1995). Über das Umlaufmedium wurde der Reaktor inokuliert und der Prozeßablauf kontrolliert und gesteuert. Bei Gasdurchflüssen von 1-3,7 m^3/h konnte die Aufenthaltszeit zwischen 6 und 180 s variiert werden. Der spezifische Filterwiderstand der Reaktoren entsprach den für Tropfkörper bekannten Werten (Reitzig und Menner 1994). Bei einer Schütthöhe von 400 mm und 260 $m^3/(m^3 \cdot h)$ Filtervolumenbelastung, d. h. einer Aufenthaltszeit von 13,8 s, wurden 4 Pa Druckdifferenz gemessen. Die Temperatur des Rohgases betrug je nach

Jahreszeit 10-25 °C. Im Zuge der von den Mikroorganismen katalysierten exothermen Reakionen kam es zu einer Erwärmung des Gasstroms auf der Reingasseite.

Meßmethodik: NO_x bzw. CO wurden mit Immissionsmeßgeräten der Fa. Monitor Labs Inc. mittels Chemiluminiszenzmethode bzw. IR-Absorption mittels Gasfilter-Korrelation gemessen. Die C_xH_y-Messung fand mit einem Flammenionisationsdetektor der Fa. Horiba statt. Es wurden für die vorliegenden Untersuchungen nur die Nichtmethan-Kohlenwasserstoffe gemessen. Alle Gasmeßwerte wurden von einem Data-Logger der Fa. Monitor Labs Inc. erfaßt, an einen PC weitergegeben und mittels Datenerfassungssoftware der Gesellschaft für Stukturanalyse mbH ausgewertet. Nitrat wurde ionenchromatographisch mit einem Wescan-Ion-Analyser mit Kontron-HPLC-Pumpen analysiert und über einen IBM-PC und Kontron-Software ausgewertet. CO_2 wurde naßchemisch analysiert (Leithe 1968). Der spezifische Filterwiderstand wurde mit einem Differenzdruck-Meßgerät der Fa. Neotronics Technology PLC Group gemessen.

Die Ergebnisdarstellung der Eliminationsleistung der Reaktoren wurde von Windsperger et al. (1990) und Windsperger (1991) übernommen. Die Berechnung der Aufenthaltszeit wurde nach dem Leerrohrvolumen berechnet.

4 Ergebnisse

Die maximalen Abscheidegrade der Mischpopulationen in der Anreicherungsphase betrugen:

CO	10 %
NO	16 %
NO_2	70 %

Von sechs Kulturen zeigten zwei Kulturen, eine autotrophe und eine heterotrophe, eine reproduzierbare CO-Oxidationsleistung. Der maximale spezifische Abbau dieser Kulturen betrug 65 g CO/(m^3·h) bei Aufenthaltszeiten von 0,1-0,4 s und Rohgastemperaturen von 16-18 °C. NO konnte dagegen von allen sechs angereicherten Mischkulturen verwertet werden. In dieser ersten Verfahrensstufe lagen die Abbaugrade noch höher als bei CO. Der maximale spezifische Abbau betrug 42 g NO/(m^3·h) bzw. 32 g NO_2/(m^3·h) unter den oben genannten Bedingungen.

Nicht inokulierte Leerproben mit deionisiertem Wasser zeigten keine Eliminationen von NO und CO, NO_2 wurde zu maximal 27 % vermindert. Eine Abhängigkeit von der Aufenthaltszeit konnte wie erwartet festgestellt werden, bei einer Verlängerung stieg der Abbaugrad bei NO und NO_2. Als ein Produkt der NO_x-Elimination konnte NO_3^- nachgewiesen werden.

In den Laborbiotropfkörpern der zweiten Verfahrensstufe konnten folgende maximale Abscheidegrade bei simulierten Tunnelabluftbedingungen erzielt werden:

CO	99 %
NO	18 %
NO_2	50 %
C_xH_y	99 %

Tabelle 1: Gegenüberstellung von spezifischer Abbaurate (r) und Abscheidegrad (Y) der Leerproben und des aktiven Aufwuchsträgers bei vergleichbaen Aufenthaltszeiten und spezifischen Frachten (f)

		Leerproben		aktives Material	
		autoklaviert	unbewachsen		
Aufenthaltszeit [s]		75	11	52	10
NO	f [mg/(m^3·h)]	167	1076	188	1728
	r [mg/(m^3·h)]	6,0	24,8	27,9	304
	Y [%]	3,6	2,3	14,8	17,6
CO	f [mg/(m^3·h)]	1151	8635	1798	8677
	r [mg/(m^3·h)]	33,4	0	1798	8677
	Y [%]	2,9	0	100	100

Die 99%-Leistung des Biotropfkörpers für CO wurde nur im Verlauf der Auflärung von Einflüssen auf den Eliminationsprozeß unterschritten. Der höchste spezifische Abbau betrug 11 g CO/(m^3·h), bei einer Aufenthaltszeit von 8 s. Innerhalb dieser maximal abbaubaren Fracht konnten CO-Konzentration und Luftmenge beliebig variiert werden, ohne daß der Abscheidegrad von 99 % unterschritten wurde. Vergleichsuntersuchungen ergaben, daß der Reaktor auch mit 52 ppm CO oder einer Aufenthaltszeit unter 8 s belastbar war, ohne daß die Abbauleistung unter 99 % fiel. Die maximale spezifische NO-Abbaurate betrug 304 mg NO/(m^3·h). Die Verminderung der NO-Konzentration in der Abluft bei gleichbleibenden CO-Konzentrationen und Durchflußraten ergab, daß die NO-Abbaukapazität der Mikroorganismen konstant war und nur beim Unterschreiten einer definierten NO-Konzentration zu einem 99 %igen Abscheidegrad führte (z. B. 0,4 ppm NO bei 22 ppm CO und 1,1 m^3/h Durchfluß). Eine Leistungssteigerung über die Eingangskonzentration von 0,4 ppm NO wurde bisher nicht erreicht.

In der ersten Versuchsanlage zur Anreicherung baute die ausgewählte Mischkultur NO mit spezifischen Raten ab, die um den Faktor 100 höher lagen als in der zweiten Anlage. Allerdings lag die spezifische Fracht in der ersten Anlage auch um den Faktor 1000 höher, da die Aufenthaltszeit unter 0,5 s betrug. Die spezifischen Abbauraten für CO unterschieden sich in den beiden Versuchsanlagen in geringerem Maße.

In parallel dazu gemessenen Leerproben mit autoklaviertem bzw. unbewachsenem Trägermaterial war eine wesentlich geringere bis keine Elimination für CO und NO_x meßbar (Tabelle 1).

Der Kohlenstoff aus dem CO-Abbau konnte als CO_2 und in der Biomasse wiedergefunden werden. Der Stickstoff aus dem NO_x-Abbau wurde z. T. als NO_3^- und in der Biomasse nachgewiesen, allerdings ist hier die Bilanz nicht vollständig, d. h. es gibt noch unbekannte Produkte.

Mit der Pilotanlage am Katschbergtunnel konnten bei Aufenthaltszeiten von 7,5-11 s und Ablufttemperaturen von 4-10 °C die Laborergebnisse weitgehend bestätigt werden. Auch Abluftschadstoffe, die im Labor nicht vorhanden waren, wurden von den Mikroorganismen eliminiert. CO wurde in der Pilotanlage synchron zur Wachstumsrate der Kultur aus dem Abluftstrom entfernt.

5 Diskussion

In der ersten Versuchsanlage zur Anreicherung der Mischpopulationen waren bereits deutliche Eliminationen der Schadgase meßbar, die eine Auswahl der besten Kultur ermöglichten. Eine Optimierung der Abbauleistungen konnte hier nicht erzielt werden, daher wurde die zweite Laboranlage mit Biotropfkörpern als Verfahren aufgebaut. Den Ausschlag für dieses Verfahren gegenüber den anderen biologischen Abluftreinigungsverfahren (Fischer et al. 1990) gaben die Tendenz der Mischpopulationen zu Immobilisierung, die zu erwartende geringe Druckdifferenz und die mögliche Kontrolle und Steuerung des Prozesses. Für den nächsten Schritt, die verfahrenstechnische Auslegung der Pilotanlage und die Umsetzung der erzielten Laborergebnisse auf wirkliche Straßentunnelabluft, wurden die Abbau- und Eliminationsleistungen unter kontinuierlicher Begasung an den Laborbiotropfkörpern herangezogen. Somit konnte den stoffwechselphysiologischen Anforderungen der carboxydotrophen Mischkulturen Rechnung getragen, die Druckdifferenz des Tropfkörpers minimiert und die Prozeßparameter abgeklärt werden.

Bereits in den Anreicherungskulturen wurden NO_x und CO simultan abgebaut, weshalb in der Folge auf eine getrennte Bearbeitung der beiden Schadstoffklassen verzichtet wurde. Nachträgliche wieder getrennt erfolgte Begasungsversuche – nur NO in der synthetischen Abluft – zur Erhöhung des spezifischen NO-Abbaues waren nicht erfolgreich. Physiologisch konnte nachgewiesen werden, daß NO_x als Stickstoffquelle und CO als Energiequelle für die vorliegenden Mischpopulationen geeignet waren. Obwohl der Faktor 2000 zwischen der Größe der Fritte (6,75 cm^3) und den Biotropfkörpern (16 l) lag, war das Scaling-up erfolgreich. Die Ursache der verschiedenen NO-Abbauraten zwischen Anreicherungkultur und Biotropfkörper liegt vermutlich im höheren Druck in den Fritten ($3 \cdot 10^4$ Pa) im Gegensatz zu den Biotropfkörpern (60 Pa). Dadurch ist die Löslichkeit von NO erhöht, und den Mikroorganismen steht mehr Schadstoff zur Verfügung.

Mit Ausnahme des Schadstoffs NO konnten die Projektziele im Labor und am Tunnel erreicht werden. Im Gegensatz zu bereits beschriebenen Varianten (Heinlein und Lehmann 1994, Hinz et al. 1994) erscheint beim hier vorgestellten Verfahren durch die hohe spezifische CO-Abbaurate und die geringe Druckdifferenz eine technische Anwendung aussichtsreich.

6 Dank

Diese Arbeit wurde vom Forschungsförderungsfonds für die gewerbliche Wirtschaft gefördert und in Zusammenarbeit mit dem Institut für Verbrennungskraftmaschinen und Thermodynamik der TU-Graz und der Firma Geoconsult Ingenieurgemeinschaft, Salzburg, durchgeführt.

7 Literatur

Anonymus (1976) Encyclopedie des gaz. Gas encyclopaedia. Elsevier, Amsterdam

Aragno M., Schlegel, H. G. (1981) The hydrogen-oxidizing bacteria. In: Starr M. P., Stolp H., Trüper H. G., Balows A., Schlegel H. G. (eds.) The procaryotes. A handbook on habitats, isolation, and identification of bacteria. Vol. I. Springer-Verlag, Berlin. 865-893

Baumbach, G. (1990) Luftreinhaltung. Springer-Verlag, Berlin

Bell L. C., Ferguson S. J. (1991) Nitric and nitrous oxide reductases are active under aerobic conditions in cells of *Thiosphaera pantotropha*. Biochem. J. 273: 423- 427

Bernt P. (1995) Biofilterbauarten - angepaßt an die Standortbedingungen. In diesem Band

Conrad R., Seiler, W. (1980) Role of microorganisms in the consumption and production of atmospheric carbon monoxide by soil. Appl. Environm. Microbiol. 40: 437-445

Conrad R., Seiler W. (1982) Utilisation of traces of carbon monoxide by aerobic oligotrophic microorganisms in ocean, lake and soil. Arch. Microbiol. 132: 41-46

Fischer K., Bardtke D., Eitner D., Hemans W. J., Janson O., Kohler H., Sabo F., Schirz St. (1990) Biologische Abluftreinigung. Anwendungsbeispiele, Möglichkeiten und Grenzen für Biofilter und Biowäscher. Expert-Verlag, Ehningen

Gibson N. B., Swannell R. P. J., Woodfield M., van Gronenestijn J. W., van Kessel R. B. M., Wolsink J. H., Hesselink P. G. M. (1994) Biological treatment of volatile organic carbons from the food and drink industry. VDI-Berichte 1104. VDI-Verlag GmbH, Düsseldorf, 261-272

Heinlein J., Lehmann C. (1994) Das Biofiltersystem im Einsatz für die Reinigung von Abluft aus Verkehrstunneln. VDI-Berichte 1104. VDI Verlag GmbH, Düsseldorf, 279-288

Hinz M., Sattler F., Gehrke T., Bock E. (1994) Entfernung von Stickstoffmonoxid durch den Einsatz von Mikroorganismen - Entwicklung eines Membrantaschenreaktors. VDI-Berichte 1104. VDI-Verlag GmbH, Düsseldorf, 113-123

Kuenen J. G., Robertson L.A. (1988) Ecology of nitrification and denitrification. In: Cole J. A., Ferguson S. J. (eds.) The nitrogen and sulphur cycles. Cambridge University Press, Cambridge, 161-218

Leithe W. (1968) Die Analyse der Luft und ihrer Verunreinigungen. Wissenschaftliche Verlagsgesellschaft mbH, Stuttgart

Meyer O., Schlegel H. G. (1983) Biology of aerobic carbon monoxide-oxidizing bacteria. Ann. Rev. Microbiol. 37: 277-310

Pischinger R., Pucher K., Söllmann G. (1990) Abgasreinigung bei Tunnelanlagen. Straßenforschung 384: 1-81

Reitzig R., Messner M. (1994) Untersuchungen zur Mikrobiologie und Abbauaktivität eines Biofilm-Tropfkörperwäschers mit dem schwer wasserlöslichen Luftschadtsoff Toluol. VDI-Berichte 1104, VDI-Verlag, Düsseldorf, 149-157

Remde A., Conrad R. (1991) Metabolism of nitric oxide in soil and denitrifying bacteria. FEMS Microbiol. Ecol. 85: 81- 94

Schröder C. F. J. (1991) Gibt es eine Technik zur Reinigung der Abluft von Strassentunneln. Tunnel 2: 54-62

van Lith C. P. M., Ottengraf S. P. P. (1993) Rieselbettreaktoren zur Abscheidung von chlorierten Kohlenwasserstoffen aus der Acrylatplattenherstellung. VDI-Berichte 1034. VDI-Verlag GmbH, Düsseldorf, 611-616

VDI-Richtlinie 3477 (1991) Biofilter.VDI-Verlag, Düsseldorf

Windsperger A. (1991) Reinigung lösungsmittelhaltiger Abluft mit Biofiltern. Teil 2: Modellrechnung zur Bestimmung des Abbauverhaltens. Staub-Reinh. Luft 51: 15-19

Windsperger A., Buchner R., Stefan K., (1990) Reinigung lösungsmittelhaltiger Abluft mit Biofiltern. Staub-Reinh. Luft 50: 465-470

Kombination von Biofiltern mit anderen Verfahren zur Vorabscheidung (Chemowäscher, Aktivkohlefilter, Biowäscher)

S. Knauf[1]

1 Einleitung

Der Wirkungsgrad einer biologischen Abluftreinigungsanlage hängt von zwei Faktoren ab. Zum einen müssen die Milieufaktoren Temperatur, pH-Wert, Feuchte, Schadstoffkonzentration und Vorhandensein toxischer Substanzen so eingestellt sein, daß die Biologie, d. h. die Mikroflora, existieren und arbeiten kann. Zum anderen müssen die technischen Parameter Druckverlust, Energieverbrauch und Abschlämmrate des Befeuchters so gering wie möglich gehalten werden. Diese Forderungen sind in vielen Anwendungsfällen nur einzuhalten, wenn die biologische Abluftreinigung mit anderen Verfahren – biologisch oder nichtbiologisch – kombiniert wird.

In Tabelle 1 sind die Einsatzfälle, in denen eine Verfahrenskombination notwendig wird, aufgezählt.

Die einzelnen Verfahrenskombinationen werden nachfolgend beschrieben und ihre Vor- und Nachteile diskutiert.

[1] Kessler + Luch GmbH, Rathenaustr. 8, D-35394 Gießen

Tabelle 1: Beispiele für Verfahrenskombinationen. *BAR* Biologische Abluftbehandlung

Einsatzfall	Problem	Verfahrenskombination
Kläranlage, Klärschlammbehandlung, Ölmühle	H_2S-Gehalt > 5-10 mg/m³	BAR mit vorgeschaltetem NaOH-Wäscher, bei explosions-gefährlicher Abluft als Wirbelwäscher
Fettschmelze, Großküchen (Fritteuse)	Fettaerosole > 1mg/m³	BAR mit vorgeschaltetem Aerosolabscheider, speziell Rotationsabscheider
Lackproduktion, Gießerei	Staubgehalt > 1-3 mg/m³	BAR mit vorgeschaltetem Staubfilter, bei Feinststaub modifizierter Venturi-Wäscher
Lackverarbeitung, GFK-Produktion	hohe Konzentrationsspitzen	BAR mit vorgeschalteter Adsorptionsanlage, z. B. Aktivkohlefilter
Entsorgungsbetriebe, Deponiesickerwasseraufbereitung	in BAR nicht abbaubare Verbindungen	BAR mit nachgeschalteter Adsorptionsanlage als Polizeifilter, z. B. Aktivkohlefilter
Kompostieranlagen	extrem hohe Geruchsfrachten und extrem geringe Reingaskonzentration	Biofilter mit vorgeschaltetem Biowäscher

2 Biofilter mit vorgeschaltetem NaOH-Wäscher

In Kläranlagen mit langen Verweilzeiten des Abwassers in schlecht belüfteten Kanalnetzen wird H_2S (Schwefelwasserstoff) in einem anaeroben Abbauprozeß gebildet. In den Kläranlagen strippt das leichtflüchtige H_2S in turbulent durchströmten Bereichen wie Rechenraum und Wehr in die Luft aus. Zum Schutz der Klärwerker und der Anlieger wird diese stark riechende Luft abgesaugt und über eine BAR gereinigt. Neben den sonstigen geruchsintensiven Substanzen wird das H_2S von den Mikroorganismen oxidiert, so daß aus H_2S H_2SO_4 (Schwefelsäure) gebildet wird. Die Schwefelsäure führt zu einer Versauerung des Biofiltermaterials bis zu einem pH-Wert von 1 oder 2. Bei einer Anlage mit 100 mg H_2S/m^3 mußte das Biofiltermaterial aus diesem Grund bereits nach wenigen Wochen ausgewechselt werden, da die geruchsreinigende Leistung bei saurem pH-Wert reduziert ist.

Mit Hilfe eines NaOH-Wäschers läßt sich H_2S bis auf Werte < 5 mg/m³ auswaschen. Die restlichen 5 mg/m³ werden im Biofilter abgebaut und die entstehende Säure durch Kalkzumischung abgepuffert. Im NaOH-Wäscher löst sich H_2S als Na_2S (Natriumsulfid). Dieses liegt allerdings nur bei alkalischen pH-Werten gelöst vor. Bei einer Neutralisierung, zu der es beim Abschlämmen des Wäschers kommt, strippt wieder das leicht flüchtige H_2S aus. Aus diesem Grund muß das gelöste Na_2S zu SO_4^{2-} (Sulfat) oxidiert werden. Dies kann z. B. durch gesteuerte Zugabe von H_2O_2 (Wasserstoffperoxid) erfolgen. Durch die Oxidation erhöht sich außerdem die Standzeit des Waschwassers, da Na_2S durch Oxidation in das nichtflüchtige Sulfat umgewandelt wird. Die Steuerung der H_2O_2-Zudosierung erfordert allerdings einige Erfahrung von Seiten des Anlagenherstellers, da die Steuerung über eine Redoxsonde nicht möglich ist. Abbildung 1 zeigt das Schema eines Biofilters mit vorgeschaltetem NaOH-Füllkörperwäscher.

In Ölmühlen fällt bei der Herstellung von Rapsöl H_2S in großen Mengen an. Auch hier muß ein NaOH-Wäscher vorgeschaltet werden. Im Fall der Ölmühlen muß allerdings die Explosionsgefahr der Abluft beachtet werden, weshalb Wäscher mit bewegten Einbauten (z. B. Pumpe) nicht in Frage kommen. In zwei Anwendungsfällen wurde deswegen ein Wirbelwäscher eingesetzt, bei dem die Vermischung von Wasserphase und Gasphase in einer Kehle erfolgt. In dieser Kehle entsteht ohne Einsatz von mechanischen Aggregaten ein Wasserwirbel, durch den die Abluft hindurchgesaugt wird. Zusätzlich hat der Wirbelwäscher bei geeigneter Einstellung der Druckdifferenz in der Kehle eine gute Abscheideleistung für die in der Abluft der Ölmühlen ebenfalls enthaltenen Staubaerosole. In Abb. 2 ist eine Kombination aus Wirbelwäscher und Biofilter dargestellt.

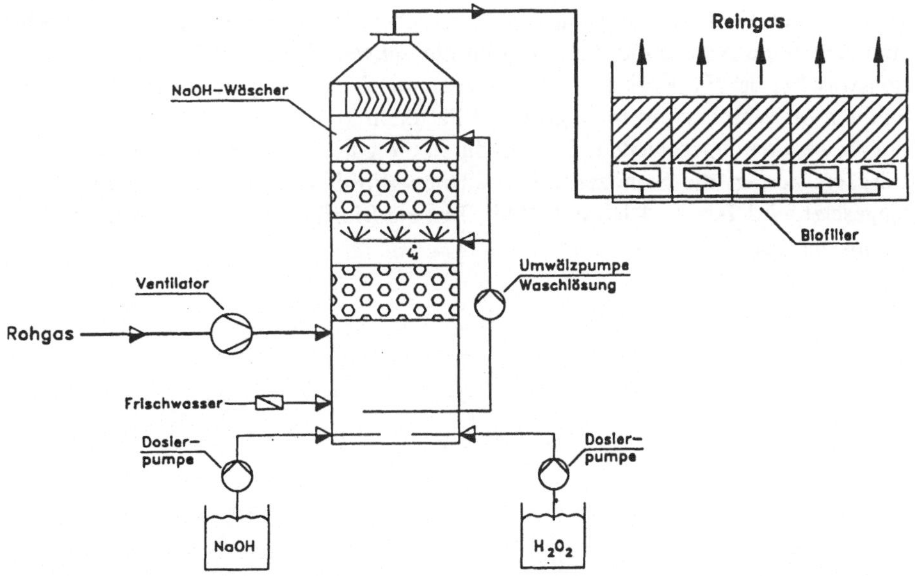

Abb. 1: Schema eines Biofilters mit vorgeschaltetem NaOH-Wäscher (Leitschema)

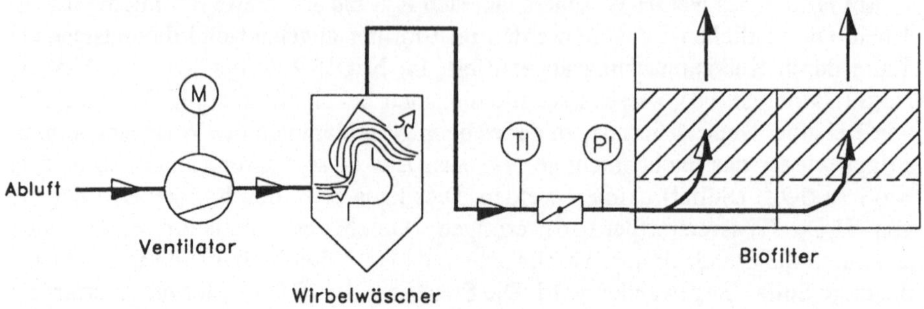

Abb. 2: Schema eines Biofilters mit vorgeschaltetem Wirbelwäscher

3 Biofilter mit vorgeschaltetem Aerosolabscheider

Fettaerosole inaktivieren jedes Biofilter in kurzer Zeit, da sich das Fett als Film auf der Oberfläche des Biofiltermaterials anlagert und so den Stoffaustausch zwischen Mikroorganismen und Abluft unterbindet. Die Mikroorganismen werden nicht mehr ausreichend mit O_2 versorgt, so daß das Biofilter zum anaeroben System umkippt und anfängt, stark riechende Produkte des anaeroben Stoffwechsels freizusetzen. Beim Einsatz von Biofiltern in Bereichen mit fetthaltiger Abluft ist für eine Garantie der Funktionsfähigkeit die Vorabscheidung entscheidend. Fettaerosole sind sehr feine Aerosolpartikel, die sich nur schwer abscheiden lassen. Im Rotationswäscher der Fa. Kessler + Luch werden die Fettaerosolpartikel durch die Abkühlung im Wäscherwasser zu größeren Partikeln kondensiert und über die Rotationsbewegung abgeschieden. Bedingt durch die gute Reinigungsleistung des Vorwäschers beträgt die Standzeit eines solchen Biofilters, der in einer Großküche eingesetzt wird, bereits 4 Jahre. In Abb. 3 ist ein Biofilter mit vorgeschaltetem Rotationswäscher dargestellt.

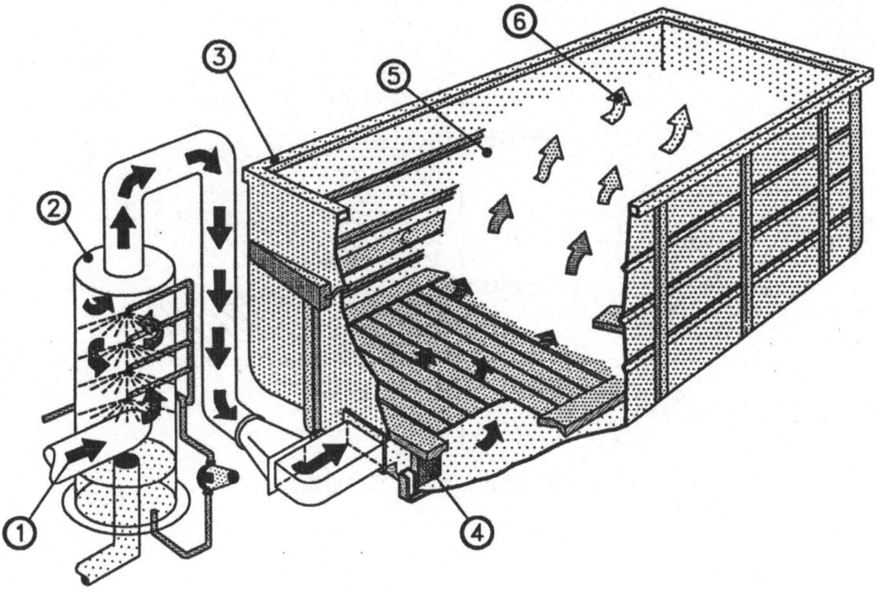

1 Schadstoffbeladene Luft
2 Befeuchtung, Fett- und Staubabscheidung
3 Container
4 Luftverteilsystem mit integriertem Drainagesystem
5 Filtermaterial
6 gereinigte Luft

Abb. 3: Schema eines Biofilters mit vorgeschaltetem Rotationswäscher

4 Biofilter mit Venturiwäscher

In der Lackindustrie, in Gießereien und vielen anderen Industriezweigen wird Abluft freigesetzt, die über ein Biofilter zu reinigen ist und in Konzentrationen > 1-

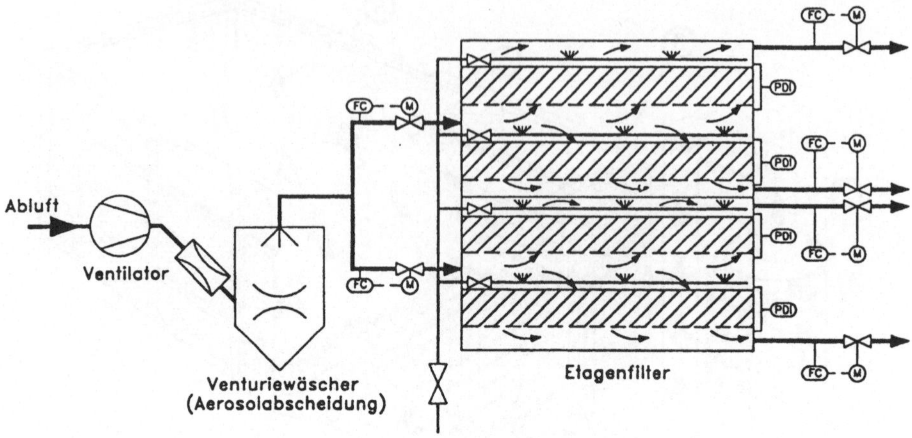

Abb. 4: Biofilter mit vorgeschaltetem Venturiwäscher

5 Biofilter mit nachgeschaltetem Aktivkohleadsorber

Die Abluft aus Spritzkabinen schwankt sehr stark in ihren Konzentrationswerten. Im Biofiltermaterial können kurzzeitige Spitzen gut abgefangen werden. Spitzen von mehr als 10 min Dauer sind allerdings nicht mehr zu glätten. Damit Biofilterfläche eingespart werden kann, sind einige Hersteller dazu übergegangen, den Biofiltern Aktivkohlefilter vorzuschalten, die diese Spitzenbelastungen abfangen sollen. In Zeiten mit geringen Abluftkonzentrationen erhofft man sich eine Reinigung des Aktivkohlefilters durch Desorption. Die desorbierten Komponenten sollen dann in dem zu diesem Zeitpunkt schwach belasteten Biofilter abgebaut werden. So leicht die Adsorption an die Aktivkohle ist, so schwer ist andererseits die Desorption, sie ist nur möglich, wenn die Abluft erheblich erwärmt wird (> 100 °C), und unter Einsatz wasserdampfgesättigter Luft. Wird nur die normale Abluft zur Desorption eingesetzt, können nur einige leicht desorbierbare Verbindungen ausgetragen werden. Der Rest verbleibt auf der Aktivkohle. Die verschiedenen adsorbierten Verbindungen verschlechtern dann die Adsorption der leichtdesorbierbaren Verbindungen, so daß das Aktivkohlefilter schnell beladen ist und keine glättende Wirkung mehr hat.

6 Biofilter mit nachgeschaltetem Aktivkohlefilter

Bei Entsorgungsbetrieben und bei der Deponiesickerwasseraufbereitung werden immer wieder chlorierte organische Verbindungen in der Abluft gefunden. Diese sind in der Regel nicht über eine BAR abzureinigen. Da aber gerade für diese Verbindungen strenge Auflagen vorliegen, müssen diese Verbindungen nach dem Passieren des Biofilters abgefangen werden. Dies erfolgt am einfachsten mit einem Aktivkohlefilter. In diesem Fall ist eine Regenerierung der Aktivkohle nicht sinnvoll, so daß sie reaktiviert oder verbrannt werden muß. Der Vorteil des vorgeschalteten Biofilters ist eine erhebliche Verlängerung der Standzeit der Aktivkohle. Ein großer Nachteil ist der hohe der Feuchtegehalt der Abluft nach dem Biofilter. Der hohe Feuchtegehalt vermindert die Adsorptionskapazität der Aktivkohle. Abhilfe kann der Einsatz einer hydrophobierten Aktivkohle schaffen. Diese ist allerdings nicht mehr regenerierbar und muß verbrannt oder deponiert werden.

7 Biofilter mit vorgeschaltetem Biowäscher

Eine Verfahrenskombination aus Biofilter und Biowäscher ist nur sinnvoll, wenn das Biofilter ohne die Vorreinigung mit großen Filterflächen erstellt werden müßte und dieser Platz nicht zur Verfügung steht. Grundsätzlich ist es möglich, zur Reinigung der Abluft einer Kompostieranlage mit einem Biofilter allein auszukommen. Muß die Fläche allerdings wegen der hohen Beladung der Abluft größer als der zur Verfügung stehende Platz ausgelegt werden, ist der Einsatz eines Biowäschers sinnvoll. Bedacht werden muß dabei allerdings, daß der Biowäscher einen wesentlich höheren Wartungsaufwand als ein Biofilter erfordert. Außerdem wird immer zusätzliches Abwasser anfallen, da auch ein Biowäscher nicht ohne kontinuierliche Abschlämmung betrieben werden kann. Ein Biowäscher kann die Geruchsfrachten um ca. 50 % reduzieren, so daß sich bei Geruchsstoffkonzentrationen von mehr als 10^4-10^5 GE/m³ eine Flächenersparnis des Biofilters ergibt.

Verfahrenskombination mit Biofiltern zur Abluft reinigung (Synergiefilter)

N. Thißen[1]

1 Zusammenfassung

Anhand der Problematik konventioneller biologischer Ablufttreinigungssysteme werden praxiserprobte Lösungen mittels der Synergiefiltertechnologie der Firma OTTO GmbH & Co. KG, Geschäftsbereich Umwelttechnik aufgezeigt.

Das Biofilter ist ein im absteigenden Gleichstrom von Abluft und Befeuchtungsflüssigkeit durchströmter Bioreaktor. Die für die Schadstoffoxidation erforderlichen Mikroorganismen siedeln in und auf einem weitgehend inerten Biosorbens mit Aktivkohlebeschichtung mit Zumischung begrenzter Mengen organischer Komponenten. Neben verfahrenstechnischen Vorteilen sind mit diesem Biosorbens sehr hohe Standzeiten erreichbar.

Für den Fall der Reinigung mit Lösemitteln verunreinigter Abluft wird als Synergiefilter eine Kombination aus Biofilter und nachgeschalteter Adsorberstufe eingesetzt. Dadurch werden die Dimensionen des Biofilters deutlich reduziert. Darüber hinaus wird bei entsprechender Auslegung des nachgeschalteten Adsorbers, der in regelmäßigen Abständen innerhalb eines Kreislaufs über das Biofilter regeneriert wird, ein praktisch beliebig niedriger Reingaswert erreicht. Das System wird lediglich auf eine mittlere Schadstoffkonzentration ausgelegt und ist dennoch unempfindlich gegenüber in der Abluft auftretenden zeitlichen Konzentrationsspitzen. Durch rein verfahrenstechnische Maßnahmen kann eine Steigerung der Abbaurate im Biofilter und somit eine weitere Volumenreduzierung des Biofilters erreicht werden.

Geruchsstoffe werden mittels eines Synergiefilters aus einer Kombination eines Biofilters mit nachgeschalteter naßchemischer Nachbehandlung aus Abluftströmen beseitigt. In diesem Fall wird ein Großteil der Schadstoffe zunächst bei hoher Konzentration mittels Luftsauerstoff im Biofilter abgebaut, woraus ein niedriger Chemikalienverbrauch zum Abbau der verbliebenen Schadstoffe in der naßchemischen

---

[1]OTTO GmbH & Co. KG Geschäftsbereich Umwelttechnik, Eschenweg 2-4, D-64331 Weiterstadt

Nachbehandlung resultiert. Diese Nachbehandlungstufe ist nicht als konventioneller Wäscher mit großem kontinuierlich umgepumptem Flüssigkeitsstrom, sondern als regelmäßig, aber diskontinuierlich mit geringen Mengen an Chemikalien befeuchteter Stofftauscher und Reaktor mit porösen Füllkörpern bei niedrigen Investitions- und Betriebskosten sowie minimalem Verbrauch an Chemikalien gestaltet.

2 Einleitung

Die Technik der biologischen Abgasreinigung ist eine sich in der letzten Zeit vermehrt etablierende Variante des Umweltschutzes bei gasförmigen Schadstoffquellen.

In diesem Zusammenhang besteht ein deutlicher Trend weg von den konventionellen Biofilterbeeten mit rein organischer Biomasse hin zu Verfahrensvarianten mit hochwertiger Verfahrenstechnik unter Einbeziehung für die Biofiltertechnik neuer Materialien und in Kombination mit ergänzenden Verfahrensschritten.

Diese Optimierung der biologischen Abgasreinigungstechnologie zielt auf eine Verbesserung des Abreinigungsverhaltens, eine Ausdehnung der Einsatzgebiete und natürlich auf eine Reduzierung der Investitions- und Betriebskosten der einzusetzenden Technologie.

In diesem Zusammenhang wird wesentlich auf die Kombination des Biofilters mit anderen Verfahrenskomponenten eingegangen. Zuvor werden jedoch kurz die Besonderheiten der in diesem Verfahren eingesetzten Biomasse beleuchtet.

3 Das Biofilter

Wurden während der Anfangszeit der Entwicklungsarbeiten an unserer Technik Abluft und Befeuchtungswasser im Gegenstrom zueinander (Wasser von oben, Abgas von unten) durch das Biofilter geleitet, so haben intensive theoretische und experimentelle Arbeiten zu dieser Thematik die Erkenntnis gebracht, daß die Gleichstromführung dieser beiden Stoffströme (Durchströmung des Biofilters von oben nach unten) deutliche Vorteile für den Feuchtehaushalt des Biofiltermaterials und somit für die Entwicklung der für den Schadstoffabbau verantwortlichen Mikroorganismen erbringt (Abb. 1).

Voraussetzung dafür ist, daß das Biofilter in geschlossener Bauweise gestaltet ist – eine Voraussetzung, die bereits seit Beginn unserer Entwicklungsarbeiten an Biofiltern erfüllt ist; der Problematik offener Systeme bewußt, wurde in unserem Hause noch kein offenes Biofilter konzipiert und gebaut.

Neben einer kontrollierten Strömungsführung der Abluft vom Anlageneintritt bis hin zum Austritt aus der Anlage über einen Kamin erreicht man dadurch eine

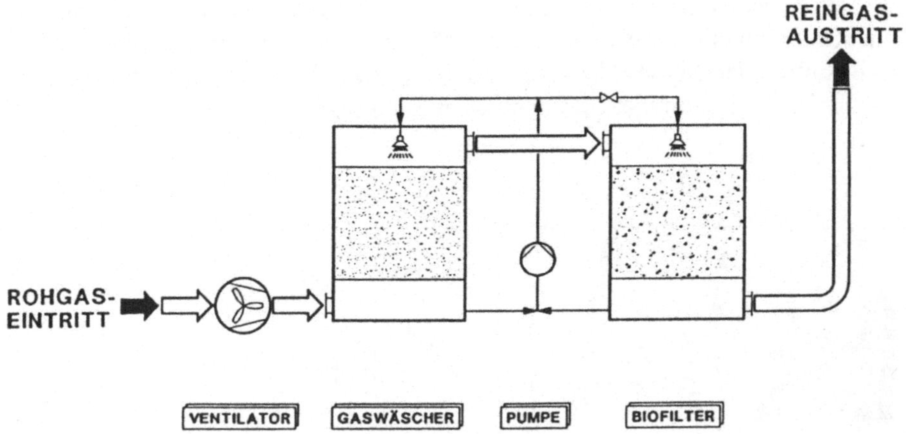

Abb. 1: Konventionelles Biofilterkonzept

Unabhängigkeit von klimatischen Schwankungen sowie absolut kontrollierte Verhältnisse für den Wasserhaushalt des Biofilters bzw. des Biofiltermaterials.

Das Biofilter wird sowohl in standardisierter Modul- oder Containerbauweise als auch als an die vorliegenden Bedingungen angepaßter Behälter ausgeführt.

4 Das Biofiltermaterial

Wie bereits einleitend erwähnt, konzentriert sich ein Teil unserer Entwicklungsarbeiten auf die Optimierung des Lebensraums für die Mikroorganismen.

Biomassen organischen Ursprungs haben die Eigenschaft, daß sie aufgrund ihrer begrenzten Abbauraten bei vertretbaren Schütthöhen und somit auch Druckverlusten sehr große Anströmflächen aufweisen und ein entsprechend großes Installationsvolumen bzw. eine entsprechend große Fläche benötigen.

Darüber hinaus unterliegen organische Biomassen aufgrund ihrer Herkunft stets einem Angriff durch Mikroorganismen, der letzlich zu einem Verrotten des Materials führt. Damit ist zunächst ein beständiger Anstieg des per se bereits hohen Druckverlustes beim Durchströmen sowie in weiterer Folge die Wandlung des Lebensraums für die Mikroorganismen verbunden, woraus letztlich die Notwendigkeit eines Austauschs der Filtermasse resultiert.

So ist der Austausch von Filtermassen auf der Basis rein organischer Biofiltermaterialien (z. B. Rindenmulch) im Vierteljahresrythmus von einigen Anwendungsfällen bekannt.

Bei der von uns verwendeten Biomasse, dem sogenannte Fattinger-Biosorbens (Abb. 2), handelt es sich im wesentlichen um Partikel inerten Materials mit einem hydrophilen Kern (z. B. Gasbeton, Bimsstein, Blähton), welcher einen großes Wasserspeichervermögen und eine adsorptiv wirkende Oberfläche aufweist, zusätzlich jedoch mit Aktivkohle mit hydrophoben Eigenschaften beschichtet ist. Vor dem Auftrag der Aktivkohle werden in den großen Poren des hydrophilen Kerns die für den Schadstoffabbau erforderlichen Mikroorganismen angeimpft.

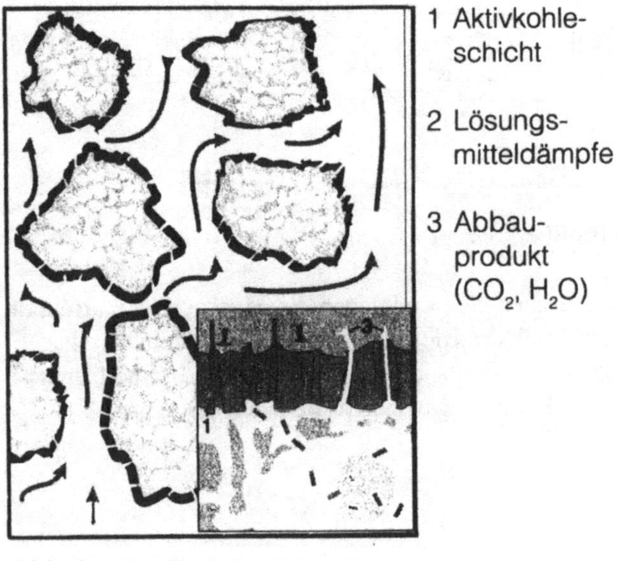

Abb. 2: Das Fattinger-Biosorbens

Diese Aktivkohleschicht auf den Partikeln des Biosorbens, das stets feucht gehalten wird, erfüllt mehrere verfahrenstechnische Funktionen:

- Schlecht oder nicht aus der Luft in Wasser absorbierbare Schadstoffkomponenten werden von der Aktivkohle adsorbiert und so dem zu reinigenden Abgasstrom entzogen; dabei werden sie auf ein ähnlich niedriges Energieniveau gebracht wie bei der Kondensation beziehungsweise Absorption.
- Der Zwischenschritt der Adsorption der Schadstoffe auf der Aktivkohle wirkt vermittelnd für deren Transport zu den Mikroorganismen; somit werden auch schlecht oder gar nicht direkt aus der Luft in Wasser absorbierbare Schadstoffe im Biosorbens aufgenommen und dadurch als „Nahrung" für die Mikroorganismen zugänglich und von diesen abgebaut.

- Darüber hinaus werden adsorbierte Schadstoffe von Mikroorganismen, die in die Aktivkohleschicht hineinwachsen, auch direkt aus der adsorbierten Phase abgebaut.
- Die katalytischen Eigenschaften der Aktivkohle helfen, toxische Schadstoffkomponenten in biologisch abbaubare Stoffe umzuwandeln; die Aktivkohleschicht wirkt gewissermaßen als Schutzschild für die Mikroorganismen.
- Die Gesamtmasse der Aktivkohle in der Biomasse stellt somit auch einen ersten Puffer gegenüber Schwankungen der Konzentration im zu reinigenden Abgas dar; insbesondere wird durch diesen Aktivkohle-Puffer auch die Auswirkung fallweise auftretender kurzzeitiger hoher bis toxischer Schadstoffkonzentrationsspitzen, wie sie in technischen Prozessen auftreten können, aufgefangen beziehungsweise auf eine sehr kleine Schicht der Biomasse am Biofiltereintritt begrenzt.

Insbesondere durch diese letztgenannte Tatsache erhalten die in den Biosorbenspartikeln angesiedelten Mikroorganismen einen Schutz vor Schadstoffen oder Schadstoffkonzentrationen, die nicht ihrer natürlichen Umgebung entsprechen.

Die körnige poröse Struktur der Biomassepartikel bietet im Gegensatz zu konventionellen organischen Biomassen den Schadstoffen eine große spezifische Stoffaustauschfläche für den Stofftransport zu den Mikroorganismen; die Begrenzung auf ein festgelegtes Korngrößenspektrum gewährleistet einen definierten und niedrigen spezifischen Strömungswiderstand der Biomasse. Beide Attribute tragen zu einer kleinen Bauweise und somit zu niedrigen Investitions- und spezifischen Betriebskosten bei.

Da das Fattinger-Biosorbens ein inertes Material mit Zumischung begrenzter Mengen organischen Materials ist, sind mit diesem Material gegenüber konventioneller organischer Biomasse, die im Laufe der Zeit einem Verrottungsprozeß unterworfen ist, hohe Standzeiten zu erreichen.

So mußte bislang bei keiner von uns gebauten Anlage das Biosorbens ausgetauscht werden.

Die Zumischungen organischen Materials werden wesentlich für die erste Besiedelung des Biofilters mit Mikroorganismen benötigt; haben die Mikroorganismen erst einmal auf diesem Material Fuß gefaßt, breiten sie sich im Verlauf ihrer natürlichen Adaptation während der Inbetriebnahmezeit auch sehr rasch auf die inerten Bestandteile des Biosorbens aus und siedeln sich dort dauerhaft an.

Die dazu erforderlichen Aufbaustoffe entnehmen sie weitestgehend dem organischen Anteil des Biosorbens, das somit im Laufe der Zeit, wie in konventionellen Biofiltern auch, verrottet, sowie dem Wasser für die zusätzliche Befeuchtung des Biofilters. Über diese Befeuchtungsflüssigkeit können den Mikroorganismen später in regelmäßigen Abständen (z. B. einmal monatlich) auch die in geringen Mengen nötigen Aufbaustoffe in Form von gelöstem Dünger zugeführt werden, wenn der organische Anteil des Biosorbens verrottet und verbraucht ist.

Wie die Erfahrungen mit bereits seit mehreren Jahren in Betrieb befindlichen Anlagen aus unserem Hause (z. B. Abluftreinigungsanlage auf der Kläranlage in

Lausanne) zeigen, ist durch den Verrottungsprozeß im Gegensatz zu Biofiltern mit konventioneller Biomassenfüllung kein Anstieg des Druckverlustes über das Biofilter im Laufe der Betriebszeit zu verzeichnen; eher sinkt der Druckverlust durch die frei werdenden Strömungswege zwischen den inerten Partikeln definierten Durchmessers geringfügig.

Sollte das Biofiltermaterial dennoch einmal ausgetauscht werden müssen, so wird dieses Material mittels eines industriellen Staubsaugers aus dem Biofilter entnommen, vom Hersteller zurückgenommen und wieder aufbereitet; der Betreiber erhält im Austausch eine neue Biomassefüllung für sein Biofilter.

5 Feuchtehaushalt des Biofilters

Zwar ist dem Biofilter in praktisch allen Fällen ein Gaswäscher zur Befeuchtung der Abluft vor Eintritt in das Biofilter vorgeschaltet, doch ist es mit vertretbarem Aufwand kaum möglich, die in das Biofilter eintretende Abluft auf 100 % relativer Feuchte zu halten. Alleine daraus würde bereits eine Austrocknung des Biofiltermaterials durch von der nicht gesättigten Luft aufgenommene Feuchte aus dem Biofilter resultieren. Allerdings ist dieser Effekt vergleichsweise klein.

Ein größeres Augenmerk ist auf die potentielle Austrocknung durch die Temperaturzunahme der Abluft bei der Durchströmung des Biofilters infolge der exothermen Reaktion der Schadstoffumsetzung zu richten.

Theoretische Untersuchungen auf der Basis integraler Stoffmengen- und Energiebilanzierungen zeigen den bedeutenden Einfluß des Schadstoffabbaus auf den Energie- und Stoffhaushalt des Biofilters; diese Ergebnisse wurden bereits durch hier noch nicht dargestellte punktuelle Messungen an unterschiedlichen Systemen bestätigt.

Anhand des Abbaus von Styrol in einem Biofilter sei zunächst die Auswirkung auf den Energiehaushalt erläutert. Abbildung 3 zeigt die Zunahme der Ablufttemperatur bei der Durchströmung des Biofilters in Abhängigkeit von der abgebauten Konzentrationsdifferenz des Styrol.

Bei dieser Betrachtung resultiert die Temperaturzunahme aus der bei der exothermen Umsetzung des Styrols zu H_2O und CO_2 freiwerdenden Reaktionswärme infolge der biochemischen Oxidation durch Mikroorganismen.

Dabei ist berücksichtigt, daß die relative Feuchte durch die Temperaturzunahme steigt. Dies zieht einen Wasserbedarf zur Befeuchtung auf 100 % am Austritt des Biofilters nach sich, der wiederum durch das bei der Schadstoffumwandlung gebildete H_2O vermindert wird.

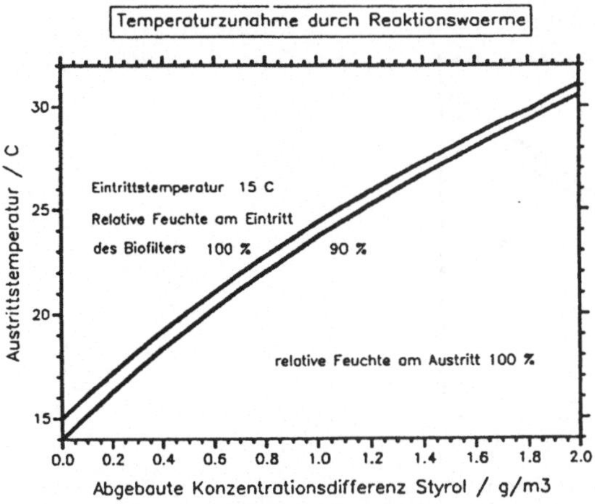

Abb. 3: Abhängigkeit der Austrittstemperatur der Abluft aus dem Biofilter von der abgebauten Konzentrationsdifferenz an Styrol

In Abb. 3 wird modellhaft zwischen den beiden Fällen 90 % und 100 % relative Feuchte am Eintritt in das Biofilter unterschieden. Wesentlicher Unterschied ist die insgesamt niedrigere Austrittstemperatur bei niedriger Eintrittsfeuchte durch die Abkühlung der Abluft bei der Wasseraufnahme. Darüber hinaus zeigt sich bei $\Delta c = 0$ mg/m^3_N eine gegenüber der Eintrittstemperatur (15 °C) auf ca. 14 °C reduzierte Austrittstemperatur bei 90 % Eintrittsfeuchte. Erst bei ca. $\Delta c = 100$ mg/m^3_N abgebautem Styrol sind Ein- und Austrittstemperatur gleich. Darüber hinaus ist eine gegenüber der Eintrittstemperatur höhere Austrittstemperatur zu vermerken.

Abbildung 4 zeigt die Auswirkung des Energiehaushalts auf den über die Vorbefeuchtung hinausgehenden Wasserbedarf des Biofilters durch zusätzliche Besprühung.

In Abb. 4 wird zwischen der bei der Reaktion gebildeten Wassermenge, die vom Luftstrom aufgenommen wird, der bei der Besprühung erforderlichen Wassermenge und der insgesamt vom Luftstrom aufgenommenen Wassermenge unterschieden.

Wesentlich ist in Abb. 4 die Tatsache, daß bereits bei vergleichsweise geringen abgebauten Schadstoffkonzentrationen erhebliche Wassermengen zur Befeuchtung des Biofilters aufgesprüht werden müssen. Das durch den Schadstoffabbau gebildete Wasser spielt dabei eine eher untergeordnete Rolle.

Wird dieser Wasserbedarf vernachlässigt, so resultiert daraus unweigerlich das Austrocknen des Biofilters. Wie erste Messungen gezeigt haben, ist diese Stoffmengen- und Energiebilanzierung ein geeignetes Mittel, die für die Befeuchtung des Biofilters erforderliche Wassermenge vorherzubestimmen.

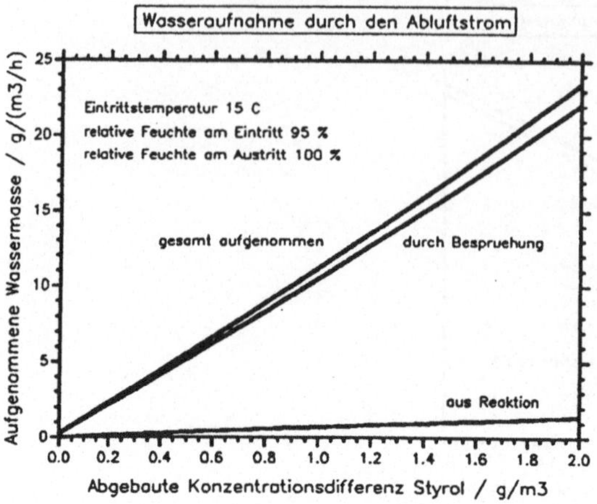

Abb. 4: Wasserbedarf des Biofilters in Abhängigkeit von der abgebauten Konzentrationsdifferenz an Styrol

6 Das Synergiefilterkonzept

Verfahrenstechnisch gesehen ist das Biofilter ein Reaktor zur biochemischen Oxidation von unerwünschten Schad- und/oder Geruchsstoffen.

Bei den von uns konzipierten Anlagen wird prinzipiell zwischen solchen Anwendungsfällen unterschieden, bei denen die zu reinigende Abluft mit organischen Kohlenwasserstoffen verunreinigt ist, und solchen, bei denen Geruchsstoffe die Abluft verunreinigen.

6.1 Reinigung mit organischen Lösemitteln verunreinigter Abluft

6.1.1 Betriebsweise bei Konzentrationsschwankungen

Eine Eigenart praktisch aller Biofilter und auch einer Vielzahl anderer biologischer Abgasreinigungssysteme ist die, daß sie nahezu keine Speicherkapazität gegenüber Schadstoffkonzentrationsspitzen aufweisen, wie sie bei einer Vielzahl industrieller Produktionsprozesse auftreten. Selbst kurzzeitig auftretende Konzentrationsspitzen schlagen mehr oder weniger ungefiltert durch das System durch und finden sich im "Reingas" wieder.

Aus diesem Grund reicht es üblicherweise nicht aus, solche Systeme auf einen mittleren Schadstoffmassenstrom hin auszulegen, sondern es sind bei der Auslegung die maximal auftretenden Konzentrationsspitzen zugrunde zu legen.

Bereits daraus resultiert eine Überdimensionierung des Biofilters gegenüber dem mittleren Schadstoffmassenstrom, die sich wesentlich in den Betriebskosten niederschlägt.

6.1.2 Betriebsweise bei nichtkontinuierlicher Produktion

Ein weiterer Grund für eine Überdimensionierung eines Biofilters kann in der Produktionszeit des vorgeschalteten Prozesses, aus dem das zu reinigende Abgas stammt, begründet sein.

Zur Verdeutlichung sei ein Produktionsprozeß zugrundegelegt, der 8 Stunden pro Tag an 5 Tagen pro Woche arbeitet und dabei Schadstoffe im Abgas in konstanter Konzentration liefert. Ein konventionelles Biofiltersystem muß die in dem Abgas aus dem Produktionsprozeß anfallenden Schadstoffe innerhalb dieser 40 h auf den maximal zulässigen Reingaswert abbauen. Während der verbleibenden 128 h wird das Biofilter nicht mit Schadstoffen beaufschlagt, und die Mikroorganismen werden nicht mit Nahrung versorgt.

Durch Zwischenspeicherung eines Teils der Schadstoffe, die ja für die Mikroorganismen Nahrung darstellen, gelingt es, die Mikroorganismen kontinuierlich mit Nahrung zu versorgen; die „Arbeitszeit" der Mikroorganismen wird dabei von 40 h auf 168 h ausgedehnt. Daraus resultiert, gleichbleibende Abbaurate vorausgesetzt, daß nur ca. 24 % Abbauleistung erforderlich ist bzw. das Biofilter also lediglich ca. ein Viertel der Größe eines konventionellen Biofilters haben muß.

6.1.3 Synergiefiltersystem mit Adsorber

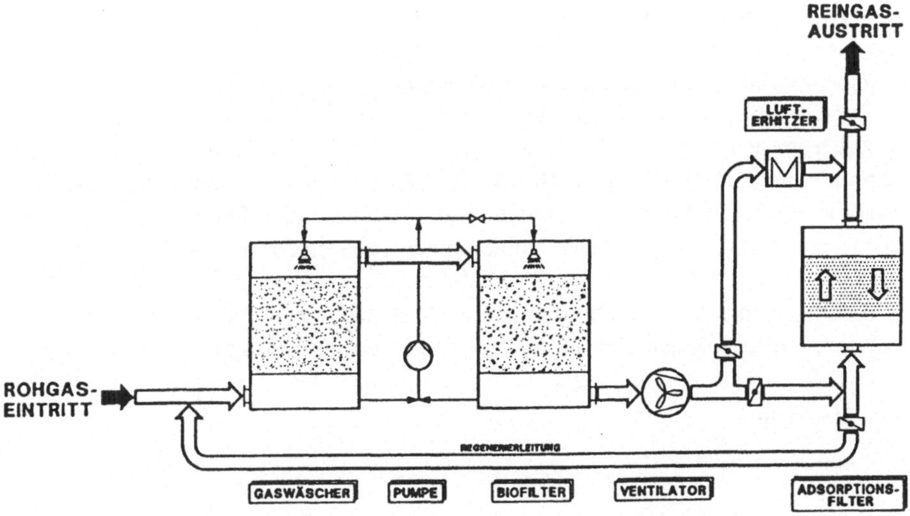

Abb. 5: Biofilter mit nachgeschaltetem Adsorber (Synergiefilter)

Biofilter und auch andere Konzepte zur biologischen Abgasreinigung können den einzuhaltenden Reingaswert betreffend insbesondere bei Abgasen mit Konzentrationsspitzen nur bei entsprechend großer Überdimensionierung sicher arbeiten (Kosten für Investitionen und Filtermasseaustausch).

Für solche Fälle wurde Kombination aus einem Biofilter und einem nachgeschalteten Adsorber (Synergiefilter) entwickelt (Abb. 5).

Innerhalb dieses Konzeptes arbeitet das Biofilter weniger als Maßnahme zur Reinigung des Abgases, sondern lediglich als Reaktor zum biochemisch oxidativen Abbau von Schadstoffen. Für die Einhaltung des eigentlichen Reingaswertes ist die zweite Stufe des Synergiefilters, der dem Biofilter nachgeschaltete Adsorber, verantwortlich. Seine Aufgabe ist die Zurückhaltung aller Schadstoffe, die das Biofilter unabgebaut passieren und einen unzulässig hohen Reingaswert verursachen würden.

Da der Adsorber nur eine endliche Speicherkapazität gegenüber Schadstoffen aufweist, muß er entsprechend dem Schadstoffanfall regeneriert werden. Diese Regeneration erfolgt üblicherweise außerhalb der Produktionszeiten. Die bei der Regeneration mit einem kleinen, in einem Heizregister erwärmten Luftstrom desorbierten Schadstoffe werden über eine Bypassleitung dem Biofilter wider zugeführt und dort abgebaut. Die im Biofilter gereinigte Luft wird dann wieder für die Regeneration des Adsorbers verwendet.

Da das Regenerationsgas während dieser Zeit in einem geschlossenen Kreislauf geführt wird, werden während der Zeit der Regeneration keine Schadstoffe an die Umgebung emittiert; das Biofilter wird nun kontinuierlich mit Schadstoffen versorgt.

Innerhalb dieses Konzepts wird das Biofilter derart dimensioniert, daß die während der Produktionszeit (z. B. 40 h/w) in der zu reinigenden Abluft anfallenden Schadstoffe während des gesamten zur Verfügung stehenden Zeitraums (z. B. 168 h/w) abgebaut werden, während der Adsorber die innerhalb der Produktionszeit nicht abgebauten Schadstoffe zwischenspeichert und so den einzuhaltenden Reingaswert sicherstellt. Entsprechend klein fällt das Biofilter aus.

Das Gesamtsystem wird lediglich auf die mittlere Schadstoffkonzentration im Abluftstrom ausgelegt. Das Auftreten von Schadstoffen in Konzentrationsspitzen ist problemlos, da die durch das Biofilter durchschlagenden Schadstoffspitzen vom Adsorber sicher aufgefangen werden. Bei entsprechender Dimensionierung des Adsorbers kann ein praktisch vollkommen schadstofffreies Reingas erreicht werden.

Biochemisch sehr schlecht abbaubare Substanzen (z. B. bestimmte Chlorkohlenwasserstoffe) können sich im System anreichern und in regelmäßigen Abständen (z. B. wöchentlich) mittels Kondensation aus dem Desorptionsgas ausgeschleust werden.

6.1.4 Weiterentwicklungen

6.1.4.1 Theoretische Betrachtung zur Reaktionskinetik

Allgemein kann die biochemische Oxidation von Schadstoffen mit der Gleichung

$$\frac{dc}{dt} = -k \cdot c^n$$

beschrieben werden, worin n die Ordnung der Reaktion ist.

Für eine Reaktion 0. Ordnung gilt für die Konzentration in Abhängigkeit von der Verweilzeit c(t)

$$c(t) = c_0 - k \cdot t$$

sowie für die Abbaurate R der Zusammenhang

$$R(t) = const.$$

c_0 sei darin die Anfangs- oder Eintrittskonzentration, t die Zeit und k eine Reaktionskonstante.

Hinweise aus der Literatur und auch eigene Untersuchungen bestätigen, daß viele Lösemittel in Biofiltern nach einer Reaktion 1. Ordnung abgebaut werden. Der Verlauf der Konzentration im Biofilter läßt sich dann mit der Gleichung

$$c(t) = c_0 \cdot \exp [-k \cdot t]$$

beschreiben, die Abbaurate ist durch die Gleichung

$$R(t) = c_0 \cdot \frac{1 - \exp [-k \cdot t]}{t}$$

charakterisiert. Für ein Biofilter mit festliegenden Verhältnissen für Geometrie und Strömungsgeschwindigkeit wird daraus für die Konzentration

$$c(t) = c_0 \cdot k$$

sowie für die Abbaurate

$$R(t) = c_0 \cdot k$$

errechnet.

Dem ist zu entnehmen, daß bei Lösemitteln, die nach einer Reaktion 1. Ordnung abgebaut werden, eine der Konzentration proportionale Steigerung der Abbaurate eintritt.

Diese Zusammenhänge sind in den Abbildungen 6-8 skizziert.

Wird bei Schadstoffen, die nach einer Reaktion 0. Ordnung abgebaut werden, bei geeigneter Durchströmungslänge theoretisch eine Austrittskonzentration von 0 mg/m^3_N erreicht (Abb. 6), so ist dies bei einer Reaktion 1. Ordnung theoretisch erst nach unendlich langer Zeit der Fall.

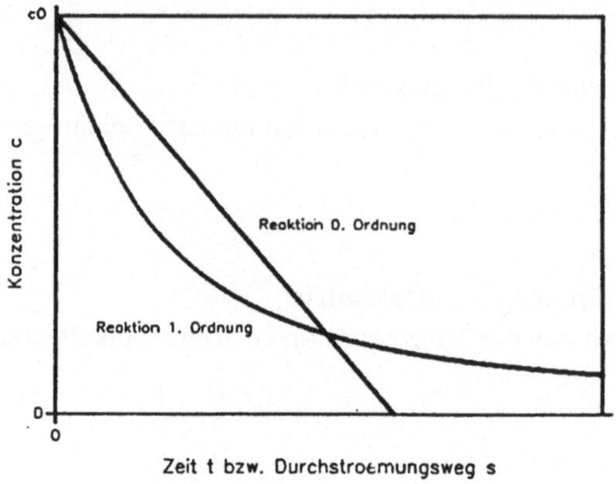

Abb. 6: Abhängigkeit des Schadstoffkonzentrationsabbaus im Biofilter von der Reaktionsordnung

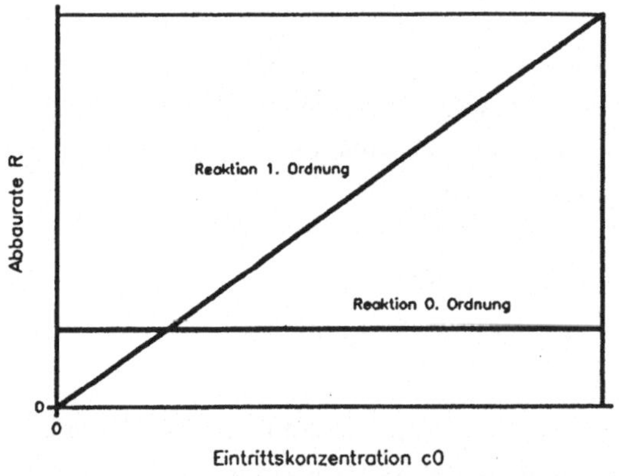

Abb. 7: Abhängigkeit der Abbaurate von der Eintrittskonzentration bei unterschiedlichen Reaktionsordnungen

Wird die Schadstoffkonzentration bei einer Reaktion 0. Ordnung linear abgebaut, so sinkt sie bei einer Reaktion 1. Ordnung entsprechend dem exponentiellen Zusammenhang im ersten Biofilterabschnitt wesentlich schneller als im hinteren Teil der Durchströmung.

Die Abbaurate in Abhängigkeit von der Eintrittskonzentration ist bei einer Reaktion 0. Ordnung konstant, steigt hingegen bei einer Reaktion 1. Ordnung linear mit der Eintrittskonzentration (Abb. 7).

Weiterhin ergibt sich eine konstante Abbaurate über den Durchströmungsweg bei einem Abbau nach einer Reaktion 0. Ordnung, während bei einer Reaktion 1. Ordnung die Abbaurate im vorderen Durchströmungsbereich des Biofilters am größten ist (Abb. 8).

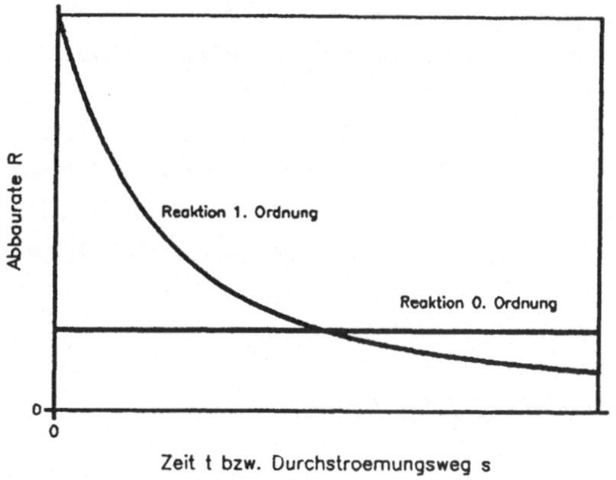

Abb. 8: Abhängigkeit des Verlaufs der Abbaurate im Biofilter von der Reaktionsordnung

6.1.4.2 Bedeutung der theoretischen Betrachtungen für das Biofilterdesign

Die vorstehenden theoretischen Betrachtungen zeigen wesentlich, daß bei Schadstoffen, die nach einer Reaktion 1. Ordnung abgebaut werden, der Schadstoffabbau hauptsächlich im vorderen Bereich des Biofilters erfolgt, während wegen der exponentiellen Zusammenhänge der hintere Biofilterteil in bezug auf den Gesamtumsatz keinen wesentlichen Anteil mehr hat.

Im Rahmen des Synergiefilterkonzepts bedeutet dies, daß das Biofilter möglichst "kurz" ausgeführt wird, also in einem Bereich mit hohen Abbauraten arbeitet; nicht abgebaute Schadstoffe werden im nachgeschalteten Adsorber adsorbiert und während dessen Regeneration wieder in den Abluftstrom vor dem Gaswäscher rückgeführt, wodurch eine hohe Eintrittskonzentration in das Biofilter erreicht wird (Abb. 9).

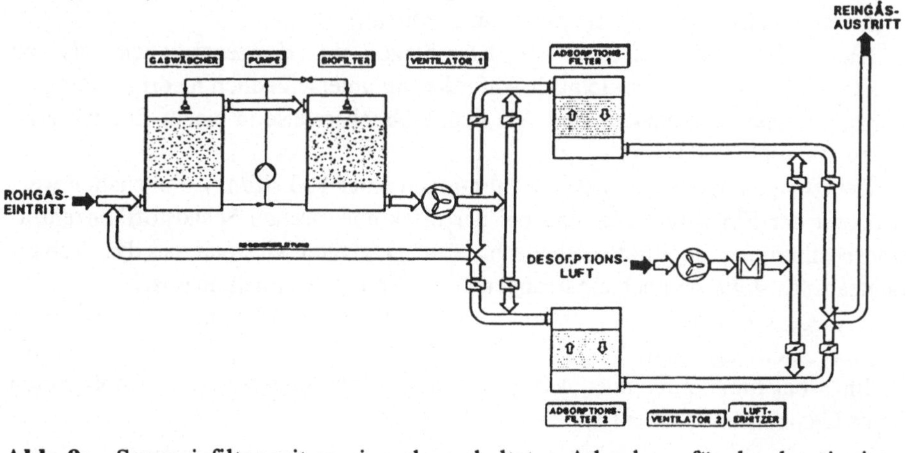

Abb. 9: Synergiefilter mit zwei nachgeschalteten Adsorbern für den kontinuierlichen Betrieb

Die Folge ist ein vergleichsweise kleines Biofilter als Reaktor zur biochemischen Oxidation von Schadstoffen, das wegen der hohen Eintrittskonzentrationen mit entsprechend hohen Abbauraten und somit sehr effektiv arbeitet.

Die Reingaskonzentration wird bei diesem Konzept durch die Dimensionierung der Adsorber definiert. Dabei können dem Biofilter zwei parallel verschaltete Adsorber nachgeordnet sein, die abwechselnd adsorbieren bzw. desorbiert werden. Dadurch wird, auf den Gesamtprozeß bezogen, ein quasi kontinuierlicher Betrieb erreicht.

6.2 Reinigung mit Geruchsstoffen verunreinigter Abluft

6.2.1 Problemstellung

Im Zusammenhang mit der Geruchsbelastung in Kläranlagen können beispielsweise folgende Geruchs-/Schadstoffe auftreten:

- Aldehyde,
- aliphatische Kohlenwasserstoffe,
- aromatische Kohlenwasserstoffe,
- sauerstoffhaltige Verbindungen,
- schwefelhaltige Verbindungen (Thioalkohole),
- stickstoffhaltige Verbindungen (Amine, Indole, Skatole),
- Halogen-Kohlenwasserstoffe,
- Schwefelwasserstoff H_2S,
- Ammoniak NH_3.

Von den aufgeführten Schadstoffen sind die Aldehyde sowie die schwefelhaltigen Verbindungen Mercaptane und die stickstoffhaltigen Verbindungen Indole und Skatole betreffend die Geruchsminderung besonders problematisch, da die Geruchsschwellenwerte für diese Stoffe äußerst niedrig liegen.

Diese Schadstoffe treten bei Kläranlagen in Konzentrationen bis zu 25.000 GE/m^3_N auf, wobei je nach Anforderung unterschiedlich niedrige Reingaskonzentrationen einzuhalten sind. Sie liegen üblicherweise in einem Bereich zwischen 100 und 1000 GE/m^3_N.

Heutzutage können Reingaskonzentrationen unter 100 GE/m^3_N eingehalten werden, mit der Einschränkung, daß bei der olfaktometrischen Schadstoffkonzentrationsbestimmung nicht mit synthetischer Luft gearbeitet wird und daß das Probandenteam feststellt, ob noch ein unangenehmer Geruch wahrnehmbar ist.

In diesem Zusammenhang ist zu berücksichtigen, daß Biofilter nach längerem Betrieb einen Eigengeruch meist im Bereich 200-500 GE/m^3_N entwickeln, der allerdings bei funktionierender Anlage mit dem abzureinigenden Schadstoffgeruch keine Gemeinsamkeit mehr hat.

6.2.2 Problemlösung

Erfahrungen sowohl aus Betriebsanlagen und auch aus zahlreichen Versuchen bestätigen, daß Abgasströme, die mit solchen Schadstoffen belastet sind, nicht mit vertretbarem Aufwand auf hinreichend tiefe Reingaswerte gereinigt werden können, wenn entweder nur chemische Wäscher – dies gilt auch für mehrstufige Ausführungen – oder nur Biofilter zur Abgasreinigung herangezogen werden.

So wurde beispielsweise von einigen Herstellern in einem nächsten Schritt die Chemiesorption mit der nachgeschalteten Biofiltertechnologie verknüpft.

Mit diesem Schritt wurden zwar ein Teil bislang aufgetretener Restprobleme gelöst, jedoch blieben dabei noch folgende Probleme bestehen:

- weiterhin Verbrauch großer Mengen an Chemikalien,
- Gefahr einer Störung der nachgeschalteten Biologie durch eine stark oxidierende Wäsche.

Auf der Basis dieser Erkenntnisse wurde in unserem Hause eine Technik zur Abgasreinigung entwickelt, bei der die Vorteile der beiden Abgasreinigungssysteme Biofilter und naßchemische Reinigungsstufe optimal kombiniert sind. Durch diese Maßnahme wird eine sichere Einhaltung der geforderten Reingaswerte gewährleistet, die auch in der Umgebung der Anlage keine Belästigungen durch Geruchsstoffe verursacht.

Der nachgeschaltete Naßwäscher beseitigt neben letzten riechenden Abgasbestandteilen den Eigengeruch des Biofilters oxidativ.

Am Beispiel einer Anlage zur Abgasreinigung der Kläranlage in Lausanne sei das Verfahrensprinzip erläutert (Abb. 10).

Durch diese Kombination von Biofilter und nachgeschaltetem Gaswäscher werden folgende Ziele erreicht:

- minimaler Chemikalienverbrauch durch bevorzugte Umsetzung der Schadstoffe durch Mikroorganismen im Biofilter mittels Luftsauerstoff (und nicht durch Chemikalien),
- weitgehende Beseitigung des Biofiltereigengeruchs,
- minimaler Verbrauch an enthärtetem Wasser in dem im alkalischen pH-Bereich arbeitenden Nachwäscher.

Dabei werden vom Biofilter hauptsächlich C-Verbindungen, jedoch auch teilweise S- und N-Verbindungen abgebaut.

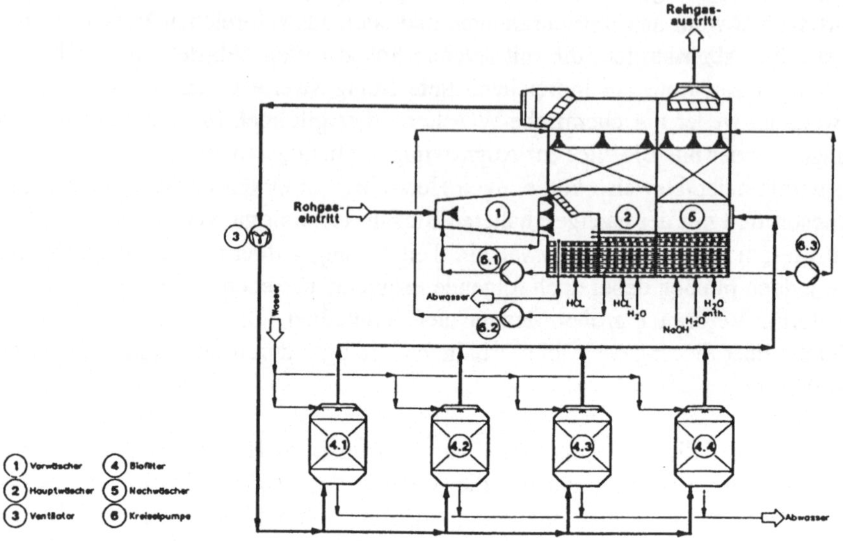

Abb. 10: Verfahrensschema der Abluftreingungsanlage der Kläranlage Lausanne (Schweiz)

6.2.3 Weiterentwicklungen

Nun liefert die vorgestellte Anlage zwar sehr gute Ergebnisse, doch wurde diese Anlage bereits vor mehr als drei Jahren konzipiert und entsprach dem damaligen Stand der Technik in unserem Hause; zwischenzeitlich hat sich jedoch in der Entwicklung einiges getan, worauf nachfolgend am Beispiel des Verfahrensschemas einer neuen geplanten Abluftreinigungsanlage für eine Kläranlage eingegangen wird (Abb. 11).

Eine Konsequenz aus diesen Erkenntnissen ist die robustere und kleinere Ausführung des Vorwäschers zur Befeuchtung und Staubabscheidung, der durch eine (obere) Opferschicht im Biofilter ergänzt werden soll.

Weiterhin wird die chemisorptive Behandlung nun vollständig hinter dem Biofilter installiert; es wird also zum Abbau der Schadstoffe wesentlich der preiswerte und umweltfreundliche Luftsauerstoff als Oxidationsmedium in einem biochemischen Reaktor und nicht Sauerstoff aus teuren Chemikalien eingesetzt. Im Biofilter sich anreichernde Abbauprodukte werden durch diskontinuierliches Besprühen mit Wasser ausgespült.

In der Nachbehandlung kann auf Wäscher mit kontinuierlicher Kreislaufberieselung verzichtet werden. Als Kontaktflächen werden in dieser Nachbehandlungsstufe Schichten körnigen hydrophilen Materials eingesetzt, die regelmäßig, jedoch diskontinuierlich in periodisch einstellbaren Abständen mit der jeweiligen chemikalienhaltigen Flüssigkeit bedüst werden. Dadurch werden einerseits der Aufwand an Energie für die sonst erforderliche permanente Flüssigkeitsumwälzung in Wäschern und andererseits, als wesentlicher Vorteil, der Chemikalieneinsatz minimiert.

Für erhöhte Anforderungen (in Abb. 11 nicht dargestellt) kann die Nachbehandlung in folgenden Schritten (mehrstufiges System) erfolgen:

- eine saure Schicht (Auswaschung von Ammoniak und Aminen),
- eine alkalische oxidierende Schicht (Auswaschung der Schwefelverbindungen, Oxidation von z. B. H_2S bis zu Na_2SO_4 und Sterilisation),
- eine Schicht zur Zerstörung überschüssigen Oxidationsmittels durch Natriumhydrogensulfit ($NaHSO_3$).

Diese letzte Nachbehandlungsstufe beseitigt auch noch in der Abluft enthaltene Spuren von Aldehyden.

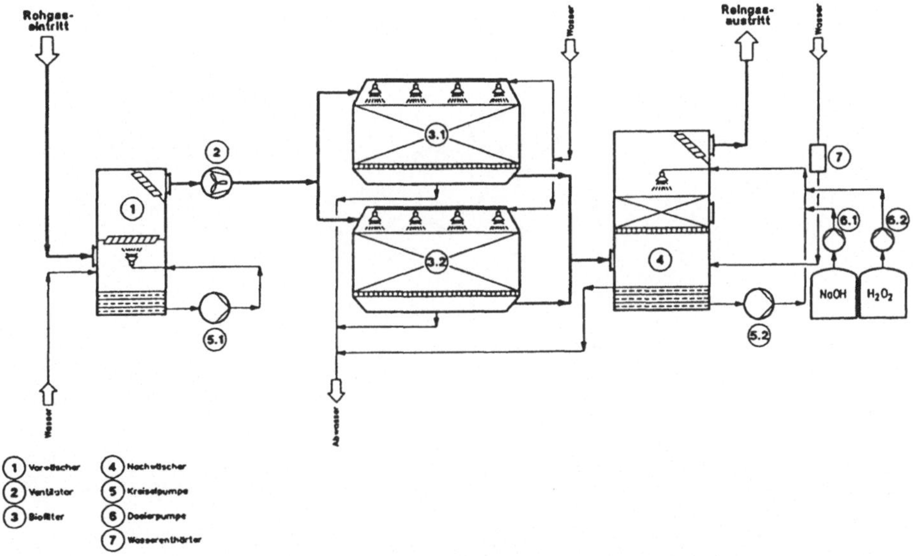

Abb. 11: Weiterentwicklung zur Reinigung mit Geruchsstoffen beladener Abluft

Emissionsminderungsmaßnahmen durch thermische und biologische Abluftreinigungssysteme

I. Griesbach[1]

1 Zusammenfassung

Betrachtet man verschiedene Abluftreinigungssysteme, so kann im Vorfeld gesagt werden, daß die thermische Nachverbrennung eine der sichersten und zuverlässigsten Abluftreinigungen ist. Allerdings sind hier die Primärenergiekosten relativ hoch, die sich jedoch durch den Einsatz von Meß- und Regeltechnik und vor allem durch nachgeschaltete Wärmerückgewinnungen in einen erträglichen Kostenrahmen bringen lassen.

Die biologische Abluftreinigung hat den wesentlichen Vorteil eines geringeren Betriebskostenfaktors. Es muß jedoch bedacht werden, daß dieses System für komplexe Abgase mit höheren Rohgasbeladungen, z. B. teer- oder fetthaltige Abluft, nur bedingt geeignet ist. Der Wartungsaufwand von notwendigen Vorreinigungssystemen wird zwar durch Meß- und Regeltechniken reduziert, jedoch kann auf Kontroll- und Wartungsarbeiten nicht ganz verzichtet werden. Erfolgt diese nicht, so verliert das Biofilter seine Wirksamkeit.

Die Auswahl des für den Betreiber richtigen Systems muß deshalb im Vorfeld genau analysiert werden.

2 Planung und Auswahl des richtigen Abluftreigungssystems

Die beste und umweltverträglichste Maßnahme der Schadstoffminderung ist die Verhinderung oder Verminderung der Schadstoffentstehung bzw. -emission. Da dies aufgrund des Produktionsablaufes aber in den meisten Fällen nur teilweise oder gar nicht möglich ist, müssen während der Planungsphase schon die Weichen

[1] Schröter GmbH & Co KG Anlagenbau, Postfach 1251, D-33826 Borgholzhausen

für ein betreiberspezifisches und kostenerträgliches Abluftreinigungssystem gestellt werden.

Prinzipiell muß davon ausgegangen werden, daß zukünftig sämtliche Abluftmengen aus genehmigungspflichtigen Anlagen als Emissionen anzusehen sind, die nach den Anforderungen der TA Luft gereinigt werden müssen. Dies bedeutet, daß Möglichkeiten zur wirtschaftlichen Durchfürbarkeit der Abluftreinigung gefunden werden müssen. Grundsätzlich kann man hierbei von zwei Alternativen ausgehen:

- Dezentrale Reinigung der Abluftmengen aus den einzelnen Anlagen,
- Zusammenfassung sämtlicher Abluftmengen aus den Anlagen und deren zentrale Reinigung.

Bei Neuanlagen kann heute schon in der Planungsphase die effektive Reinigung der Abgase durch entsprechende Verfahrenssysteme berücksichtigt werden. Wesentlich komplexer ist das Problem der Altanlagensanierung. Um nicht jede Anlage einzeln mit einer Abgasreinigungseinheit auszustatten, müssen Lösungen gefunden werden, die eine gesamte Erfassung sämtlicher Abluftmengen und deren Reinigung in einer zentralen Reinigungseinheit ermöglichen.

In jedem Fall sollte man den Weg der gemeinsamen Absprache mit dem zuständigen Umweltamt gehen, um sicherzustellen, daß die gefundene Lösung zur Minimierung der Schadstoffe auch im Einverständnis mit der zuständigen Behörde getroffen wird.

Maßgeblich zur richtigen Auswahl der entsprechenden Abgasreinigungseinheit sind genaue Kenntnisse über:

- Prozeßabläufe;
- Volumenströme;
- Rohgasbeladung und Zusammensetzung;
- Abgastemperatur;
- innerbetriebliche Anschluß- und Aufstellmöglichkeiten;
- Wirtschaftlichkeit.

Sind diese wichtigen Faktoren erfaßt, so kann ein Abluftreinigungssystem dementsprechend geplant und dimensioniert werden.

3 Zentrale Abluftreinigungssysteme

3.1 Thermische Nachverbrennungen mit Wärmerückgewinnungseinheiten

Thermische Nachverbrennungen (TNV) können für dezentrale oder zentrale Lösungen eingesetzt werden. Beim Neubau oder bei der Sanierung von Altanlagen besteht eindeutig eine Tendenz zur zentralen Lösung.

Die TNV stellt auf der einen Seite die einfachste und sicherste Lösung für viele Industriezweige dar, verursacht auf der anderen Seite allerdings zusätzliche Emissionen (CO_2 und NO_x) und ist relativ kostenintensiv bezüglich des Primärenergieverbrauchs. Die Kosten können durch nachgeschaltete Wärmerückgewinnungen bzw. eine effektive Rohgasvorwärmung zum Teil wieder kompensiert werden. Ebenso können die zusätzlichen Emissionen durch optimal arbeitende modulierende Brenner auf ein Minimum begrenzt werden.

Durch den Einsatz von hochwertigen, hitzebeständigen Stählen und einer ausdehnungsgerechten Konstruktion kann bei der thermischen Nachverbrennung heutzutage von einer hohen Lebensdauer ausgegangen werden. Dadurch halten die Anlagen mit entsprechenden Wärmerückgewinnungseinheiten auch einer Armortisationsberechnung stand. Dies sollte natürlich schon in der Planungsphase berücksichtigt werden.

Vereinzelt werden von den Umweltämtern thermische Nachverbrennungen nur mit Wärmerückgewinnungseinheiten genehmigt. So mußten in Einzelfällen für einige Systeme Warmwasserwärmetauscher installiert werden, die aufgrund der bereits vorhandenen Wärmerückgewinnungen bei Kälteanlagen nur sehr selten genutzt werden. Die Investitionskosten stehen hier in keinem Verhältnis zu einer Einsparung. Warmwasser ist somit genug vorhanden, und die Anlage wird über den Bypass gefahren. In solchen Fällen sollte ein Kompromiß gefunden werden, zumal ja die immer höheren Anforderungen von Seiten der Gesetzgebung dem Anlagenbetreiber auferlegt werden. Die verschärften Grenzwerte sind dann in vielen Fällen nur noch mit einer TNV sicher einzuhalten.

Eine andere Möglichkeit ist natürlich die "prozeßbedingte" Vorverdünnung der Rohgase durch Zugabe von Frischluft vor der Abluftreinigung, so daß die Konzentration zwar reduziert wird und die Grenzwerte eingehalten werden, der Massenstrom an Schadstoffen jedoch gleich bleibt. Solche Lösungen geraten schnell in den Verdacht einer Alibifunktion, was nicht im Sinne eines effektiven Umweltschutzes sein kann.

3.2 Beschreibung der thermischen Nachverbrennung

Über einen zentralen Abluftkanal werden sämtliche zu reinigenden Abluftmengen zusammengefaßt und der TNV über einen Ventilator zugeführt. Der Ventilator wird stufenlos über einen Frequenzumrichter und eine Unterdruckmeßstelle betrieben. So wird es möglich, den Anlagen genau die Abluftmenge zu entziehen, die gereinigt werden soll. Einflüsse auf den reinen Produktionsprozeß können eingestellt und geregelt werden. Ferner werden beim Zuschalten einzelner Anlagen immer wieder die gleichen Bedingungen hergestellt (Abb. 1).

Zu Beginn der Reinigungsphase wird die TNV auf ca. 700 °C aufgeheizt. Erst wenn diese Betriebsbereitschaftstemperatur erreicht ist, erfolgt die Freigabe des emissionsverursachenden Emissionsprozesses.

Die zu reinigende Abluft wird der Nachverbrennung zugeführt. Das Rohgas nimmt in einem Wärmetauscher die Abstrahlungswärme des bereits gereinigten Reingases auf und tritt anschliessend über einen tangential angebrachten Stutzen in die Nachverbrennung ein, wird nochmals vorgewärmt und über einen Ringspalt den Heißgasen beigemischt. Diese Vermischung der kohlenwasserstoffhaltigen Gase und der Heißgase des Gasbrenners erfolgt durch eine optimal konstruktiv gestaltete Strömungsführung. Das so aufbereitete Gemisch gelangt in den Reaktionsraum, wo die Schadstoffe zu Wasserdampf und CO_2 aufoxidiert werden. Das die Brennkammer verlassende Reingas wird über den Wärmetauscher und die nachfolgenden Wärmerückgewinnungseinheiten abgeleitet.

Die gesamte Nachverbrennung ist aus hitzebeständigem Edelstahl gebaut und so konzipiert, daß auch bei hohen Temperaturen keine Schäden durch Materialausdehnungen auftreten können.

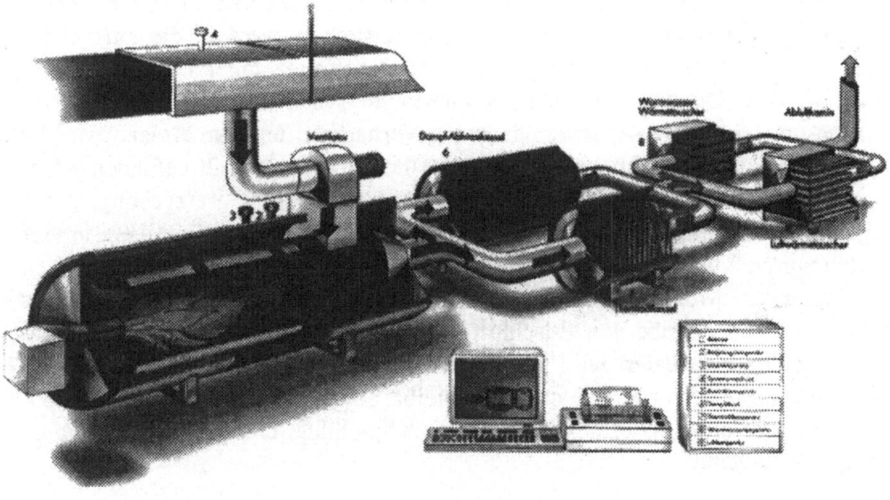

Abb. 1: Zentrales thermisches Abluftreinigungssystem mit Wärmerückgewinnungseinheiten

3.3 Regelung

Am Austritt der Reaktionskammer wird die Temperatur des Reingases durch einen Thermoelement ermittelt. Über eine Stetigregelung wird kontinuierlich die Ist-Temperatur überwacht. Treten aufgrund schwankender Abluftmengen oder Rohgasbeladungen Abweichungen zum eingestellten Soll-Wert auf, so wird über den Regler stufenlos der Leistungsbedarf des modulierenden Brenners entsprechend korrigiert. Sollten die Temperaturen in der Reaktionskammer durch einen autothermen Verbrennungsprozeß infolge zu hoher Rohgasbeladungen den eingestellten Soll-Wert weit überschreiten, wird dies durch einen weiteren Temperaturfühler erfaßt und der Brenner sofort ausgeschaltet. Kann die erforderliche Temperatur aufgrund einer Brennerstörung nicht erreicht werden, wird dies optisch angezeigt. Die emittierende Anlage wird erst nach erreichter Freigabetemperatur freigegeben. Dadurch ist sichergestellt, daß im Falle einer Fehlfunktion keine unzulässigen Emissionen auftreten können.

3.4 Einbaulage, Abmessungen und Anschlüsse

Die Nachverbrennung wird in horizontaler Lage installiert. Der Standort sollte so gewählt werden, daß ein einfacher Anschluß und eine einfache Abluftkanalführung möglich sind.

3.5 Wärmerückgewinnungen

Als Wärmerückgewinnungen können Dampfkessel, Thermoölkessel, Warmwassertauscher oder Lufttauscher wahlweise eingesetzt werden. Je nach Bedarf erfolgt die Ausnutzung der Restwärme. Ein Bypassystem ermöglicht die direkte Ableitung der Reingase über einen Notkamin, so daß bei Reparaturen und bei fehlendem Wärmebedarf keine Einschränkung des Reinigungsablaufes erfolgt.

Sämtliche wichtigen Überwachungsfunktionen werden am Schaltschrank angezeigt und überwacht. Die kontinuierliche Erfassung ist über einen Schreiber oder eine zentrale Datenerfassung möglich.

4 Biologische Abluftreinigung mit Vorfilterstufen

Eine sinnvolle ökologische und ökonomische Alternative zur thermischen Nachverbrennung ist die biologische Abluftreinigung. Diese kann allerdings im Gegensatz zur TNV nicht für alle Bereiche eingesetzt werden. Die Vorteile des Biofilters kommen insbesondere bei der Behandlung von sehr hohen Abluftmengen, die gering mit Schadstoffen beladen sind, aber geruchsintensive Stoffe enthalten, zum Tragen.

Bei einem Biofilter erfolgt der Abbau von Schadstoffen (Kohlenwasserstoffe und Geruchsstoffe) mit Hilfe von natürlichen Prozessen. Die Mikroorganismen sind in der Lage, organische Verbindungen auf biochemischem Wege zu oxidieren und in nicht schädliche bzw. geruchlich nicht mehr wahrnehmbare zu überführen.

Bei diesem Vorgang lagern sich die Organismen am Trägermaterial in einer wäßrigen Lösung an. Die Schadstoffe werden hier absorbiert und zu Wasser und CO_2 umgesetzt. Hieraus wird schon ersichtlich, daß für optimale Wachstumsbedingungen der Mikroorganismen hohe Anforderungen an das Trägermaterial sowie an die zu behandelnde Abluft gestellt werden.

Die Zusammensetzung des Trägermaterials muß eine gleichmäßige Durchströmung gewährleisten. So ist es erforderlich, ein relativ lockeres Gemisch aus z. B. Rindenmulch und Kompost zu verwenden. Wird dies nicht berücksichtigt, so können sich in undurchströmten Zonen anaerobe Bereiche bilden. Dies hat zur Folge, daß sich Schwefelwasserstoff (H_2S) bildet und das Biofilter selbst Geruchsprobleme verursacht.

Ferner muß bei der Auswahl des Materials berücksichtigt werden, daß sich eine Mikroflora ausbilden kann, die in der Lage ist, Schad- und Geruchsstoffe abzubauen. Hierbei ist zu beachten, daß die Schad- und Geruchsstoffe an der Oberfläche des Filtermaterials adsorbiert werden und auch als Nährsubstrat für die Organismen geeignet sind. Bei nicht ausreichendem Schadstoffangebot kann das Filtermaterial als Nährsubstrat von den Organismen verwendet werden. Hierdurch können auch Stillstandzeiten überwunden werden.

Zu Beginn der Anfahrphase liegt eine breite Vielfalt von Mikroorganismenarten und eine dementsprechende Populationsdichte vor. Nach der Beaufschlagung mit dem Rohgas entwickelt sich eine neue Mikroflora, die unter den veränderten Bedingungen überleben und sich vermehren kann. In der veränderten Mikroflora können sich insbesondere diejenigen Mikroorganismen, die für einen hohen Wirkungsgrad des Biofilters sorgen, stärker entwickeln.

Bei einem schlechten Wirkungsgrad besteht die Möglichkeit, Biomasse nachzuimpfen. Dies kann durch speziell gezüchtete oder besser durch natürliche Impfungen (z. B. mit Belebtschlamm oder Kompost) erfolgen.

Die Standzeit des Biofilters ist abhängig von der Beladung des Rohgases und der Rottezeit des gewählten Materials. Unter Berücksichtigung von regelmäßigen Wartungsintervallen und einer vernünftigen Vorbehandlung des Rohgases sind Standzeiten bis zu zehn Jahren möglich. Eine genaue Prognose kann hier im Einzelfall nicht gegeben werden.

Bei der Konstruktion des Biofilterbeckens muß eine gleichmäßige Verteilung und Anströmung der Abluft berücksichtigt werden. Ferner müssen Wanddurchbrüche durch entsprechende Maßnahmen ausgeschlossen werden. In der Regel werden solche Becken als Betonkonstruktion gebaut, wobei der Beton wasserundurchlässig sein sollte. Das Abwasser muß entsprechend aufgefangen und in das Abwassersystem abgeleitet werden können.

Genauso wichtig wie die Konstruktion des Biobeetes und die Auswahl des geeigneten Materials ist in den meisten Fällen die Vorbehandlung des Rohgases. Es muß unbedingt sichergestellt sein, daß keine toxischen oder staubförmigen Bestandteile in das Filtermaterial gelangen können, die die Technik oder den mikrobiellen Abbau stören könnten.

Erreicht werden können diese Anforderungen durch den Einsatz von geeigneten Vorfilterstufen. Dies können Elektrofilter, mechanische Filter oder Abluftwäscher sein. In der Regel werden Abluftwäscher eingesetzt. Der Vorteil des Wäschers liegt in einer wirkungsvollen Vorreinigung bei gleichzeitiger Konditionierung der

Abluft hinsichtlich Feuchte, Temperatur und pH-Wert für das nachfolgende Biobeet.

Mit Hilfe von Meß- und Regelsystemen können alle wichtigen Parameter erfaßt und entsprechend geregelt werden. Somit wird eine genaue Kontrolle des Abluftstromes möglich, die Basis für eine optimale Abbaurate im Biofilter ist gegeben.

4.1 Beispiel einer biologischen Abluftreinigung aus der Nahrungsmittelindustrie

Zur Reinigung sämtlicher Abluftmengen während aller Prozeßphasen der Rauch-, Koch- und Reifeanlagen kommt ein zentrales Reinigungssystem, bestehend aus drei Filterstufen, zum Einsatz (Abb. 2):

- Elektrofilter und Füllkörperwäscher zur Vorreinigung der rauchbeladenen Abluftmengen,
- Gegenstromwäscher,
- Flächenbiofilter zum Abbau der geruchsintensiven Gesamtabluftmengen.

Die aus den Rauchanlagen austretenden Abluftmengen (Trocknen, Reifen, Kochen, Räuchern) werden über ein zentrales Kanalsystem dem Abluftwäscher zugeführt.

Vorfilter der Rohgase. Über einen Bypass erfolgt die Vorreinigung der Abluft während der Räucherphase. In zwei parallelgeschalteten Elektrofiltern werden die Festpartikel abgeschieden. Nachfolgend werden die gasförmigen Inhaltsstoffe in zwei Füllkörperwäschern ausgewaschen. Die so vorgereinigte Abluft wird dem zentralen Kanalsystem wieder zugeführt.

Konditionierung der vorgereinigten Rohgase im Abluftwäscher (2000 x 4000 mm). Die Gesamtabluft wird anschließend in einem stehenden Gegenstromwäscher nochmals vorbehandelt und befeuchtet. Zahlreiche Kontrollfunktionen überwachen die Funktionstüchtigkeit des Abluftwäschers. Zu diesen gehören: Systemunterdruck, pH-Wert, Pumpen- und Düsenfunktion, Füllstand, relative Feuchte, Temperatur.

Der dem Wäscher nachgeschaltete Abluftventilator transportiert die Abluft zu der Hauptreinigungsstufe, dem Flächenbiofilter. Dort erfolgen:

- Auswaschung von Festpartikeln,
- Befeuchtung der Abluft
- Temperaturregelung der Abluft.

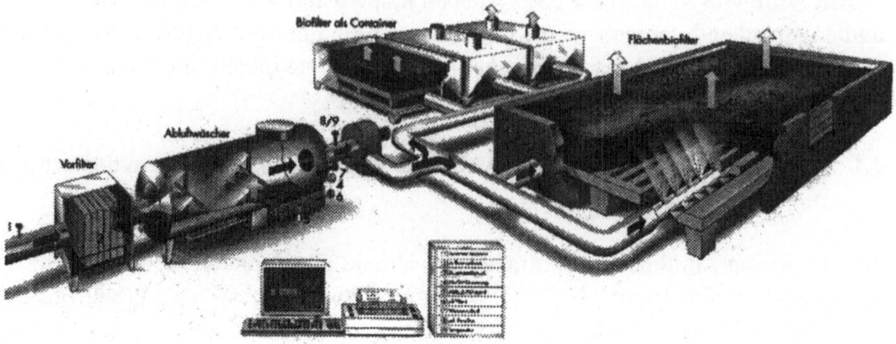

Abb. 2: Zentrales biologisches Abluftreinigungsverfahren mit entsprechenden Vorreinigungsstufen

pH-Wert-Meßstelle. Im Bypass am Wasserreservoir wird ständig der pH-Wert ermittelt und am Schaltschrank angezeigt. Sollte der Wert von ca. 7 für länger als 30 Minuten unterschritten werden, so wird vollautomatisch NaOH zudosiert. Bei der dritten Zudosierung erfolgt ein Teilwasserwechsel. Der Betriebsablauf wird hierdurch nicht eingeschränkt.

Düsenstöcke, Düsen, Pumpen. Um eine sichere Gewährleistung der Reinigungsleistung durch die Versprühung des Wassers über die Düsen zu gewährleisten, ist in der Zuleitung zum Düsenstock eine Druckmessung installiert. Sollten mehrere Düsen verstopft sein, so wird der ansteigende Druck erfaßt und eine Meldung an den Schaltschrank gegeben.

Niveauregelung. Über einen Niveaufühler wird der Wasserstand ermittelt. So kann ein Wasserwechsel vollautomatisch durchgeführt werden. Ferner erfolgt bei Unterschreiten der unteren Wasserstandshöhe, z. B. durch ein defektes Ventil, sofort eine Meldung an den Schaltschrank.

NaOH-Dosierung. Zur Verlängerung der Standzeit des Wassers wird bei dem Teilwasserwechsel oder Gesamtwasserwechsel eine fest definierte Menge an Natronlauge zugegeben. Dies erfolgt vollautomatisch.

Trockenlaufschutz. Der Trockenlaufschutz dient zur Sicherheit der Pumpen. Sollte der Wasserstand zu weit absinken, so werden die Pumpen automatisch abgeschaltet.

Wasserbeheizung für Winterbetrieb. Wenn im Winter die Eintrittstemperatur der Abluft in das Biobeet zu weit absinkt, so wird automatisch das Wasser unter Zugabe von Dampf aufgeheizt. Über die Düsen wird das so aufgeheizte Wasser im Wäscher versprüht, und es erwärmt die durchströmende Luft. Die Dampfzugabe erfolgt mittels Injektor direkt im Wasserreservoir.

Abluftventilator. Dem Wäscher nachgeschaltet ist ein stufenlos regelbarer Abluftventilator. Geregelt wird dieser durch die Unterdruckmeßstelle vor dem Wäscher.

Unterdruckmeßstelle. Im Wäscher wird der Druck gemessen und der Motor des Abluftventilators dementsprechend geregelt. Eine Einstellung von 2 mbar Unterdruck ist vorgegeben. Durch diese Maßnahme wird sichergestellt, daß in dem System kein Überdruck entsteht und die Prozeßabläufe behindert. Eine ständige optische Überwachung erfolgt am Schaltschrank.

Biologischer Reinigungsprozeß. Der dem Wäscher nachgeschaltete Abluftventilator transportiert die Abluft zu der Hauptreinigungsstufe, dem Flächenbiofilter.

Das gesamte Biofilter (25 x 6 m) ist als Betonkonstruktion ausgelegt. Die eintretende Abluft verteilt sich gleichmäßig im Verteilungsraum und wird anschließend über Spaltböden dem Biomaterial zugeführt. Umlaufende Leitbleche verhindern Wanddurchbrüche.

Das Fundament ist mit leichtem Gefälle ausgelegt, so daß entstehende Abwässer problemlos abgeleitet werden können. Ferner besteht die Möglichkeit, den Verteilungsraum zu spülen. Über zwei integrierte Rohrstutzen kann ein Schlauch eingeführt werden. Die Konstruktion ist so ausgelegt, daß sie befahrbar ist. Somit kann beim Be- und Entfüllen das Filtermaterial über eine integrierte Öffnung direkt transportiert werden.

Als Material wird ein Gemisch aus Kompost, Rindenmulch und geschreddertem Holz verwendet, wodurch ein ausreichendes Nährstoffangebot gewährleistet wird und keine weitere Zudüngung notwendig ist.

Wartung. Die Wartungsarbeiten beschränken sich im wesentlichen auf die zusätzliche Befeuchtung und das Auflockern des Biomaterials. Eine zusätzliche Befeuchtung wird dann notwendig, wenn in einer Tiefe von ca. 10-20 cm das Material trocken ist. Dies tritt hauptsächlich im Sommer bei hohen Temperaturen auf. Befeuchtet werden kann das Material mit Hilfe eines einfachen Rasensprengers.

Eine Auflockerung des Materials wird notwendig, wenn der Differenzdruck stark angestiegen ist. Bemerkbar macht sich dies an der gestiegenen Frequenz des Abluftventilators bei gleichbleibendem Systemunterdruck. Steigt der Systemunterdruck an, so ist auf jeden Fall eine Auflockerung notwendig. Dabei muß im Vorfeld geklärt werden, bis zu welcher Tiefe dies erfolgen muß.

Im jährlichen Rhythmus muß die Oberfläche vom Pflanzenbewuchs befreit werden und eine Oberflächenauflockerung bis 20 cm Tiefe durchgeführt werden.

Erhebung des Ressourcenbedarfs und der Umweltbelastungen von, Abluftreinigungsverfahren

P. Schönduve[1], A. Friedl[1], A. Windsperger[2] und A. Schmidt[1]

1 Zusammenfassung

Die Auswirkungen der menschlichen Zivilisation auf die Umwelt erfordern eine ganzheitliche Betrachtung des Material- und Energieeinsatzes. Kriterien für die Auswahl technologisch gleichwertiger Verfahrensalternativen haben besondere Bedeutung erlangt.

In dieser Arbeit werden Verfahrensalternativen für die Entfernung von flüchtigen organischen Verbindungen (sogenannte VOCs) aus Abluft gegenübergestellt. Dazu werden für jedes Verfahren der stoffliche und energetische Ressourcenaufwand bilanziert, der für die Einhaltung einer definierten Reinigungsleistung erforderlich ist.

Die Bilanzierung erfolgt anhand von Daten, die auf der Grundlage eines Richtangebotes (basic engineering) von einschlägigen Anlagenplanern erhoben wurden.

2 Einleitung

In den letzten Jahren wurden verstärkt Anstrengungen unternommen, um flüchtige organische Verbindungen (VOCs) aus der Abluft zu entfernen. VOCs gelten als Vorläufersubstanzen für bodennahes Ozon. Dieses verursacht Kopfschmerzen, Atembeschwerden und Augenreizungen.

Es wurden daher sekundäre Umweltschutztechnologien entwickelt, die der Emissionsquelle nachgeschaltet werden. Grundlage für die Auswahl der zu verglei-

---

[1] Institut für Verfahrenstechnik, Brennstofftechnik und Umwelttechnik, Technische Universität, Getreidemarkt 9, A-1060 Wien

[2] Forschungsinstitut Chemie und Umwelt, Technische Universität, Getreidemarkt 9, A-1060 Wien

chenden Verfahren war deren technische Eignung für die Entfernung von VOCs aus der Abluft. Generell geeignet sind

- biologische Verfahren (Biofilter, Tropfkörper-Bioreaktor),
- sorptive Verfahren (Absorption, Adsorption),
- thermische Verfahren (Regenerative Nachverbrennung, mit Keramikschüttung bzw. Wabenkörper, und Katalytische Nachverbrennung).

3 Aufgabenstellung

Jedes dieser Verfahren erfüllt die Abreinigungsleistung innerhalb eines bestimmten Einsatzgebietes (charakterisiert durch die verfahrenstechnischen Parameter "Gas-Volumenstrom" und "Konzentration des Abluftinhaltsstoffes") – unter technischen und betriebswirtschaftlichen Gesichtspunkten – optimal (Bhatnagar 1993).

Um die Aufwendungen pro Verfahren miteinander vergleichen zu können, wurde für die vorliegende Arbeit – als Kompromiß – eine verfahrenstechnische Aufgabenstellung definiert, die quasi in den Einsatzgebieten aller betrachteten Verfahren liegt. In der Aufgabenstellung (Tabelle 1) werden die verfahrenstechnischen Parameter berücksichtigt.

Aufgrund dieser Aufgabenstellung (Konzentration) wurden Membranverfahren nicht berücksichtigt.

Darüber hinaus sollte der Einfluß verschiedener VOC-Vertreter (die sich hauptsächlich durch ihre biologische Abbaubarkeit unterscheiden) berücksichtigt werden. Als Abluftinhaltsstoffe wurden Ethylacetat, Toluol und Heptan ausgewählt.

In den Richtangeboten wurden dazu die Fälle betrachtet, in denen jeweils eine der o.g. Verbindungen die ausschließliche VOC-Beladung in der Abluft darstellt (Tabelle 2).

Die tägliche Betriebsdauer (Schicht- oder Tagesbetrieb) ist für biologische Verfahren von besonderer Relevanz; im Rahmen dieser Arbeit wurde für alle berücksichtigten Verfahren eine Betriebsdauer von 30.000 h zugrundegelegt.

Tabelle 1: Verfahrenstechnische Parameter der Aufgabenstellung

Abluft-Volumenstrom	10.000 Nm^3/h
Rohgaskonzentration	3 g/Nm^3
Temperatur	25 °C
rel. Luftfeuchte	60 %

Tabelle 2: Übersicht über die eingeholten Richtangebote. BF Biofilter; TBR Tropfkörper-Bioreaktor; ABS Absorption; ADS Adsorption; RNV Regenerative Nachverbrennung; KNV Katalytische Nachverbrennung; k. A. keine Auslegung

	Anzahl der ausgelegten Anlagen für den Schadstoff		
Verfahren	Toluol	Ethylacetat	Heptan
BF	2	2	2
TBR	k. A.	1	k. A.
ABS	2	2	2
ADS	2	1	1
RNV	3	3	3
KNV	3	3	3

4 Vorgehensweise

In dieser Arbeit werden dazu für die in Frage kommenden Verfahren sowohl

- die Primäraufwendungen an stofflichen Ressourcen (metallische und mineralische Rohstoffe) als auch
- die Aufwendungen an energetischen Ressourcen für den Betrieb (Primäraufwendung) und für die Herstellung der Anlagenkomponenten bzw. der Betriebshilfsmittel (Sekundäraufwendung)

bilanziert und gegenübergestellt, die für das Einhalten einer definierten Reinigungsleistung erforderlich sind.

Die Auswertung der Sachbilanz erfolgt unter Berücksichtigung des Verfahrenstyps und des zu entfernenden Abluftinhaltsstoffes durch Betrachtung des Stoffdurchsatzes.

Für die entsprechenden Werte der Aufwendungen werden für jede Kombination "Verfahrenstyp – Schadstoff" das arithmetische Mittel gebildet und die Streuung der erhobenen Daten (minimaler und maximaler erhobener Wert) angegeben.

5 Ergebnisse und Diskussion

5.1 Gesamtenergieaufwendungen

Der Wert für die Gesamtenergieaufwendung eines Verfahrens setzt sich aus den Primär- und den Sekundärenergieaufwendungen zusammen.

Unter den Primärenergieaufwendungen werden die direkten Energieaufwendungen verstanden, die für den Betrieb erforderlich sind (z. B. für Gebläse bzw. Pumpen). Die Energieaufwendungen berechnen sich aus der Leistungsaufnahme während der Betriebsdauer von 30.000 h.

Unter der Sekundärenergieaufwendung wird der Energieaufwand verstanden, der für die Herstellung von Anlagenkomponenten bzw. Betriebshilfsmitteln benötigt wird. Entsprechende Daten für den Energieaufwand bei der Herstellung von Stahl, Beton und Keramik sind in der Literatur publiziert (Energiewirtschaftl. Tagesfragen 1994).

Das Adsorbens und die rückgewonnenen VOCs werden nach Verlassen der Abluftreinigungsanlage durch Verbrennen einer zusätzlichen Nutzung zugeführt. Diese werden somit in der Energiebilanz als thermische Gutschrift berücksichtigt.

Abbildung 1 zeigt die Gesamtenergieaufwendungen im o.g. Betriebszeitraum für die betrachteten Verfahren in Abhängigkeit vom zu entfernenden Abluftinhaltsstoff (Toluol, Ethylacetat bzw. Heptan).

Die Gesamtenergieaufwendungen fallen für die thermischen Verfahren – vergleichsweise – am niedrigsten aus (autothermer Betrieb) und für die absorptiven Verfahren am höchsten aus. Die Aufwendungen für die biologischen, adsorptiven und thermischen Verfahren liegen in derselben Größenordnung.

Mit zunehmender biologischer Abbaubarkeit der Abluftinhaltsstoffe wird der Einsatz biologischer Verfahren zur Entfernung dieser Verbindungen zunehmend interessant. So ist die Ressourcenaufwendung für die Entfernung von Ethylacetat geringer als für Toluol. Bei den thermischen Verfahren hingegen hat die biologische Abbaubarkeit keinen Einfluß auf die Einsatzfähigkeit dieser Verfahren.

Der Grund für die um eine Größenordnung höher liegenden Aufwendungen bei den absorptiven Verfahren liegt hauptsächlich im Energieaufwand für die Regeneration des Absorbens (Rückgewinnung des Abluftinhaltsstoffes).

Bei den thermischen Verfahren fällt die Gesamtenergieaufwendung für die Regenerative Nachverbrennung geringer aus als bei der Katalytischen Nachverbrennung, was in den geringeren Energieaufwendungen während des Betriebs durch interne Energierückgewinnung begründet ist.

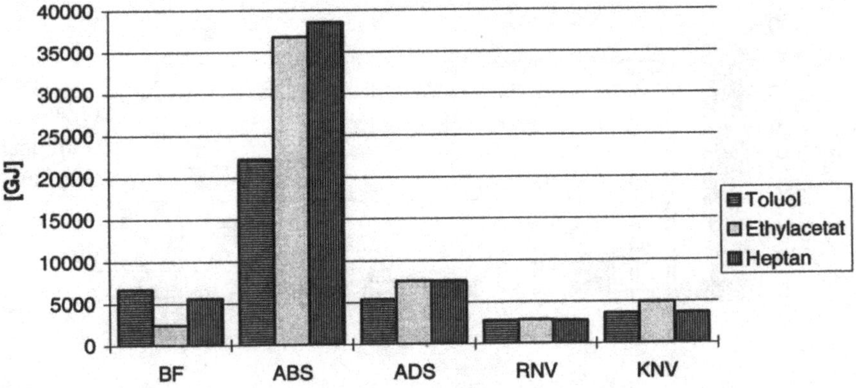

Abb. 1: Gesamtenergieaufwendungen in [GJ] für die betrachteten Verfahren in Abhängigkeit von den zu entfernenden Abluftinhaltsstoffen. *BF* Biofilter; *ABS* Absorption; *ADS* Adsorption; *RNV* Regenerative Nachverbrennung; *KNV* Katalytische Nachverbrennung

5.2 Primäraufwendungen

Es werden die Primäraufwendungen bezüglich der metallischen, mineralischen und biogenen Ressourcen sowie von Fläche und Wasser betrachtet.

Bei den biologischen Verfahren ist der Flächenbedarf vergleichsweise am höchsten, da die Fläche systembedingt – durch das große Filterbettvolumen (biologische Abbaubarkeit) und dessen geringe Höhe (zur Reduzierung des zu überwindenden Druckverlustes) – groß ausfällt (Abb. 2). Für die Entfernung von biologisch leichter abbaubaren Substanzen kann – im Falle der biologischen Verfahren – eine Senkung des Ressourcenbedarfes (vornehmlich an Fläche) beobachtet werden. Bei den physikalischen Verfahren wird der Flächenbedarf nur für das Aufstellen der Anlage benötigt. Bei den physikalischen Verfahren konnte ein solcher – biologisch relevanter – Zusammenhang jedoch nicht erkannt werden.

Wasser wird bei den biologischen Verfahren zur Konditionierung der Abluft (zur Aufrechterhaltung der biologischen Aktivität des Filtererbettes) und bei den absorptiven Verfahren (als Kühlmittel bei der Regeneration des Absorbens) benötigt. Die Aufwendungen an Wasser liegen bei den absorptiven Verfahren um eine Größenordnung höher als bei den biologischen Verfahren (Abb. 3).

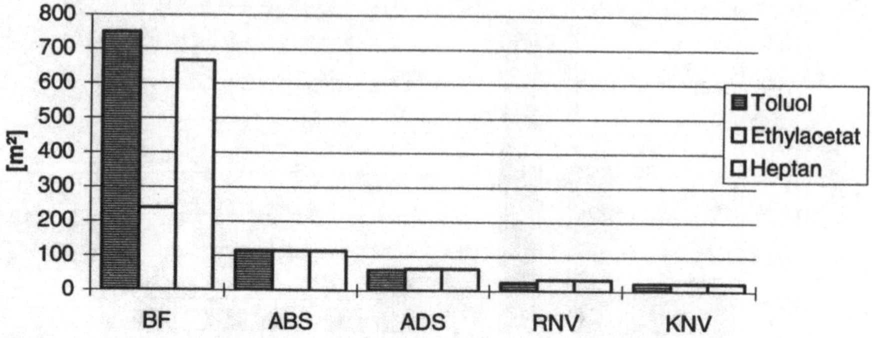

Abb. 2: Primäraufwendungen an Fläche [m²] für die betrachteten Verfahren in Abhängigkeit von den zu entfernenden Abluftinhaltsstoffen. *BF* Biofilter; *ABS* Absorption; *ADS* Adsorption; *RNV* Regenerative Nachverbrennung; *KNV* Katalytische Nachverbrennung

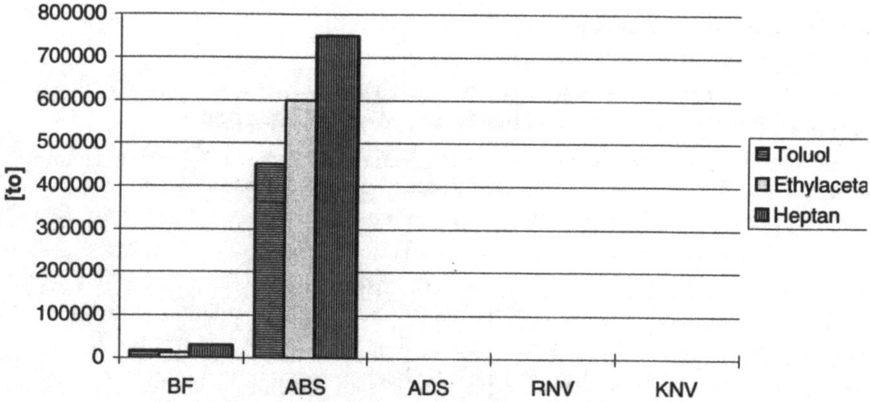

Abb. 3: Primäraufwendungen an Wasser in [t] für die betrachteten Verfahren in Abhängigkeit von den zu entfernenden Abluftinhaltsstoffen. *BF* Biofilter; *ABS* Absorption; *ADS* Adsorption; *RNV* Regenerative Nachverbrennung; *KNV* Katalytische Nachverbrennung

Beim Einsatz von Biofiltern werden fast ausschließlich mineralische (Abb. 4) und bei den Tropfkörper-Bioreaktoren vornehmlich metallische Ressourcen (Abb. 5) verwendet.

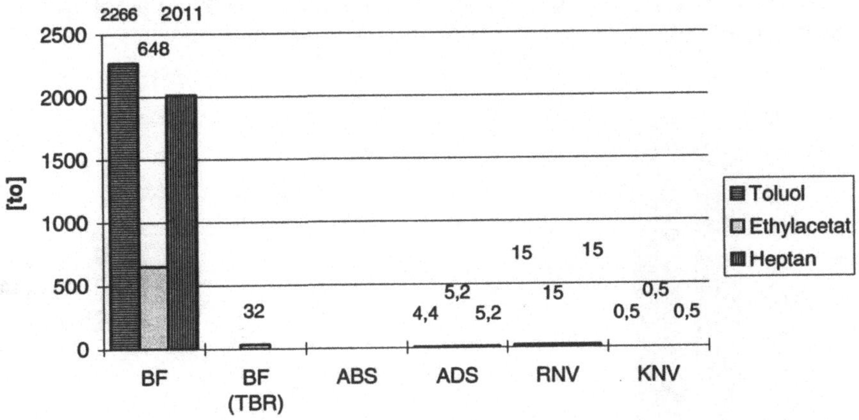

Abb. 4: Aufwendungen an mineralischen Ressourcen in [t] für die betrachteten Verfahren in Abhängigkeit von den zu entfernenden Abluftinhaltsstoffen. *BF* Biofilter; *TBR* Tropfkörper-Bioreaktor; *ABS* Absorption; *ADS* Adsorption; *RNV* Regenerative Nachverbrennung; *KNV* Katalytische Nachverbrennung

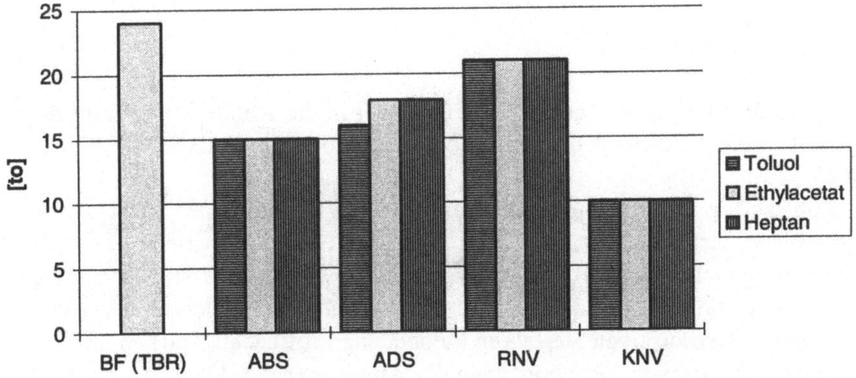

Abb. 5: Aufwendungen an metallischen Ressourcen in [t] für die betrachteten Verfahren in Abhängigkeit von den zu entfernenden Abluftinhaltsstoffen. *BF* Biofilter; *TBR* Tropfkörper-Bioreaktor; *ABS* Absorption; *ADS* Adsorption; *RNV* Regenerative Nachverbrennung; *KNV* Katalytische Nachverbrennung

Biogene Ressourcen werden nur bei den biologischen Verfahren (Filtermaterial) benötigt (Abb. 6).

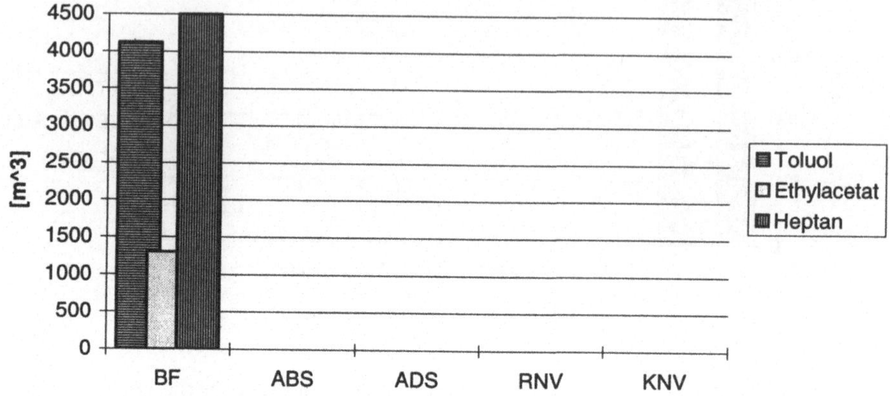

Abb. 6: Aufwendungen an biogenen Ressourcen in [m³] für die betrachteten Verfahren in Abhängigkeit von den zu entfernenden Abluftinhaltsstoffen. *BF* Biofilter; *ABS* Absorption; *ADS* Adsorption; *RNV* Regenerative Nachverbrennung; *KNV* Katalytische Nachverbrennung

5.3 Umweltbelastungen

Die entstehenden Emissionen werden unterteilt in die Abfallklasse "feste Abfälle" (Metall, Beton, Keramik), Abwasser und gasförmige Emissionen (C_xH_y, CO, NO_x).

Kühlschritte im Prozeß (bei den absorptiven Verfahren) werden als thermische Emissionen berücksichtigt; das Kühlmittel (z. B. Wasser) wird in seiner Zusammensetzung nicht verändert und deswegen nicht als Abwasser betrachtet (Abb. 7).

Abwasser fällt nur bei den biologischen Verfahren (Kondensat aus dem Filterbett) und den absorptiven Verfahren (gebundene Luftfeuchtigkeit) an (Abb. 8). Im Falle der biologischen Verfahren kann das Abwasser bei Schwermetallfreiheit über den Kanal abgelassen werden; im Falle der absorptiven Verfahren können die organischen Verbindungen durch einen Dekanter weitgehend von der wässrigen Phase abgetrennt werden. Das Abwasser kann dann der Abwasserreinigung zugeführt werden.

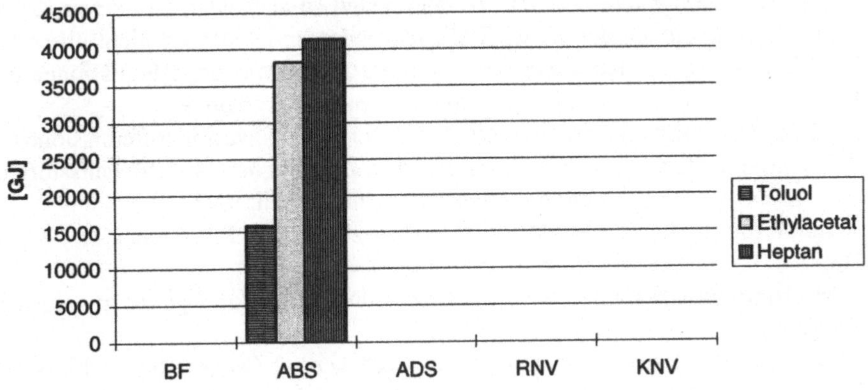

Abb. 7: Thermische Emissionen der betrachteten Verfahren in [GJ] in Abhängigkeit von den zu entfernenden Abluftinhaltsstoffen. *BF* Biofilter; *ABS* Absorption; *ADS* Adsorption; *RNV* Regenerative Nachverbrennung; *KNV* Katalytische Nachverbrennung

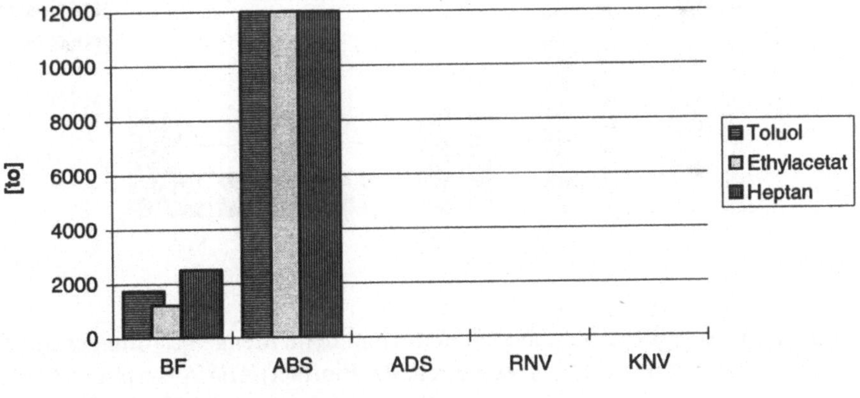

Abb. 8: Emissionen an Abwasser in [t] für die betrachteten Verfahren in Abhängigkeit von den zu entfernenden Abluftinhaltsstoffen. *BF* Biofilter; *ABS* Absorption; *ADS* Adsorption; *RNV* Regenerative Nachverbrennung; *KNV* Katalytische Nachverbrennung

Die Anlagen der biologischen Verfahren sind so ausgelegt, daß deren Kohlenwasserstoffemissionen den in der TA-Luft genannten Grenzwert nicht überschreiten. Bei den thermischen Verfahren liegen die Kohlenwasserstoffemissionen deutlich unter den von der TA-Luft genannten Grenzwerten (Abb. 9).

Bei den absorptiven Verfahren muß bei den Kohlenwasserstoffemissionen berücksichtigt werden, daß sich diese aus dem eigentlichen Abluftinhaltsstoff und dem ausgetragenen Waschmittel (Absorbens) zusammensetzen.

Durch die thermische Oxidation entstehen zusätzliche Emissionen an NO_x und CO.

Mit Betriebsende fällt die gesamte Beton- und Keramikmenge als mineralischer Abfall an.

Während der Betriebsdauer muß Adsorbermaterial (wegen der nachlassenden mechanischen Stabilität der Adsorberschüttung) und ausgestripptes Absorbens ersetzt werden.

Die eingesetzten metallischen Werkstoffe werden durch den Betrieb in der Abluftreinigungsanlage in ihrer Verwendbarkeit nicht eingeschränkt. Sie fallen nach Betriebsende nahezu recyclingfähig an.

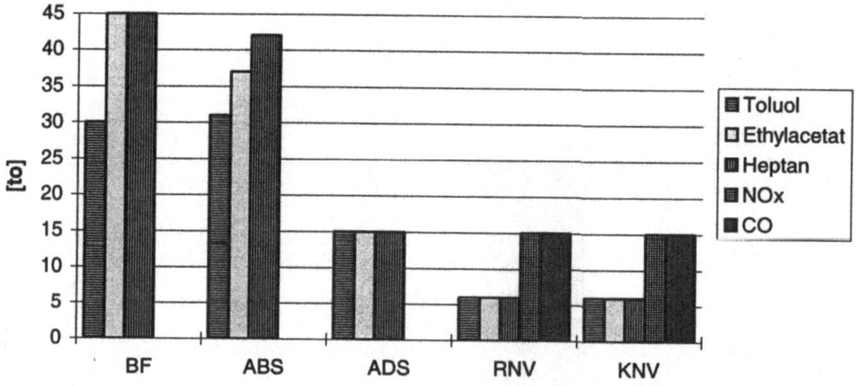

Abb. 9: Während des Betriebszeitraumes emittierte Menge gasförmiger Stoffe in [to] der betrachteten Verfahren. *BF* Biofilter; *ABS* Absorption; *ADS* Adsorption; *RNV* Regenerative Nachverbrennung; *KNV* Katalytische Nachverbrennung

6 Schlußfolgerung

Es lassen sich für jeden Verfahrenstyp Aussagen über die Art und Größenordnung der Ressourcenaufwendungen und der Umweltbelastungen treffen.

Bei den biologischen Verfahren sind die Aufwendungen an Fläche, Wasser und mineralischen Ressourcen im Vergleich zu den betrachteten Verfahrensalternativen hoch. Die gewählte Aufgabenstellung stellt jedoch – wegen der hohen Konzentration des Abluftinhaltsstoffes – keinen typischen Anwendungsfall für die biologische Abluftreinigung dar; für die Entfernung niedrigerer Konzentrationen des Abluftinhaltsstoffes nehmen die Aufwendungen für dieses Verfahren sowohl absolut als auch im Vergleich zu den alternativen Verfahren ab.

Für die Entfernung von biologisch leichter abbaubaren Substanzen kann – im Falle der biologischen Verfahren – eine Senkung des Ressourcenbedarfes (vornehmlich an Fläche) beobachtet werden. Bei den thermischen Verfahren hingegen hat die biologische Abbaubarkeit keinen Einfluß auf die Einsatzfähigkeit dieser Verfahren.

Die Auswertung der Sachbilanz durch unterschiedliche Bewertungsverfahren ist in Vorbereitung. Diesen Bewertungsverfahren liegt

- die Betrachtung des Stoffdurchsatzes (mit bzw. ohne Berücksichtigung des Recyclings der eingesetzten Materialien) und
- die Bestimmung der Äquivalenz der Umweltbelastungen

zugrunde.

7 Literatur

Bhatnagar S. (1993) Einsatz von Abluftreinigungsanlagen in der Lackiertechnik. In: VDI-Berichte 1034: Fortschritte bei der thermischen, katalytischen, sorptiven und biologischen Abgasreinigung. VDI-Verlag, Düsseldorf, 461-472

Energiewirtschaftliche Tagesfragen (1994) 423

Alternativen der Abluftreinigung

H. Krill[1]

Im Vordergrund dieses Beitrages steht die biologische Abluftreinigung, eine Verfahrensweise, die sich in den letzten Jahren vor allem bei Vorliegen von Abluftströmen mit niedriger Schadstoffkonzentration oder auf dem Gebiet der mit Geruch in Verbindung zu bringenden Problematik bewährt hat. Vorrangig handelt es sich hierbei um die Abscheidung organischer flüchtiger Komponenten (VOC), Verbindungen, die nachweislich durch photochemische Reaktionen die Atmosphäre nachteilig beeinflussen.

Verkehr und die lösemittelverarbeitende Industrie und Gewerbe sind die größten Emissionsquellen. Sie machen zusammen ca. 90 % der Gesamtemissionen an organischen Komponenten aus. Verschiedenen Untersuchungen zufolge gelangt nicht ganz die Hälfte aller produzierten Lösemittel bei deren Anwendung, beim Transport, aber auch bei der Lagerung in die Atmosphäre. Nach Angaben der Europäischen Union werden in deren Mitgliedsländern rund 10 Mio. Tonnen pro Jahr organische Verbindungen emittiert. Ein kleines Beispiel aus der Bundesrepublik Deutschland: allein bei der Anwendung von Lacken und Lasuren durch Hand- und Heimwerker werden jährlich Lösemittel in der Größenordnung von 120.000 Tonnen abgegeben. Im Zusammenhang mit der Einflußnahme auf die Atmosphäre bedarf es der Ausschöpfung aller Möglichkeiten zur Reduzierung der Verluste nach der Prämisse: „Alles, was an Emissionen aus der Produktionsanlage in die Umwelt gelangt, ist entweder Verlust an Energie oder Material. Die Vermeidung oder zumindest die Reduzierung ist vereinfacht gesagt: Umweltschutz."

Nationale Aktiväten allein, die – wie die Praxis zeigt – teilweise in einigen Ländern spürbare Verbesserungen aufweisen, reichen nicht aus. Es bedarf weitgehend internationaler, völkerrechtlich-verbindlicher Absprachen. Beispiele sind die „solvent emission directives" der EU, die aber aus unterschiedlichen Gründen in ihrer Gesamtheit noch nicht verabschiedet oder in nationales Recht umgesetzt wurden.

Ein Schritt in die richtige Richtung scheint das von 23 Ländern unterzeichnete völkerrechtlich-verbindliche Genfer Protokoll (November 1991) zur Konvention über grenzüberschreitende Luftverschmutzung zu sein. Darin verpflichten sich die Unterzeichner, ausgehend von einem durch das jeweilige Land festgelegten Bezugsjahr, bis zum Jahr 2000 eine 30 %ige Reduzierung der Emissionen anzustreben bzw. zu realisieren (Tabelle 1). Für Österreich wurde als Ausgangsbasis das Jahr 1988 festgeschrieben.

[1] Lurgi Energie und Umwelt GmbH, Lurgi-Allee 5, D-60295 Frankfurt

Die Kenntnis der mit VOC-Emissionen zusammenhängenden Problemkreise läßt allerdings Zweifel an der Realisierung zu diesem Zeitpunkt zu.

Tabelle 1: Unterzeichner-Länder des ECE Protokolls der VOC Emissionen

Tatsächliche Reduzierung: 30 % Reduzierung in bezug auf das Basisjahr (in Klammern)	
Belgien	(1988)
Dänemark	(1985)
Deutschland	(1988)
Finnland	(1988)
Frankreich	(1988)
Großbritannien	(1988)
Kanada	(1988)
Lichtenstein	(1984)
Luxemburg	(1990)
Niederlande	(1988)
Norwegen	(1989)
Österreich	(1988)
Schweden	(1988)
Schweiz	(1984)
Spanien	(1988)
USA	(1984)
Stillstand, Bezugsjahr 1987	
Bulgarien	
Griechenland	
Ukraine	
Ungarn	

Quelle: VOC Newsletter 1/1992

Tabelle 2: VOC-Abgasreinigung durch Maßnahmen zur Emissionsminderung im Prozeß

Substitution und/oder Rohstoffwechsel
Einstellung optimaler Bedingungen
Verfahrensänderung (Modifikation)
Einsatz neuer umweltfreundlicher Verfahren
Modifikation der apparativen Ausrüstungen (Kapselung)
Schaffung von Kreislaufprozessen
Austausch/Eliminierung/Neuinstallation von einzelnen Prozeßeinheiten
Verwertung organischer Abfälle durch stoffliches oder "energetisches" Recycling
Verringerung der Leckagen

Das emissionsmindernde Instrumentarium ist mehr oder weniger vorhanden, ökonomisch aus verschiedenen Gründen in letzter Konsequenz vermutlich aber nicht durchsetzbar. Das gilt gleichermaßen für die Primärmaßnahmen als auch für die Sekundärmaßnahmen.

In Zukunft heißt es, verstärkt präventive Aktivitäten zu verfolgen, wie sie in Tabelle 2 aufgelistet sind (Primärmaßnahmen).

Trotz aller Bemühungen wird es nicht möglich sein, generell auf Lösemittel zu verzichten und damit Emissionen zu vermeiden. Diese Tatsache weist Sekundärmaßnahmen ihre Bedeutung zu.

In der Praxis steht zur Behandlung VOC-haltiger Abgas- bzw. Abluftströme eine breite Palette von Reinigungssystemen zur Verfügung, die auf Grundoperationen basieren: vom Phasenwechsel Gas/Flüssigkeit über physikalisch-chemische Trennverfahren mit Stoffrückgewinnung bis zur Umwandlung der Schadstoffe in weitgehend umweltverträgliche Verbindungen. Tabelle 3 zeigt die Möglichkeiten, die anwendbar sind, um Lösemittel rückzugewinnen.

Tabelle 4 zeigt Verfahren, die Schadstoffe weitgehend (irreversibel) in umweltverträgliche Substanzen umwandeln.

Sie werden als Einzelverfahren und – wie die Praxis zeigt – immer häufiger in Kombination eingesetzt.

Tabelle 3: VOC-Abgasreinigung durch Rückgewinnung der Gaskomponente(n)

Kondensation: direkt, indirekt
Absorption: physikalisch
Adsorption: physikalisch
Membran-Gaspermeation

Tabelle 4: VOC-Abgasreinigung durch irreversible Umwandlung der Gaskomponenten

Oxidationsverfahren	thermische Verbrennung
	katalytische Verbrennung
Biologische Verfahren	
Absorption: chemisch, oxidativ	
Adsorption: chemisch, katalytisch	
Photolytische Oxidation (UV-Strahlung: 150-250 nm)	
Elektronenbestrahlung	

In Abb. 1 werden am Beispiel der löscmittelverarbeitenden Industrie im Überblick die in dieser Industrie üblicherweise zur Anwendung kommenden Verfahren aufgezeigt. Auf der rechten Seite sind jene Technologien zu erkennen, die der Rückgewinnung der Wertstoffe aus VOC-haltiger Abluft dienen. Auf der linken Seite wird aus Gründen der Vollständigkeit wenigstens auf die technisch möglichen Alternativen zur Aufarbeitung von flüssigen, oft verschmutzten Lösemitteln, wie sie nun einmal in einem lösemittelverarbeitenden Betrieb anfallen, verwiesen. In der Mitte sind die Oxidationsverfahren, d. h. Verbrennungsverfahren aufgeführt, die vor allem dann zum Einsatz kommen, wenn alle anderen in der Zusammenstellung angeführten Verfahren aus unterschiedlichen Gründen nicht effektiv angewandt werden können. Der Oberbegriff „stoffliches und energetisches Recycling" hat sich zwar allgemein eingebürgert, gilt auch – soweit es sich um die Rückgewinnung einschließlich der Aufarbeitung der Lösemittel handelt –, trifft aber nicht ganz auf das sogenannte thermische bzw. energetische Recycling zu. Hier wäre genauer zu formulieren: thermische Verwertung in Form von Energieausnutzung. In dieser Aufstellung fehlen die verschiedenen biologischen Abluftreinigungsverfahren. Sie dienen weder der Stoffgewinnung noch der Energieverwertung. Sie dienen einzig und allein der Schadstoffumwandlung.

Mit dem zur Verfügung stehenden apparativen Instrumentarium sind, wie die Praxis vielfältig zeigt, Emissionsreduzierungen bis in den ppm-Bereich Stand der Technik. Beispielhaft soll hier auf die für die Klasse I geltenden Emissionsgrenzwerte nach TA-Luft in der BRD, die in den Bereichen 4-10 ppm liegen, verwiesen werden.

Die Leistungsfähigkeit der Emissionsminderungstechniken steht außer Zweifel. Sie ist weitgehend zufriedenstellend. Zudem ist festzustellen, vor allem wenn man auch ökonomische Überlegungen miteinbezieht, daß deren Leistungsfähigkeit bzw. Wirkungsgrad in den meisten Fällen technologisch ausgereizt ist. Fundamentale bahnbrechende Neuentwicklungen sind in Zukunft, das zeigen immer wieder Messen und die einschlägige Literatur, nicht zu erwarten. Die zukünftige Entwicklung wird sich konzentrieren auf: die Modifikation der Verfahren und Apparate, die Optimierung in der Erarbeitung von Konzeptionen für die extreme Wärmeverwertung, die Übertragung einiger Verfahren bzw. Verfahrenskombinationen auf neue Anwendungsfälle und den Transfer bewährter Technologien in den Sektor „Umwelt".

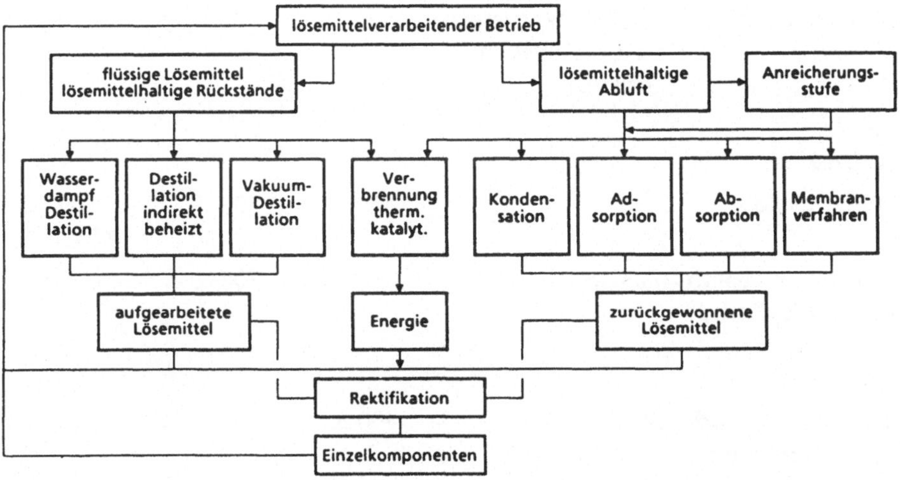

Abb. 1: Stoffliches und energetisches Recycling im Bereich Lösemittel

Wie aus den Abbildungen zu erkennen, ist die biologische Abluftreinigungstechnik nur eine der vielen Möglichkeiten, Abluft zu reinigen.

Welches Verfahren letztendlich zur Lösung eines konkreten Abluftproblemes eingesetzt wird, richtet sich nach projektspezifischen, technischen und wirtschaftlichen Kriterien.

Tabelle 5 zeigt jene Verfahren, die der Rückgewinnung dienen, die unter bestimmten Bedingungen wirtschaftlich betrieben werden können. Wie aus der Auflistung ersichtlich, sind es die sorptiven Verfahren Absorption und Adsorption, die

die größte Bedeutung haben. Die klassische Aktivkohle, überwiegend in Festbettanordnung angewandt, ist nach wie vor das marktbeherrschende Adsorbens.

Tabelle 5: Stoffgrößen von technischen Absorbenzien (Quelle: Herstellerangaben)

	Körnung [mm]	Rüttel-dichte [g/l]	Spez. Oberfläche [g/m^2]	Poren-radien [nm]
Kohlenstoffhaltige Adsorbenzien:				
Aktivkohle engporig	1-4	320-500	600-1500	
Aktivekohle weitporig	1-4	350-500	800-1400	
Kugelkohle	0,7	570	1150	
Faserkohle	7-5 µm (Faserdurch-messer)	0,01-0,02 g/ml	1000-2000	
Aktivkoks	1-9	~600	~100	
Braunkohlenkoks	1,12-5 (Wanderbett) < 0,4 (Flugstrom-reaktor)	500	~300	
Oxidische Adsorbenzien:				
Aluminiumoxid	2-5	860	300	Total: 0,49 Mikro: 0,4
Hydrophober Zeolith (DAY) Hohlzylinder	6/3 od 7/4	380 od.	700	~0,8
Hydrophober Zeolith (DAY) Vollzylinder	2 od. 4	490 od.	700	~0,8
Organische Adsorbenzien:				
z. B. BONOPORE	0,5		800	8 (mittlerer Durchmesser)

Die seit einiger Zeit auf dem Markt befindlichen kohlenstoffhaltigen Adsorbenzien, wie Faserkohle und Kugelkohle, die makroporösen Polymere und die hydrophoben Zeolithe (Tabelle 5) haben wesentlich die Gestaltung der Adsorptionsapparate speziell in Richtung kontinuierlicher Fahrweise (Tabelle 6) und damit auch neue Anwendungsgebiete, in denen man bislang aus unterschiedlichen Gründen adsorptive Prozesse nicht einzusetzen wagte, erschlossen.

Beispielhaft sei auf die Entsorgung großer Abgasmengen mit niedrigen, meist als Gemisch vorliegenden Schadstoffkonzentrationen hingewiesen. Hier war der Einsatz der adsorptiven Aufkonzentrierung und der Einsatz von Rotoradsorbern, wie in Abb. 2 schematisch dargestellt, die Lösung.

Je nach den Eigenschaften der abzuscheidenden Komponenten bieten sich die Alternativen Rückgewinnung oder thermische bzw. katalytische Oxidation an. Diese Verfahrenskonzeption konkurriert u.a. mit der biologischen Abluftreinigung.

Breite Anwendung hat in letzter Zeit die Absorptionstechnik gefunden. Wasser als Waschmedium ist nur für wenige organische und anorganische Stoffe anwendbar. Durch gezielte Zugabe von bestimmten Reaktanden ist, wie aus Tabelle 7 ersichtlich, die chemisorptive Entfernung von Geruchsemissionen möglich und konkurriert in einigen Anwendungsbereichen ebenfalls mit der biologischen Abluftreinigung. Dagegen hat der Einsatz organischer Waschmedien die Möglichkeiten der absorptiven Abluftreinigung speziell bei Vorliegen von Gemischen stark erweitert.

Tabelle 6: Kontinuierliche Adsorptionsverfahren

Wanderbett	Gegenstrom-Adsorption
	Kreuzstrom-Adsorption
	Mehrweg-Adsorption
Wirbelschicht/Fließbett	einstufig
	mehrstufig
Flugstromadsorption (kohlenstoffhaltige Adsorptionen)	
Rotationsadsorber	Aktivkohlefaser
	Aktivkohle
	Kugelkohle
	Hydrophober Zeolith

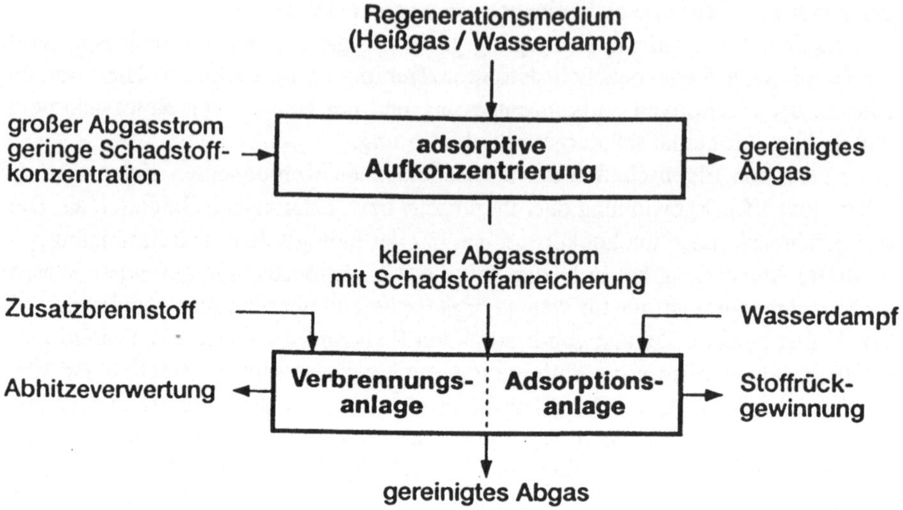

Abb. 2: Behandlung von Abgas mit geringer Schadstoffkonzentration

Die Membran-Gaspermeation steht am Anfang der Entwicklung und erschwert eine allgemein gültige Aussage zu diesem Zeitpunkt. Diese Permeationsverfahren nutzen die selektive Permeabilität von Membranen zur Abtrennung von Schadstoffen. Sie sind nach den bisherigen Erfahrungen bei hohen Lösemittelkonzentrationen, z. B. bei Umluftbetrieb einsetzbar, d. h., sie werden ähnlich der Kondensation unter ganz spezifischen Bedingungen und dann auch nur für Einzelkomponenten einsetzbar sein.

Was den Einsatz der in Tabelle 4 aufgelisteten Verfahren betrifft, ist zu den sogenannten Oxidationsverfahren nur soviel zu sagen, daß vorrangig die thermische Variante breit einsetzbar ist. Bei Vorliegen bestimmter Schadstoffe sind weitere Reinigungsstufen, meist Wäschen, notwendig (Abb. 3).

Tabelle 7: Beispiele für anorganische Waschflüssigkeiten

Waschflüssigkeit Lösungsmittel	Reaktand	auszuwaschende Stoffe
Wasser	—	Ammoniak, Aceton, Ethanol, Methanol, Dimethylformamid, Chlor, Chlorwasserstoff, Fluorwasserstoff
Wasser	Chlor, Natriumchlorid, Natriumhypochlorid, Natriumbromat, Kaliumpermanganat, Wasserstoffperoxid, Ozon, Natronlauge, Schwefelsäure, Belebtschlamm	Geruchsemissionen
Wasser	Diethanolamin (DEA), Alkazid, Kaliumcarbonat, Natriumcarbonat	Schwefelwasserstoff
Wasser	Calciumhydroxid, Calciumcarbonat, Natronlauge	Schwefeldioxid, Chlorwasserstoff, Fluorwasserstoff
Wasser	Wasserstoffperoxid	Schwefeldioxid

Die katalytische Abgasreinigung hat sich dann bewährt, wenn die Vergiftung des Katalysators auszuschließen ist.

Die thermische Verbrennung eignet sich für hohe Schadstoffgehalte (ab ca. 10 g/m^3), die katalytische Verbrennung für Konzentrationen zwischen 2 und max. 5 g/m^3. Im Zusammenhang mit den Oxidationsverfahren muß auf die anzustrebende extreme Wärmeverwertung, wie sie heute gefordert wird, verwiesen werden. Eine Einsparung an Zusatzbrennstoff zwischen 75 und 85 % ist heute ohne weiteres möglich. Bezüglich der katalytischen Verbrennung soll hier lediglich auf die Bildung von Nebenprodukten hingewiesen werden. So entsteht z. B. bei der Verbrennung von Butylacetat Acetaldehyd, in einer Größenordnung, die den in der TA-Luft vorgegebenen Emissionsgrenzwert überschreitet.

Die photolytische Oxidation (Abb. 4) basiert auf der Behandlung schadstoffbeladener Abluft mit ultravioletter Strahlung der Wellenlänge zwischen 150 und 250 nm. Sie wurde bislang mit Erfolg bei der Zerstörung vor allem von Vinylchlorid (neben geringen Mengen anderer chlorierter Kohlenwasserstoffe) aus Bodenluft eingesetzt.

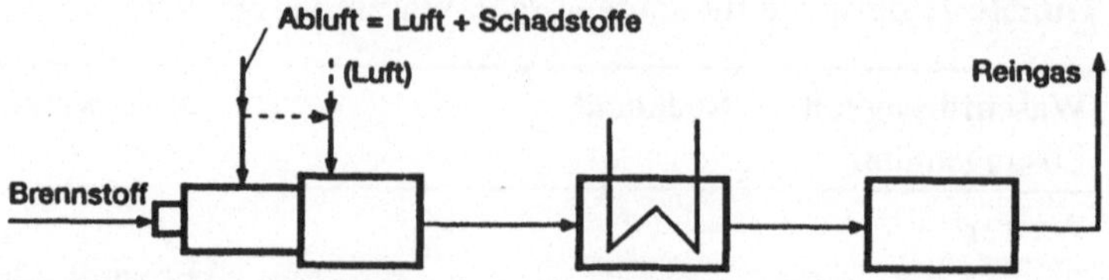

Schadstoff	Verbrennung Stufe 1	Verbrennung Stufe 2	Abhitze-system	Abscheider
C-H-Verbindung	•		•	
C-H-Cl-Verbindung	•		•	•
C-H-S-Verbindung	•		•	•
C-H-N-Verbindung	•	•	•	
Geruch	•	•	•	
Staub	•		•	•

Quelle: O. Carlowitz, 1989

Abb. 3: Aufbau von thermischen Abgasreinigungsanlagen

Alle anderen Verfahren (Adsorption, thermische Verbrennung) waren bei der Behandlung von Vinylchlorid keine Alternativen. Bei der Bestrahlung entsteht allerdings Phosgen, das mit sorptiven Verfahren zersetzt werden muß.

Bleibt noch auf die jüngst publizierte Methode der Abscheidung von VOC durch die Bestrahlung mit Elektronen hinzuweisen, eine Verfahrensweise, die auch schon zur Abscheidung von SO_2 aus Rauchgasen untersucht wurde. Bei dieser Methode werden die gasförmigen Kohlenwasserstoffe in CO, CO_2 umgewandelt. Als gezielter Anwendungsbereich wird die Behandlung großer Volumenströme mit niedriger VOC-Beladung angegeben. Dies kommt einer Konkurrenz zur biologischen Abluftreinigung gleich. Die Arbeitsweise dieses Verfahrens bei Umgebungstemperatur wird als zusätzlicher Vorteil angesehen.

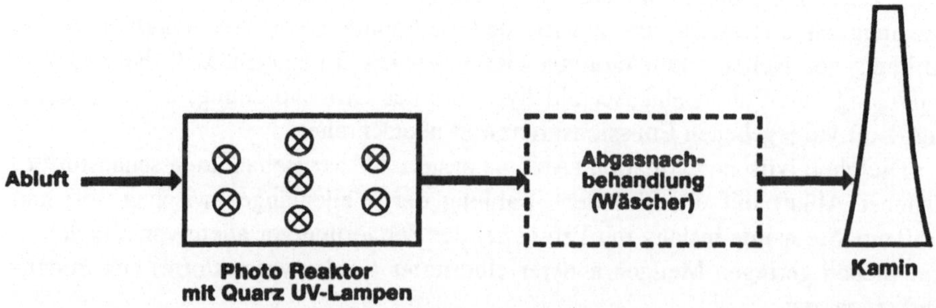

Abb. 4: Abgasreinigung durch photolytische Oxidation

Betrachtet man einige Alternativen zur Abluftreinigung, dürfte klar sein, daß es zur Lösung einer Aufgabenstellung in der Regel nicht genügt, nur eine Technologie auf deren Einsatzmöglichkeit und Leistungsfähigkeit zu überprüfen.

Tabelle 8: Gegenüberstellung der oxidierenden und biologischen Gaswäsche

Kriterien	**chemische Oxidation**	**biologische Oxidation**
Einsatzbereich	mehrere Oxidanzien in saurer und basischer Waschlösung	Schadstoffe als Substrat für Mikroorganismen geeignet
Anpassung an Abluftverhältnisse	variable Konzentrationen, weiter pH- und Temperaturbereich	Adaption bei reduzierter Reinigungsleistung
Kinetik	transport- oder reaktionsbestimmt	biologischer Abbau bestimmend, zusätzlicher Belüftungstank
Anfahren, Stillstand	kurzfristig, zeitlich unbegrenzt	Aufbau Biozönose, ohne O_2 und Nähstoffe zeitlich begrenzt
Betriebsmittel	Energie, Oxidanzien, Säuren, Laugen	Energie, Nährsalze (N, P, ...), Säure, Lauge
Werkstoffe	vielfältige Korrosionsangriffe	unproblematisch
Meß- und Regeltechnik	Redox-Potential, pH-Werte, Emissionen	pH-Wert, O_2-Gehalt, Schlammdichte, Emissionen
Sicherheit	Toxizität der Oxidanzien, Laugen, Säuren	Waschsuspension überwiegend neutral
Entsorgung	ausgeschleuste Waschflüssigkeit aufbereiten (neutralisieren, entgiften), Abwasserbelastung	Überschußschlamm stabilisieren, entwässern

Jedes Verfahren hat seinen mehr oder weniger begrenzten Einsatzbereich. Der Anlagenbauer, der beratende Ingenieur und der zukünftige Betreiber sind im Rahmen der Planungsarbeiten gefordert, durch vergleichende Betrachtung unter Berücksichtigung der o. g. technischen, standortspezifischen und umweltrelevanten Kriterien das geeignete Verfahren oder die optimale Verfahrenskombination zu erarbeiten. Hierzu gehört eine profunde Kenntnis der verfahrenstechnischen Grundlagen der Einzelverfahren, der Vor- und Nachteile, der Einsetzbarkeit und des Wirkungsgrades.

Wie das Pro und Contra aussehen kann, zeigt Tabelle 8, in der beispielhaft oxidierende und biologische Waschverfahren gegenübergestellt werden.

In Tabelle 9 sind einige praktisch erarbeitete Parameter aufgelistet, die bei der alternativen Betrachtung eines zur Lösung anstehenden Anwendungsfalles zu berücksichtigen sind.

Es sind die das Abgas betreffenden Faktoren (links in Tabelle 10), die unmittelbar auf die Prozeß- und Anwendungstechnik Einfluß nehmen bzw. weitere die Entscheidung unterstützende Auswahlkriterien liefern.

Tabelle 9: Vergleichskriterien zur Verfahrensauswahl

Abgasverhältnisse	Prozeß- und Anlagentechnik
Schadstoffpalette	Stoffrückgewinnung/Stoffumwandlung
Schadstoffkonzentrationen	Anlagenvolumen
Abgasmenge	Einsatzflexibilität
Abgaskonditionierung	Verfügbarkeit/Betriebsverhalten
Stabilität der Abgasverhältnisse	Entsorgungsaufwand
	Sicherheit/Akzeptanz
	Marktsituation

Solche gelegentlich aufwendigen Untersuchungen erübrigen sich natürlich dann, wenn die Problemvorgabe eindeutig nur eine bestimmte Technologie als Lösung zuläßt. Hohe Toluol-Konzentrationen in der Abluft von Tiefdruckanlagen werden schon aus wirtschaftlichen Gründen dem Einsatz einer Adsorptionsanlage (mit dem Ziel der Wertstoffrückgewinnung) und nicht einer auch bestens geeigneten thermischen Verbrennungsanlage Vorzug geben. Hat man schrittweise die für den jeweiligen Anwendungsfall in Frage kommenden Reinigungsverfahren nach den hier erwähnten Kriterien überprüft, so kann man mit einer, wie in Tabelle 10 dargestellten, Entscheidungsmatrix zumindest eine vorläufige Verfahrensbewertung erarbeiten.

Tabelle 10: Bewertungsmatrix konkurrierender Verfahren

	Abgasreinigungssystem					
Eignung für / Verfahren	biolog.	Abs.	Ads.	TNV	KNV	Kond.
Schadstoffpalette breit	O	+	+	++	OO	O
Konzentration hoch	–	++	+	++	O	++
Konzentration niedrig	++	O	+	O	++	–
Abgas ohne Konditionierung	–	O	O	++	+	O
Abgasmenge groß	+	++	+	++	++	–
Abgasverhältnisse wechselnd	O	O	O	+	O	–
sichere Einhaltung der Grenzwerte	+	++	++	++	++	–
Stoffrückgewinnung	–	+	++	–	–	++
hohe Verfügbarkeit	?	++	++	++	++	++
An-/Abfahren problemlos	O	++	++	++	++	++
Entsorgungsaufwand gering	+	+	++	++	+	++
Sicherheitskonzept einfach	++	+	+	+	+	O

Bewertungsskala: ++ voll zutreffend, + zutreffend, O weniger zutreffend, – nicht zutreffend, ? wenig Erfahrung

Versucht man abschließend eine Bewertung des Einsatzes biologischer Abluftreinigungsverfahren im Vergleich zu den anderen erwähnten alternativen Technologien zu wagen, dann ist festzuhalten: Der Einsatz biologisch arbeitender Abluftreinigungsverfahren basiert grundsätzlich auf den Forderungen „Wasserlöslichkeit“ und „biologische Abbauarbeit“ der Schadstoffkomponenten. In einem nicht zu vernachlässigenden Maße wird die Anwendbarkeit biologischer Abluftreinigungsverfahren durch die Schadstoffkonzentration und zudem bei Vorliegen häufiger, kurzfristig schwankender Abgasverhältnisse limitierend beeinflußt.

Werden aber diese Faktoren erfüllt, so steht mit der biologischen Abgasreinigung ein Instrument zur Verfügung, das in den eingangs erwähnten Einsatzgebieten anderen alternativen Technologien meist überlegen ist.

Rechtliche Situation der Zulassung von Anlagen zur biologischen Abluftreinigung in Deutschland

H. Ludwig[1]

1 Grundlegende gesetzliche Änderung

Das Recht der Zulassung von Anlagen zur biologischen Abluftreinigung muß im größeren Zusammenhang gesehen werden, insbesondere im Zusammenhang mit der Zulassung von Anlagen zur biologischen Behandlung von Abfällen.

Durch Gesetz vom 22. April 1993 (Bundesgesetzblatt I S. 466) wurde bestimmt, daß ortsfeste Abfallentsorgungsanlagen (außer Deponien) keiner Zulassung nach § 7 des Abfallgesetzes mehr bedürfen, sondern nur noch einer Genehmigung nach den Vorschriften des Bundes-Imissionsschutzgesetzes (BImSchG). Maßgeblich für die Frage, ob eine Anlage einer Genehmigung nach dem BImSchG bedarf, ist die Verordnung über genehmigungsbedürftige Anlagen (4. BImSchV).

2 Regelungen der 4. BImSchV

Nach § 1 Abs. 1 Satz 1 der 4. BImSchV bedürfen Anlagen, die im Anhang zu dieser Verordnung genannt sind, einer Genehmigung, soweit den Umständen nach zu erwarten ist, daß sie länger als während der 12 Monate, die auf die Inbetriebnahme folgen, an demselben Ort betrieben werden. Nr. 8 des Anhangs der 4. BImSchV bestimmt u. a., daß folgende Anlagearten einer Genehmigung nach dem BImSchG bedürfen:

1. Anlagen zur Kompostierung mit einer Durchsatzleistung von mehr als 10 Tonnen je Stunde im Verfahren unter Beteiligung der Öffentlichkeit (Nr. 8.5 Spalte 1);Anlagen zur Kompostierung mit einer Durchsatzleistung von 0,75 Tonnen

[1] Ministerium für Umwelt, Naturschutz und Reaktorsicherheit, Bernkastelerstraße 8, PF 12 06 29, D-53048 Bonn

bis weniger als 10 Tonnen je Stunde im Verfahren ohne Beteiligung der Öffentlichkeit (Nr. 8.5 Spalte 2);

2. Anlagen zur Behandlung von verunreinigtem Boden, der nicht ausschließlich am Standort der Anlage entnommen wird, im Verfahren unter Beteiligung der Öffentlichkeit (Nr. 8.7 Spalte 1) ; Anlagen zur Behandlung von verunreinigtem Boden, der ausschließlich am Standort der Anlage entnommen wird, im Verfahren ohne Beteiligung der Öffentlichkeit (Nr. 8.7 Spalte 2);
3. Abfallentsorgungsanlagen zur Lagerung od. Behandlung von Abfällen (Nr. 8.11 Spalte 2);

Daneben ist die allgemeine gültige Definition des Begriffs der Anlage in § 1 Abs. 2 der 4. BImSchV zu beachten. Danach erstreckt sich das Genehmigungserfordernis auf alle vorgesehenen

1. Anlagenteile und Verfahrensschritte, die zum Betrieb notwendig sind, und
2. Nebeneinrichtungen, die mit den Anlagenteilen und Verfahrensschritten nach Nummer 1 in einem räumlichen und betriebstechnischen Zusammenhang stehen und die für
   a) das Entstehen schädlicher Umwelteinwirkungen,
   b) die Vorsorge gegen schädliche Umwelteinwirkungen oder
   c) das Entstehen sonstiger Gefahren, erheblicher Nachteile oder erheblicher Belästigungen

von Bedeutung sein können.

Durch die Neufassung der genannten Nr. 8 des Anhangs der 4. BImSchV treten viele Auslegungsfragen auf. Davon sind u. a. folgende für biologische Behandlungsanlagen bedeutsam:

1. Fallen Kompostierungsanlagen mit kleinerer Durchsatzleistung als 0,75 Tonnen je Stunde unter die allgemeine Auffang-Vorschrift der Nr. 8.11?
2. Bedürfen Anlagen zur biologischen Behandlung der Abluft von solchen Anlagearten, für die eine Genehmigung nicht erforderlich ist, einer Genehmigung nach der Nr. 8.11? (Beispiel: Anlage zur biologischen Reinigung der Abluft einer nichtgenehmigungsbedürftigen Intensivtierhaltung).

Die insgesamt aufgetretenen Auslegungsfragen sind Anlaß für eine Novelle der 4. BImSchV, die z. Z. vorbereitet wird.

3 Richtlinie der EG über Abfälle

Bei dieser Novelle ist vor allem die Richtlinie 75/442/EWG der EG über Abfälle vom 15. Juli 1975 (ABl. Nr.L 194 S. 47), geändert durch die Richtlinie 91/156/EWG vom 18. März 1991 (ABl. Nr.L 78 S. 32), zu beachten. Diese Richtlinie ist bei der geplanten Novelle der 4. BImSchV im Hinblick auf die meisten in der Richtlinie genannten Anlagenarten vollständig in deutsches Recht umzusetzen.

Nach dem Wortlaut dieser Richtlinien-Bestimmungen bedürfen Anlagen, in denen Stoffe oder Gegenstände,

- die unter die Abfallgruppen nach Anhang I der Richtlinie fallen (potentielle Abfälle) und
- deren sich ihr Besitzer entledigt, entledigen will oder entledigen muß, und die
- nach einem Verfahren gemäß Anhang II A beseitigt werden oder
- nach einem Verfahren gemäß Anhang II B verwertet werden,

einer Genehmigung.

Das inzwischen von der Kommission der EG zur Konkretisierung der Abfallgruppen nach Anhang I erstellte Abfallverzeichnis vom 20. Dezember 1993 enthält in Übereinstimmung mit Anhang I der Richtlinie bei den einzelnen Abfallarten aus den verschiedenen Bereichen jeweils eine allgemeine Auffangposition für nicht näher spezifizierte Abfälle; die Abfallarten sind damit nicht abschließend bezeichnet.

Einen Hinweis auf den Begriff der Entledigung enthält die Richtlinie nicht.

Unter den Beseitigungsverfahren des Anhangs A mit Bezug auf die biologische Behandlung sind zu nennen:

- Behandlung im Boden (z. B. biologischer Abbau von flüssigen oder schlammigen Abfällen im Erdreich usw.) – D 2 –
- Biologische Behandlung, die nicht an anderer Stelle in Anhang A beschrieben ist und durch die Endverbindungen oder Gemische entstehen, die mit einem der in Anhang A aufgeführten Verfahren entsorgt werden, – D 8 –

Unter den Verwertungsverfahren des Anhangs B mit Bezug auf die biologische Behandlung sind zu nennen:

- Verwertung/Rückgewinnung organischer Stoffe, die nicht als Lösungsmittel verwendet werden,
- Aufbringen auf den Boden zum Nutzen der Landwirtschaft oder der Ökologie, einschließlich der Kompostierung und sonstiger biologischer Umwandlungsverfahren, mit Ausnahme von Fäkalien und sonstigen natürlichen, ungefährlichen Stoffen aus der Landwirtschaft, die innerhalb der Landwirtschaft verwendet werden.

Die genannten Beseitigungs-und Verwertungsverfahren enthalten keine dem deutschen Recht vergleichbaren unteren Bagatellgrenzen, bei deren Unterschreitung eine Genehmigung nicht erforderlich ist. Somit erhebt sich die Frage, ob die in der 4. BImSchV bestimmten Grenzen, z. B. 0,75 t je Stunde bei Kompostierungsanlagen, in Einklang stehen mit EG-Recht. Dies wiederum wirft die Frage auf, ob die EG-Richtlinie einen Ansatzpunkt für die Einführung von Bagatellgrenzen bietet. Ausgangspunkt für entsprechende Überlegungen sind die Artikel 9 und 10 der Richtlinie. Danach bedürfen alle Anlagen, in denen Beseitigungs- oder Verwertungsverfahren nach Anhang A bzw. Anhang B durchgeführt werden, zum Zwecke des Artikels 4 der Richtlinie einer Genehmigung. Artikel 4 fordert, sicherzustellen, daß Abfälle verwertet oder beseitigt werden, ohne daß die menschliche Gesundheit gefährdet wird und ohne daß Verfahren oder Methoden verwendet werden, welche die Umwelt schädigen können. Aus dieser Vorschrift läßt sich daher ableiten, daß Anlagen, die nicht das genannte Gefährdungs- noch Schädigungspotential besitzen, von der Genehmigungspflicht ausgenommen werden können. Somit können im nationalen Recht im Grundsatz Bagatellgrenzen eingeführt werden.

Der Wortlaut der Nr. D 2 scheint eindeutig festzulegen, daß alle Bodensanierungsanlagen erfaßt werden, also auch solche, bei denen der Boden nicht entnommen wird (sog. In-situ-Anlagen). Hier ist zu fragen, ob denn der Abfallbegriff der Richtlinie überhaupt erfüllt ist. Der Abfallbegriff setzt sich aus zwei Elementen zusammen: einem Stoff gemäß Anhang I und der Entledigung. Kontaminierter Boden fällt zweifellos unter Anhang I, ist somit ein potentieller Abfall. Wird der Boden aus dem Erdreich entnommen, handelt es sich zweifellos um einen Stoff oder Gegenstand, dessen sich der Besitzer entledigt, entledigen will oder entledigen muß. Wird entnommener kontaminierter Boden zum Zwecke der Beseitigung oder Verwertung behandelt, liegt daher ein genehmigungsbedürftiger Tatbestand vor. Wird jedoch der Boden nicht entnommen, sondern die Verunreinigung durch Einsatz von Bakterien im Boden unmittelbar biologisch behandelt, handelt es sich nicht um einen Stoff oder gegenstand, dessen sich der Besitzer entledigt. Der Abfallbegriff ist nicht erfüllt. Die englische Übersetzung der Nr. D 2 – Land treatment (e. g. biodegradation of liquid or sludge discards in soils, etc.) – ist auch sehr viel neutraler.

Es bleibt somit die Frage, ob die biologische Reinigung von Abluft aus irgendwelchen technischen Anlagen, die ihrerseits nicht genehmigungsbedürftig sind, einem Genehmigungserfordernis unterliegen. Hierzu ist ein Hinweis auf Artikel 2 Abs. 1 Buchstabe a) der Richtlinie notwendig. Danach gilt die Richtlinie nicht für gasförmige Ableitungen in die Atmosphäre. Bei der Abluft aus technischen Anlagen handelt es sich zweifellos um gasförmige Ableitungen. Für sie gilt somit die Richtlinie nicht. Ihre biologische Behandlung kann somit aus Gründen der Richtlinie nicht zu einer genehmigungspflichtigen Anlage führen.

Allerdings ist nochmals auf den bereits dargestellten, umfassenden, nationalen Begriff der Anlage in der 4. BImSchV hinzuweisen. Danach bedürfen solche biologischen Abluftreinigungsanlagen einer Genehmigung, die als Nebeneinrichtung einer aus anderen Gründen genehmigungsbedürftigen Anlage betrieben werden. Daran soll auch künftig nichts geändert werden. Eine Definition der Anlage besteht z. Z. innerhalb der Europäischen Union nicht, so daß dieser Begriff in den Mitgliedstaaten sehr unterschiedlich gehandhabt wird. Es wird daher versucht, bei der z. Z. in Brüssel in Beratung befindlichen Richtlinie über die integrierte Vermeidung und Verminderung der Umweltverschmutzung eine vergleichbare Definition einzubringen.

Stand und Perspektiven der biologischen Abluftreinigung in Österreich

D. Pettauer[1]

1 Einleitung

Die biologische Reinigung von Abluft, die sowohl ökologische als auch ökonomische Vorteile gegenüber chemisch-physikalischen Verfahren bietet, hat an Bedeutung gewonnen. In letzter Zeit wurden durch innerbetriebliche Maßnahmen, wie Kreislaufführung oder Substitutionsmaßnahmen, zunehmend hochbelastete Abluftströme vermieden. Für diese niedrig belasteteten Abluftströme sind biologische Abluftreinigungsverfahren meist das Mittel der Wahl.

Das Regierungsübereinkommen von 1991-1994 enthält im Kapitel "Luftreinhaltung" die Vorgabe, eine Reduktion der Emissionen flüchtiger organischer Schadstoffe (VOC) in den kommenden 5 Jahren um 30 % auf der Basis von 1987 anzustreben. Die Höhe der durch den Menschen in Österreich verursachten Basisemissionen (von 1987) wird auf ca. 430.000 t jährlich geschätzt.

Das Ozongesetz von 1992 sieht eine weitere Reduktion der organischen Schadstoffe vor und präzisiert die im Regierungsübereinkommen gestellten Forderungen (Bis 1996: 40 %, bis 2001: 60 %, bis 2006: 70 % Reduktion der VOC).

Eine Entschließung des österreichischen Nationalrates vom 2. April 1992 im Rahmen des Ozongesetzes sieht vor, daß der Bundesminister für Umwelt, Jugend und Familie die Förderungsmöglichkeiten erweitern solle, um auch im Bereich industrieller und gewerblicher Anlagen emissionsmindernde Maßnahmen zu forcieren und den Einbau von Anlagen zur biologischen Reinigung von Abluft voranzutreiben.

Aus diesen technischen und gesetzlichen Vorgaben entstand die Initiative des Umweltministeriums, eine Studie zur Erfassung der Situation dieser Technologie in Österreich in Auftrag zu geben. Im Laufe dieser Arbeit zeigte sich, daß bei vielen Betroffenen und potentiellen Anwendern ein Defizit an Information über diese Technologie herrscht.

[1] Bundesministerium für Umwelt, Untere Donaustraße 11, A-1020 Wien

Das ursprüngliche Ziel dieser Studie wurde um folgende Aspekte erweitert:
- Überblick über die gegenwärtige Situation in Österreich,
- Liste der Schadstoffarten und Schadstoffdaten,
- Übersicht über Grundlagen der biologischen Abluftreinigung,
- gesetzliche Bestimmungen,
- Richtlinien zur Endscheidungshilfe bei der Verfahrenswahl.

2 Gesetzliche Regelungen

In Österreich gelten eine Reihe von gesetzlichen Regelungen für die Emission flüchtiger organischer Substanzen.
- Das bereits genannte Ozongesetz.
- Verordnungen nach § 14 Chemikaliengesetz. Die Lösungsmittelverordnung (1991) verfügt Verbote und Beschränkungen bestimmter Lösungsmittel.
- Die Gewerbeordnung schreibt vor, welche Betriebsanlagen einer behördlichen Genehmigung bedürfen und unter welchen Voraussetzungen diese erteilt wird. Die Einhaltung des "Standes der Technik" wird grundsätzlich vorgeschrieben. Beurteilt wird dieser durch behördliche Sachverständige, die sich dabei auf folgende Grundlagen stützen:
- Normen, wie zum Beispiel über die Verwendung von halogenierten Kohlenwasserstoffen in Lackieranlagen oder für die Emissionsbegrenzung für Dämpfe organischer Verbindungen.
- Verordnungen nach § 82 Gewerbeordnung, derzeit aber nur für Gießereien und die Herstellung bitumöser Mischgüter.
- Häufig als Beurteilungsbasis herangezogen werden die Deutsche TA-Luft (Jost 1988) und Richtlinien des Verbandes Deutscher Ingenieure (VDI 1994).
- Auf der Ebene der Landesgesetzgebung existieren Verordnungen und Erlasse der Ämter der Landesregierungen, welche die bestehenden Rechtsnormen für den sachlichen oder örtlichen Anwendungsbereich präzisieren.
- Derzeit im Entwurfsstadium befindet sich die Lackieranlagenverordnung und ein Bundesimmissionsschutzgesetz. Letzteres enthält im derzeitigen Entwurf Bestimmungen über den Einsatz emissionsarmer Stoffe, Zubereitungen und Produkte.

3 Die Situation der biologischen Abluftreinigung in Österreich

Im Bereich kommunaler Kläranlagen, im Bereich der Fäkalienübernahme und der Schlammbehandlung, finden sich fast 50 % der biologischen Abluftreinigungsanlagen. Im Bereich der betrieblichen Abwasserreinigung werden weitere 14 % der Anlagen eingesetzt. Zur Veranschaulichung des Einsatzbereiches von biologischen Abluftreinigungsanlagen dient Abb. 1.

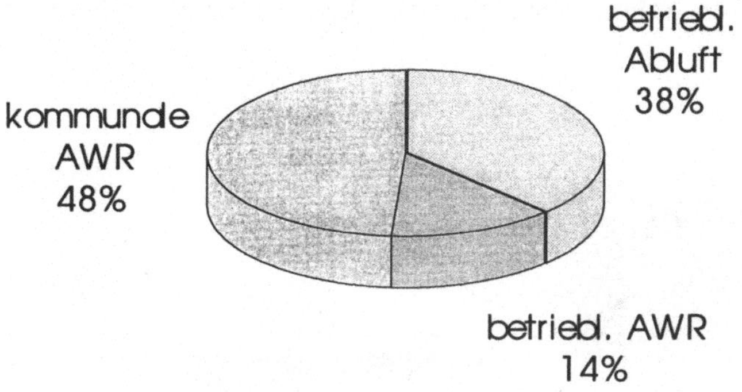

Abb. 1: Verteilung des Einsatzgebietes biologischer Abluftreinigung in Österreich. *AWR* Abwasserreinigung

Die Aufteilung nach Zugehörigkeit zu Branchen nach der Einteilung der Bundeswirtschaftskammer zeigt, daß die meisten Einsatzfälle in der Nahrungs- und Genußmittelindustrie mit ca. 28 % der Anlagen vorliegen. Kompostwerke (18 %), Entsorger (Absaugungen von kontaminierten Mieten und Deponien 12 % und Tierkörperbeseitigungsanlagen 12 %) werden von Betrieben aus der chemischen (9 %) und der Kunststoffindustrie (9 %) gefolgt (Abb. 2). In Österreich konnte zur Zeit der Erhebung lediglich ein einziger Betrieb festgestellt werden, der mittels biologischem Verfahren die Abluft einer Lackieranlage entsorgt. Diese Tatsache steht in Widerspruch zur Situation in der BRD. Dort existieren nach verschiedenen Berichten und Herstellerangaben zahlreiche Anlagen im Lackierabluftbereich.

Als wesentliches Auslegungskriterium für Abluftreinigungsanlagen wird die zu behandelnde Abluftmenge herangezogen. Die Auswertung der erhobenen Daten ist in Abb. 3 dargestellt.

Die ziemlich weite Verteilung von Abluftmengen, die in Österreich biologischen Behandlungsanlagen zugeführt werden, ist aus Abb. 3 ersichtlich. Entsprechend verteilen sich die Größen der in Österreich gebauten biologischen Abluftreinigungsanlagen gleichmäßig über einen Bereich von ca. 5-1.800 m^3. Dabei finden kleine modulare Anlagen, wie sie im Bereich von Einzelobjektabsaugungen eingesetzt werden, ebenso Anwendung wie großvolumige Flächenfilter.

Ein weiteres wesentliches Auslegungskriterium ist die Abluftkonzentration. Die Erhebung ergab, daß der bei weitem überwiegende Anteil der erfaßten Anlagen der Elimination von Geruchsstoffen dient.

Von 98 Abluftreinigungsanlagen wurden bei 14 Konzentrationsmessungen von organischem Kohlenstoff vorgenommen, bei weiteren 8 wurden olfaktometrische

Messungen durchgeführt. Die restlichen 76 Anlagen – ausschließlich Biofilter – werden ohne meßtechnische Überwachung und damit ohne Möglichkeit zur Ermittlung eines Wirkungsgrades betrieben. Diese 76 Anlagen wurden jedoch, soweit bekannt, nicht aufgrund gewerbebehördlicher Anordnung gebaut, sondern bei an sich unproblematischen Abluftströmen auf freiwilliger vorsorgender Basis errichtet.

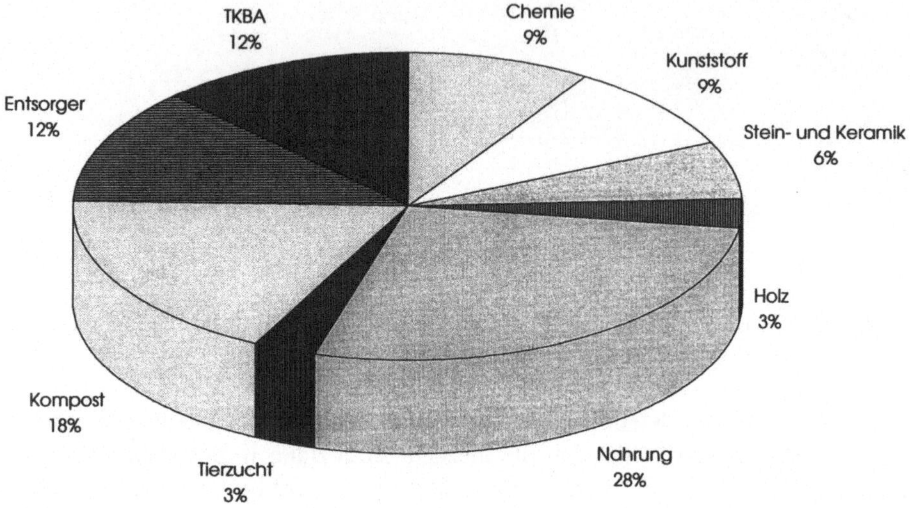

Abb. 2: Einsatz von biologischer Abluftreinigung in Österreich nach Branchen

Bei den meßtechnisch überprüften Anlagen verteilt sich die Abluftkonzentration wie in Abb. 4 dargestellt.

Zieht man in Betracht, daß ein Großteil der Anlagen ohnedies nur Abluftströme entsorgt, deren Konzentration unter den erfaßten 5 mg C/m^3 liegt, nämlich 76 von 98 Anlagen, wird der momentane Einsatzschwerpunkt der biologischen Verfahren deutlich. Er liegt klar bei geruchsmindernden Maßnahmen, deren Wirkungsgrad meist nicht nachgewiesen oder überprüft werden muß.

In der biologischen Abluftreinigung kommen in Österreich praktisch ausschließlich Biofilter zur Anwendung. Unter 98 erhobenen Anlagen befinden sich lediglich ein Biowäscher und ein Tropfkörper, die beide zur vollständigen Zufriedenheit ihrer Betreiber arbeiten. Die Einteilung der erfaßten Abluftreinigungsanlagen nach Bau- und Betriebsweise zeigt Abb. 5.

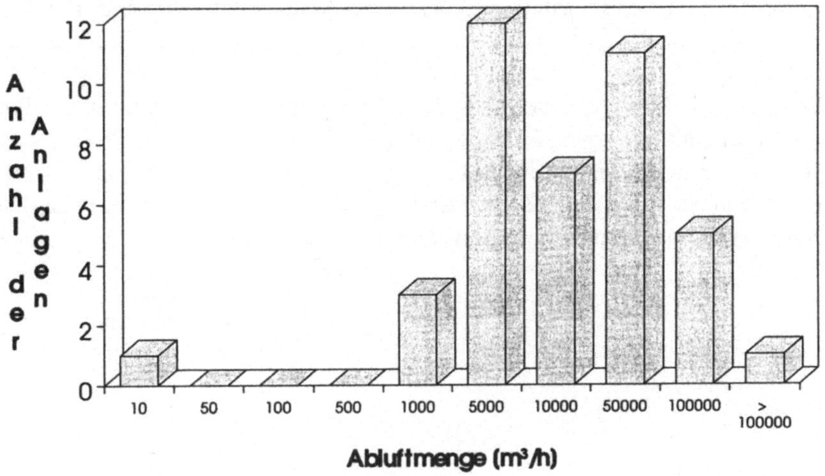

Abb. 3: Darstellung der Abluftreinigungsanlagen in Österreich nach behandelter Abluftmenge

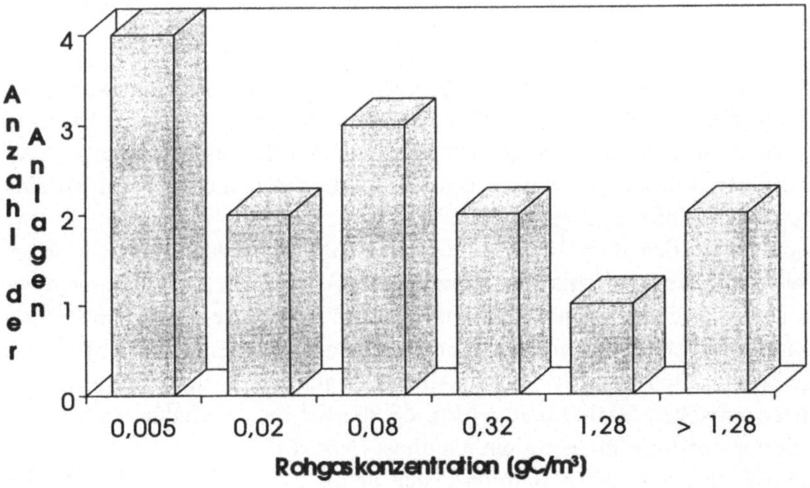

Abb. 4: Anzahl der meßtechnisch überwachten Anlagen nach Abluftkonzentration

Bei den Biofiltern findet man verschiedene Bau- und Betriebsweisen, die nach dem jeweiligen Anwendungsfall ausgelegt sind. Anlagen zur Elimination geringer Mengen an übelriechenden Substanzen können bei hinreichender Funktionstüchtigkeit in der Praxis in offener Bauweise ausgeführt werden. Dabei ergeben sich oft Probleme mit der Feuchtekonstanz der Filtermaterialien und damit in der Folge Riß- und Kanalbildung sowie Randgängigkeitserscheinungen. Diese Probleme wirken sich bei Anlagen zur Elimination sehr gut abbaubarer und sehr gut wasserlöslicher Substanzen in geringer Konzentration, wie sie z. B. auf kommunalen Kläranlagen zum Einsatz kommen, meist nicht eklatant aus.

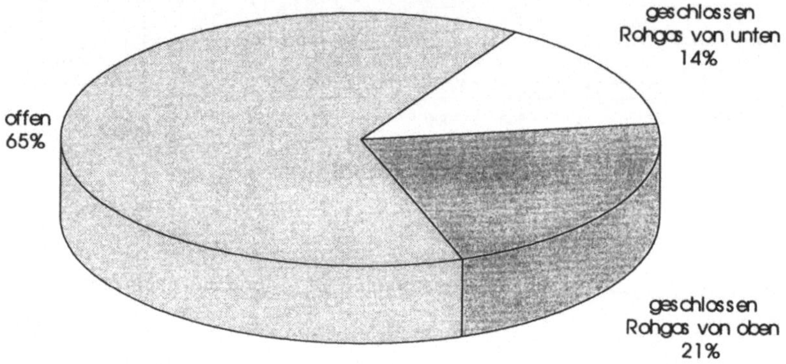

Abb. 5: Verteilung der Biofilter nach Bauart

Bei Anlagen, die mit relativ hohen Konzentrationen an problematischen Abluftinhaltsstoffen beschickt werden, wird hauptsächlich die geschlossene Bauweise gewählt. Als Ausnahme dazu wurde auch eine stark mit Lösemitteln belastete Anlage als offener Biofilter projektiert, dessen Funktionen jedoch bei weitem nicht den gewünschten Anforderungen entsprechen.

Ein weiterer für den Betrieb von biologischen Abluftreinigungsanlagen interessanter Punkt sind die Betriebskosten. Über Betriebskosten konnten nur wenige verwertbare Daten ermittelt werden, da die meisten Betreiber ihre Kosten im Rahmen des gesamten Betriebes nicht aufzusplitten vermochten. Bei den 8 Betrieben, die in der Lage waren, Betriebskosten ihrer Abluftreinigungsanlagen bekanntzugeben, liegen diese zwischen 50.000 und 2 Mio. öS jährlich und verhalten sich in Abhängigkeit von der Abluftmenge ziemlich linear (Abb. 6).

Die spezifischen jährlichen Betriebskosten liegen zwischen 10 und 20 öS pro m^3 und Stunde. Die Betriebskosten von Biofiltern korrelieren eng mit den Energiekosten für die eingesetzten Gebläse.

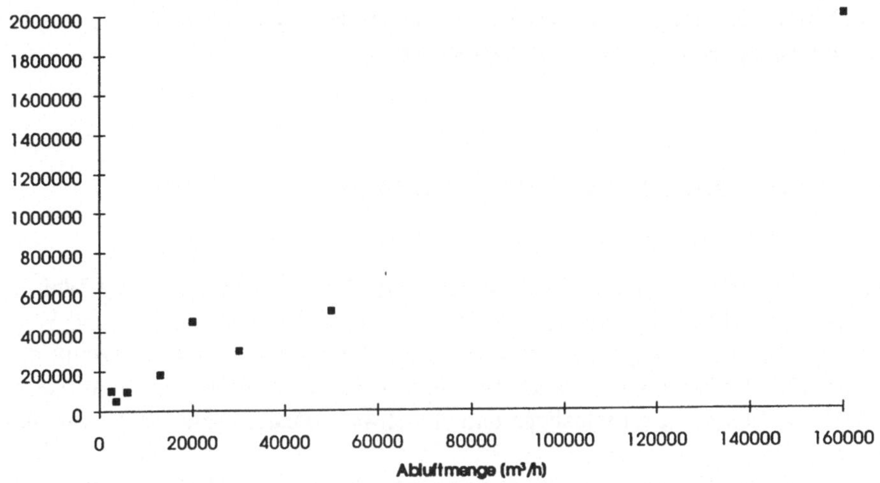

Abb. 6: Betriebskosten (in öS) biologischer Abluftreinigungsanlagen

4 Betriebsprobleme

Im allgemeinen erfüllen biologische Abluftreinigungsanlagen die in sie gesetzten Erwartungen. Es muß betont werden, daß praktisch alle Anlagenbetreiber sich ziemlich intensiv sowohl mit der Technologie als auch mit den Anlagen auseinandergesetzt haben. Diesem Umstand ist auch zu verdanken, daß die meisten Anlagen ihren Wirkungsgrad betreffend zufriedenstellend arbeiten.

In Gesprächen mit Planern von biologischen Abluftreinigungsanlagen kamen vor allem Probleme bei der Datengewinnung zur Sprache. Einerseits existieren noch keine Meßwerte für die meisten Abluftströme, andererseits werden bei Messungen nur bestimmte Betriebszustände erfaßt, die dem Dauerbetrieb der Filteranlagen schließlich nicht mehr entsprechen.

Dabei wurde auch Kritik am Vorgehen einiger Abluftanalytiker laut. Bei der Auswahl jenes Betriebszustandes, der im Zuge einer meßtechnischen Überwachung betrachtet wird, sollte jedenfalls höchste Sorgfalt bezüglich seiner Repräsentativität walten.

Das Auftreten von Schwierigkeiten im maschinellen Bereich ist aus unserer Erfahrung eher weniger häufig anzutreffen als bei chemisch-physikalischen Anlagen ähnlicher Funktion. Wesentliches Augenmerk ist sicherlich auf verbesserte Erhebungsarbeit als Grundlage für die ordnungsgemäße Auslegung und Materialwahl zu legen. In diesem Bereich ist aufgrund der jahrzehntelangen Erfahrungen im Anlagenbau an sich ausreichend Wissen vorhanden, das jedoch hauptsächlich aus Informationsmangel nicht angewandt werden kann.

5 Kriterien zur Auswahl von Verfahren

Die am häufigsten genannte Voraussetzung, welche an auf biologischem Weg zu reduzierende Abluftinhaltsstoffe gestellt wird, sind deren Abbaubarkeit und Wasserlöslichkeit. Erfahrungen in Entwicklung und Praxis haben jedoch gezeigt, daß diese beiden Kriterien nicht alleine ausschlaggebend sind. Biologischer Abbau ist auch für praktisch wasserunlösliche und als schwer abbaubar geltende Verbindungen möglich.

Bei schlecht abbaubaren Verbindungen wird allerdings durch die größer auszulegende Biologie – schon rein aus Kostengründen – viel früher eine Entscheidung in Richtung einer Alternative im Bereich der chemisch-physikalischen oder thermischen Entsorgung zu suchen sein. Insofern macht sich die biologische Abbaubarkeit als wesentliches Kriterium bei der Verfahrensauswahl bemerkbar.

Ebenso wie die Abbaubarkeit ist die Rohgaskonzentration ein wesentliches, aber kein absolutes Kriterium. In Abhängigkeit von der zu behandelnden Substanz und etwaigen toxischen Effekten muß von Fall zu Fall die Sinnhaftigkeit der biologischen Entsorgung überprüft werden. In jenen Fällen, in denen die Überschreitung von Grenzwerten keinesfalls zu befürchten ist, – also reine Desodorierung – können Biofilter jedenfalls Einsatz finden. Bei höher konzentrierten Abluftströmen müssen Pilotversuche Klarheit über die Einsetzbarkeit biologischer Verfahren schaffen.

Weitere Faktoren, die für die Auswahl von Verfahren zu berücksichtigen sind, können wie in Tabelle 1 dargestellt werden.

Zusätzlich wurde auch ein Endscheidungsdiagramm erstellt. Dieses ist im Originaldruck der Studie (Braun et al. 1994) enthalten. Es kann selbstverständlich nur als grobe Richtlinie für die Zuordnung von Abluftreinigungsverfahren zu spezifischen Abluftströmen dienen. Darin wurde versucht, die wichtigsten Kriterien, aufgrund derer Verfahren ausgewählt werden, in einen Entscheidungsbaum einzubauen. Da in der Praxis häufig eine Vielzahl von zusätzlichen, lokalen Kritererien im Entscheidungsprozeß Eingang finden, muß auch das vorliegende Diagramm unvollständig sein. Allerdings soll es dazu verwendet werden können, die einzelnen Entscheidungsschritte, nach denen Abluftreinigungsverfahren gewählt werden, zu strukturieren und transparent zu machen.

Tabelle 1: Kriterien zur Verfahrensauswahl bei der Abluftreinigung

Bereich	**Faktor**
Rohgasanfall	Kontinuität Lage der Anfallstelle(n)
Rohgascharakteristik	Menge Konzentration Erfordernis der Konditionierung
Möglichkeiten zur Verwertung	stofflich energetisch
Investitionen	Anlagenkosten Infrastrukturkosten
Betriebskosten	Energie sonstige Betriebsmittel
Servicekosten (Wartung)	intern extern
Standortspezifische Vorgaben	Platzbedarf Anrainer behördliche Vorschriften

6 Perspektiven

Die Erfassung der österreichischen Situation ergab, daß fast ausschließlich Biofilter zum Einsatz kommen. Dies ergibt sich hauptsächlich aus der Anforderung, bei Lebensmittelbetrieben und Abfall- und Abwasserbeseitigung geruchsmindernde Maßnahmen zu setzen. Die Anwendung der biologischen Abluftreinigung im Bereich der Lösungsmittelverarbeiter, wie Lackieranlagen und der chemischen Industrie allgemein, kann in Österreich eher als Stiefkind betrachtet werden. Mögliche Begründungen dafür wurden bereits genannt.

Durch die Festschreibung gesetzlicher Anforderungen ergibt sich für die Betreiber solcher Anlagen jedoch zunehmend die Notwendigkeit, Maßnahmen zur Reduktion der Schadstoffemissionen zu ergreifen. Die Wahl der dafür zu verwendenden Mittel sollte dabei zunehmend auf biologische Verfahren fallen. Diese Feststellung bezieht sich auf deren zunehmend breiter werdendes Anwendungsgebiet und auf den raschen technischen Fortschritt dieser Technologie. Verfahren wie Biowäscher, Tropfkörper und neuere Technologien, wie verschiedenste Variationen von Membranverfahren, sind bereits Stand der Technik oder stehen an der Schwelle dazu. Der Bereich, in dem diese Techniken gute Erfolge erzielen, liegt einerseits in der Elimination von höheren Konzentrationen von Schadstoffen, andererseits können in zunehmendem Maße Substanzen, die bisher als schwer abbaubar galten, durch einen vertretbaren Verfahrensaufwand eliminiert werden.

Das Bundesministerium für Umwelt hat sich daher zur Aufgabe gemacht, die Anwendung von biologischen Verfahren zu unterstützen. Als erster Schritt soll die Verbreitung der erarbeiteten Studie den bei einer Vielzahl von Betreibern und potentiellen Anwendern georteten Informationsmangel beheben helfen.

Des weiteren wurde eine Möglichkeit geschaffen, die Errichtung solcher Anlagen finanziell zu unterstützen. Im Rahmen der betrieblichen Umweltförderung des Umweltministeriums wird für entsprechende Anträge, die bis zum Juli 1999 gestellt werden, ein Fördersatz von 27 % der umweltrelevanten Investitionskosten gewährt. Besonderes Augenmerk wurde dabei auf die kritischen Bereiche Abluftanalytik und die Planung der Anlagen gelegt. Bis zu 10 % der Herstellungskosten können dafür aufgewendet werden.

Durch diese Maßnahmen soll erreicht werden, daß biologische Verfahren in Österreich den ihnen zustehenden Stellenwert erlangen. Letztendlich werden die positiven Erfahrungen, die aufgrund des Anwendungspotentials zu erwarten sind, für sich und damit für die biologische Abluftreinigung sprechen.

7 Literatur

Braun R., Holubar P., Plas C. (1994) Biologische Abluftreinigung in Österreich. Bundesministerium für Umwelt, Jugend und Familie, Wien

Jost D. (1988) Die neue TA-Luft. WEKA Fachverlage, Kissing

VDI (1994) Biologische Abgasreinigung. VDI-Berichte 1104, VDI Verlag

Biologische Abluftreinigung in der Schweiz – Beurteilung und Vollzugsvorgehen bei Geruchsimmissionen nach biologischer Abluftreinigung

P. Matti[1]

1 Zusammenfassung

Im Kanton Bern werden in einem Extraktionswerk seit rund 25 Jahren Schlachtabfälle verarbeitet. Die Geruchsabluft wird abgesaugt und einem Biofilter zugeleitet. Der Biofilter wurde 1982 aufgrund von Klagen eingebaut. Im Frühjahr 1993 wurden von der Bevölkerung wiederum Klagen über starke und andauernde Geruchsimmissionen vorgebracht.

Es war also abzuklären, ob die Emissionsbegrenzungen eingehalten werden und die verbleibenden Geruchsimmissionen übermäßig sind oder nicht.

Vom Betrieb wurde nach den Vorgaben der Behörde eine private Umweltschutz-Fachfirma beauftragt eine Emissions- und Stoffflußanalyse auszuarbeiten. Es zeigte sich, daß Sanierungsmaßnahmen im Rahmen der Emissionsbegrenzungs-Vorschriften erforderlich sind.

Während zwei Monaten im Herbst 1993 wurde mit Begehungen in Anlehnung an die Richtlinie VDI 3940 von ortsfremden Versuchspersonen die Geruchsbelästigung erhoben. Die dabei verwendete Methode der Geruchsermittlung durch Begehungen lieferte brauchbare Ergebnisse und ermöglichte Aussagen über das Ausmaß der Belästigung.

Gleichzeitig wurden in den geruchsbelasteten Gebieten Fragebogen an die Bevölkerung verschickt. Nachdem die nach Zufallprinzip verschickten Fragebogen bei den Adressaten angekommen waren, die Aktion somit bekannt wurde, erhielt die Untersuchungsstelle unaufgefordert weitere Fragebogen einer Bürgervereinigung.

Aufgrund der Untersuchungen werden tatsächlich übermäßige Geruchsimmissionen vom Extraktionswerk verursacht. Interessanterweise, aber nicht unerwartet, werden die Gerüche von den betroffenen Anwohnern als stärker störend bewertet,

[1] Amt für Industrie und Arbeit des Kantons Bern, Laupenstraße 22, CH-3011 Bern

als von den ortsunabhängigen Versuchspersonen. Am stärksten gestört fühlen sich, ebenfalls wie erwartet, die Mitglieder der Bürgerinitiative.

Die private Umweltschutz-Fachfirma hat daher die Resultate der Begehungen durch ortsfremde Personen zusätzlich nach der Geruchsimmissions-Richtlinie Nordrhein–Westfalen ausgewertet. Auch aufgrund dieser Beurteilung steht fest, daß übermäßige Geruchsimmissionen verursacht werden.

Die erforderlichen Sanierungsmaßnahmen wurden im Frühjahr 1994 größtenteils abgeschlossen. Im Juli und August 1994 wurden in kleinerem Ausmaß als bei der Kampagne im Herbst 1993 erneut Begehungen mit Versuchspersonen durchgeführt, um den vorläufig erreichten Sanierungsstand zu überprüfen.

Eine gleichzeitige Untersuchung sollte abklären, ob mit meßtechnischen Methoden, auf weniger aufwendige Weise und kontinuierlich, dieselben Resultate erhalten werden könnten. An einem ausgewählten Standort wurden mit einem mobilen Gaschromatographen kontinuierliche Immissionsmessungen durchgeführt.

Mit Begehungen und Befragungen können Geruchsbelastungen objektiv und rechtssicher abgeklärt werden. Die Untersuchungen dürfen nicht nur die Betroffenen allein umfassen. Der Aufwand ist verhältnismäßig groß. Er könnte mit meßtechnischen Methoden verkleinert werden. Dieser Sachverhalt wird im Kanton Bern weiterbearbeitet.

2 Vorbemerkungen

Gesamtschweizerische Luftreinhaltebestimmungen führten in den letzten 10 Jahren zu einem beachtlich hohen Stand der technischen Abgasreinigungsanlagen.

Daher ist es nicht erstaunlich, daß auch biologische Verfahren, insbesondere zur Geruchsminderung, in zahlreichen Fällen eingesetzt wurden.

Damit stellt sich aber regelmäßig auch die Frage, ob die geruchsmindernden Maßnahmen genügend wirksam, letztendlich die verbleibenden Geruchsimmissionen im betroffenen Gebiet übermäßig sind oder nicht. Die zuständige Behörde muß also diese Frage zweifelsfrei beantworten können, sei es bei der Abnahme einer neuen Anlage oder oft auch bei Klagefällen, die bestehende Anlagen betreffen.

Leider sind Geruchsimmissionen viel schwerer zu erfassen und zu bewerten, als dies bei den in vielem ähnlichen Lärmimmissionen möglich ist. Bei Gerüchen kann auf den Menschen als "Meßgerät" vorläufig nicht verzichtet werden. Anderseits muß eine Beurteilung möglichst objektiv und reproduzierbar sein. Insbesondere müssen die Schlußfolgerungen zu rechtlich einwandfreien Entscheiden führen, damit nicht Wettbewerbsverzerrungen oder Verstöße gegen das Verhältnismäßigkeitsprinzip verursacht werden.

Aufgrund dieser Vorbemerkungen wird im folgenden weniger auf die Technik der biologischen Abgasreinigungen eingegegangen, sondern vielmehr das "Darumherum", speziell die Beurteilung und das Vollzugsvorgehen in der Schweiz, aufgrund eines Praxisfalls dargestellt.

3 Gesetzliche Grundlagen

Die Luftreinhalte-Verordnung (LRV) vom 15. Dezember 1994 soll Menschen, Tiere, Pflanzen, ihre Lebensgemeinschaften sowie den Boden vor schädlichen und lästigen Luftverunreinigungen schützen (Abb. 1).

Abb. 1: Ziel der Luftreinhalte-Verordnung

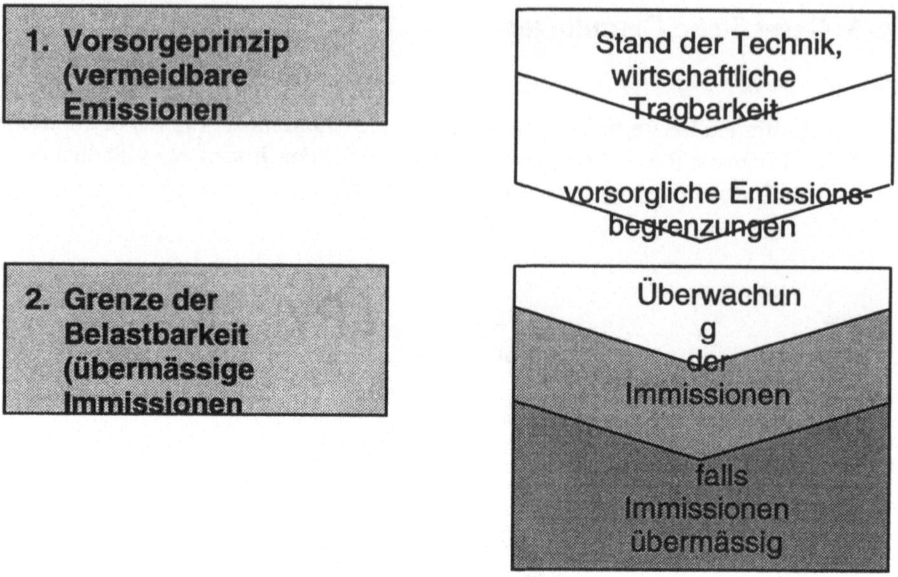

Abb. 2: Das 2stufige Konzept der Emissionsbegrenzung

Dieses anspruchsvolle Ziel wird mit einem 2stufigen Konzept der Emissionsbegrenzung verfolgt. Unabhängig von der bestehenden Luftbelastung sind Emissionen im Rahmen der Vorsorge so weit zu begrenzen, als dies technisch und betrieblich möglich sowie wirtschaftlich tragbar ist. Die Emissionsbegrenzungen werden verschärft, wenn feststeht oder zu erwarten ist, daß die Einwirkungen unter Berücksichtigung der bestehenden Luftbelastung schädlich oder lästig werden (Abb. 2).

Für Anlagen, in denen Tierkörper, Tierkörperteile und Erzeugnisse tierischer Herkunft verarbeitet werden, gelten folgende vorsorgliche Emissionsbegrenzungen (Tabelle 1).

Diese vorsorglichen Emissionsbegrenzungen werden ergänzt oder verschärft, sollte es sich erweisen, daß die Geruchsimmissionen übermäßig sind. Nach der LRV sind Geruchsimmissionen dann übermäßig, wenn aufgrund einer Erhebung feststeht, daß sie einen wesentlichen Teil der Bevölkerung in ihrem Wohlbefinden erheblich stören.

Damit ist explizit gesagt, daß nach öffentlichem Recht offenbar dem einzelnen eine gewisse Geruchsbelastung zugemutet wird, solange sie nicht erheblich störend ist. Anderseits zeigt die nicht näher umschriebene Immissionsvorschrift, in welchem Spannungsfeld sich die Behörde oder der Sachverständige befindet, wenn Geruchsimmissionen beurteilt werden müssen.

Tabelle 1: Vorsorgliche Emssionsbegrenzungen nach LRV

Anlagen zur Tierkörperverwertung

1. Begriff und Geltungsbereich

a Tierkörperverwertungsanstalten;

b Erzeugnisse tierischer Herkunft, die zur Verwertung oder Beseitigung in Tierkörperverwertungsanstalten gesammelt oder gelagert werden;

c Anlagen zum Schmelzen von tierischen Fetten;

d Anlagen zur Herstellung von Gelatine, Hämoglobin sowie von Tierfutterprodukten;

e Anlagen zur Trocknung von Kot.

2. Bauliche und betriebliche Anforderungen

a Prozeßanlagen und Lager, bei denen sich Gerüche entwickeln können, sind in geschlossenen Räumen unterzubringen;

b geruchsintensive Abgase sind zu erfassen und einer Abgasreinigungsanlage zuzuführen;

c Roh- und Zwischenprodukte sind in verschlossenen Behältern zu lagern.

Es ist daher verständlich, wenn die betroffene Bevölkerung auf sofortige Schließung der Anlage pocht, der Anlagebetreiber sich aber keiner Schuld bewußt ist, er "lebt" ja mit seinen Gerüchen. Die "Wahrheit" befindet sich meistens zwischen diesen beiden Polen. Die Schwierigkeit liegt "nur" darin, sie herauszufinden, nicht Meßbares meßbar zu machen und damit zu einem nachvollziehbaren transparenten Entscheid zu kommen.

4 Sachverhalt

Im Kanton Bern werden in einem Extraktionswerk seit rund 25 Jahren Knochen, Schlachtabfälle, Häute, ganze Tierkörper und Federn verarbeitet. Die Produkte sind Knochenmehl, Fleischknochenmehl, Knochenfett und Protanfett. Die Verarbeitungsmenge beträgt heute rund 70.000 t/Jahr. Die Anlage wird von Montag 12.00 Uhr bis Samstag 12.00 Uhr durchgehend betrieben.

Alle Geruchsquellen, Rohwarenannahmestellen sowie belastete Raumabluft werden abgesaugt (max. 70.000 m^3/h) und einem Biofilter (630 m^3 Biomasse, bestehend aus Heidekraut und Fasertorf) zugeleitet.

Das Biofilter wurde 1982 aufgrund von Klagen über unzumutbare Geruchsimmissionen eingebaut. Er funktionierte bis zum Frühjahr 1993 zufriedenstellend. Zu diesem Zeitpunkt wurden von der Bevölkerung wiederum vermehrt Klagen über starke und andauernde Geruchsimmissionen vorgebracht.

Es war also abzuklären, ob:

- die vorsorglichen Emissionsbegrenzungen eingehalten werden;
- die verbleibenden Geruchsimmissionen übermäßig sind.

5 Untersuchungen

Der Betrieb beauftragte nach den Vorgaben der Vollzugsbehörde eine private Umweltschutz-Fachfirma, eine Emissions- und Stofffflußanalyse auszuarbeiten. Es zeigte sich, daß Sanierungsmaßnahmen im Rahmen der vorsorglichen Emissionsbegrenzungen erforderlich sind (Tabelle 2).

Gleichzeitig wurde geprüft, ob die Geruchsimmissionen als übermäßig bezeichnet werden müssen. Während zwei Monaten im Herbst 1993 wurde mit Begehungen von ortsfremden Versuchspersonen und mit Befragungen der ortsansässigen Bevölkerung die Geruchsbelästigung erhoben.

5.1 Ermittlung der Geruchshäufigkeit durch ortsfremde Personen

Diese Untersuchung wurde in Anlehnung an die Richtlinie VDI 3940 (1993) durchgeführt und auf die vorliegenden Verhältnisse angepaßt (Abb. 8). Zwei unabhängige Gruppen von Probanden, die an der Universität Bern rekrutiert worden waren, wurden zufällig auf die Tage der Meßperiode verteilt und auf einen Parcours mit 19 Riechposten geschickt (Abb. 3).

Interessant ist die gute Übereinstimmung der Geruchsauftretenswahrscheinlichkeit der insgesamt 1.424 Feststellungen der beiden Gruppen (Abb. 4).

Dies deutet darauf hin, daß die im vorliegenden Fall verwendete Methode der Geruchsermittlung durch Begehungen brauchbare Ergebnisse liefert und Aussagen über die Belästigung ermöglicht.

Die durch die Probanden protokollierten Intensitäten liegen auf einer Belästigungsskala von 0-6 in 77 % der Fälle unter 3,5. In 23 % der Fälle wurde der Geruch nach Extraktionswerk als sehr intensiv empfunden. Auf der Qualitätsskala, wo die Gerüche als angenehm, neutral oder unangenehm charakterisiert werden mußten, gaben 41 % der Probanden an, daß der Geruch nach Extraktionswerk sehr unangenehm war. Damit wird die Belästigung von ortsfremden Personen als stark empfunden (Tabelle 3).

Tabelle 2: Geruchsemissionsquellen der Tierkörperverwertungsanlage. Legende zur Beurteilung:

♦ Sehr relevante bis relevante Quellen, führen zumindest zeitweise zu Geruchsemissionen,

♠ Quellen, an denen höchstens sporadisch Geruchsemissionen auftreten, geringe Immissionsrelevanz,

♥ Quelle ohne Immissionsrelevanz

Quelle	Beschreibung	Häufigkeit	Geruch	Beurteilung
Biofilter	Flächenquelle am Boden, 500 m^2	Montag 12.00 bis Samstag 12.00, kontinuierlich	400 GE/m^3, zeitweise höher, 55.000 bis 70.000 m^3/h	♦♦♦
Rohwarenannahme	bei Durchzug entweichende Hallenluft	mehrmals pro Tag während kürzeren Perioden	ca. 20.000 GE/m^3	♦♦
Trockenschmelzer	Hallenluft entweicht durch Tor auf Ostseite	wenn Tor ganz geöffnet wird oder bei Durchzug, kann täglich mehrmals kurzzeitig vorkommen	ca. 2.500 GE/m^3, Luftstrom einige m^3/s	♦
ARA	Abwasserförderstrecke Strömungsbrecher	bei großen Anlieferungsmengen, jeweils im Stundenbereich	nach Aussagen der ARA-Mitarbeiter deutlich wahrnehmbarer Geruch	♦
Pressenraum	Hallenluft entweicht bei Durchzug durch Tür auf Westseite oder eher durch Gitterlamellen in der Wand auf Ostseite	bei Durchzug, eher selten (in der Regel reicht Unterdruck im Raum aus, weil viele Absaugstellen)	ca. 2.500 GE/m^3, Luftstrom klein	♠
Abwasserschächte, Kanalisation	kleine Öffnung in den ca. 2 Abwasserschächten, Dämpfe aus überdecktem Sammelbecken	sporadisch kleine Schwaden	bis 20.000 GE/m^3 (Rohwarenseite), aber sehr kleiner Luftstrom, starke Verdünnung an Quelle	♠
Mehlabfüllung	Hallenluft entweicht durch Tür bei Rampe	längere Zeit während Tagesbetrieb	stechender Ameisensäuregeruch überdeckt Mehlgeruch	♠ MAK-Wert-Problem
Mehltransportleitung	Absaugung durch Leitung mit Ausblas auf Dach, kleiner Luftstrom	kontinuierlich	lokaler Ameisensäure- und Mehlgeruch, verdünnt sich sofort	♥

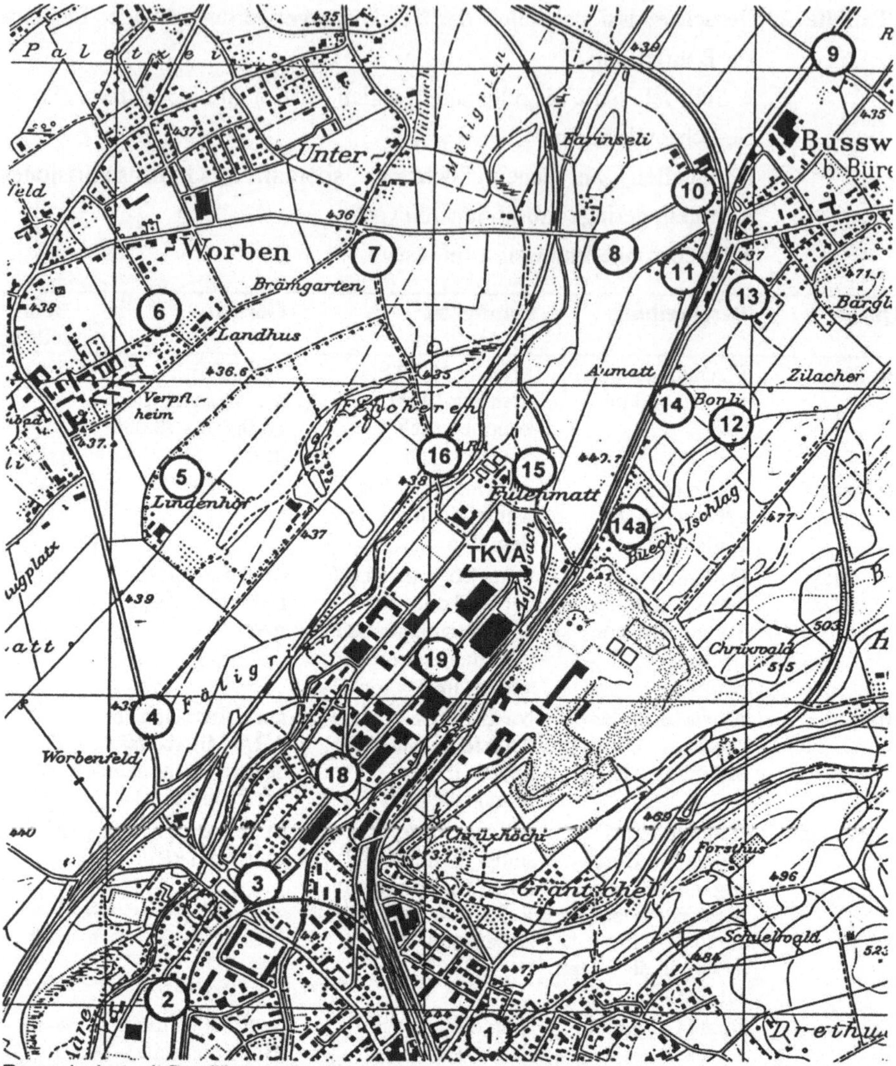

Reproduziert mit Bewilligung des Bundesamtes für Landestopographie vom 9. 8. 1994

Beurteilungsgebiet "Süd":	Posten 1, 2, 3, 14a, 15, 16, 18, 19
Beurteilungsgebiet "Nord":	Posten 8, 9, 10, 11, 12, 13, 14
Kontrollgebiet:	Posten 4, 5, 6, 7
TKVA:	Anlagestandort

Abb. 3: Geruchs-Parcours

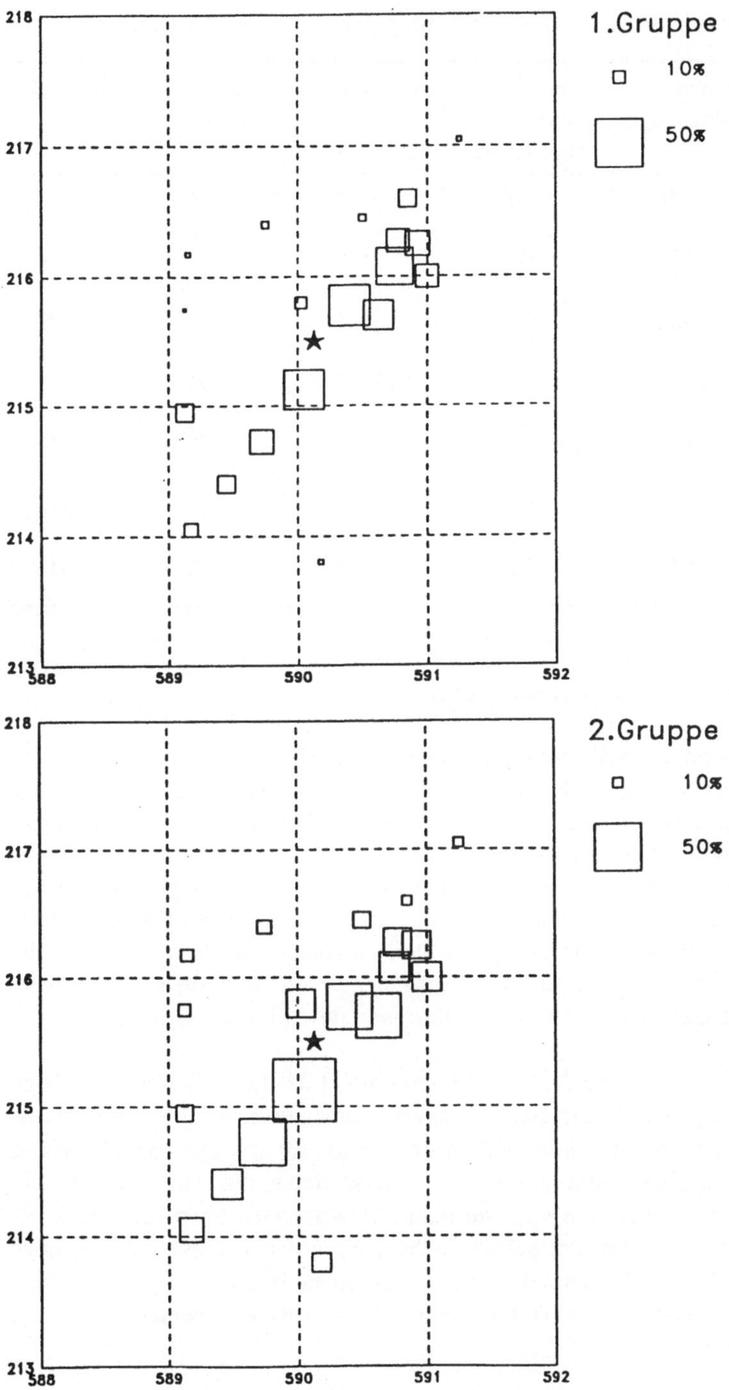

Abb. 4: Übereinstimmung der Geruchswahrnehmung

Tabelle 3: Auftreten des Tierkörperverwertungsgeruchs nach Wochentagen

	Anzahl Messungen	TKVA-Geruch registriert	proz. Anteil	Intensität ≤ 3.5	Intensität > 3.5
Montag	228	46	20.2	65	35
Dienstag	246	63	25.6	87	13
Mittwoch	304	60	19.7	75	25
Donnerstag	152	49	32.2	71	29
Freitag	171	37	21.6	73	27
Samstag	152	50	32.9	86	14
Sonntag	171	28	16.4	82	18

5.2 Fragebogenaktion bei den Anwohnern

71 Fragebogen wurden in die belasteten Gemeindegebiete "Süd" und "Nord" verschickt. Zusätzlich wurde ein Kontrollgebiet "West" ausgeschieden, welches ausserhalb der Hauptwindrichtungsachsen liegt. Die Rücklaufquote von 59 % kann als recht guter Erfolg der Aktion gewertet werden.

Der Fragebogen war nicht nur auf Geruchsbelastungen ausgelegt, sondern enthielt auch Fragen über Belästigungen durch Lärm und Staub. So wurde eine gewisse Beurteilung möglich, ob die gemachten Angaben brauchbar sind und der Ausfüllende die Fragen verstanden hat. Auf einer Belästigungsskala (Thermometerskala) war anzugeben, wie stark die Belästigung durch Lärm, Geruch, Ruß bzw. Staub war (Abb. 9).

Von den 39 Antwortenden fühlten sich gesamthaft 31 durch Gerüche belästigt. Als häufigste Quelle wurde das Extraktionswerk angegeben. Wo das Extraktionswerk als Quelle bezeichnet wurde, fühlten sich 25 (64 %) sehr stark gestört. Es ist verständlich, daß insbesondere jene Personen antworteten, die sich belästigt fühlten. Geht man davon aus, daß sich die nicht Antwortenden überhaupt nicht belästigt fühlen, ist der Anteil der geruchsbelästigten Anwohner immer noch hoch (38 %). Der Mittelwert für Geruch nach der 10teiligen "Fieberthermometerskala" betrug im Gebiet "Süd" 5,9, im Gebiet "Nord" 7,1, im Kontrollgebiet "West" 2,7 (siehe Abb. 5).

5.3 Zusätzliche Fragebogen der Bürgerinitiative

Nachdem die nach Zufallprinzip verschickten Fragebogen bei den Adressaten angekommen waren, die Aktion somit bekannt wurde, erhielt die Untersuchungsstelle unaufgefordert 15 weitere Fragebogen einer Bürgervereinigung. Diese Personen wohnen ausschließlich im Gebiet "Nord".

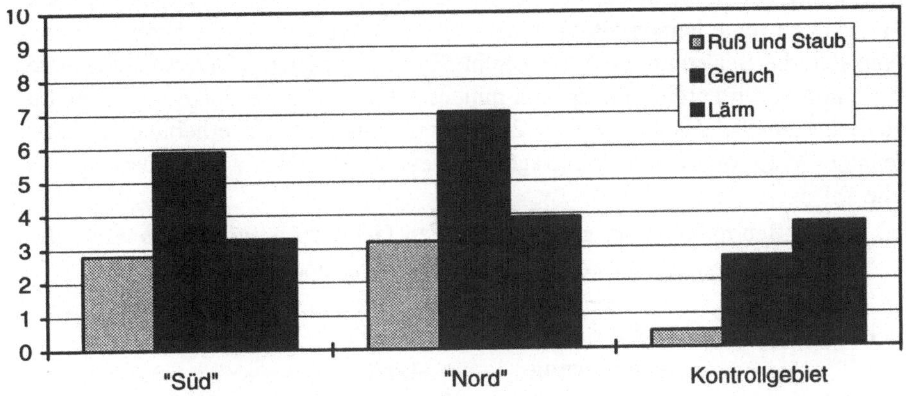

Abb. 5: Belästigung nach Thermometerskala I

Alle 15 Antwortenden fühlten sich durch Gerüche stark gestört (8,8 auf der Thermometerskala; Abb. 6).

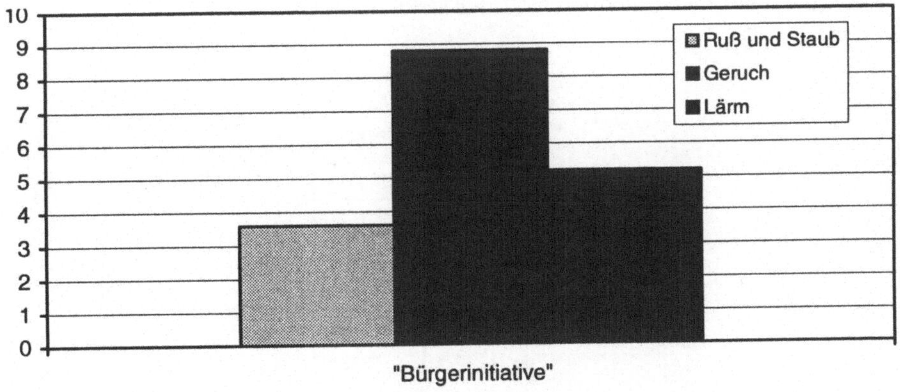

Abb. 6: Belästigung nach Thermometer-Skala II

6 Beurteilung

Zuerst gilt es, die LRV-Definiton von übermäßigen Geruchsimmissionen (erhebliche Störung eines wesentlichen Teils der Bevölkerung, vgl. Ziffer 3) zu interpretieren. Nach der Schriftenreihe Umweltschutz Nr. 115 (1989) ergibt sich eine erhebliche Belästigung, wenn wenigstens 25 % der betroffenen Personen stark gestört werden. Eine einzelne Person gilt nach der "Thermometerskala" als erheblich gestört, wenn sich die Belästigung mit > 8 angibt. Nach den weiteren Untersuchungen der erwähnten Schriftenreihe fühlen sich mindestens 25 % der Bevölkerung eines Beurteilungsgebiets, das mindestens 20 Personen umfaßt, als erheblich belästigt, wenn der Mittelwert über alle Befragten in diesem Gebiet den Wert 5 übersteigt (Tabelle 4).

Tabelle 4: Beurteilung von geruchsbelasteten Gebieten aufgrund des Ausmaßes der Störung sowie des %-Anteils stark gestörter Personen

Belästigung	**Ausmaß der Störung**	**%-Anteil stark Gestörter**	**Maßnahmen**
stark	> 5	> 25	Sofortmaßnahmen
mittel	3-5	10-25	langfristig
zumutbar	< 3	< 10	keine besonderen

* Skalenwert auf Fieberthermometerskala (Abb. 7)

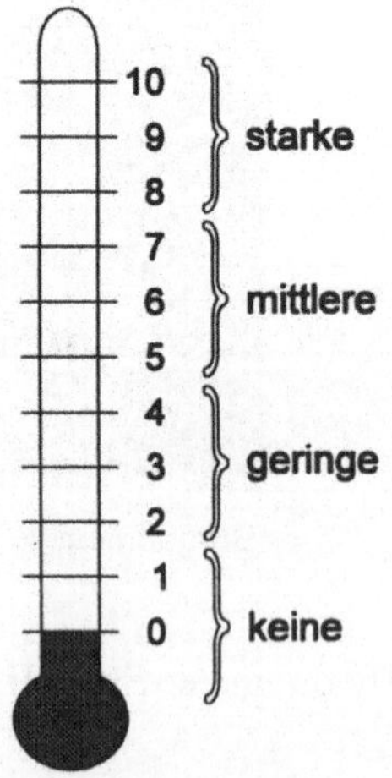

Abb. 7: Thermometerskala zur direkten Belästigungserfassung

Aufgrund der Untersuchungen nach Ziffer 5 wird ersichtlich, daß tatsächlich übermäßige Geruchsimmissionen vom Extraktionswerk verursacht werden. Interessanterweise, aber nicht unerwartet, werden die Gerüche von den betroffenen Anwohnern als stärker störend bewertet als von den ortsunabhängigen Personen. Am stärksten gestört fühlen sich, wie erwartet, die Mitglieder der Bürgerinitiative.

Daraus wird ersichtlich, daß bei aktuellen Klagefällen kaum allein auf die Betroffenen abgestellt werden kann. Die subjektive Komponente dieser Beurteilungen kann nicht ausgeschlossen werden. Damit wird aber ein rechtlich einwandfreier Entscheid erschwert, wenn nicht gar unmöglich gemacht.

Die private Umweltschutzfachfirma hat daher die Resultate der Begehungen durch ortsfremde Personen nach Ziffer 5.1 gemäß der Geruchsimmissions-Richtlinie des Landes Nordrhein-Westfalen (Both et al. 1993) ausgewertet. Der Geruchseindruck wird nur als Ja/Nein-Aussage ("es riecht/es riecht nicht") festgehalten. Die Geruchsintensität und -qualität (Hedonik) werden nicht erfaßt. Damit wird ausgeschlossen, daß diese Mehrfachabfrage das Meßergebnis beeinflußt. Die Meßgröße (Geruchshäufigkeit und -dauer) wird vom Probanden während jeweils zehn Minuten am Meßort erfaßt. Diese Auswertung ergab einen Geruchsstundenanteil von 21,6 % (siehe Tabelle 5).

Für Wohn-/Mischgebiete wird eine relative Grenzhäufigkeit von 0,10 (10 % der Jahresstunden), für Gewerbe-/Industriegebiete von 0,15 (15 % der Jahresstunden) angegeben.

Auch aufgrund dieser Beurteilung steht fest, daß übermäßige Geruchsimmissionen verursacht werden.

7 Weitergehende Untersuchungen

Die erforderlichen Sanierungsmaßnahmen wurden im Frühjahr 1994 größtenteils abgeschlossen. Im Juli und August 1994 wurden in kleinerem Ausmaß als bei der Kampagne im Herbst 1993 erneut Begehungen durch Probanden durchgeführt, um den vorläufig erreichten Sanierungsstand zu überprüfen.

Gleichzeitig wurde abgeklärt, ob mit meßtechnischen Methoden auf weniger aufwendige Weise und kontinuierlich dieselben Resultate erhalten werden könnten.

Tabelle 5: Ermittlung der Geruchsstunden

Posten Nr.	Nov.-Dez. 1993 Geruchsstunden in %	Juli 1994 Geruchsstunden in %	August 1994 Geruchsstunden in %
3	14,7	0,0	33,3
10	2,7	5,6	14,3
11	13,3	0,0	19,0
13	22,7	5,6	23,8
14	25,3	5,6	23,8
14a	20,8	16,7	28,6
15	34,7	22,2	28,6
18	24,0	5,6	42,9
19	36,5	16,7	42,9
total	21,6	8,7	28,6

7.1 Ermittlung der Geruchshäufigkeit durch ortsfremde Personen

Nach Aussagen des Extraktionswerks traten ab Anfang August 1994 aufgrund des außerordentlich heißen Wetters technische Schwierigkeiten auf. Zeitweise mußte der Betrieb sogar stillgelegt und das angelieferte Material zwischengelagert werden. Dies führte dazu, daß im August 1994 vermehrt große Geruchsprobleme auftraten. Dagegen konnte der Juli 1994 als Normalbetrieb bezeichnet werden. Die Begehungsresultate, beurteilt nach NRW (Both et al. 1993) und VDI 3940 (1993), ergaben beim Normalbetrieb eine tragbare Geruchsbelastung gegenüber dem unsanierten Zustand vom Herbst 1993. Der gestörte Betriebsablauf im August 1994 führte dagegen wiederum zu unzumutbaren Geruchsimmissionen (siehe Tabelle 5).

7.2 Ermittlung der Geruchshäufigkeit durch meßtechnische Methoden

Gleichzeitig mit den Abklärungen nach Ziffer 7.1 wurden am Meßort Nr. 14 kontinuierliche Messungen mit einem mobilen Gaschromatographen durchgeführt. Ausgehend von den Emissionskonzentrationen der Biofilter- und Raumabluft wurde versucht, für die Geruchsimmissionen stellvertretende Stoffe zu analysieren und immissionsseitig kontinuierlich zu messen. Daraus würden sich folgende Vorteile ergeben:

a) lückenlose Überwachung,
b) keine subjektiven Bewertungsmomente,
c) geringerer Kostenaufwand als bei Begehungen.

Aufgrund dieser Sachlage werden die Abnahmeuntersuchungen nach der Sanierung im Herbst 1994 nicht nur mit Begehungen, sondern auch mit einem erweiterten kontinuierlichen Meßkonzept durchgeführt.

8 Ausblick

Abklärungen über Geruchsimmissionen verursachen in der Regel aufwendige Untersuchungen und sind entsprechend teuer. Die Resultate müssen jedoch rechtssicher, d. h. transparent, nachvollziehbar und objektiv sein. In Konfliktfällen können die Betroffenen subjektiv überreagieren. Daher eignen sich für die Beurteilungen Begehungen durch ortsunabhängige Personen besser.

Meßtechnische Methoden können den Aufwand verkleinern. Sie müssen aber auf den Einzelfall angepaßt werden. Diese Methode wird im Kanton Bern weiterbearbeitet.

9 Literatur

Both R., Otterbeck K., Prinz B. (1993) Die Geruchsimmissions-Richtlinie des Landes Nordrhein-Westfalen, Kommentar und Anwendung in der Praxis. Staub-Reinh. Luft 53

Bundesamt für Umwelt, Wald und Landschaft (BUWAL) (1989) Grundlagen zur Beurteilung von Geruchsproblemen. Schriftenreihe Umweltschutz Nr. 115

Luftreinhalte-Verordnung (LRV) vom 15. Dezember 1994

VDI 3940 (1993) Bestimmung der Geruchsstoffimmission durch Begehungen. Beuth-Verlag, Berlin

BEGEHUNGSPROTOKOLL

Name:...................... Datum:.............. Startzeit:.................
Endzeit:..................

Wetter:

Charakteristik: ❑ sonnig ❑ regnerisch ❑ neblig ❑ Schnee
eigene Anmerkungen:...

Bedeckungsgrad: ❑ 0 ❑ 1/4 ❑ 1/2 ❑ 3/4 ❑ 4/4

Windrichtung: ....

Windgeschwindigkeit ❑ kein Wind ❑ schwach ❑ mittel ❑ stark

Befindlichkeit:

		Ja	Nein
Fühlen Sie Sich wohl heute?		❑	❑
Wenn nein: Leiden Sie unter	Erkältung	❑	❑
	Kopfweh	❑	❑
	Übelkeit	❑	❑
	Allergie	❑	❑
	Sonstiges, was?		

Aufgabe:

Bitte bleiben Sie 3 Minuten am Beobachtungsort stehen. Beurteilen Sie dann die Intensität ev. aufgetretener Gerüche. Geben Sie an, nach was es gerochen hat. Schätzen Sie ab, wie lange während dieser 3 Minuten Gerüche aufgetreten sind.

Unterschrift: ....

Abb. 8: Begehungsprotokoll in Anlehnung an die Richtlinie VDI 3940 (1993)

Beob.Ort	Beschrieb	Intensität	es riecht nach......	Dauer	angenehm - unangenehm
1	Ecke Rosenweg, Baumgarten; Strassenlampe	0 1 2 3 4 5 6	A G L V S.............	30" 1' 2' 3'	sehr angenehm – neutral – sehr unangenehm 1 2 3 4 5 6 7 8 9
2	Stadion, Strassenlampe Mitte Parkplatz	0 1 2 3 4 5 6	A G L V S.............	30" 1' 2' 3'	sehr angenehm – neutral – sehr unangenehm 1 2 3 4 5 6 7 8 9
3	Schachenweg-Kurve, Strassenlampe links	0 1 2 3 4 5 6	A G L V S.............	30" 1' 2' 3'	sehr angenehm – neutral – sehr unangenehm 1 2 3 4 5 6 7 8 9
4	Wegweiser, bei Abzweigung rechts (dunkel)	0 1 2 3 4 5 6	A G L V S.............	30" 1' 2' 3'	sehr angenehm – neutral – sehr unangenehm 1 2 3 4 5 6 7 8 9
5	am Gitter der Pumpstation	0 1 2 3 4 5 6	A G L V S.............	30" 1' 2' 3'	sehr angenehm – neutral – sehr unangenehm 1 2 3 4 5 6 7 8 9
6	Bremgartenweg, nach dem letzten Haus (ca. 50m), Strassenlampe	0 1 2 3 4 5 6	A G L V S.............	30" 1' 2' 3'	sehr angenehm – neutral – sehr unangenehm 1 2 3 4 5 6 7 8 9
7	beim ersten Haus, Strassenlampe	0 1 2 3 4 5 6	A G L V S.............	30" 1' 2' 3'	sehr angenehm – neutral – sehr unangenehm 1 2 3 4 5 6 7 8 9
8	nach Autobahnüberführung, ausserhalb des Waldes, Ortstafel Busswil , kleine Einmündung rechts	0 1 2 3 4 5 6	A G L V S.............	30" 1' 2' 3'	sehr angenehm – neutral – sehr unangenehm 1 2 3 4 5 6 7 8 9
9	den Schildern Richtung Biel folgen, Telephonmast rechts vor Bahnübergang	0 1 2 3 4 5 6	A G L V S.............	30" 1' 2' 3'	sehr angenehm – neutral – sehr unangenehm 1 2 3 4 5 6 7 8 9
10	zurück, nach Unterführung Telephonstange links	0 1 2 3 4 5 6	A G L V S.............	30" 1' 2' 3'	sehr angenehm – neutral – sehr unangenehm 1 2 3 4 5 6 7 8 9
11	Gitter nach der letzten Häuserreihe	0 1 2 3 4 5 6	A G L V S.............	30" 1' 2' 3'	sehr angenehm – neutral – sehr unangenehm 1 2 3 4 5 6 7 8 9

Abb. 8: Begehungsprotokoll in Anlehnung an die Richtlinie VDI 3940 (1993)

12	Weidezaun rechts vor grossem Baum	0 1 2 3 4 5 6	A G L V S.............	30" 1' 2' 3'	sehr angenehm – neutral – sehr unangenehm 1 2 3 4 5 6 7 8 9
13	neue Siedlung, Halteverbotstafel, ca. 70m von Tafel weg vor die Häuserreihe stehen	0 1 2 3 4 5 6	A G L V S.............	30" 1' 2' 3'	sehr angenehm – neutral – sehr unangenehm 1 2 3 4 5 6 7 8 9
14	Schützenhaus Busswil	0 1 2 3 4 5 6	A G L V S.............	30" 1' 2' 3'	sehr angenehm – neutral – sehr unangenehm 1 2 3 4 5 6 7 8 9
14a	weiter Länggasse Richtung Lyss	0 1 2 3 4 5 6	A G L V S.............	30" 1' 2' 3'	sehr angenehm – neutral – sehr unangenehm 1 2 3 4 5 6 7 8 9
15	bei Abzweigung links, Baum	0 1 2 3 4 5 6	A G L V S.............	30" 1' 2' 3'	sehr angenehm – neutral – sehr unangenehm 1 2 3 4 5 6 7 8 9
16	Autobahnbrücke	0 1 2 3 4 5 6	A G L V S.............	30" 1' 2' 3'	sehr angenehm – neutral – sehr unangenehm 1 2 3 4 5 6 7 8 9
18	Vor Pumpwerk Lyss	0 1 2 3 4 5 6	A G L V S............	30" 1' 2' 3'	sehr angenehm – neutral – sehr unangenehm 1 2 3 4 5 6 7 8 9
19	alte Matte, einziger grösserer unbebauter Fleck im Industriegelände, Strassenlampe	0 1 2 3 4 5 6	A G L V S.............	30" 1' 2' 3'	sehr angenehm – neutral – sehr unangenehm 1 2 3 4 5 6 7 8 9

Intensität	es riecht nach	Dauer
0 = kein Geruch	A = ARA	30" = 0 - 30 Sekunden
1 = sehr schwach	G = Tierkörper-Verwertungsanlage	1' = 30 Sek. - 1 Minute
2 = schwach	L = Landwirtschaft	2' = 1 - 2 Minuten
3 = deutlich	V = Verkehr	3' = 2 - 3 Minuten
4 = stark	S = sonstiges	
5 = sehr stark		

Abb. 8: Begehungsprotokoll in Anlehnung an die Richtlinie VDI 3940 (1993)

FRAGEBOGEN

Füllen Sie bitte den Fragebogen möglichst vollständig aus und senden Sie ihn anschliessend im beigelegten (frankierten) Umschlag bis 14. Januar 1994 zurück.

Bitte tragen Sie die Antworten mit einem Kreuz in die vorgegebenen Felder ein (Beispiel ☐).
Falls Sie nachträglich korrigieren müssen, so streichen Sie das falsche Kreuz deutlich durch (Beispiel ☐).

Die Antworten werden selbstverständlich streng vertraulich behandelt.

Für Ihr Verständnis und Ihre Bereitschaft zur Mitarbeit danken wir Ihnen im voraus bestens.

Abb. 9: Ausgesandter Fragebogen zur Ermittlung der Belästigung

FRAGEBOGEN		Gebiet	A 12
			K3 K4

1. **Wie lange leben Sie schon in Ihrer Wohnung oder Ihrem Haus?**
   - seit weniger als einem Jahr .... ☐ 1
   - seit 1 bis 3 Jahren .... ☐ 2
   - seit 4 bis 10 Jahren .... ☐ 3
   - seit mehr als 10 Jahren .... ☐ 4

   K5

2. **Wenn Sie eine neue Wohnung suchen, wie wichtig sind Ihnen die unten aufgeführten Eigenschaften einer Wohnumgebung?**

	sehr wichtig	weniger wichtig	egal	
Einkaufsmöglichkeiten	☐ 1	☐ 2	☐ 3	K6
Grünflächen, Erholungsraum	☐ 1	☐ 2	☐ 3	K7
Luftqualität im Freien	☐ 1	☐ 2	☐ 3	K8
Verkehrsbedingungen	☐ 1	☐ 2	☐ 3	K9
Unterhaltungsmöglichkeiten	☐ 1	☐ 2	☐ 3	K10
Ruhe	☐ 1	☐ 2	☐ 3	K11

3. **Wie sind Sie nun mit diesen Eigenschaften in Ihrer Wohngegend tatsächlich zufrieden?**

	sehr zufrieden	mässig zufrieden	unzufrieden	
Einkaufsmöglichkeiten	☐ 1	☐ 2	☐ 3	K12
Grünflächen, Erholungsraum	☐ 1	☐ 2	☐ 3	K13
Luftqualität im Freien	☐ 1	☐ 2	☐ 3	K14
Verkehrsbedingungen	☐ 1	☐ 2	☐ 3	K15
Unterhaltungsmöglichkeiten	☐ 1	☐ 2	☐ 3	K16
Ruhe	☐ 1	☐ 2	☐ 3	K17

Abb. 9: Ausgesandter Fragebogen zur Ermittlung der Belästigung

4. Haben Sie je daran gedacht, aus Ihrer Wohnung oder Ihrem Haus wegzuziehen?

ja....☐ 1 nein....☐ 2 K18

Wenn "ja", aus welchem Grund am ehesten, aus welchem am zweitehesten ? Bitte je nur einen Grund ankreuzen!

	am ehesten	am zweitehesten
Arbeitsplatzwechsel	☐ 1	☐ 1
Platzgründe	☐ 2	☐ 2
Strassenverkehrslärm	☐ 3	☐ 3
Mietzins	☐ 4	☐ 4
Luftverschmutzung	☐ 5	☐ 5
anderer Grund: ______________	☐ 6	☐ 6
	K19	K20

5. Glauben Sie, dass in Ihrer Wohnumgebung eine Belästigung vorliegt durch

Russ und Staub	ja ☐ 1	nein ☐ 2	K21
Gerüche	ja ☐ 1	nein ☐ 2	K22
Lärm	ja ☐ 1	nein ☐ 2	K23

6. Falls Sie zuhause durch Russ und Staub, Gerüche oder Lärm gestört werden, welches ist die wichtigste Quelle?

Quelle:	für Russ und Staub	für Gerüche	für Lärm
Strassenverkehr	☐ 1	☐ 1	☐ 1
Industriebetriebe	☐ 2	☐ 2	☐ 2
Landwirtschaft	☐ 3	☐ 3	☐ 3
Abwasserreinigungsanlage ARA	☐ 4	☐ 4	☐ 4
Gewerbebetriebe	☐ 5	☐ 5	☐ 5
andere	☐ 6	☐ 6	☐ 6
	K24	K25	K26

Können Sie die Quellen genau lokalisieren? ______________________

7. Wie stark sind Gerüche von aussen zuhause in Ihrer Wohnung wahrnehmbar?

nicht zu riechen	☐ 1
gerade eben zu riechen	☐ 2
schwach zu riechen	☐ 3
deutlich zu riechen	☐ 4
stark zu riechen	☐ 5
sehr stark zu riechen	☐ 6
unerträglich stark zu riechen	☐ 7
	K27

Abb. 9: Ausgesandter Fragebogen zur Ermittlung der Belästigung

8. Nehmen wir an, dies wäre ein Thermometer, mit dem man messen kann, wie stark Sie zuhause durch Russ und Staub, Gerüche oder Lärm gestört werden.

Die Marke 10 bedeutet, dass z.B. Russ und Staub Sie zuhause fast unerträglich stören; die Marke 0, dass es Sie überhaupt nicht stört.
Wo würden Sie sich persönlich auf diesem Thermometer punkto Russ und Staub, Gerüche oder Lärm einstufen? (Markieren Sie Ihre Position auf der Thermometer-Skala mit einem x)

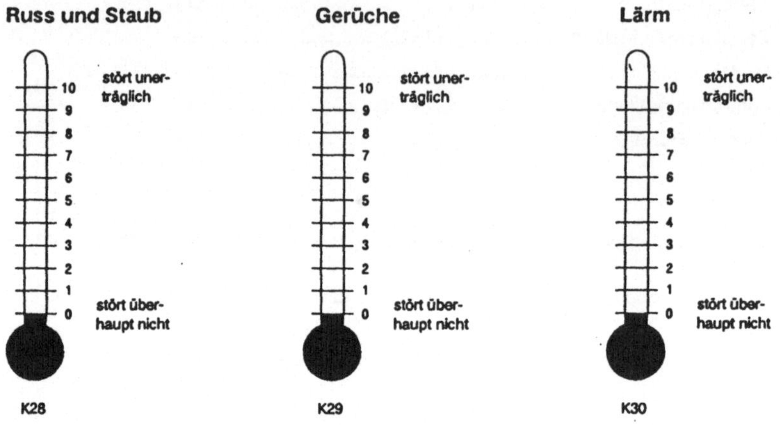

9. Wann stören Sie schlechte Gerüche von aussen am meisten?

a) im Frühling .... ❑ K31
im Sommer.... ❑ K32
im Herbst....... ❑ K33
im Winter....... ❑ K34

b) morgens........ ❑ K35
abends.......... ❑ K36
tagsüber........ ❑ K37
nachts........... ❑ K38

c) werktags............ ❑ K39
Wochenende ..... ❑ K40

10. Bitte geben Sie an, wie stark Sie zuhause durch Gerüche von aussen belästigt werden:

nicht belästigt .... ❑ 1
sehr schwach belästigt .... ❑ 2
schwach belästigt .... ❑ 3
deutlich belästigt............................. ❑ 4
stark belästigt .... ❑ 5
sehr stark belästigt .... ❑ 6
unerträglich stark belästigt............... ❑ 7
K41

Abb. 9: Ausgesandter Fragebogen zur Ermittlung der Belästigung

11. Halten Sie zuhause die Belästigung durch

Russ und Staub	zumutbar ❑ 1	unzumutbar ❑ 2	K42
Gerüche	zumutbar ❑ 1	unzumutbar ❑ 2	K43
Lärm	zumutbar ❑ 1	unzumutbar ❑ 2	K44

12. Bitte geben Sie an, wie häufig Sie im Durchschnitt Gerüche von aussen riechen können.

so gut wie gar nicht.........................❑ 1
ungefähr 1 Mal pro Monat ....❑ 2
ungefähr 1 Mal pro Woche ....❑ 3
ungefähr 1 Mal pro Tag ....❑ 4
mehrere Stunden am Tag.................❑ 5
Tag und Nacht...................................❑ 6
K45

13. Riecht es in Ihrer Wohnumgebung folgendermassen:

	ja	nein		sehr angenehm				neutral				sehr unangenehm	
aromatisch	❑ 1	❑ 2	K46	1	2	3	4	5	6	7	8	9	K51
verdorben, faul	❑ 1	❑ 2	K47	1	2	3	4	5	6	7	8	9	K52
chemisch	❑ 1	❑ 2	K48	1	2	3	4	5	6	7	8	9	K53
nach Autoabgasen .	❑ 1	❑ 2	K49	1	2	3	4	5	6	7	8	9	K54
anders, wie	❑ 1	❑ 2	K50	1	2	3	4	5	6	7	8	9	K55

Wenn ja, kreuzen Sie bitte auf den nebenstehenden Skalen ein, wie angenehm oder unangenehm Sie den jeweiligen Geruch empfinden.

Beispiel: In Ihrer Wohnumgebung riechen Sie Autoabgase und empfinden diese als ziemlich unangenehm.

Dann kreuzen sie folgendes an:

	ja	nein							X		
nach Autoabgasen.	❑...	❑	1	2	3	4	5	6	7	8	9

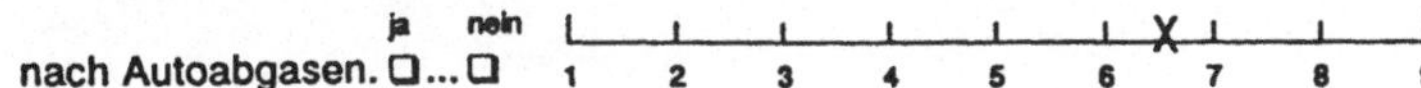

Abb. 9: Ausgesandter Fragebogen zur Ermittlung der Belästigung

14. Wie häufig verursachen bei Ihnen Gerüche

	sehr oft	oft	manch-mal	selten	nie	
Kopfschmerzen	☐ 5	☐ 4	☐ 3	☐ 2	☐ 1	K56
Übelkeit	☐ 5	☐ 4	☐ 3	☐ 2	☐ 1	K57
Schlaflosigkeit	☐ 5	☐ 4	☐ 3	☐ 2	☐ 1	K58
Hustenreiz	☐ 5	☐ 4	☐ 3	☐ 2	☐ 1	K59
Appetitlosigkeit	☐ 5	☐ 4	☐ 3	☐ 2	☐ 1	K60

15. Werden Sie zuhause durch Gerüche so stark gestört, dass Sie die Fenster schliessen müssen?

sehr oft ☐ 5
oft ☐ 4
manchmal ☐ 3
selten ☐ 2
nie ☐ 1
K61

16. Glauben Sie, dass die Gerüche von aussen gesundheitsschädigend sind?

nein, nicht ☐ 1
ja, ein wenig ☐ 2
ja, ziemlich ☐ 3
ja, sehr ☐ 4
K62

Abb. 9: Ausgesandter Fragebogen zur Ermittlung der Belästigung

Nun haben wir noch einige Fragen zur Statistik, deren Beantwortung uns helfen soll, eine möglichst repräsentative Untersuchung durchzuführen. Wie alle anderen Angaben werden auch diese Antworten absolut vertraulich behandelt werden.

17. Alter:

17 bis 30 Jahre......... ☐ 1
31 bis 40 Jahre......... ☐ 2
41 bis 50 Jahre......... ☐ 3
51 bis 65 Jahre......... ☐ 4
über 65 Jahre........... ☐ 5
K63

18. Geschlecht:

weiblich .... ☐ 1
männlich..................... ☐ 2 K64

19. Berufliche Tätigkeit:

Angestellte/r .... ☐ 1
leitende/r Angestellte/r .... ☐ 2
selbständig Erwerbende/r.................................... ☐ 3
Rentner/in.. ☐ 4
nicht erwerbstätig (Hausfrau/mann, Student/in) .. ☐ 5
K65

20. Ausbildung:

Primarschule .... ☐ 1
Sekundarschule, Berufsschule............................ ☐ 2
Mittelschule, Hochschule...................................... ☐ 3
K66

Abb. 9: Ausgesandter Fragebogen zur Ermittlung der Belästigung